Studienbücher Wirtschaftsmathematik

Herausgegeben von
Prof. Dr. Bernd Luderer, TU Chemnitz

Die Studienbücher Wirtschaftsmathematik behandeln anschaulich, systematisch und fachlich fundiert Themen aus der Wirtschafts-, Finanz- und Versicherungsmathematik entsprechend dem aktuellen Stand der Wissenschaft.
Die Bände der Reihe wenden sich sowohl an Studierende der Wirtschaftsmathematik, der Wirtschaftswissenschaften, der Wirtschaftsinformatik und des Wirtschaftsingenieurwesens an Universitäten, Fachhochschulen und Berufsakademien als auch an Lehrende und Praktiker in den Bereichen Wirtschaft, Finanz- und Versicherungswesen.

Thomas Müller

Finanzrisiken in der Assekuranz

Moderne Finanz- und Risikokonzepte in der Versicherungswirtschaft

Springer Gabler

Thomas Müller
Basel, Schweiz

ISBN 978-3-8348-1906-2
ISBN 978-3-8348-2307-6 (eBook)
DOI 10.1007/978-3-8348-2307-6

Die Deutsche Nationalbibliothek verzeichnet diese Publikation in der Deutschen Nationalbibliografie; detaillierte bibliografische Daten sind im Internet über http://dnb.d-nb.de abrufbar.

Springer Gabler

Planung und Lektorat: Ulrike Schmickler-Hirzebruch | Barbara Gerlach

Gedruckt auf säurefreiem und chlorfrei gebleichtem Papier.

Springer Gabler ist eine Marke von Springer DE. Springer DE ist Teil der Fachverlagsgruppe Springer Science+Business Media
www.springer-gabler.de

5

Vorwort

Thema des Buches sind die Finanzrisiken in der Assekuranz. Die Risikolandschaft in der Assekuranz ist vielfältig. Um sich einen Überblick zu verschaffen, teilt man die Risiken ein und betrachtet beispielsweise operationelle, politische oder regulatorische Risiken. Dabei ragen zwei Grundrisiken heraus – das versicherungstechnische Risiko und das Finanzrisiko des Kapitalmarktes.

Zunächst zum sogenannten versicherungstechnischen Risiko: Darunter versteht man das Risiko, welches eigentlich die Geschäftsgrundlage dieses Wirtschaftszweiges bildet; also bei einem Schadenversicherer das Risiko eines Schadenfalls, sei dies nun ein Diebstahl, ein Brand oder ein Hagelunwetter. Dass die Schadenversicherungen oft einfach als Nichtleben-Versicherer bezeichnet werden, zeigt das Gewicht der Lebensversicherungen in der Assekuranz. Bei der Lebensversicherung stellt der Tod, die Erwerbsunfähigkeit oder bei einem Rentenanspruch das lange Leben einer versicherten Person das versicherungstechnische Risiko dar.

Um das versicherungstechnische Risiko einschätzen zu können, werden in den Versicherungsunternehmen geeignete Statistiken erstellt. Die Kenntnis dieser Risiken stellt die Kernkompetenz der Versicherer dar. Auf diesem Wissen bauen ihre Produkte, ihre Versicherungsdeckungen und ihre Prämienkalkulationen auf. So kann der Versicherer dem Kunden ein großes Risiko abnehmen und selbst tragen. Dabei hilft selbstverständlich, dass die einzelnen übernommenen Risiken weitgehend unabhängig sind, weshalb es große Diversifikationseffekte bei der Zusammenfassung der Risiken gibt. Bei einzelnen, großen versicherungstechnischen Risiken wie Naturkatastrophen, also Sturm, Hagel, Überschwemmungen, bietet die Rückversicherungsindustrie ihre Dienste an und verteilt diese Großrisiken so weit über den Globus, dass auch diese Risiken von der Versicherungsindustrie getragen werden können.

Die Versicherer sind aber nicht allein dem versicherungstechnischen Risiko ausgesetzt. Sie kalkulieren ja nicht nur diese Versicherungsrisiken und überlassen die Abwicklung anderen, sondern sie nehmen von ihren Kunden Beiträge, auch Prämien genannt, ein und müssen die Versicherungsansprüche mit Geldzahlungen begleichen. Zwischen Beitragszahlung und Begleichung der Versicherungsansprüche liegen selbst bei den Schadenversicherern im Mittel mehrere Jahre. Bei den Lebensversicherern liegen im Mittel mehrere Jahrzehnte dazwischen. In dieser Zeit lagern die Gelder nicht in den Kellern der Versicherungsunternehmen, sondern sie werden selbstverständlich angelegt. Damit setzt sich das Versicherungsunternehmen dem Kapitalmarkt und seinen Finanzrisiken aus. Beim Vergleich der unterschiedlichen Risikoarten hat sich gezeigt, dass das Finanzrisiko wohl das bedeutendste Risiko der Assekuranz darstellt. Woran liegt das?

Im Vergleich zu dem versicherungstechnischen Risiko, wo abgesehen von den Großrisiken das Gesetz der großen Zahlen gilt und ein erheblicher Teil des Risikos wegdiversifiziert wird, gibt es gar nur eine Handvoll von einzelnen Finanzrisiken. Damit ist der Diversifikationseffekt hier viel geringer, im Gegenteil, anstatt einer risikomindernden Diversifikation kann es sogar noch Ansteckungseffekte geben.

Es gibt keine ähnlich leistungsfähige Rückversicherungsindustrie für die Finanzrisiken wie bei den versicherungstechnischen Groß- und Kumulrisiken und das liegt auch an diesen

Ansteckungseffekten. Es ist kaum üblich, Finanzrisiken abzusichern. Anders als bei den Versicherungsrisiken, wo die Großrisiken von den Rückversicherern breit gestreut werden, stellt sich bei den Finanzrisiken die Frage, ob die Absicherungsinstrumente bei den großen Ansteckungseffekten im Bedarfsfall auch taugen. Schon bevor in der Finanzkrise 2008 die Anfälligkeit des internationalen Finanzgefüges offenkundig wurde, hatten die staatlichen Aufsichtsämter mit der Einführung neuartiger Aufsichtsnormen begonnen. In der Aktienkrise Anfang des Jahrtausends wurde offenkundig, dass die bisherigen Eigenmittelanforderungen insbesondere bezüglich der Kapitalmarktrisiken unzureichend und zu pauschal waren. So verlangten beispielsweise die Eigenmittelanforderungen bei klassischen Lebensversicherungen, die Rückstellungen einfach mit vier Prozent an Eigenmitteln zu unterlegen, unabhängig davon, wie das Vermögen angelegt war. Da Lebensversicherer bei ihrem konventionellen Geschäft Nominalverpflichtungen haben, kommt die Anlage in Anleihen den Verpflichtungen am nächsten und führt damit zu einem viel kleineren Risiko als bei einer hohen Aktienquote. Allerdings stammt diese alte pauschale Regelung aus einer Zeit, in der die Aktienquote im Anlageportfolio der Lebensversicherer beschränkt war. Im Zuge der Deregulierung wurde diese Einschränkung abgeschafft und die alte, einfache Regel zur Ermittlung der Eigenmittelanforderungen passte nicht mehr zu der neuen Freiheit.

Die Europäische Union wollte nun ein neues Konzept mit risikobasierten Eigenmittelanforderungen erstellen. Die Schweiz hat dieses Konzept als SST, „Swiss Solvency Test", inzwischen schon eingeführt. Dabei müssen sich die Eigenmittel an den Risiken orientieren. Hat ein Versicherungsunternehmen die großen versicherungstechnischen Risiken rückversichert und sein Vermögen entsprechend seinen Verpflichtungen angelegt, hat es ein kleineres versicherungstechnisches und auch ein kleineres Finanzrisiko und muss entsprechend kleinere Eigenmittelanforderungen erfüllen. Soweit ist dieses neue Konzept sicher unbestritten. Allerdings muss man sich dessen bewusst sein, dass man Risiken nicht so einfach messen kann und auch keine einheitliche Meinung darüber besteht, wie Risiken gemessen und bewertet werden sollen. Da es sich zudem um eine Aufsichtsnorm handelt und eben nicht nur um einen „Test", den man durchführt und dann bei Nichtbestehen beiseite legt, besteht darin eine gewisse Problematik, die bei den auf einfach nachprüfbaren Regeln basierten Aufsichtsnormen früher so nicht gegeben war.

In diesem Buch werden die gesellschaftlichen Ziele sowie die mathematischen Hintergründe der Aufsichtsnormen beleuchtet, ohne dass eine umfassende Darstellung aller konkreten Anforderungen im Einzelnen angestrebt wird, die sich im politischen Prozess sowieso weiterentwickeln werden. Für eine vollständige Beschreibung wird auf die rechtsverbindlichen Dokumente der Aufsichtsbehörden verwiesen.

Außerdem wird der mathematische Hintergrund zur Risikomessung und zur Aggregation der Einzelrisiken zum Gesamtrisiko behandelt. Da es insbesondere um die Finanzrisiken geht, werden zentrale Elemente der modernen Finanzmathematik erläutert. Mit Optionen, sei es auf Aktien, Anleihen oder Zinsswaps, können finanzielle Risiken, wie Aktienschwankungen oder auch Änderungen der Marktzinsen, abgesichert werden. Deshalb eigenen sich diese Instrumente auch für eine Bewertung des Risikos, schließlich gibt das Preisgefüge von Optionen wieder, wie der Finanzmarkt das Risiko einschätzt. Dabei ist der theoretische, mathematische Hintergrund recht komplex und anspruchsvoll. Man stützt sich hier auf die moderne Wahrscheinlichkeitstheorie. Dazu betrachtet man Zufallsprozesse, also Zufallsvariablen, die sich über die Zeit entwickeln. Diese Betrachtung gibt ein konsistentes Bild der Zufallsentwicklung, indem die Vorhersagen umso unsicherer werden, je weiter man in die Zukunft geht.

Dabei nimmt die Unsicherheit nicht linear, sondern wie bei allen Diffusionsprozessen mit der Quadratwurzel der Zeit zu. Diese mit diversen Nobelpreisen geadelten Theorien gehören heute zum Allgemeinwissen der Ökonomen. Mit dem hier aufgezeigten Zugang soll der Praktiker diese Theorien verstehen und ihre Annahmen, Wirkungsweise und auch die quantitativen Zusammenhänge einsehen. Es soll das Verständnis der Zusammenhänge vermittelt werden. Dies ist nicht dasselbe wie der mathematische Beweis einer Formel. Ohne ein geeignetes ökonomisches Modell kann kein Wirtschaftsgut bewertet werden. Die diesbezüglichen Annahmen zu verstehen, ist für die Verantwortlichen und die Entscheidungsträger mindestens so wichtig, wie die Richtigkeit der mathematischen Herleitung im angenommenen Modellrahmen. Schließlich müssen sie entscheiden, ob und welche Optionen sie allenfalls zur Absicherung des Risikos kaufen sollen und inwiefern die Optionspreise Rückschlüsse auf die Größe des Risikos zulassen. Dies sind reale Entscheidungen mit konkreten Konsequenzen und nicht nur theoretische Übungen.

Zu einem wichtigen theoretischen Instrument, der stochastischen Analysis:

Diese kann in Analogie zur klassischen Analysis gesehen werden, mit einem zusätzlichen Aspekt, bei dem nicht nur deterministische Größen, sondern auch Zufallsvariablen Studienobjekte darstellen. Dies führt ähnlich wie in der klassischen Analysis zu einer Fülle von konkreten, quantitativen Aussagen, die sich dann immer auf Zufallsvariablen beziehen und beispielsweise die Weiterentwicklung des Erwartungswertes der betrachteten Zufallsvariablen wie z. B. Aktienkurs oder Optionspreis beschreiben. Dabei werden die bekannten Beziehungen hier in der Denkweise einer stochastischen „Infinitesimalrechnung“ behandelt. Auch die übliche, konventionelle Analysis entwickelte sich historisch auf der Idee kleiner Veränderungen wie beispielsweise kleinen Zeitintervallen Δt. Mit der Grenzwertbildung $\Delta t \to 0$ fällt der wenig relevante Ballast weg und es ergeben sich oft einfachere, klarere Resultate und eine Fülle neuer Erkenntnisse, sowohl in der Mathematik als auch in der Physik, in den Ingenieurwissenschaften und darüber hinaus. Die Mathematik erkannte später, wie heikel dieser Grenzübergang ist und hat Mittel und Methoden entwickelt, diese intuitiv anschaulichen Schlüsse auf eine klare Basis zu stellen. Die Praktiker, also Physiker, Ingenieure, Wirtschaftswissenschaftler etc. sind aber ganz generell bei ihrem intuitiven Zugang geblieben, stellen Differenzengleichungen für diskrete Zeitschritte auf und betrachten dann den Grenzübergang bei beliebig kleinen Veränderungen. Auch bei der stochastischen Analysis gibt dieser anschauliche Ansatz einen Zugang, der den Praktikern beim Verständnis dieser Theorien und ihrer Konsequenzen helfen soll.

Insbesondere das Modell der Lebensversicherungen beruht auf dem Konzept der stochastischen Prozesse. Bei Lebensversicherungen ist die Zeitkomponente viel zentraler als bei Nichtlebensversicherungen, wo man im Allgemeinen das Risiko für ein Jahr versichert und danach bei schlechtem Schadenverlauf in der Regel die Prämien anpassen kann. Die „Lebensversicherung“ begleitet den Versicherten während vieler Jahre seines Lebens und kann üblicherweise vom Versicherer nicht gekündigt werden. Die garantierten Leistungen und Prämien müssen über die ganze, vieljährige Laufzeit des Vertrages eingehalten werden. Über diese Vertragszeit ändert sich die Versicherungsdeckung, je nachdem, welche versicherten Ereignisse wie Tod, Erleben oder Erwerbsunfähigkeit resp. Berufsunfähigkeit einer der im Vertrag versicherten Person eintreten. Dies führt zu einem diskreten stochastischen Prozess während der Zeit der Vertragsdauer. Das versicherungstechnische Risiko muss sich damit auseinandersetzen, wie sicher die Annahmen zu Sterblichkeit und Invalidierungshäufigkeit sind. Das Finanzrisiko besteht gerade in der Dauer der Verpflichtungen. Besonders in der aktuellen Tiefzinsphase stellt sich die Frage, wie sicher die eingerechneten, so genannten technischen Zinssätze erwirtschaftet werden können. Bei den langen Dauern in der Lebensversicherung ist es generell üblich, einen Zinssatz in die Leistungen, Prämien und Rückstellungen einzurechnen. Dies scheint in der heutigen Tiefzinsphase ein Problem zu sein, hat man doch noch in erheblichem Umfang Bestände mit Vertragsbeginn vor 10 oder 20 Jahren. Seinerzeit waren die Marktzinsen deutlich höher und entsprechend hatte man damals höhere Zinssätze eingerechnet. Da Prämie und Versicherungssumme wesentlicher Bestandteil des Versicherungsvertrages sind und auch auf der Police, d.h. dem Versicherungsschein, ausgewiesen sind, kann man sie bei den langjährig laufenden Verträgen nicht mehr anpassen. Prämie und Versicherungssumme sind aber über den eingerechneten technischen Zinssatz verbunden. Bei einem tieferen erwirtschafteten Zinssatz genügt die Prämie bei gleichen Risiko- und Kostenannahmen nicht, um die ausgewiesene Versicherungssumme zu erwirtschaften.

In den ersten Abschnitten des Buches werden die Zinssensitivität von Prämie, Reserve und Versicherungssumme sowie die Duration dieser Cashflows behandelt. Gerade der Begriff der Duration eines Cashflows ist eng mit dem Zinsrisiko verbunden, welches meistens das bedeutendste Finanzrisiko und oft die größte Risikokomponente überhaupt darstellt. Wegen dieser großen Bedeutung des Zinsrisikos und ganz generell von Zinsfragen werden die gängigen stochastischen Zinsmodelle behandelt. Die hergeleiteteten finanzmathematischen Formeln, beispielsweise für die Bewertung von Optionen, sind allgemein bekannt und finden sich in den meisten Lehrbüchern zur modernen Finanzmathematik. Die Formeln zum klassischen Aufbau der Lebensversicherungsmathematik stehen in den klassischen wie in neueren Lehrbüchern. Dabei wird in diesen Lehrbüchern der Begriff der Duration noch nicht im Zusammenhang mit den Cashflows der Lebensversicherung, also beispielsweise den an das Leben des Versicherten gebundenen Rentenzahlungen, betrachtet. Zudem finden sich die Ausführungen zu kontinuierlichen Rentenzahlungen, zur Lebenserwartung und zur Duration der Leibrenten bisher nicht in Lehrbüchern und nur zum Teil in der Literatur.

Prof. Dr. Bernd Luderer danke ich insbesondere dafür, dass er mit seiner Initiative dieses Buchprojekt überhaupt erst ermöglicht hat und Frau Schmickler-Hirzebruch danke ich für ihr Engagement und ihre Hilfe bei der Umsetzung

Mein besonderer Dank gilt Luigi Bertolotti, Aktuar SAV, für seine Anregungen und seine kritischen Anmerkungen zu den Berechnungen. Nicht zuletzt danke ich meiner Frau für ihre wertvolle Unterstützung beim Schreiben des Buchtextes.

Inhaltsverzeichnis

1 Theorie und Wirklichkeit

1.1 Systematik der Wissenschaften

Nach welchen Kriterien wird beurteilt, was wahr oder unwahr, richtig oder falsch, relevant oder bedeutungslos ist? Nicht alle Wissenschaften gehen hier gleich vor. Die folgende Einteilung unterscheidet grundsätzlich zwischen Realwissenschaften, zu denen auch die Wirtschaftswissenschaften gezählt werden, und Formalwissenschaften, denen die Mathematik zugeordnet wird. Die Realwissenschaften messen sich daran, wie gut die Theorie mit der Realität übereinstimmt. Ein solcher Vergleich lässt sich am besten bei Naturwissenschaften, beispielsweise in der Physik, vornehmen: Eine Theorie kann hier i. Allg. beliebig oft unter gleichen Versuchsbedingungen mit geeigneten Experimenten überprüft werden. Theorie und Wirklichkeit beeinflussen sich nicht.

Bei den Wirtschaftswissenschaften kann der Wahrheitsgehalt der Theorien oft nur an wenigen realen Gegebenheiten überprüft werden. Die Theorien beeinflussen das Handeln der Menschen, Theorie und Realität hängen voneinander ab.

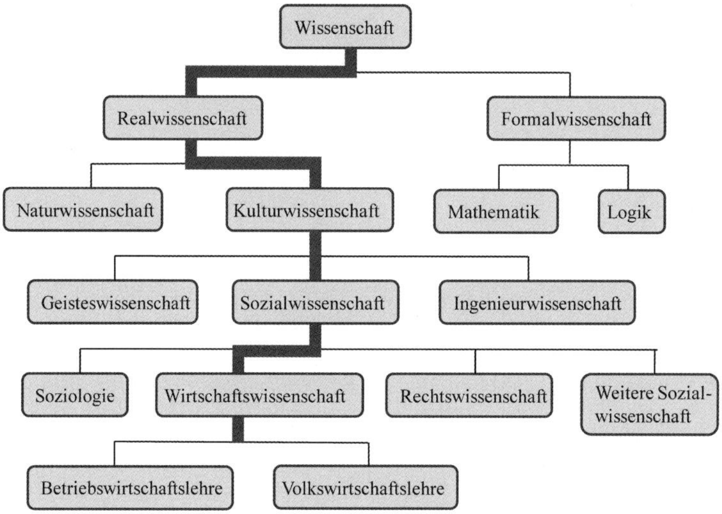

Abbildung 1.1. Quelle: Christiaans, D. (2004) Volkswirtschaftslehre als Wissenschaft

1.2 Wo findet sich hier die Aktuarwissenschaft?

Die Aktuarwissenschaft gehört zu den Wirtschaftswissenschaften. Damit ist die Aktuarwissenschaft in den Kriterien wahr/unwahr, richtig/falsch und relevant/bedeutungslos grundsätzlich wie die Wirtschaftswissenschaften zu beurteilen.

Welche Rolle hat die Mathematik dabei? Oft eignen sich mathematisch beschriebene Sachverhalte besonders für die experimentelle Überprüfung der Theorie. So können häufig mit wenigen Formeln beschriebene physikalische Gesetze in beliebig oft reproduzierbaren Experimenten nachgewiesen werden. Falls dies möglich ist, erfüllt eine mathematische Beschreibung eines realen Sachverhaltes den Anspruch der Realwissenschaften, die Wirklichkeit zu beschreiben, voll und ganz: Die mathematische Beschreibung ergibt eine Theorie, die auf viele Einzelfälle und Konstellationen Antworten gibt, welche sich dann jeweils an der Realität überprüfen lassen.

Auch bei den Wirtschaftswissenschaften gab es in den vergangenen Jahrzehnten eine Mathematisierung, indem das wirtschaftliche Geschehen mehr und mehr mit mathematischen Modellen beschrieben wurde. Besonders beeindruckt haben dabei die Modelle, deren Richtigkeit anhand einer Vielzahl von Einzelfällen getestet werden konnte. Hier denke man an die Formeln zur Preisbestimmung von Optionen, die ein umfangreiches Preisgefüge unterschiedlicher Laufzeiten, Ausübungspreise und Basiswerte (Underlying), wie beispielsweise die Kurse der Aktien, für welche die Optionen Kauf- oder Verkaufsrechte einräumen, auf wenige Parameter wie insbesondere die Volatilität des Underlyings zurückführen konnten. Die Theorie kann anhand der für die unterschiedlichsten Leistungsausprägungen am Markt gehandelten Optionen überprüft werden. Vor allem die Einführung des Begriffs der „Volatilität" als einer Art Schwankungsintensität war dabei grundlegend. Die auf diesem Volatilitätsbegriff basierenden Formeln für die Optionspreise wurden auch deshalb berühmt, weil sie ein reales, recht komplexes Marktgeschehen gut wiedergeben konnten. Damit wurden sie dem zentralen Anspruch an eine solche Theorie gerecht, nämlich die ökonomische Realität zu beschreiben.

Die Kulturwissenschaften beschreiben aber keinen Gegenstand, der von diesen Wissenschaften selbst losgelöst ist. So beeinflussen die Theorien in den Wirtschaftswissenschaften die Wirtschaft selbst. Zum einen ist es denkbar, dass Marktteilnehmer von den Theorien beeinflusst ihr Verhalten ändern. Beispielsweise kann eine weithin anerkannte Formel zur Preisbestimmung von Optionen dann auch Käufer und Verkäufer veranlassen, sich auf Preise zu verständigen, welche sich aus der Theorie ergeben.

Neben diesem direkten Einfluss auf die Marktteilnehmer im Sinn einer selbsterfüllenden Prophezeiung gibt es noch eine weitere Rückkopplung von Theorie und Realität: Das ganze Wirtschaftsgeschehen bewegt sich ja nicht in der freien Natur, sondern in einem ordnungspolitischen Rahmen von Gesetzen und Normen. Theorien zu diesem Wirtschaftsgeschehen beeinflussen den Ordnungsrahmen. Mathematische Methoden waren für diesen Ordnungsrahmen immer schon relevant, da sie als objektiv gelten und als Garant für einen fairen Ausgleich verschiedener Interessen beispielsweise im Sinn einer Gleichbehandlung oder einer von allen Parteien als gerecht empfunden Umrechnung von Ansprüchen auf neue veränderte Konstellationen:

Unter der Bezeichnung „bürgerliche Rechnungsarten“ wurden schon vor Hunderten von Jahren Rechenmethoden unterrichtet, die zu allgemein akzeptierten Regeln im Geschäftsleben führten. Dies waren beispielsweise der Dreisatz zum Umrechnen von Preis und Leistungsvorgaben auf einen geänderten Lieferumfang oder auch Zins- und Zinseszinsrechnung in vielfachen Ausprägungen, um z. B. bei der vorzeitigen Kündigung eines zinsabhängigen Vertrages eine faire und von beiden Parteien akzeptierte Bewertung zu erhalten.

1.3 Wahrscheinlichkeitsbasierte Sicherheitskonzepte

Neueren Datums sind wahrscheinlichkeitsbasierte Bewertungen von Risiken oder von Sicherheiten: Solche Risikodeckungen für Finanzrisiken werden an den Finanzmärkten gehandelt. Die theoretische Behandlung der sich dabei in der Realität ergebenden Marktpreise war eine große Herausforderung an die Finanzmathematik der vergangenen Jahrzehnte.

Als jüngster Schritt kam die Bewertung von Sicherheiten dazu. Hier wird vom Staat kraft Gesetzes eine bestimmte Sicherheit gefordert. Die geforderte Sicherheit beruht z. B. auf einer Wahrscheinlichkeitsvorgabe. Alles unterhalb einer solchen vorgegebenen Wahrscheinlichkeit soll beispielsweise vom vorhandenen Risikokapital gedeckt werden können. Damit kommt die Mathematik via Wahrscheinlichkeitstheorie zum Einsatz. Man traut den mathematischen Modellen zu, solche Fragestellungen überhaupt lösen zu können. Dabei sollte man sich dessen bewusst sein, dass es eigentlich nicht Aussagen der Formalwissenschaft Mathematik sind, sondern mit mathematischen Mitteln hergeleitete Aussagen der Wirtschaftswissenschaften, die zu den Realwissenschaften zählen.

Die bei einer Realwissenschaft geforderte Kontrolle anhand der Wirklichkeit kann die Mathematik nicht leisten. Eine solche Berechnung der Sicherheit mag mathematisch und formal richtig sein. Bei der kleinen vorgegebenen Wahrscheinlichkeit, zu der eine Unterdeckung toleriert wird, lässt sich prinzipiell keine Überprüfung der Theorie anhand der Wirklichkeit vornehmen. Die Mathematik ist überfordert, nur halbwegs präzise solche „Unwahrscheinlichkeiten“ zu bestimmen. Selbst hundert Testjahre mit dann gerade mal einem erwarteten Fall, in dem das Sicherheitspolster vollständig aufgebraucht und die Verpflichtungen nicht mehr gedeckt wären, würden zur Bestätigung der Theorie nicht genügen. Anders ist es bei den mathematischen Theorien beispielsweise für die Preise von Finanzinstrumenten: Falls es hier einen breiten Markt gibt, ist ein umfangreicher Praxistest möglich.

Wenn die wahrscheinlichkeitsbasierten Sicherheitsanforderungen nicht real überprüft werden können, müssen sie als staatliche Vorschrift oder Norm verstanden werden. Die staatlichen Organe, das sind im Allg. die Aufsichtsbehörden, stehen hier in der Verantwortung, Berechnungsmethoden vorzugeben, mit denen das wahrscheinlichkeitsbasierte Sicherheitskonzept in die Praxis umgesetzt werden kann. Zudem müssen sie überprüfen, dass einzelne Versicherungsgesellschaften sich nicht „sicher“ rechnen. Die Umsetzung muss von der staatlichen Aufsicht vorgegeben und kontrolliert werden. Dies ist im neuen, wahrscheinlichkeitsbasierten Aufsichtskonzept eine viel komplexere und schwierigere Aufgabe, als bei den früheren regelbasierten Sicherheitsanforderungen.

Die neuen wahrscheinlichkeitsbasierten Sicherheitsnormen selbst sind klar und können allgemein verstanden werden, was gegenüber den früheren, regelbasierten Normen einen großen Vorteil darstellt. Das Problem selbst ist damit aber nicht gelöst, sondern verschiebt sich auf die Umsetzung, bei der die Fachkenntnisse von Experten benötigt werden. Dabei liegt es an den Aufsichtsbehörden, auch für Risiken, die sich der Berechenbarkeit mehr oder weniger entziehen, Verfahren und Normen vorzugeben oder zumindest die Einhaltung einheitlicher Standards zu kontrollieren. Ein Wettbewerb im Sinn von „wer kann sich sicherer rechnen" wäre wohl wenig wünschenswert.

1.4 Wechselwirkung von Modell und Wirklichkeit

Bei den neuen, wahrscheinlichkeitsbasierten Sicherheitsanforderungen gab es folgende Entwicklung:

Die Wirklichkeit, hier das Wirtschaftsgeschehen mit Erfolgen wie mit Problemen – man denke an die Finanzkrisen – wird theoretisch analysiert. Mit der Entwicklung der Wahrscheinlichkeitsrechnung besteht nun eine allgemein akzeptierte, theoretische Basis. Die politischen Entscheidungsträger trauen diesen theoretischen Konzepten zu, die Grundlage für generelle Normen und Gesetze zu bilden und beauftragen die Aufsichtsbehörden mit der Umsetzung. Die theoretischen Vorgaben werden damit ein Teil der Wirklichkeit.

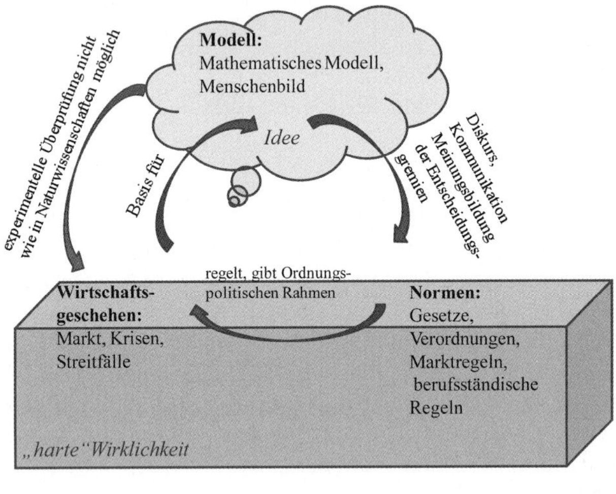

Abbildung 1.2

1.5 Bewertung von Verpflichtungen: Buchwerte und Marktwerte

Bevor Risiken bestimmt werden können, müssen die wirtschaftlichen Güter und Verpflichtungen bewertet werden. Wie bei den Sicherheitsanforderungen gab es hier auch eine Entwicklung von früheren, eher regelbasierten Bewertungen, zu neueren, als „prinzipienbasiert" bezeichneten, Bewertungen. Bei den regelbasierten Bewertungen entzieht sich der Sinn der Regel zum Teil dem heutigen Verständnis, die Umsetzung, eben die Regel für sich, ist aber klar. Bei den prinzipienorientierten Anforderungen ist die Anforderung als solche klar, dafür lässt die Umsetzung erheblichen Interpretationsspielraum zu. Dies ist im Übrigen eine gesellschaftliche Entwicklung, die auch auf andere Lebensbereiche zutrifft.

Ganz generell versteht man unter Buchwerten die Bewertung basierend auf dem Anschaffungswert, welcher i. Allg. mit dem sogenannten „Niederstwertprinzip" verbunden ist und eine niederere Bewertung verlangt, falls der „aktuelle Wert" inzwischen gesunken ist. Dem steht die Bewertung zu Marktwerten gegenüber.

Die Bewertung nach Buchwerten galt in den vergangenen Jahrzehnten bis heute als Inbegriff der Intransparenz. Wie konnte man auf so eine Regel kommen, warum bewertet man die Güter nicht nach dem Marktwert? Diese Kritik ist sicherlich berechtigt. Allerdings hat man nicht überall einen funktionierenden Markt, nicht einmal bei den Kapitalanlagen, schon gar nicht bei den erworbenen Maschinen etc. Wo kein Markt vorhanden ist, gibt die Regel der Bilanzierung nach dem Anschaffungswert immerhin eine klare Vorgehensweise. Die Einhaltung der Regel ist relativ einfach überprüfbar, man wird vom Unternehmen den Nachweis der in die Bilanz eingeflossenen Kaufpreise verlangen können. Somit hat man zumindest irgendwo eine Basis gefunden.

Investor und Unternehmen wissen beide, was bei der Erstellung der Bilanz eingehalten werden musste. Indem man auf den Anschaffungswert abstellt, setzt man geschickt das wirtschaftliche Interesse zur Schaffung der Transparenz ein. Man kann davon ausgehen, dass es doch eher unüblich ist, mehr zu zahlen, als die Güter wert sind. Der Investor muss diese Überlegung aber machen. Er hat in der Unternehmensbilanz nach Buchwerten wohl eine Basis, kann sich darauf verlassen, dass diese Bilanz nach gewissen Regeln aufgestellt wurde. Nun liegt es am Investor zu beurteilen, ob er beispielsweise in ein kleines Unternehmen investiert, das seriös geführt wurde und beim Kauf seiner Maschinen zäh verhandelt hat, oder in ein unseriös geführtes Unternehmen.

1.6 Regelbasierte versus prinzipienbasierte Anforderungen

In den 90er Jahren des vorigen Jahrhunderts verloren die regelbasierten Normen immer mehr an allgemeiner Akzeptanz. Dies ist wohl auch im Zusammenhang mit den gesamtgesellschaftlichen Strömungen zu sehen: Wie man dem Individuum generell mehr Eigenverantwortung zutraute, so übertrug man dies auch auf die Unternehmen. Staatliche Vorgaben, die sich auf Kontrolle der Einhaltung vorgegebener Regeln beschränkten, wurden als stur und hinderlich verstanden.

In dieser Umbruchphase wurden einzelne Regeln gelockert wie beispielsweise die Beschränkung des in Aktien angelegten Anteils der Kapitalanlagen einer Versicherung, ohne dann andere Regeln anzupassen: So wurde die sture Formel zur Berechnung des geforderten Solvenzkapitals, welche 4 % der Rückstellungen als Solvenzkapital gefordert hat, nicht an die neue Freiheit, höhere Risiken einzugehen, angepasst. Indem die Regeln nicht mehr gepflegt und angepasst wurden, konnten sie den veränderten Realitäten nicht mehr gerecht werden, was die Finanzkrise Anfang dieses Jahrtausends dann auch deutlich gezeigt hat. So kamen die regelorientierten Normen nicht nur wegen des generellen Zeitgeistes selbst, sondern auch, weil sie unter diesem Zeitgeist nicht mehr gepflegt wurden, immer mehr in Misskredit.

Anstelle dieser Regeln sollten nun Prinzipien treten. Solche Prinzipien sind beispielsweise Gleichheit, Fairness, Transparenz oder Sicherheit. Die Prinzipien als solche können viel besser von der Allgemeinheit nachvollzogen werden als die früheren Regeln, deren Sinn oft nicht mehr verstanden wurde. Dafür müssen nun die oft recht abstrakten Prinzipien in konkrete Vorgaben umgemünzt werden. Dies gab den Unternehmen und auch den Fachexperten mehr Freiheit als früher bei den sturen Regeln und deshalb hat die Wirtschaft diese Entwicklung generell begrüßt. Heute ist man sich wohl bewusst, dass dieser Freiraum auch problematisch ist und die Gefahr birgt, ausgenützt zu werden.

Generell ruft man wieder mehr nach staatlicher Kontrolle und „Regulierung". Dabei ist unklar, ob dies eine Rückkehr zu regelbasierten Normen sein soll oder zu konsequenterer Kontrolle darin, wie die prinzipienorientierten Normen erfüllt werden. Allerdings ist die Erfüllung der prinzipienorientierten Normen für die staatlichen Aufsichtsorgane viel schwieriger zu kontrollieren. Damit wird es auch problematischer, Sanktionen bei Nichterfüllung zu ergreifen. Ob diese prinzipienorientierten Normen erfüllt sind oder nicht, lässt sich nun mal nicht so klar feststellen wie bei den früheren, recht einfach kontrollierbaren Regeln.

Diese etwas kritischen Bemerkungen zu den neuen, prinzipienorientierten Normen zusammen mit dem etwas wehmütigen Rückblick auf die geordnete alte Welt sollten nicht missverstanden werden. Einen Weg zurück wird es nicht geben. Regelbasierte Normen sind und bleiben überholt. Indem wir den aktuellen Vorgaben kritisch gegenüberstehen, verstehen wir unsere aktuelle Situation besser: Welche Probleme sollten wir lösen, wo sind wir mangels Klarheit der Anforderungen auf eine pragmatische Interpretation angewiesen?

Beispiele von regel- und prinzipienbasierten Bewertungen:

Bewertung von	**Basis der Bewertung**	
	Regeln	**Prinzipien**
Wert eines wirtschaftlichen Gutes		
Buchwert	Anschaffungswert, Kaufpreis, Rechnungsannahmen bei Vertragsabschluss bei Rückstellungen für Lebensversicherungen	
Modellbasierte Marktwertbestimmung bei Gütern, für die kein Markt vorhanden ist		Mathematisches Modell für die Bestimmung eines marktnahen Wertes
Sicherheit		
Traditionell: Solvabilität I, formelmäßig berechnetes Solvenzkapital	4 % der Rückstellungen für das Kapitalanlagerisiko bei konventionellen Lebensversicherungen, unabhängig vom Anlagerisiko	
Neu: Solvabilität II, wahrscheinlichkeitsbasierte Sicherheitsanforderungen	Ein etwas regelbasierter Aspekt besteht immer noch, indem die europäische Aufsicht Standards	Aufgrund eines stochastischen Modells

	für die Messung einzelner Risiken vorgibt. Diese können von den Unternehmen durch interne, von der nationalen Aufsichtsbehörde geprüfte, Modelle ersetzt werden.	
Vorteil	Einfach kontrollier- und überprüfbar	Zielorientiert, eigenverantwortlich
Nachteil	Verantwortung an Regeleinhaltung delegiert	Komplex, undurchschaubar, nicht allgemein verständlich, Verantwortung an Fachspezialisten abgegeben, schwer kontrollierbar
Beurteilungskriterien	Richtig, korrekt	Angemessen, geeignet, wirklichkeitsnah, verständlich, transparent

1.7 Mathematische Korrektheit versus Verständlichkeit und Interpretierbarkeit für Anwender

Geht es bei der Einhaltung von Prinzipien um Vermögenswerte oder genereller um etwas, was mit Zahlen gemessen werden kann, so bietet sich der Einsatz von mathematischen Methoden an. Beispielsweise beim Prinzip Gleichheit oder Fairness hatten die bürgerlichen Rechnungsarten das Ziel, eine faire, nachvollziehbare Marktordnung zu unterstützen. Gleichartige Leistungen sollten gleichartig bewertet werden. Dazu wurde der Dreisatz verwendet, um die Bewertung auf unterschiedlichen Leistungsumfang umzurechnen. Oder es wurde die Zins- und Zinseszinsrechnung angewendet, um einen Anspruch auf bestimmte Zahlungen über einen bestimmten Zeitraum zu bewerten oder in einen anderen als äquivalent angesehenen Anspruch umzurechnen, falls ein Vertrag mit einer bestimmten Zahlungsverpflichtung abgeändert werden sollte.

Die moderne Finanzmathematik geht bei der Bewertung von Optionen auch von Äquivalenzbetrachtungen aus und vergleicht den zu bewertenden Optionsanspruch mit einer Folge von virtuellen, konstruierten Optionen bis zum Ausübungstermin der Option. Werden die Zeiträume zwischen den virtuellen, konstruierten Optionen beliebig klein, so ergibt sich im Grenzwert die bekannte Optionsformel von Black und Scholes. Erst im Grenzwert führt dies zu relativ einfachen analytischen Formeln, die wieder abgeleitet werden können und so die Sensitivität des Optionspreises gegenüber den preisbestimmenden Parametern aufzeigen. Dieser Grenzübergang hat eine gewisse Ähnlichkeit mit dem Grenzübergang von der diskreten Verzinsung zur kontinuierlichen Verzinsung bei der Exponentialfunktion.

Generell ist die mathematisch korrekte Behandlung von Grenzübergängen aufwändig und oft wenig intuitiv. Die Realwissenschaften, welche wie beispielsweise die Ingenieurwissenschaften die Analysis benützen, verzichten im Allgemeinen auf ein mathematisch rigoroses Vorgehen zugunsten eines intuitiv verständlichen Ansatzes. Letztlich werden in den Realwissenschaften auch keine mathematischen Sätze bewiesen, sondern es soll ein theoretisches Modell der Wirklichkeit entwickelt werden, das dann anhand der Wirklichkeit auf seinen Wahrheitsgehalt überprüft wird.

Dabei benötigt insbesondere die Wahrscheinlichkeitstheorie und die Theorie der stochastischen Prozesse viel mathematische Grundlagenarbeit, um ihre Objekte und Aussagen mathematisch korrekt aufzubauen. Diese Grundlagenarbeit hat mit den konkreten Herausforderungen der Praxis oft wenig zu tun. In der Praxis können Optionen und Aktien auch nicht jede Sekunde gehandelt werden. Die Börsen können geschlossen werden, der Handel kann ausgesetzt werden, es gibt das sogenannte „overnight"-Risiko, der Aktienkurs verläuft nicht als stetige Funktion, wie es die mathematische Theorie für die Pfade von Brownschen Bewegungen verlangt. Gleichwohl gelangt man erst durch den Grenzübergang zur klaren Theorie, zu den einfachen analytischen Formeln, mit denen die inneren Zusammenhänge klar sichtbar werden. Auch der Praktiker kann auf die Erkenntnisse dieser Theorie, in der diese Grenzübergänge vorgenommen wurden, nicht verzichten. Ob ihm dabei aber ein mathematisch rigoroser Aufbau nützt oder eher eine Plausibilisierung? Schließlich geht es nicht um mathematische Sätze, sondern es geht darum, Zusammenhänge in Realwissenschaften, hier also wirtschaftliche Zusammenhänge, besser zu verstehen. Ob diese Zusammenhänge stimmen, muss ein Abgleich mit der Wirklichkeit zeigen. Den Akteuren im Wirtschaftsgeschehen ist mit den mathematischen Theorien nur gedient, wenn die wesentlichen ökonomischen Annahmen klar ersichtlich sind. Die mathematische Fundierung interessiert dabei oft weniger, so wie es die Praktiker wenig interessiert, dass schon die Konstruktion der reellen Zahlen überraschend anspruchsvoll ist.

Bei den neu geforderten Sicherheitsansprüchen bleibt die schon erwähnte Problematik, dass aufgrund der kleinen Wahrscheinlichkeiten und dem entsprechend langen Zeitraum von hundert und mehr Jahren, auf welche die Sicherheitsanforderungen ausgelegt sind, kein direkter Abgleich mit der Wirklichkeit vorgenommen werden kann. Damit kann die Erfüllung der Sicherheitsanforderungen nur in einem theoretischen Zusammenhang nachgewiesen werden. Da die Erfüllung resp. Nichterfüllung der Sicherheitsanforderungen konkrete wirtschaftliche Konsequenzen hat, stellt sich die Frage, wer entscheidet, welche Modelle zum Nachweis geeignet sind und worauf er sich bei seinen Entscheidungen stützt.

1.8 Theorie und Wirklichkeit

Die Wirklichkeit selbst ist vielfältig und ungeordnet. Zumindest ist unsere Wahrnehmung, unser Bild der Wirklichkeit, zuerst einmal chaotisch und ungeordnet und letztlich kommt es vor allem auf diese Wahrnehmung der Wirklichkeit an. Erst mit Hilfe von Theorien können die vielfältigen, chaotischen Eindrücke unserer Wahrnehmung der Wirklichkeit geordnet und dann auch verstanden werden.

So kann man die Bahnen der Himmelskörper erst verstehen, wenn berücksichtig wird, dass sie sich durch die Drehung der Erde um sich selbst überlagert darstellen. Wird dies berücksichtigt, so stellen sich die komplizierten Gesetzmäßigkeiten folgenden Bewegungen der Himmelskörper viel einfacher dar.

Da die Akteure im Wirtschaftsgeschehen die Wirklichkeit verstehen wollen, werden sie ihr Handeln immer auf mehr oder weniger geeignete Theorien abstützen. Die Theorien müssen einerseits die Wirklichkeit möglichst gut und überprüfbar wiedergeben und andererseits von den Akteuren verstanden und angewendet werden können. Damit sich eine Theorie den Anwendern gut erschließt und auch allgemein anerkannt werden kann, muss sie klar, möglichst einfach und kohärent sein. Eine Theorie muss die allgemeinen Gesetzmäßigkeiten in der wirren Vielfalt der Wirklichkeit finden und formulieren. Mathematische Theorien, die mit wenigen Formeln die vielfältigsten Konstellationen beschreiben können, wie beispielsweise in der Newtonschen Mechanik, sind Musterbeispiele erfolgreicher Theorien.

1.9 Betriebswirtschaftliche Theorie und Unternehmenswirklichkeit

Wie ist es nun bei einem großen Unternehmen? Hier gibt es eine immense Anzahl einzelner Geschäftsbeziehungen, Zahlungen von und an das Unternehmen, abgegebene und übernommene Verpflichtungen. Bei einem Finanzdienstleister stellen alle Unternehmensleistungen dabei eher abstrakte Gebilde dar. Es sind eben vertragliche Verpflichtungen und keine „realen" Produkte, die man konkret anschauen und „begreifen" kann.

Indem man die Verpflichtungen bewertet und Vermögenswerte und Verpflichtungen in einer Bilanz gegenüberstellt, verschafft man sich ein Bild der finanziellen Situation des Unternehmens. Für die Bewertung der Vermögenswerte gibt es eigentlich nur eine feste Richtschnur, nämlich den Markt. Für einen großen Teil der in den Bilanzen üblicherweise erfassten Vermögenswerte gibt es funktionierende Märkte, welche die aktuelle Bewertung geben. Worauf soll man sich stützen, wenn es für die zu bewertenden Vermögensgegenstände oder Verpflichtungen keinen Markt gibt? Die traditionelle Bewertung mit dem Anschaffungspreis stützt sich letztlich auch auf ein Marktgeschehen, nämlich auf den Preis, zu dem man sich beim Kauf des Gutes einigen konnte. Selbst wenn die Realität der früheren Anschaffung nicht mehr aktuell ist, so stellt sie doch eine ökonomische Realität dar, auf der eine Bewertung aufbauen kann.

Das Bilanzverständnis hat sich immer mehr in die Richtung entwickelt, dass die Verankerung möglichst jeder Bewertung ein objektivierbares Marktgeschehen sein muss. Wo Güter und Verpflichtungen nicht an „tiefen" Märkten gehandelt werden, ist eine Bewertung nach dem Marktwert, d.h. „mark to market" nicht möglich. Als tief bezeichnet man einen Markt, wenn es ein genügend großes Handelsvolumen in der Anzahl Käufe und Verkäufe gibt, so dass die sich so ergebenden Preise nicht wie bei einem Liebhaberpreis eine Einzelmeinung wiedergeben. Ohne die Bewertung an einem tiefen Markt muss die Bewertung in einem Modell, also „mark to model" vorgenommen werde. Der Lackmustest für die Korrektheit des Modells wäre nicht bestanden, wenn Modell und reale Welt sich widersprechen würden. Dabei ist die reale Welt bei den Marktrealitäten, also insbesondere bei den Finanzmarktrealitäten, am besten fassbar. Ideal ist beispielsweise ein Modell, welches die Marktrealitäten als Spezialfall beschreibt, aber so allgemein gehalten ist, dass es auch die nicht an einem Markt gehandelten Güter oder Verpflichtungen bewertet. Mathematische Modelle, welche die Marktrealitäten beschreiben, sind geeignete Kandidaten für die Bewertung „mark to model".

Wo hat man denn bestimmende Marktrealitäten, welche in den Bewertungen berücksichtigt werden müssen? Neben den Vermögenswerten, die wie Aktien an einem Markt, hier der Börse, bewertet werden, geben die Kapitalmärkte insbesondere auch eine Richtschnur für die Verzinsung. Jede Bewertung muss die sich über die Zukunft erstreckenden Zahlungen auf einen Zeitpunkt beziehen. Dazu werden zukünftige Zahlungen abgezinst, d.h. diskontiert. Die am Markt gehandelten Anleihen geben aus ihrem Leistungsspektrum, d.h. den Coupons und der Nominalrückzahlung einerseits und Marktpreisen andererseits, eine Realität, aus der die Marktzinssätze oder auch die Marktzinskurven unter Berücksichtigung der Laufzeit der Anleihen bestimmt werden können. Eine modellmäßige Bewertung zukünftiger Zahlungen muss diese Zinsrealität, die sich aus dem Anleihenmarkt ergibt, berücksichtigen.

Dabei ist der Markt der Anleihen durchaus erst einmal eine vielfältige und ungeordnete Wirklichkeit. Indem diese Anleihen nach Bonität der Schuldner und Laufzeit der Anleihe eingeteilt werden, kann dieses Chaos geordnet werden. Dabei beeinflussen sich die Marktrealität und die beispielsweise von den Ratingfirmen anhand von Modellen eingeschätzte Bonität gegenseitig. Wird das Ausfallrisiko eines Schuldners von einer Ratingagentur höher eingeschätzt, bringt die Ratingagentur dies durch eine entsprechend schlechtere Ratingbewertung zu Ausdruck. Dies wiederum führt zu einem höheren Aufschlag bei dem Zinssatz für die Anleihen eines solchen Schuldners minderer Bonität gegenüber einem Schuldner ausgezeichneter Bonität. Der sogenannte „spread", d.h. die Zinsspanne, die als Zusatzzins für das Risiko des Ausfalls des Schuldners zu entrichten ist, steigt. Umgekehrt könnte ein Ansteigen dieser „spreads" die Einschätzung der Ratingfirmen beeinflussen und diese bewegen, eine Herabstufung des Ratings zu überprüfen.

Somit gibt es für die Diskontierung zukünftiger Zahlungen Marktrealitäten, die als reale Verankerung in einer marktnahen Bewertung zu berücksichtigen sind. Für die anderen Elemente der Bewertung wie die Lebenserwartung bei zukünftigen Rentenzahlungen oder die Abwicklungsdauer von Schadenrückstellungen beispielsweise bei Haftpflichtfällen gibt es diese objektive Instanz einer Marktbewertung nicht. Insofern wird auch eine marktnahe Bewertung hier einen Ermessensspielraum zulassen müssen.

Das Modell integriert Markt- und Unternehmensrealität

	Markt	**Unternehmen**
Resultate aus Modellen	- z. B. Zinskurven aus dem Verhältnis von Preis und Leistung von Anleihen - Volatilitäten, wie z. B. die Wahrscheinlichkeiten von Zinsschwankungen aus dem Preis/Leistungsverhältnis bei Optionen	Marktkonsistente(s) - Bilanzen - Eigenkapital - vorhandenes Risikokapital - benötigtes Risikokapital
Bild der Wirklichkeit, Wahrnehmung der Wirklichkeit	Erfasste Marktpreise und Spezifika der gehandelten Güter etc.	Erfasste Zahlungen, Verpflichtungen in der geeigneten Granularität etc.
Wirklichkeit	Marktwirklichkeit	Unternehmenswirklichkeit

Diese Tabelle kann folgendermaßen verstanden werden: Sowohl die Unternehmenswirklichkeit wie auch die Marktwirklichkeit sind letztlich nur in dem Ausmaß bekannt, wie diese Wirklichkeiten erfasst werden können, beispielsweise in der Erfassung des Marktgeschehens und der Geschäftsvorgänge im Unternehmen. Das versteht sich eigentlich von selbst. Das Bewusstsein, dass man nur auf einem Bild der Realität aufbaut, berechtigt aber doch zu einer gewissen Skepsis gegenüber zu komplexen theoretischen Konstruktionen, zumal in einem betriebswirtschaftlichen Kontext im Unterschied zu den Naturwissenschaften eine umfangreiche und anhaltende Überprüfung anhand der Realität oft nicht möglich ist.

In der Regel sind auch die Marktzinssätze und die Volatilitäten, d.h. die Wahrscheinlichkeiten von Schwankungen – sei es von Zinssätzen oder von Aktienkursen –, abgeleitete Größen. Hier bedarf es eines Modells, einer Theorie, um die Marktpreise in diese ökonomischen Marktkennzahlen umzurechnen. Allerdings sind diese Kennzahlen noch recht nah an der Marktrealität. Insbesondere bei der Umrechnung der Preise und Leistungen von Anleihen in Zinssätze spielt die Wahl des Modells selbst keine Rolle. Allerdings ist auch diese Berechnung mathematisch durchaus anspruchsvoll.

Bei der Umrechnung der am Markt gehandelten Optionen in Volatilitäten kommt es darauf an, wie die Volatilität in den Optionspreis eingeht. Bei Zinsoptionen wie Swaptions hängt dies von dem für die Zinsentwicklung gewählten Modell ab. So stellen diese Marktkennzahlen, wie Marktzinssätze oder -kurven und Volatilitäten, wie beispielsweise Zinsvolatilitäten, eigentlich theoretische Gebilde dar, mit denen die ungeordnete Marktvielfalt besser verstanden und beherrscht werden kann. Auch wenn diese Marktkennzahlen grundsätzlich theoretischer Natur sind, bleiben sie doch im Allgemeinen nah an der Marktrealität, zumindest wenn sie sich auf einen transparenten und tiefen Markt beziehen. Die moderneren Anforderungen an Unternehmenskennzahlen verlangen nun von diesen, im Einklang mit den beobachteten Marktrealitäten zu sein. Dies betrifft insbesondere die Marktzinsen für die Diskontierung der künftigen Verpflichtungen und auch die Zinsvolatilitäten für das zum Ausgleich künftiger Zinsschwankungen benötigte Risikokapital. Auch wenn diese Größen prinzipiell theoretischer Natur sind, sind sie doch sehr nah an einer allgemein wahrnehmbaren Realität und deshalb müssen die moderneren Unternehmenskennzahlen diese Marktkennzahlen einbeziehen.

Bei Unternehmenskennzahlen wie Eigenkapital oder Solvenzrate besteht im Allgemeinen keine so unerbittliche Richtschnur wie bei den Marktkennzahlen. Die Modellierung hat hier mehr Spielraum, die Resultate sind dafür aber weniger aussagekräftig. Die wahrnehmbare Realität besteht oft vor allem aus den Kennzahlen, welche die Realität eigentlich beschreiben sollten. Das liegt aber in der Natur der Sache und kann wohl auch durch noch umfangreichere Offenlegungsanforderungen nicht grundsätzlich verbessert werden.

1.10 Was soll in einem Unternehmen bewertet werden?

Um die Wirklichkeit in ihrer Komplexität fassen zu können, muss man das Bild oder das Modell der Wirklichkeit vereinfachen und sich auf das Wesentliche konzentrieren. Da bei Unternehmensbewertungen unterschiedliche Aspekte interessieren können, führt dies zu unterschiedlichen Sichtweisen: Es gibt eine sogenannte statische Sicht, welche die Gesamtbilanz in den Vordergrund stellt und eine dynamische Sicht, welche vorrangig das in dem betrachteten Zeitraum erwirtschaftete Ergebnis untersucht.

Sichtweisen	Bilanzsicht	Ergebnissicht
Bilanztheoretische Bezeichnung	„statisch“	„dynamisch“
Gemessene Größen	Eigenkapital	Gewinn
	Solvenzkapital	Ausschüttung, Dividende
	Embedded value[1]	Wert des Neugeschäfts

In den vergangenen Jahrzehnten gab es einen Trend, dass ein Unternehmen und insbesondere das Management des Unternehmens vor allem am Ergebnis gemessen werden soll. Die Bilanz führt die ganze Vergangenheit des Unternehmens mit, für die das Management letztlich gar nicht verantwortlich ist, vor allem, falls hier häufiger gewechselt wird. Die Bilanz ist viel träger, die aktuellen Leistungen von Mitarbeitern und Management schlagen sich erst langsam nieder. Dies gilt besonders für Versicherungsunternehmen und hier vor allem bei Lebensversicherungsunternehmen. Bei mittleren Vertragsdauern von mehreren Jahrzehnten braucht es Jahre und Jahrzehnte, bis bestehende Verpflichtungen erfüllt werden und damit aus der Bilanz fallen.

Man könnte meinen, dass sich Bilanz- und Ergebnissicht letztlich nicht unterscheiden, da sich das Ergebnis grundsätzlich aus der Veränderung der Bilanz im betrachteten Zeitraum ergibt. Die Situation ist aber etwas komplizierter. Mit der Ergebnissicht soll die Leistung des Unternehmens und auch die Leistung des Managements des Unternehmens gemessen werden.

Deshalb haben die modernen Rechnungslegungsgrundsätze ein feines Regelwerk, mit dem die Unternehmensleistung herausdestilliert und von exogenen gesamtwirtschaftlichen Einflüssen getrennt werden soll. So soll der Unternehmensgewinn, d.h. die Leistung, die im Unternehmen erbracht wurde, von dem Auf und Ab des Anlagevermögens getrennt werden. Für deren Volatilität kann das Management ja nichts und deren Gewinne sollen isoliert von der eigentlichen Unternehmensleistung betrachtet werden. Diese Sichtweise führt beispielsweise dazu, dass sich die Bewertung von Anleihen am Anschaffungswert (amortized-cost-Bewertung) orientiert. Damit fließen die Schwankungen des Marktwerts der Anleihen nicht in das Ergebnis ein. Dabei wird ein von diesen Wertschwankungen bereinigtes Ergebnis als die Information verstanden, die für die Aktionäre besser geeignet ist, ein Unternehmen und dessen Management zu beurteilen, als ein mit dem Auf und Ab der Kapitalmarktschwankungen überlagertes Ergebnis.

Üblicherweise enthalten die Finanzberichte der börsenkotierten Aktiengesellschaften sowohl eine Ergebnis- wie auch eine Bilanzsicht. Allerdings sind die Berichte oft sehr umfangreich. Die Kommunikation der Unternehmen konzentriert sich nur auf einen kleinen Teil von all diesen Zahlenangaben und das „Ergebnis“ hat hier eine bedeutende Rolle.

---

[1] Als zusätzliche Information an die Aktionäre wird bei Lebensversicherungsunternehmen ein sogenannter „embedded value“ berechnet. Dieser soll den Wert des Unternehmens für die Aktionäre wiedergeben. Die Bezeichnung als „innerer Wert“ des Unternehmens macht deutlich, dass speziell bei Lebensversicherungen die allgemein üblichen Bewertungssichten für zu „oberflächlich“ eingeschätzt wurden und eine weitere Sichtweise verlangt wurde.

Sicherlich gab es in den letzten Jahren eine gewisse Ernüchterung, inwieweit sich ein von exogenen Faktoren bereinigtes Ergebnis ermitteln lässt und wie aussagekräftig es überhaupt sein kann. Nicht zuletzt die Finanzkrise 2008 hat die Bilanzsicht wieder etwas in den Vordergrund gerückt. Mit der Krise haben die regulatorischen Vorgaben und der Einfluss der staatlichen Aufsicht an Bedeutung gewonnen. Diese Vorgaben betreffen die gesamte Bilanz des Unternehmens. Auch die Solvenz-Vorgaben betreffen die gesamten Verpflichtungen und nicht nur diejenigen der neu abgeschlossenen Verträge. Ob es sich nun um exogene Faktoren wie sinkende Marktzinsen oder um vom Unternehmen Steuerbares handelt, spielt für die Messung der Solvenz keine Rolle. Letztlich muss das Unternehmen die Erbringung von allen versicherten Leistungen sicherstellen und dies auch dann, wenn der Zins am Kapitalmarkt gesunken ist und es einen großen Bestand an alten Lebensversicherungsverträgen mit hohen eingerechneten Zinsen hat.

1.11 Die unterschiedlichen Bewertungssichten

Die wichtigsten Sichten sind hier einander gegenübergestellt. Die bedeutendste Botschaft für den Aktionär ist das Ergebnis. Die Botschaft an die Aktionäre wird im Übrigen von der gesamten „Finanzgemeinde“ aufgenommen. Die Finanzanalysten beschäftigen sich vertieft mit den umfangreichen Informationen, welche die Unternehmen zur Verfügung stellen, bewerten diese und darauf basieren ihre Empfehlungen zum Kauf oder Verkauf der Aktien einzelner Unternehmen.

Größe	**Begriff**	**Empfänger**	**Fragestellung**	**Aufsichtsinstanz**	**Affinität zum mathematischen Begriff**
Eigenkapital	Wert	Aktionäre	Wie viel ist das Unternehmen wert?	Börsenaufsicht	Erwartungswert, evtl. risikobereinigt
Ergebnis	Leistung	Aktionäre	Wie viel wurde erwirtschaftet?	Börsenaufsicht	Erwartungswert, evtl. risikobereinigt
Solvenzquote (Solvency II)	Sicherheit	Staatliche Aufsicht, Öffentlichkeit	Wie sicher sind die Versicherungsleistungen?	Staatliche Aufsicht	Ausfallwahrscheinlichkeit etc.

Die Information an die Aktionäre basiert auf dem Konzept eines Erwartungswertes oder einer Durchschnittsbetrachtung. Geht man davon aus, dass der Aktionär ein breit gemischtes Anlageportfolio hat, dann interessiert ihn die mittlere zu erwartende Entwicklung und nicht der Extremfall. Bei der Solvenzbetrachtung ist dies anders. Es sollte schon ziemlich unwahrscheinlich sein, dass ein Unternehmen, dazu noch ein Versicherungsunternehmen, das ja für Sicherheit steht, insolvent wird. Für die Versicherungsaufsicht wie auch für die Versicherten ist es aber wichtig, dass Vorkehrungen gerade für einen solchen Notfall getroffen werden.

Größe	Ermittlung	Annahmen für Zukunftsprojektion	Besonderheiten
Eigenkapital	Residualbetrag aus der Differenz von Aktiven und den nicht zum Eigenkapital gehörigen Passiven	Unternehmensfortführung, „going concern", dies ist der entsprechende englische Fachbegriff. Dabei hat „concern" hier die Bedeutung von „Unternehmen" und „going" die von „Fortführung"	Erfassung und Bewertung von Aktiven wie Passiven, richtet sich nach den internationalen Rechnungslegungsstandards
Ergebnis	Aus der Eigenkapitalentwicklung unter Ausblendung exogener volatiler Markteffekte	Unternehmensfortführung, „going concern"	Wie oben, generell lassen die Standards den Unternehmen Entscheidungsspielraum; einmal getroffene Entscheidungen sind weitgehend beizubehalten
Solvenzquote **(Solvabilität II, Solvency II)**	Verhältnis von vorhandenem Risikokapital zum erforderlichen Risikokapital	Generell Unternehmensfortführung Die Bedeckung des Kernrisikokapitals, also des Teils des Risikokapitals mit den strengsten Anforderungen („tier 1") an die Bedekkung, muss auch im Liquidationsfall („winding up") unbelastet und verfügbar sein.	Bewertung zu Marktwerten oder falls kein Markt vorhanden ist, zu marktnahen Werten.

Jede Bewertung fußt letztlich auf einem Gegenrechnen von Aktiven und Passiven, d.h. aus einem Vergleich der Vermögenswerte mit dem Wert der Verpflichtungen. Nun haben die meisten der Güter und Verpflichtungen im Allgemeinen kein Preisschild. Der Wert muss deshalb in einer theoretischen Begriffswelt bestimmt werden. Dazu gehen die internationalen Rechnungslegungsstandards beispielsweise davon aus, dass das Unternehmen weitergeführt wird. Dies hat einen Einfluss auf die Bewertung, der hier auf den Normalfall und eben nicht auf den Notfall, also eine Liquidation („winding up"), ausgerichtet ist. Im Notfall könnte die Welt anders aussehen, gewisse rechtlich nicht zugesicherte Leistungen könnten gestrichen werden und ein gewisser Teil des Vermögens verliert ohne Unternehmensfortführung seinen Wert. So werden gemäß den nach internationalen Rechnungslegungsstandards geführten Bilanzen die gesamten zukünftig zu entrichtenden Steuern als Verpflichtung erfasst und als Passivposten eigenkapitalmindernd angerechnet. Dagegen muss diese Verpflichtung bei Solvenzbetrachtungen nicht berücksichtigt werden, im Fall einer Insolvenz müssen ja auch keine Steuern gezahlt werden.

Die Informationen an die Aktionäre stellen so eine Erwartungswertsicht bei Unternehmensfortführung dar. Insbesondere geben diese Informationen aber auch die Eigentumssicht wieder. Für die Solvenz wird das Risikokapital ermittelt, mit dem eine ungünstige Entwicklung des weiteren Geschäftsverlaufs allenfalls aufgefangen werden kann. Dieses Risikokapital ist im Wesentlichen im Besitz der Eigentümer des Unternehmens, der Aktionäre, und entspricht dem Eigenkapital – bis auf Unterschiede zwischen den Bewertungen nach internationalen Rechnungslegungsstandards und für die Solvenz. Es gibt aber auch Risikokapital, welches nicht im Besitz der Aktionäre ist. In der Lebensversicherung wird der als Eigentum der Versicherten und nicht der Aktionäre verstandene Überschussfonds als Risikokapital betrachtet, da man ihn nötigenfalls auch zur Erfüllung der vertraglich vereinbarten Verpflichtungen den Versicherten gegenüber heranziehen kann.

Der „embedded value" bei Lebensversicherern kommt unter den betrachteten Bewertungsarten dem Eigenkapitalbegriff strukturell am nächsten. Mit dem „embedded value" soll der Aktionär über den sogenannten „inneren Wert" des Unternehmens informiert werden. Letztlich kann dieser innere Wert als eine Art von Eigenkapital verstanden werden. Der offensichtliche Bedarf einer zusätzlichen Bewertung, neben den umfangreichen Aktionärsinformationen gemäß den internationalen Rechnungslegungsstandards, weist auf große Lücken in diesem Berichtsrahmen hin. Diese Lücken kommen einerseits aus dem grundsätzlichen Verständnis dieser Standards: Sie geben vor allem eine Ergebnissicht in der Meinung, bei Unternehmensfortsetzung sei das Ergebnis die relevante Information für den Aktionär, um das Unternehmen zu beurteilen. Bei dieser Ergebnissicht werden als volatil verstandene Marktgegebenheiten in erheblichem Umfang ausgeblendet, so beispielsweise die Auswirkung der Marktzinsschwankungen auf die Bewertung der zukünftigen Cashflows. Dies betrifft sowohl die Aktivseite wie auch die Passivseite. Auf der Aktivseite kann das Unternehmen sich entscheiden, Anleihen bis zum Verfall zu halten („held to maturity"). Dann werden diese Anleihen auch im Eigenkapital auf Basis des Kaufpreises, d.h. nach dem Anschaffungswert, und nicht aufgrund der aktuellen Marktpreise und Marktzinsen bewertet werden. Auf der Passivseite ist dies ähnlich: Die Rückstellungen von Versicherungsverträgen werden hier im Allgemeinen nach den Berechnungsannahmen bei Vertragsabschluss bewertet. Insbesondere bedeutet das, dass die Diskontierung mit dem Zinssatz erfolgt, der bei Vertragsbeginn maßgebend war. Damit wird die Zinsvolatilität sowohl auf den „held to maturity" klassifizierten Anleihen auf der Aktivseite wie auch bei den Rückstellungen auf der Passivseite ausgeblendet.

Durch das Ausblenden der Zinsvolatilität bei den Bewertungen gemäß den internationalen Rechnungslegungsstandards soll sich die Unternehmensleistung selbst besser herauskristallisieren lassen. Problematisch ist dies dann, wenn die Marktzinsen nicht nur auf und ab springen, sondern sich in einem langfristigen Trend jahrzehntelang vor allem in eine Richtung bewegen. Besonders ungünstig ist es, wenn diese Richtung zudem wie in den letzten beiden Jahrzehnten abwärts gerichtet ist und die Gewinne bei den Anleihen auf der Passivseite nicht in etwa die Verluste auf der Passivseite ausgleichen. Letzteres ist dann der Fall, wenn die vertraglichen Verpflichtungen im Mittel eine längere Laufzeit als die Anleihen auf der Passivseite haben, was als „Duration-Mismatch" bezeichnet wird.

Das Ausblenden der Marktzinsschwankung ist keine Neuerfindung der internationalen Rechnungslegungsstandards und soll übrigens bei einer Überarbeitung der Standards angepasst werden. Auch die Bewertung nach Handelsrecht, HGB, hat hier Regeln, die Bilanz und Ergebnis stabilisieren sollen, wohl auch um die eigentliche Leistung im Unternehmen von den Auswirkungen exogener Marktschwankungen trennen zu können. So werden auch im HGB-Abschluss die Rückstellungen bei Lebensversicherungen nach den bei Vertragsabschluss geltenden Rechnungsgrundlagen, insbesondere also nach dem bei Vertragsbeginn maßgebenden Zinssatz, berechnet. In den letzten Jahrzehnten sind diese Zinssätze in Deutschland von 4 % auf unter 2 % gesunken. Damit werden gleichartige Verpflichtungen je nach Vertragsbeginn deutlich unterschiedlich reserviert.

Die Bewertungssichten können entsprechend der Ausblendung oder Berücksichtigung der aktuellen Marktzinsen eingeteilt werden:

Diskontierung der Verpflichtungen	HGB, statutarischer Abschluss	Internationaler Rechnungslegungsstandard, Stand 2012	Embedded value	Solvency I	Solvency II
Marktzinsen			x		x
Maßgebende Zinssätze bei Vertragsbeginn	x	x		x	

Die modernen Betrachtungen wie Embedded Value und Solvency II blenden die aktuellen Marktzinsen bei ihren Bewertungen nicht mehr aus. Den traditionellen Bewertungen kann man das Ausblenden auch nicht vorwerfen, schließlich stellt die Problematik sehr tiefer Marktzinsen bei hohen Garantien im Altbestand an früher abgeschlossenen Versicherungen vor allem ein aktuelles Problem dar, auf das die moderneren Betrachtungen reagieren können und müssen. Mit der Einführung der Zinszusatzreserve für Altbestände mit hohen technischen Zinssätzen wird auch auf der Stufe des handelsrechtlichen Abschlusses auf diese neue Gegebenheit historisch tiefer Marktzinsen reagiert.

Dies kann auch so verstanden werden: Die Wirklichkeit selbst ist zu komplex, um sie zu erfassen. Sie muss von verschiedenen Seiten beleuchtet werden. So wie es in der Geografie keine Karten gibt, die die runde Erdkugel sowohl winkel- als auch längentreu abbildet, konzentriert sich jede Sichtweise auf spezielle Aspekte und keine einzelne Darstellung genügt für sich allein. Man muss sich allerdings dessen bewusst sein, wo welche Sichtweise der Wirklichkeit gerecht wird und an welchen Rändern die Darstellung verzerrt wird, ähnlich wie bei diesem Bild der in ihrer dreidimensionalen Kugelform für uns nur begrenzt fassbaren Welt.

Unterschiedliche Betrachtungsweisen der Wirklichkeit führen zu unterschiedlichen Erkenntnissen

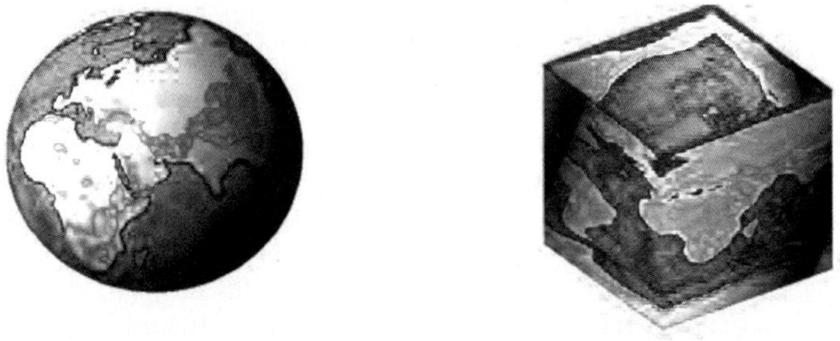

Abbildung 1.3. Quelle: Dieses Bild findet sich in diversen Präsentationen der Schweizer Aufsichtsbehörde zum Swiss Solvency Test (SST)

1.12 Mathematik und Unternehmensbewertung

	Mathematik	Unternehmensbewertungen
Basis	Axiome, d.h. ganz wenige nicht mehr beweisbare Grundannahmen	Information der Aktionäre: Umfangreiche Vorgaben bei den internationalen Rechnungslegungsstandards Umfangreiche aufsichtsrechtliche Vorgaben
Zweck, Produkt	Mathematische Aussagen, allgemein gültige Wahrheiten, die nur auf den Axiomen aufgebaut sind.	Information an die Besitzer des Unternehmens und an die staatlichen Aufsichtsbehörden Steuerung des Unternehmens aufgrund der Bewertungen
Transparenz	Publikationen sind allgemein zugänglich und enthalten restlos alle relevanten Informationen. Wegen der hohen Ansprüche können sie nur von einer sehr begrenzten Gruppe verstanden werden.	Publikationen in den Finanzberichten sind oft sehr umfangreich. Auch wenn versucht wird, mit internationalen Vorgaben eine einheitliche Berichterstattung zu erreichen, besteht ein erheblicher Ermessensspielraum in Auswahl und Ausgestaltung der Information.
Kontrollinstanz	Kleiner Kreis international anerkannter hervorragender Mathematiker	Aktionärsinformationen: Da die Finanzberichte sehr umfangreich und kompliziert sind, werden sie von Finanzanalysten für die übrige Öffentlichkeit gesichtet und bewertet. Die Aufsichtsbehörden kontrollieren die Aufsichtsberichte
Kriterium	Richtig oder falsch	Erfolgreich im Vergleich zu den direkten Konkurrenten
Konsequenzen	Richtigkeit der weiteren Schlussfolgerungen aus den als richtig anerkannten Theoremen	Siehe unten
Ökonomische Konsequenzen	Keine direkten	Erhebliche wie: Kauf oder Verkauf von Unternehmensaktien, Entlohnung des Managements, bis zur Weiterführung oder Einstellung der Geschäftstätigkeit bei aufsichtsrechtlichen Bewertungen

Die neue risikobasierte Aufsicht mit Solvency II soll die Sicherheit des Versicherungsunternehmens bei der Erbringung der Versicherungsleistungen bewerten. Schon das bisherige Aufsichtsregime mit Solvency I, auch Solva I genannt, sollte diese Sicherheit bewerten. Beim neuen Ansatz wird mit der Vorgabe eines Schwellenwertes einer Ausfallwahrscheinlichkeit explizit auf mathematische Begriffe, hier aus der Wahrscheinlichkeitstheorie, verwiesen. Damit werden bisherige rein verbale Vorgaben, wie beipielsweise das Vorsichtsprinzip im HGB, d.h. im lokalrechtlichen Abschluss, erstmals konkretisiert. Dies entspricht dem Zeitgeist, generelle unspezifizierte Vorgaben zu objektivieren und durch solche zu ersetzen, die anhand der Realität überprüft und möglichst eindeutig beurteilt werden können. Damit soll sowohl den Entscheidungsträgern in den Unternehmen wie auch den Aufsichtsbehörden die Verantwortung abgenommen werden. Waren sich die Gesetzgeber bewusst, wie problematisch die Überprüfung solcher Wahrscheinlichkeitsvorgaben ist oder haben sie einfach etwas naiv die Möglichkeiten der „exakten Wissenschaft" überschätzt?

1.13 Verwendete mathematische Hilfsmittel

Das Buch kann in drei größere Themenkreise eingeteilt werden:

I. Die Zinssensitivität von Cashflows, seien dies am Markt gehandelte Anleihen oder Versicherungsverpflichtungen, wie sogenannte Leibrenten, die solange gezahlt werden, wie der Versicherte lebt.

II. Die Portfoliotheorie oder die Vorgaben zu Solvency II. Diese geben vor, wie sich Einzelrisiken zum Gesamtrisiko aggregieren.

III. Die Preisbestimmung von Optionen: Aus den Optionspreisen kann abgeleitet werden, wie der Markt die generellen Finanzrisiken, also beispielsweise die Volatilität von Aktien oder Marktzinssätzen, bewertet. Damit kann das Finanzmarktrisiko eines Versicherungsunternehmens bestimmt werden oder genauer der Betrag, über den das Versicherungsunternehmen gemäß den Anforderungen nach Solvency II verfügen muss, um dieses Risiko auffangen zu können. Dieses Finanzrisiko wird dann gemäß Solvency II mit den weiteren Risiken, wie beispielsweise mit dem versicherungstechnischen Risiko, zum Gesamtrisiko aggregiert. Die Höhe dieses Gesamtrisikos ist die Basis für die staatlich verlangte Solvenz, d.h. für die aufsichtsrechtlich geforderten Eigenmittel des Versicherungsunternehmens.

Diese drei Themenkreise bauen auf unterschiedlichen Mathematikfeldern auf:

Thema	**Mathematische Hilfsmittel**
Zinssensitivität von Cashflows	Analysis einer Veränderlichen, Ableitungen, Integrale
Portfoliotheorie oder die Vorgaben zu Solvency II	Wahrscheinlichkeitstheorie, Vektorgeometrie, lineare Algebra, Matrizenrechnung, Extremwerte mit Nebenbedingungen aus der Analysis mehrerer Veränderlicher
Preisbestimmung von Optionen	Wahrscheinlichkeitstheorie, insbesondere stochastische Analysis, Analysis mehrerer Veränderlicher, insbesondere partielle Differentialgleichungen

Im ersten Themenkreis stellen die Barwerte des Cashflows analytische Formeln in Funktion der Diskontierungszinssätze dar. Durch einfaches Ableiten kann man die Zinssensitivität der Barwerte bestimmen. Die Barwerte selbst, auf Englisch „present value" und auf Französisch „valeur actuelle" genannt, geben den aktuellen Wert der zukünftigen Cashflow-Zahlungen wieder und sind damit grundlegend für alle finanziellen Bewertungen und das in den unterschiedlichsten bilanziellen Regelsystemen.

Bei der Preisbestimmung von Optionen geht es nicht mehr darum, die einfachen Cashflow-Zahlungen auf den aktuellen Bewertungszeitpunkt zu diskontieren. Hier sind die Zahlungen eng an das Risiko beispielsweise von zukünftigen Aktien- oder Zinsschwankungen gebunden. Es geht darum, dieses Risiko abzudiskontieren und den angemessenen Gegenwert für die Risikodeckung zu ermitteln. Die stochastische Analysis hat hier ein Kalkül entwickelt: Wie sich mit der klassischen Analysis die Weiterentwicklung einer bestimmten Größe zu einem späteren Zeitpunkt aufgrund von Wachstumsannahmen in dieser Zeit berechnen lässt, kann die stochastische Analysis das Risiko zur Ausübungszeit der Option aus den Annahmen zur Entwicklung des Risikos während dieser Zeit ermitteln. Mit der stochastischen Analysis kann somit eine über die Zeit zunehmende Ungewissheit modelliert werden und gesamthaft zu einem späteren Zeitpunkt aggregiert werden. Ebenso kann die stochastische Analysis Gegebenheiten, die erst in der Zukunft bekannt sein werden, über die ungewisse Entwicklung bis dann bewerten und so in gewisser Weise das in diesem Zeitraum eingegangene Risiko zum aktuellen Zeitpunkt bewerten und einen Barwert dieses Risikos bestimmen. Wie bei allen Barwertbewertungen hängt der quantitative Wert, den die Berechnung ergibt, von den Annahmen ab. An die Stelle von Diskontzinsannahmen, die im Themenkreis I benötigt werden und deren Einfluss auf die Höhe der Barwerte dort untersucht wird, treten nun sogenannte Volatilitätsannahmen, die als Annahmen zum Risikowachstum, zur Weiterentwicklung der Ungewissheit über die Zeit, verstanden werden können. Mit Hilfe der stochastischen Analysis können partielle Differentialgleichungen gefunden werden, welche die gesuchten und gegebenen Größen und ihre Ableitungen in Beziehung zueinander bringen. Die Bewertung des Risikos, das sich im Preis einer Option niederschlägt, ergibt sich so als Lösung einer partiellen Differentialgleichung. Die Randbedingung entspricht dabei dem aufgrund der Optionsrechte zum Ausübungszeitpunkt fest gegebenen Zusammenhang zwischen gesuchtem und gegebenem Wert.

Während im Themenkreis III in gewisser Weise beliebig viele kleine Risiken über einen gegebenen Zeitraum aggregiert werden, ähnlich wie die Integralrechnung beliebig viele kleine Differentiale zu einem Gesamtwert aggregiert, behandelt der II. Teil die Aggregation von endlich vielen Risiken. Solvency II zerlegt die Risiken, denen die marktnahe Bilanz eines Versicherungsunternehmens ausgesetzt ist, in über 20 „Risikoelemente", die separat geschätzt und dann zu einer Gesamtrisikobewertung aggregiert werden. Um die Art der Aggregation besser zu verstehen, wird ihre Analogie zur Vektorgeometrie aufgezeigt. Risiken können dabei wie Vektoren verstanden werden: Im schlimmsten Fall sind sie gleichgerichtet und addieren sich vollständig, im besten Fall haben sie die entgegengesetzte Richtung. Sind sie dann noch gleich groß, was sich in gleich langen entsprechenden Vektoren niederschlägt, gleichen sich diese Risiken vollständig aus. Üblicherweise gilt weder das eine noch das andere, es sei denn man aggregiert wirklich die vollständig gleichen Risiken. Üblicherweise wird es eine bestimmte Korrelation geben oder die Risiken sind unabhängig, was auch zu einem Diversifikationseffekt bei ihrer Aggregation führt. Das Zusammenspiel der einzelnen n Risiken kann mit einer n x n-Matrix beschrieben werden, welche quasi eine Vermessung der Risikowelt darstellt. In Solvency II wird genau dieser Ansatz verfolgt, um die Einzelrisiken, d.h. die Risikoelemente, zum Gesamtrisiko zusammenzufassen. Dieses Vorgehen ist der Risikobewertung in der bekannten Portfoliotheorie von H. Markowitz sehr ähnlich. Die dabei verwendete Risikodefinition eignet sich besonders für eine mathematische Behandlung. So können viele Optimierungsprobleme als Lösungen linearer Gleichungen gefunden werden, die als Matrizengleichung sowohl im mathematischen Formalismus wie auch in der Praxis einfach gelöst werden können, stehen doch die Matrizenrechnungsoperationen üblicherweise in den Tabellenkalkulationen zur Verfügung.

1.14 Übungsaufgaben und Fragen

►**Aufgabe 1.1**: Bilanzierung basierend auf dem Anschaffungswert: Was spricht für dieses Vorgehen? Ist ein solches Vorgehen regel- oder prinzipienbasiert? Welche Vor- und Nachteile hat diese Art der Bilanzierung und für welche Art von Unternehmen und für welchen Zweck ist sie besser oder weniger gut geeignet?

►**Aufgabe 1.2:** Wieso gibt es Rechnungslegungsstandards, welche die Kapitalmarktschwankungen ausblenden? Wann ist diese Sichtweise problematisch?

►**Aufgabe 1.3:** Erläutern Sie den Unterschied einer Bilanz- und einer Ergebnissicht! In welcher Sichtweise wird das Eigenkapital betrachtet?

►**Aufgabe 1.4:** Wie ordnen sich die Begriffe „mark to market" und „mark to model" in die Einteilung „Theorie" und „Wirklichkeit/Realität" ein? Welche realen Gegebenheiten sind noch zusätzlich zu berücksichtigen? Was ist dabei die Rolle der Mathematik?

1.15 Literatur

Bundesamt für Privatversicherungen: Technisches Dokument zum Schweizer Solvenztest (2006). http://www.finma.ch/archiv/bpv/download/d/SST_technischesDokument_061002.pdf, Zugegriffen: Mai 2012
Christiaans, D.: Volkswirtschaftslehre als Wissenschaft, WISU 8-9, 1087 (2004)
Koller, M.: Stochastische Modelle in der Lebensversicherung, Springer, Heidelberg (2000)

2 Bewertungen

2.1 Bewertung von Wirtschaftsgütern

Wird ein Wirtschaftsgut an einem Markt gehandelt, so bestimmt der Marktpreis den Wert des Gutes. Dabei soll der Marktpreis nicht von den Zufälligkeiten einzelner Angebote oder Käufe – wie beispielsweise bei Liebhaberpreisen auf dem Kunstmarkt – abhängen und sich so einer theoretischen Behandlung weitgehend entziehen. Deshalb soll der Markt tief sein, d.h. einzelne Transaktionen sollen den Marktpreis wenig bewegen. Dann kann man versuchen, die Entwicklung der Marktpreise als Zufallsvariable theoretisch zu beschreiben, beispielsweise mit stochastischen Differentialgleichungen wie bei der Entwicklung der Preise für Aktien.

Sollen Wirtschaftsgüter bewertet werden, die nicht an einem Markt gehandelt werden, oder sollen die Marktpreise mit einer anderen Bewertung überprüft werden, so kann man den mit dem Wirtschaftsgut verbundenen Cashflow betrachten wie beispielsweise: Dividendenzahlungen für Aktien, Mieteinnahmen für Immobilien, Zinszahlungen und die Rückzahlung bei Ablauf für festverzinsliche Anleihen (Bezeichnung in der Schweiz: Obligationen) oder die Rentenzahlungen bei einer Rente einer Lebensversicherung oder einer Pensionskasse.

Je sicherer die Cashflow-Zahlungen sind, desto besser eignet sich der Cashflow zur Bewertung des Wirtschaftsgutes. Dividendenzahlungen sind doch recht unsicher, außerdem gibt es hier einen tiefen Markt, so dass für die Bewertung einer Aktie eher der Marktwert als der Barwert der Dividenden geeignet ist. Bei Immobilien ist dagegen die sogenannte DCF (d.h. Discounted Cashflow) -Methode recht verbreitet, zumal Immobilien oft wenig fungibel, d.h. austauschbar, sind und i. Allg. kein tiefer Markt vorhanden ist.

Bei Anleihen sind die Couponzahlungen und die Rückzahlung des Nominalwertes in der Höhe bei Kauf resp. Emission der Anleihe fest definiert. Deshalb hängt die Bewertung von Anleihen eng mit der Bewertung des mit ihnen verbundenen Cashflows zusammen. Die Unsicherheit bei Anleihen besteht meist nicht in der Höhe der Zahlungen sondern bei schlechter Bonität des Emittenten im Totalausfall der Zahlungen. Haben Anleihen verschiedener Emittenten bei gleichen Cashflow-Zahlungen unterschiedliche Marktpreise, so kann die Differenz der Marktpreise in Unterschiede beim Diskontierungszins umgerechnet werden. Der Unterschied wird dann als Zinsdifferenz, „Zinsspread", verstanden; d.h. für das höhere Ausfallrisiko der Anleihe schlechterer Bonität wird der Anleger mit einem höheren Zinssatz belohnt. Der Markt bewertet hier das Risiko und rechnet es in eine Risikoprämie um, die sich als Zinssatz auf das riskierte Kapital ausdrückt.

Grundsätzlich kann man entweder von Marktpreisen die Zinssätze resp. -kurven bestimmen oder umgekehrt anhand von Zinssätzen resp. -kurven den Wert von Wirtschaftsgütern oder Verpflichtungen, falls man die Cashflow-Zahlungen kennt. So bestimmen die Marktpreise von Bundesanleihen zusammen mit deren Coupons und Nominalrückzahlungen samt ihren Terminen die sogenannte Umlagerendite.

Umgekehrt kann man Wirtschaftsgüter oder Verpflichtungen bewerten, die an keinem Markt gehandelt werden, wie beispielsweise Verpflichtungen von Versicherungsgesellschaften. Dazu muss man deren Cashflow-Zahlungen kennen und diese bewerten. Dabei können zur Diskontierung Marktzinsen zugrunde gelegt werden, also Zinssätze und -kurven, die aus Marktwerten und ihren zugehörigen Cashflows bestimmt wurden. Dies wird als marktnahe Bewertung bezeichnet. Eine solche Bewertung schwankt stark, d.h. sie ist sehr volatil, entsprechend den Schwankungen des Marktzinses. Heute werden solche Schwankungen eher als früher in Kauf genommen und solche marktnahen Bewertungen haben an Bedeutung gewonnen.

Alternativ dazu kann die Bewertung auch mit einem festen Zinssatz erfolgen, der beispielsweise bei der Entstehung der Verpflichtung bestimmt wurde und dann, während die Verpflichtung weiter besteht, festgehalten wird. Diese Bewertung ist unabhängig von der Marktvolatilität und damit stabiler und besser voraussehbar und kalkulierbar. Eine solche Bewertung entspricht in gewisser Weise einer Buchwertbewertung gemäß dem Anschaffungswert. Diese Bewertungen mit festem Zins sind für die handelsrechtliche Reservierung von Versicherungsverpflichtungen üblich. Dabei wird außerhalb der Lebensversicherung und ähnlichen Versicherungen nach dem Muster der Lebensversicherung wie beispielsweise bei der Krankenversicherung kein Diskontzins eingerechnet. In der Lebensversicherung werden die Rückstellungen aus den Cashflow-Zahlungen im Allgemeinen aufgrund eines festen Zinssatzes bestimmt, der über die Vertragsdauer unverändert belassen wird und zu dem bei Vertragsabschluss die Prämie berechnet wurde.

2.2 Übersicht zu Bewertungsarten

Die Abbildung 2.1 gibt einen Überblick zu den unterschiedlichen Bewertungsarten von Wirtschaftsgütern und Verpflichtungen. Je dunkler die Einfärbung ist, desto klarer entspricht die betrachtete Bewertung dem jeweiligen Prinzip.

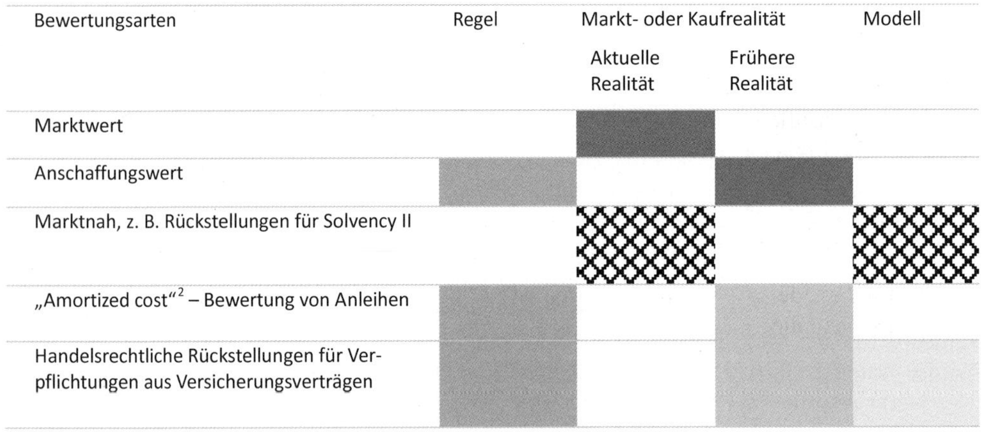
Bewertungsarten
Regel
Markt- oder Kaufrealität
Aktuelle Realität
Frühere Realität
Modell
Marktwert
Anschaffungswert
Marktnah, z. B. Rückstellungen für Solvency II
„Amortized cost"[2] – Bewertung von Anleihen
Handelsrechtliche Rückstellungen für Verpflichtungen aus Versicherungsverträgen

Abbildung 2.1

[2] Mit „amortized cost" wird eine Berechnung für die Bewertung von Anleihen nach dem fortgesetzten Anschaffungswertprinzip verstanden: Entsprechen sich bei Anleihen der Kaufpreis und der Nominalbetrag bei Ablauf nicht, dann wird die Differenz als „cost" über die Restlaufzeit der Anleihe amortisiert. Diese Amortisation erfolgt üblicherweise linear und deshalb lässt sich die Amortized-cost-Bewertung sehr einfach ermitteln.

Jede Bewertung versucht, von einer Marktrealität auszugehen. Bei der Bewertung über den Anschaffungswert geht man wohl nicht von einem Marktwert aus, aber doch immerhin von einem real erzielten Kaufpreis, was doch zumindest in die Nähe einer Marktrealität kommt.

Wo kein Markt vorhanden ist, versucht man, aus dem Vergleich bestimmter Gegebenheiten des Wirtschaftsgutes mit ähnlichen Gegebenheiten bei marktbewerteten Gütern mittels eines Modells eine Bewertung vorzunehmen. Beispielsweise vergleicht man die Cashflow-Zahlungen mit den Cashflows von Anleihen, die an einem Markt gehandelt werden. Je nachdem, was bewertet wird, kann eine marktnahe Bewertung weniger oder mehr Modellcharakter haben und sich weniger oder stärker auf eine gegebene Realität abstützen.

2.3 Cashflows

Gegeben sei ein Cashflow Z_t mit Zahlung der Beträge Z_t nach t Jahren (t=0,1,... oder auch eine gebrochene Dauer). Für die Barwertbildung müssen die Beträge diskontiert werden, d.h. man betrachtet die diskontierten Beträge $v^t \cdot Z_t$, mit dem Diskontsatz $v = 1/(1+i)$. Dabei gehen wir hier von einem festen Bewertungszins i aus. Der Barwert („present value") ergibt sich dann als Summe der diskontierten Beträge

$$P = P(Z) = \sum_{t \geq 0} v^t \cdot Z_t \, .$$

Beispiel 2.1: Eine Anleihe wird aufgelegt. Für die nächsten 10 Jahre wird ein Coupon von 3 % jeweils per Ende Jahr, d.h. nachschüssig ausgezahlt. Nach 10 Jahren wird der Nominalbetrag 1 zusammen mit dem Coupon gezahlt.

Dann ist $Z_1 = ,\ldots, = Z_9 = 0{,}03$ und $Z_{10} = 1{,}03$

Wird dieser Cashflow zum Zinssatz von 3 % bewertet, so gibt dies mit der Summenformel für geometrische Reihen (Luderer und Würker 2011, S. 114)

$$P(Z) = 0{,}03 \cdot \sum_{t=1}^{9} 1{,}03^{-t} + 1{,}03^{-10} = 0{,}03 \cdot \frac{1 - 1{,}03^{-10}}{0{,}03} + 1{,}03^{-10} = 1.$$

Nehmen wir an, der Marktpreis der Anleihe sei 1,1. Welchem Zinssatz entspricht dieser Preis? Dazu muss man die Gleichung

$$1{,}1 = 0{,}03 \cdot \frac{1 - (1+x)^{-10}}{x} + (1+x)^{-10}$$

lösen. Der Zinssatz ist hier eine Lösung einer Polynomgleichung 11. Grades. Eine solche Lösung kann nur numerisch gefunden werden. Dabei stehen die entsprechenden Algorithmen heute in Standardfunktionen von Tabellenkalkulationen zur Verfügung, welche mit numerischen, iterativen Verfahren bei gegebenen Cashflow-Zahlungen und Barwerten die darin eingerechneten Zinssätze bestimmen. Damit stellen diese Fragen heute kein rechnerisches Problem mehr dar. In dem über das Internet zugänglichen Buch „Die höheren bürgerlichen Rechnungsarten" von August Wiegand von 1850 wird in Beispiel 17 eine solche Frage für die maximal mögliche Dauer von 4 Jahren gestellt. Diese führt dort zu einer Gleichung vierten Grades, welche mit den Formeln von Cardano gelöst wird. Ob solche komplexen Lösungen damals praktisch relevant waren, sei dahingestellt, zumal sich die Berechnungsweise nicht auf längere Dauern erweitern lässt, da Gleichungen von einem höheren als dem vierten Grad bekanntlich nur numerisch lösbar sind. Immerhin hat diese Aufgabe die Problematik von Zinsbestimmungen und den Nutzen der damals üblichen Barwerttabellen aufgezeigt.

Illustriert man die Jahreszahlung mit Balken der Seitenlänge 1 und der Höhe der Zahlungen resp. der diskontierten Zahlungen, so ergibt die durch die Balken mit den diskontierten Zahlungen gebildete Fläche den Barwert des Cashflows. In der Abbildung 2.2 entspricht dies der Stirnfläche der als Balken dargestellten diskontierten Zahlungen $v^k Z_k$.

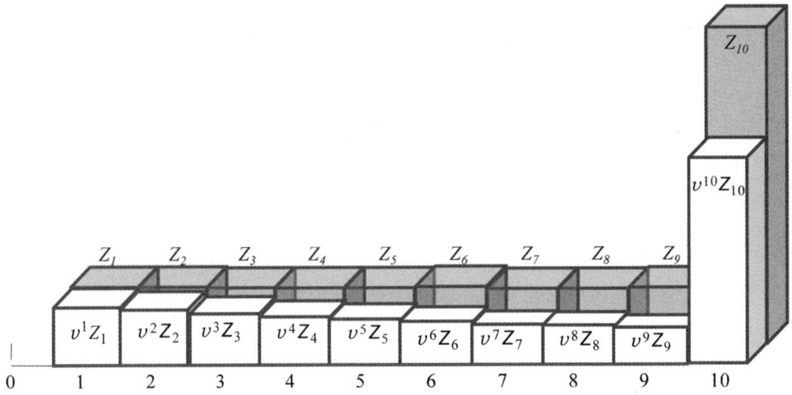

Abbildung 2.2

2.4 Die wichtigsten Standard-Cashflows generell und speziell bei Lebensversicherungen

Es ist üblich, nicht einzelne Cashflow-Zahlungen isoliert zu betrachten, sondern Archetypen von üblichen Cashflows insgesamt zu behandeln. Dies ist teilweise auch historisch so gewachsen, konnte man doch wie oben beschrieben früher viele Fragestellungen nicht so einfach wie heute numerisch lösen und musste beispielsweise für solche Standard-Cashflows auf Barwerttabellen zurückgreifen.

In der Lebensversicherung gibt es einen ganzen Zoo von Symbolen für die Barwerte von standardisierten Cashflows, die den Betrag 1 zahlen, wenn der Versicherte während der Versicherungsdauer am Leben bleibt oder stirbt, je nach der spezifischen Bedeutung des Symbols. Hängt die Zahlung nicht vom Erleben einer versicherten Person ab, verbleiben viel weniger Symbole, welche üblicherweise feste Zahlungen des Betrages 1 über eine gegebene mehrjährige Periode bezeichnen:

Bezeichnung	Barwert-symbol	Barwert-formel	Zahlungen					
			Z_0	$Z_1 \ldots$	Z_{n-1}	Z_n	$Z_{n+1} \ldots$	$Z_u \ldots$
Vorschüssige Zeitrente	$\ddot{a}_{\overline{n}\rvert}$	$v\dfrac{1-v^n}{i}$	1	1 …	1	0	0	0
Nachschüssige Zeitrente	$a_{\overline{n}\rvert}$	$\dfrac{1-v^n}{i}$	0	1 …	1	1	0	0
Vorschüssige ewige Rente	$\ddot{a}_\infty$	v/i	1	1 …	1	1	1 …	1 …
Nachschüssige ewige Rente	a_∞	$1/i$	0	1 …	1	1	1 …	1 …

Die Barwerte ergeben sich jeweils aus den Formeln für geometrische Reihen mit dem Diskontsatz $v = 1/(1+i)$.

Wir gehen nun zu den Cashflows bei Lebensversicherungen:

Die Zahlung einer Leibrente hängt davon ab, ob die versicherte Person bei der Rentenfälligkeit noch lebt. Generell sind Zahlungen bei Lebensversicherungen vom Leben einer oder auch von mehreren versicherten Personen abhängig. Dies führt zu den speziellen Cashflows, die in Lebensversicherungen oder Pensionskassen betrachtet werden. Die Diskontierung erfolge wie zu einem fest gewählten Zinssatz *i*. Je nach Art der Versicherung werde jeweils der Betrag 1 gezahlt, falls die versicherte Person nach den vertraglich vereinbarten Jahren lebt oder in dem vereinbarten Zeitraum gestorben ist.

Man kenne die Wahrscheinlichkeit ${}_t p_x$, für einen *x*-Jährigen, nach *t* Jahren noch am Leben zu sein, und interessiert sich für den Erwartungswert von diskontierten Zahlungen:

Der Erwartungswert einer Zahlung Z_t lautet

bei Erleben nach *t* Jahren $\quad {}_t p_x$

bei Tod im Jahr *t* $\quad {}_{t-1}p_x - {}_t p_x = {}_{t-1}p_x \cdot q_{x+t-1}$.

Die Todesfallwahrscheinlichkeiten q_{x+t-1} sind so durch den Verlauf der Erlebensfallwahrscheinlichkeiten bestimmt. Umgekehrt können die Erlebensfallwahrscheinlichkeiten aus dem Verlauf der Todesfallwahrscheinlichkeiten ermittelt werden.

Da die einzelnen Wahrscheinlichkeiten ${}_{t}p_x$ voneinander unabhängig sind und v als konstanter Faktor aufgefasst werden kann, ergibt sich der Erwartungswert einer Summe von diskontierten Zahlungen als Summe der Erwartungswerte der einzelnen Zahlungen. Deshalb kann der Erwartungswert der Summe der diskontierten Zahlungen als Barwert des Cashflows verstanden werden, bei dem der versicherte Betrag 1 durch den Erwartungswert der Zahlungen ersetzt wird, also je nachdem, ob eine Zahlung bei Erleben versichert ist, durch ${}_{t}p_x$ oder bei Tod durch ${}_{t-1}p_x \cdot q_{x+t-1}$. Indem wir als Höhe der Cashflow- Zahlungen nicht die versicherten Leistungen, sondern den Erwartungswert der Zahlungen nehmen, bekommen wir neue Cashflow-Zahlungen. Rechnet man die Barwerte mit diesen neuen Zahlungen, erhält man die Erwartungswerte der Zahlungen für die versicherten Risiken. Mit der Konzentration auf den Erwartungswert geht die Risikosicht beim eigentlichen Versicherungsrisiko verloren. Dafür wird die Betrachtung des Finanzrisikos, also beispielsweise des Risikos von Diskontzinsänderungen klarer fassbar. Damit kann man sich besser auf das Finanzrisiko konzentrieren. Das Versicherungsrisiko muss dann separat behandelt werden.

Bezeichnung	**Barwert-symbol**	**Zahlungen**						
		Z_0	Z_1	…	Z_{n-1}	Z_n	Z_{n+1}	Z_{u}..
Rentenzahlungen								
Vorschüssige Zeitrente	$\ddot{a}_{x:\overline{n}\vert}$	1	${}_{1}p_x$	…	${}_{n-1}p_x$	0	0	0
Nachschüssige Zeitrente	$a_{x:\overline{n}\vert}$	0	${}_{1}p_x$	…	${}_{n-1}p_x$	${}_{n}p_x$	0	0
Vorschüssige ewige Rente	$\ddot{a}_x$	1	${}_{1}p_x$	…	${}_{n-1}p_x$	${}_{n}p_x$	…	${}_{u}p_x$
Nachschüssige ewige Rente	a_x	0	${}_{1}p_x$	…	${}_{n-1}p_x$	${}_{n}p_x$	…	${}_{u}p_x$
Vorschüssige aufgeschobene Rente	${}_{n\vert}\ddot{a}_x$	0	0	…	0	${}_{n}p_x$	${}_{n+1}p_x$	${}_{u}p_x$
Nachschüssige aufgeschobene Rente	${}_{n\vert}a_x$	0	0	…	0	0	${}_{n+1}p_x$	${}_{u}p_x$

Bezeichnung	Barwert-symbol	Zahlungen Z_0	Z_1	…	Z_{n-1}	Z_n	Z_{n+1}	$\dots Z_u \dots$
Einmalige Zahlungen								
Im Erlebensfall	${}_nE_x$	0	0	…	0	${}_np_x$	0	0
Bei Tod Versicherungsdauer:								
temporär	${}_{\vert n}A_x$	0	q_x	…	…	${}_{n-1}p_x \cdot q_{x+n-1}$	0	0
lebenslänglich	A_x	0	q_x	…	…	…	…	${}_{u-1}p_x \cdot q_{x+u-1}$
Bei Erleben oder vorzeitigem Tod:								
Gemischte Versicherung $A_{x:\overline{n}\vert} = {}_{\vert n}A_x + {}_nE_x$		0	q_x	…	${}_{n-2}p_x \cdot q_{x+n-2}$	${}_np_x$	0	0

Für die Versicherten steht bei den entsprechenden Cashflow-Zahlungen immer eine „1". Bleibt der Versicherte bis zum vereinbarten Jahr am Leben oder stirbt er in diesem Jahr, wird der Betrag 1 ausgezahlt. Die Deckungen, welche unter „einmalige Zahlungen" aufgeführt sind, können für die einzelne Versicherung immer nur zu einer Zahlung des Betrages 1 führen. Im Erwartungswert sind aber alle möglichen Zahlungen entsprechend ihrer Wahrscheinlichkeit zu berücksichtigen und dabei ist es in der Lebensversicherung üblich, einen festen Diskontzins einzurechnen.

In der Lebensversicherung geht man im Allgemeinen davon aus, dass

$${}_xp_0 \cdot {}_tp_x = {}_{x+t}p_0$$

gilt. Damit kann man alles auf die Überlebenswahrscheinlichkeit ab Alter 0 zurückführen. Man stellt sich dabei vor, dass die Berechnungen von einem Bestand von l_0 Lebenden im Alter 0 ausgehen, der sich mit den angenommenen Überlebenswahrscheinlichkeiten mit der Zeit reduziert. Dann ergibt sich $l_0 \cdot {}_xp_0$ als Anzahl Überlebender im Alter x.

Die diskontierte Anzahl Überlebender im Jahr x bezeichnet man üblicherweise als

$$D_x = v^x \cdot l_0 \cdot {}_xp_0$$

und die diskontierte Anzahl der im Jahr x Gestorbenen als

$$C_x = v^x \cdot l_0 \cdot {}_xp_0 \cdot q_x \cdot$$

Mit diesen Bezeichnungen ergeben sich die diskontierten Zahlungen $v^t Z_t$ für einen x-Jährigen:

bei Erleben nach t Jahren $\quad v^t \, {}_t p_x = D_{x+t} / D_x$

bei Tod im Jahr t $\quad v^t \cdot {}_{t-1} p_x \cdot q_{x+t-1} = C_{x+t-1} / D_x$.

Dabei betrifft „ Tod im Jahr t " die betrachteten Todesfall-Zahlungen zum Zeitpunkt t. Gemäß Modell betrifft dies die während des Jahres $t-1$ Gestorbenen.

Mit den Summen der jeweils im Erlebens- oder im Todesfall erwarteten Zahlungen kann man einfache Formeln für die Barwerte bilden. Wir nehmen an, dass ω das Endalter der Sterbetafel bezeichne und das Leben-Modell keine Rentenzahlungen nach diesem Alter vorsehe. Dann werden die so genannten Kommutationszahlen von der diskontierten Anzahl der Lebenden im Endalter resp. der im letzen Jahr Gestorbenen ausgehend für die tieferen Alter rekursiv bestimmt:

$$N_x = N_{x+1} + D_x \;, x = 0,.., \omega, \quad N_\omega = D_\omega \,, \quad M_x = M_{x+1} + C_x \;, x = 0,\ldots, \omega, \quad M_\omega = C_\omega$$

Damit ist

$$N_x = \sum\nolimits_{t=0}^{\omega-x} D_{x+t} \text{ und } M_x = \sum\nolimits_{t=0}^{\omega-x} C_{x+t}$$

bestimmt. Die C_x können auch allein aus den D_x berechnet werden:

$$C_{x+t} = D_x \cdot v^{t+1} \cdot {}_t p_x \cdot q_{x+t} = D_x \cdot v^{t+1} \cdot {}_t p_x - D_x \cdot v^{t+1} \cdot {}_t p_x \left(1 - q_{x+t}\right) = v\, D_{x+t} - D_{x+t+1} \, .$$

Diese Beziehung gilt auch generell für C_{x+0} und so für ein beliebiges x ≠ω, wenn wie üblich alle Überlebenswahrscheinlichkeiten auf ein Beginnalter von beispielsweise 0 Jahren zurückgeführt werden. Dies führt zu der einfachen Beziehung

$$C_x = v\, D_x - D_{x+1} \text{, wobei } C_\omega = v\, D_\omega \,,$$

d.h. der gesamte Bestand an Lebenden im Alter ω wird gemäß Modell per Ende Jahr als gestorben aufgefasst. Detaillierte Ausführungen siehe (Ortmann 2008, S. 118f).

Aus diesen Hilfszahlen D_x, N_x, C_x und M_x kann man nun die Barwerte für alle typischen Cashflows berechnen. Mit der Betrachtung gesamter Cashflows geht man nicht von einzelnen Zahlungen als „Atomen" aus, sondern betrachtet direkt die Cashflows gesamthaft. Dies entspricht den Versicherungsprodukten. Hier werden ja nicht einzelne Cashflow-Zahlungen versichert, sondern die Gesamtheit aller Zahlungen der jeweiligen Produkte. Bei Leibrenten muss also die gesamte lebenslange Rentenzahlung betrachtet werden, bei temporärer Todesfalldeckung die Gesamtheit aller erwarteten Todesfallzahlungen während der Versicherungsdauer von beispielsweise n Jahren. Diese Cashflows sind quasi die neuen „Atome" unserer Betrachtungen. Die Barwerte für diese Grundbausteine können aus den Kommutationszahlen bestimmt werden.

	lebenslänglich	temporär	aufgeschoben
Renten			
Nachschüssig	$a_x = N_{x+1} / D_x$	$a_{x:\overline{n}\|} = (N_{x+1} - N_{x+n+1}) / D_x$	$_{n\|}a_x = N_{x+n+1} / D_x$
Vorschüssig	$\ddot{a}_x = N_x / D_x$ $= a_x + 1$	$\ddot{a}_{x:\overline{n}\|} = (N_x - N_{x+n}) / D_x$	$_{n\|}\ddot{a}_x = N_{x+n} / D_x$
Todesfall-versicherungen	$A_x = M_x / D_x$	$_{\|n}A_x = (M_x - M_{x+n}) / D_x$	
Kapital-versicherungen			
Erlebensfall-versicherung		$_nE_x = D_{x+n} / D_x$	
Gemischte Versicherung		$A_{x:\overline{n}\|} = {}_{\|n}A_x + {}_nE_x$	

In (Ortmann 2008, S. 134f.) werden die Barwerte für Cashflows bei Lebensversicherungen ausführlich erläutert.

Aus diesen sogenannten Kommutationszahlen, also den tabellierten Werten zu der diskontierten Anzahl Lebender D_x und Gestorbener C_x und den daraus jeweils gebildeten Summen N_x und M_x wurde während zwei Jahrhunderten die gesamte Lebensversicherungsmathematik aufgebaut.

Der Begriff „Kommutationszahlen" wurde in Großbritannien im Zusammenhang mit der Einführung des klassischen, über Jahrhunderte bestimmenden Lebensversicherungskalküls geprägt. Seinerzeit waren die Rechenmöglichkeiten viel begrenzter als heute. Deshalb war man daran interessiert, die Grundwerte zu tabellieren und wollte dabei mit möglichst wenigen Tabellen auskommen. Die Kommutationszahlen leisteten diesen Dienst: Mit wenigen Tabellen konnte man alle benötigten Barwerte bestimmen. Zudem konnte man einzelne Tabellen einfach aus Summen von anderen Tabellen bestimmen. Die komplexere Rechenoperation des Diskontierens, zudem evtl. noch über viele Jahre, war in die Tabellen ausgelagert und musste nur einmal bei Erstellung der Tabellen vorgenommen werden. So wurde „commute" im Sinn von für „wechselnde" Zahlungsvereinbarungen geeignete Grundzahlen verstanden. Die Beschränkung auf möglichst wenige, über längere Zeit beibehaltene Grundannahmen ist im Übrigen ein typisch mathematisches Vorgehen. Mit dem heute manchmal etwas belächelten Kalkül konnten die praktischen Aufgaben über Jahrhunderte ausgezeichnet gelöst werden.

Die Summen können dabei als Fläche interpretiert werde, so wie der Barwert eines Cashflows als Fläche über den Balken der diskontierten Zahlungen verstanden werden kann. Die Division durch D_x entspricht dabei einer geeigneten Normierung. Per Konstruktion enthalten die einzelnen Summanden

$$D_{x+t} = D_x \cdot v^t \, {}_tp_x \quad \text{und} \quad C_{x+t} = D_x \cdot v^{t+1} \cdot {}_tp_x \cdot q_{x+t}$$

den Faktor D_x, der bei der Betrachtung der Zahlung für einen Versicherten weg gekürzt werden muss.

In diesem Formelaufbau sind die Diskontierungen bei einer Todesfall-Versicherung so normiert, dass die Zahlung bei Tod im Jahr jeweils per Ende Jahr erfolgt. Dieser Aufbau ist so im deutschsprachigen Raum verbreitet. In Frankreich wird oft auch die Auszahlung bei Tod in einem Jahr im Modell auf die Jahresmitte gelegt und dann jeweils für ½ , 1½ , 2½ Jahre etc. diskontiert.

2.5 Übungsaufgaben/Fragen

►**Aufgabe 2.1:** Wie wird im beschriebenen Lebensversicherungsmodell die Bestandesentwicklung der Lebenden über die Zeit modelliert, in welchem Takt erfolgt die zeitliche Entwicklung?

►**Aufgabe 2.2:** Zu welchem Zeitpunkt erfolgt die Zahlung im Todesfall, welche mit dem Symbol C_{x+t} bezeichnet wird? Was wird mit dem Symbol C_{x+t} bezeichnet?

Interpretieren Sie die beiden Beziehungen für C_{x+t} :

$C_{x+t} = D_x \cdot v^{t+1} \cdot {}_t p_x \cdot q_{x+t} = v\, D_{x+t} - D_{x+t+1}$!

►**Aufgabe 2.3:** Weisen Sie nach, dass der Barwert der temporären nachschüssigen Zeitrente $a_{\overline{n}|} = (1-v^{\mathrm{n}})/i$ beträgt. Berechnen Sie $\ddot{a}_{x:\overline{n}|} - a_{x:\overline{n}|}$! Wie entwickelt sich diese Differenz bei n →∞?

2.6 Literatur

Zur Finanzmathematik:

Luderer B., Würker U.: Einstieg in die Wirtschaftsmathematik, Vieweg+Teubner Studienbücher Wirtschaftsmathematik, Wiesbaden (2011)

In den Lehrbüchern zur Lebensversicherungsmathematik wird dieses Kalkül im Allgemeinen ausführlich dargestellt. Hier sind zwei Referenzen aufgeführt:

Ortmann, K.M.: Praktische Lebensversicherungsmathematik, Vieweg+Teubner Studienbücher Wirtschaftsmathematik, Wiesbaden (2009)

Wolfsdorf, K.: Versicherungsmathematik, Vieweg+Teubner Studienbücher Wirtschaftsmathematik, Wiesbaden (1986)

Die Darstellung zum würfelförmigen Globus findet sich zum Beispiel in:

Keller, P.: The Swiss Solvency Test (SST). Federal Office of Private Insurance. Präsentation – General Overview (2007). http://www.finma.ch/d/beaufsichtigte/versicherungen/schweizer-solvenztest/Documents/ swiss_solvency_test_ppt.pdf. Zugegriffen: März 2012

3 Duration, Konvexität und Dispersion

3.1 Duration und Ableitung des Barwertes nach dem Diskontierungszins

Gegeben sei ein Cashflow Z mit Zahlung der Beträge Z_t nach t Jahren ($t=0,1$ oder auch eine gebrochene Dauer). Der Barwert des Cashflows zu einem Zinssatz i und Diskontsatz $v=v(i)=1/(1+i)$ ist wiederum:

$$P = P(Z) = P(i) = P(i,Z) = \sum_{t\geq 0} \frac{Z_t}{(1+i)^t} = \sum_{t\geq 0} v^t \cdot Z_t .$$

Wir betrachten die Ableitung

$$\frac{dP}{di} = \sum_{t\geq 0} Z_t \frac{d((1+i)^{-t})}{di} = -\sum_{t\geq 0} t \cdot Z_t \cdot (1+i)^{-t-1} = -v \sum_{t\geq 0} t \cdot v^t \cdot Z_t .$$

Um die Sensitivität des Cashflows gegenüber einer Änderung des Diskontzinses zu messen, ist insbesondere die relative Abhängigkeit des Barwertes gegenüber Zinsänderungen wichtig. Der Barwert selbst stellt ja im Allgemeinen einen Geldbetrag dar, also einen Betrag in einer bestimmten Währung, der von der Größe des Anlage- oder Rückstellungsvolumens abhängig ist. Zur Beurteilung von Risiken oder der Güte eines Geschäftes sind oft dimensionslose Größen, eben Kennzahlen wie der Prozentsatz an Eigenkapitalunterlegung, die Eigenkapitalrendite oder die combined-ratio[3] in der Schadenversicherung nützlich. Um hier zumindest die Währungsdimension zu eliminieren, dividieren wir die Ableitung durch den Barwert. Zudem nehmen wir den negativen Wert des Quotienten aus Ableitung und Barwert und erhalten so insgesamt wieder einen positiven Wert:

$$D_{mod}(Z) = -\frac{1}{P} \cdot \frac{dP}{di} = v \frac{\sum_{t\geq 0} t \cdot v^t Z_t}{\sum_{t\geq 0} v^t Z_t}$$

Dies ergibt eine Größe in der Dimension der Zeit. Die in einer Währung gemessen Zahlungen Z_t kürzen sich weg und es bleibt die Dimension von t , welche eine Zeit darstellt. Im Allgemeinen wird eine Zeitangabe in Jahren verstanden. Das basiert hier letztlich auf der Konvention, dass der Zinssatz i als Verzinsung für ein Jahr genommen wird. Würde man den Zinssatz i als kontinuierliche Verzinsung verstehen, also $P = \sum_{t\geq 0} e^{-it} Z_t$, so würde der Faktor v in $D_{mod}(Z)$ wegfallen. Die Größe $D_{mod}(Z)$ bezeichnet man als modifizierte Duration des Cashflows, womit die Zeitdimension zum Ausdruck kommt.

---

[3] Summe von Kosten und Schadensatz in der Nichtlebensversicherung, d.h. Kosten + Schäden in einer Zeitperiode geteilt durch die Prämien für diese Periode.

Wie soll man diese Zeitdauer nun interpretieren, welchen Zeitraum stellt dies dar? Wir lassen den Diskontfaktor v weg und betrachten

$$D(Z) = -\frac{1+i}{P} \cdot \frac{dP}{di} = \frac{\sum_{t \geq 0} t \cdot v^t Z_t}{\sum_{t \geq 0} v^t Z_t}.$$

Dies nennen wir die Duration des Cashflows. Genauer ist es die sogenannte Duration nach Macaulay, benannt nach Frederick R. Macaulay, der 1938 diesen Begriff im Zusammenhang mit dem Zinsrisiko von Anleihen verwendete und herausfand, dass Anleihen mit ähnlicher Duration auch ein ähnliches Risiko haben.

Dies erlaubt folgende Interpretation:

Die Duration stellt den Schwerpunkt der auf einem Zeitstrahl aufgereihten, diskontierten Zahlungen dar.

In der folgenden Grafik bei einem angenommen Coupon in geeigneter Höhe und der Nominalauszahlung nach 10 Jahren gäbe es beispielsweise eine Duration von 7,5 Jahren. Vom Zeitpunkt der Duration aus gesehen, gleichen sich die Abweichungen der diskontierten Zahlungen in den beiden Richtungen aus. Man kann sich den gesamten Zahlungsfluss als zum Zeitpunkt der Duration erfolgend vorstellen. Damit hat man einen einfacheren Cashflow, der in erster Näherung bezüglich der Zinssensitivität dem komplexeren ursprünglichen Cashflow entspricht.

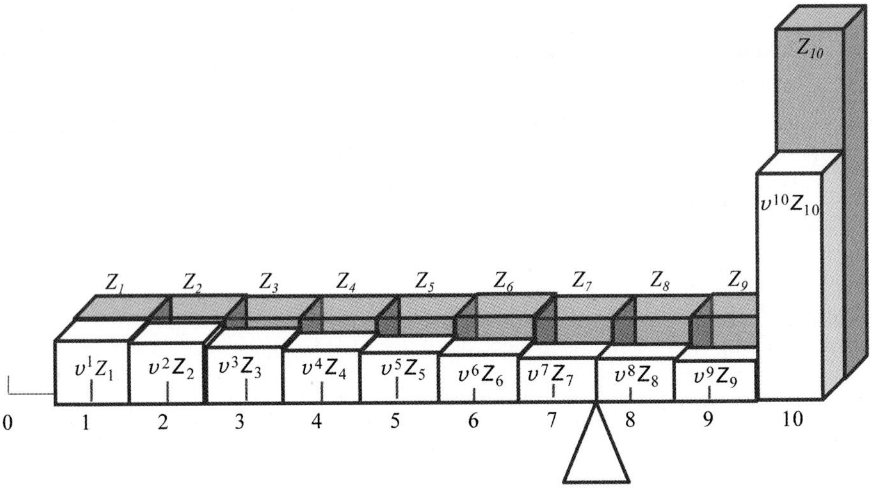

Abbildung 3.1

Im Allgemeinen haben die Mitarbeiter und das Management in einem Versicherungsunternehmen eine Vorstellung, welche Duration die angelegten Vermögenswerte (z. B. das Anleihen-Portfolio) oder die Verpflichtungen (z. B. die mittlere Abwicklungsdauer für Rückstellungen in der Schadenversicherung) haben. Bei Lebensversicherungen hat man eine

Vorstellung, wie lange die Verträge im Mittel noch laufen. Damit stellt die Duration nicht nur eine theoretische Finanzgröße dar, sondern hat einen direkten Bezug zu den konkreten Kapitalanlagen resp. Verpflichtungen. Die erfahrenen Praktiker kennen in etwa die mittlere Dauer ihrer Verpflichtungen und können dann schätzen, wie viel eine Änderung des Bewertungszinses ausmacht. Dabei empfiehlt es sich aber, zumindest erstmalige Schätzungen durch konkrete Rechnungen zu überprüfen.

Wir haben also zwei Begriffe für die Duration, einerseits die modifizierte Duration D_{mod} und andererseits die Duration D selbst (oder auch Duration nach Macaulay genannt). Die zwei Begriffe kommen daher, dass in der Duration zwei Konzepte zusammentreffen: Einerseits ist dies ein Konzept aus der Analysis mit der Ableitung und andererseits ist dies ein geometrisches Konzept mit dem Schwerpunkt der diskontierten Zahlungen. Der große Nutzen des Konzepts liegt darin, dass sich beide Größen, abgesehen von dem im Allgemeinen nicht sehr großen Faktor $1+i$ resp. v entsprechen. Damit kann man je nach Problemstellung sowohl analytische wie auch geometrisch-praktische Betrachtungen verwenden und zwischen beiden Betrachtungen hin und her wechseln. Dass es zwei Begriffe gibt, liegt an diesem kleinen Bias, also dieser kleinen Verzerrung beim Übergang von der einen auf die andere Sichtweise im Umfang des Faktors $1+i$ resp. v.

Die modifizierte Duration D_{mod} entspricht ohne Faktor direkt dem Begriff, der für den Zusammenhang aus der Analysis benötigt wird, wogegen die Duration D (nach Macaulay) dem Begriff aus der Geometrie resp. aus der konkreten Praxis entspricht. Hat ein Cashflow wie bei einem Zerobond nur eine Auszahlung nach n Jahren, dann ist die Duration n und die modifizierte Duration $v \cdot n$. Im Folgenden verwenden wir hier immer die Duration D (nach Macaulay).

Geben wir Formeln zur Zinssensitivität an, dann erscheint in diesen Formeln im Allgemeinen der Diskontfaktor v zur Umrechnung vom geometrischen Begriff der Duration auf den dann benötigten analytischen Zusammenhang.

Kann ein Cashflow Z in zwei Cashflows Z_1 und Z_2 zerlegt werden, so ergibt sich die Duration des Gesamt-Cashflows als gewichtetes Mittel der einzelnen Cashflows. Dabei sind als Gewichte die Barwertanteile der einzelnen Cashflows vom Gesamt-Cashflow zu nehmen. Wir zeigen dies mit dem Zugang zur Duration aus der Analysis:

$$\begin{aligned} D(Z) &= -\frac{1+i}{P(Z)}\frac{dP(Z)}{di} \\ &= -\frac{1+i}{P(Z)}\frac{dP(Z_1+Z_2)}{di} = -\frac{P(Z_1)}{P(Z)}\cdot\frac{1+i}{P(Z_1)}\frac{dP(Z_1)}{di} - \frac{P(Z_2)}{P(Z)}\cdot\frac{1+i}{P(Z_2)}\frac{dP(Z_2)}{di} \\ &= \frac{P(Z_1)}{P(Z)}D(Z_1) + \frac{P(Z_2)}{P(Z)}D(Z_2) \end{aligned}$$

3.2 Duration von ewigen und temporären Renten (Zeitrenten)

Bei den Renten-Cashflows, die nicht vom Erleben einer versicherten Person abhängig sind, kennt man die analytische Barwertformel aufgrund der Formel für die Summe von geometrischen Reihen. Zur Bestimmung der Duration kann man deshalb die Analysis einsetzen und die Ableitung des Barwertes nach dem Zinssatz berechnen. Für eine ewige, nachschüssige Rente gibt dies

$$D(a_{\overline{\infty}|}) = -(1+i)\cdot\frac{d(a_{\overline{\infty}|})}{di}\cdot\frac{1}{a_\infty} = -(1+i)\cdot\frac{d(i^{-1})}{di}\cdot\frac{1}{i^{-1}} = \frac{1+i}{i}.$$

Der Cashflow einer nachschüssigen ewigen Rente entsteht aus dem einer vorschüssigen ewigen Rente durch Verschieben jeder einzelnen Zahlung um eine Zeitspanne 1. Diese geometrische Überlegung besagt somit, dass die Duration der nachschüssigen Rente um 1 größer als die der vorschüssigen ist, d.h.

$$D(\ddot{a}_{\overline{\infty}|}) = D(a_{\overline{\infty}|})-1 = \frac{1}{i}.$$

Bei temporären Renten, d.h. bei Zeitrenten, ist die Ableitung etwas komplizierter. Wir wollen dies umgehen, indem wir die Duration von Zeitrenten auf diejenige von ewigen Renten zurückführen. Dazu stellen wir uns den Cashflow der ewigen Rente in zwei Teil-Cashflows zerlegt vor, in eine temporäre Rente über n-Jahre und in eine daran anschließende ewige Rente, d.h. in eine um n-Jahre aufgeschobene nachschüssig zahlbare Rente. Deren Symbol bezeichnet man mit ${}_{n|}a_\infty$.

Dann gilt $a_{\overline{n}|} + {}_{n|}a_{\overline{\infty}|} = a_\infty$.

Wir verwenden die obige Beziehung zur Ermittlung der Duration zusammengesetzter Cashflows

$$\frac{{}_{n|}a_{\overline{\infty}|}}{a_{\overline{\infty}|}}\cdot D({}_{n|}a_{\overline{\infty}|})+\frac{a_{\overline{n}|}}{a_{\overline{\infty}|}}\cdot D(a_{\overline{n}|})= D(a_{\overline{\infty}|}) \text{ mit}$$

$$D({}_{n|}a_{\overline{\infty}|})= n + D(a_{\overline{\infty}|}) \text{ aus geometrische Gründen.}$$

Aufgelöst nach $D(a_{\overline{n}|})$ ergibt dies

$$D(a_{\overline{n}|})= \frac{a_{\overline{\infty}|}}{a_{\overline{n}|}}D(a_{\overline{\infty}|})-\frac{{}_{n|}a_{\overline{\infty}|}}{a_{\overline{n}|}}D({}_{n|}a_{\overline{\infty}|}) =\frac{a_{\overline{\infty}|}-{}_{n|}a_{\overline{\infty}|}}{a_{\overline{n}|}}D(a_{\overline{\infty}|})-\frac{{}_{n|}a_{\overline{\infty}|}}{a_{\overline{n}|}}n=\frac{a_{\overline{n}|}}{a_{\overline{n}|}}D(a_{\overline{\infty}|})-\frac{{}_{n|}a_{\overline{\infty}|}}{a_{\overline{n}|}}n$$

$$= \frac{1+i}{i}-\frac{n\,v^n}{i\cdot a_{\overline{n}|}}.$$

Die Umrechnung auf vorschüssige Rentenzahlung ist wiederum einfach:

$$D(\ddot{a}_{\overline{n}|}) = D(a_{\overline{n}|}) - 1 = \frac{1}{i} - \frac{n\, v^n}{i \cdot a_{\overline{n}|}}$$

Damit hat man auch die analytische Formel für den Barwert $(Ia)_{\overline{n}|}$ einer linear steigenden, temporären, nachschüssigen Rente bestimmt, also mit $Z_1=1, Z_2=2$ und generell $Z_t=t,\ t=1,\dots,n$ und sonst 0. Aus der Definition der Duration ergibt sich

$$D(a_{\overline{n}|}) = (Ia)_{\overline{n}|} \,/\, a_{\overline{n}|}$$

und daraus

$$(Ia)_{\overline{n}|} = \frac{(1+i)\cdot a_{\overline{n}|}}{i} - \frac{n\, v^n}{i} = \frac{\ddot{a}_{\overline{n}|}}{i} - \frac{n\, v^n}{i}\ .$$

Für den Zins $i=0$ hat man bei den allgemeinen Formeln eine Unbestimmtheitsstelle. Hier kann man die Duration aber einfach als Zahlungsschwerpunkt bestimmen. Bei temporären Zahlungen über die Dauer n liegt er in etwa bei der Mitte der Dauer und je nach vor- oder nachschüssiger Zahlung verschiebt sich die Duration von dieser Mitte um minus oder plus ½:

$$D(\ddot{a}_{\overline{n}|}) = \tfrac{1}{2}\,(n-1), \qquad D(a_{\overline{n}|}) = \tfrac{1}{2}\,(n+1)$$

und bei einer um m Jahre aufgeschobenen Rente der Dauer n kommt die Aufschubdauer additiv dazu, wie sich unmittelbar aus der geometrischen Interpretation ergibt,

$$D({}_{m|}\ddot{a}_{\overline{n}|}) = \tfrac{1}{2}\,(n-1)+m, \qquad D({}_{m|}a_{\overline{n}|}) = \tfrac{1}{2}\,(n+1)+m.$$

Zur Ermittlung der Barwerte von aufgeschobenen und (arithmetisch) steigenden Zeitrenten siehe auch (Ortmann 2008, S. 40 f.)

3.3 Konvexität, Dispersion und Taylor-Reihen

3.3.1 Konvexität

Die Duration bestimmt die Abhängigkeit des Barwertes eines Cashflows vom Bewertungszins in erster, d.h. linearer Näherung. Oft möchte man die Abhängigkeit genauer wissen und betrachtet dazu auch höhere Terme der Taylor-Reihenentwicklung.

Wir gehen von der Taylor- Reihe um den Zinssatz i_0 und einer Variation des Zinssatzes um $\Delta i = i - i_0$ aus.

$$P(Z, i_0 + \Delta i) = P(i_0 + \Delta i) = P(i_0) + P'(i_0)\cdot \Delta i + \frac{1}{2} P''(i_0)\cdot \Delta i^2 + \frac{1}{6} P'''(i_0)\cdot \Delta i^3 \dots$$

Wir interessieren uns hier wieder für die relative Veränderung

$$\frac{P(i_0+\Delta i)}{P(i_0)} = 1+\frac{P'(i_0)}{P(i_0)}\cdot\Delta i + \frac{1}{2}\frac{P''(i_0)}{P(i_0)}\cdot\Delta i^2 + \frac{1}{6}\frac{P'''(i_0)}{P(i_0)}\cdot\Delta i^2 + \ldots$$

$$= 1-v\cdot D(Z)\cdot\Delta i + \frac{1}{2}C(Z)\cdot\Delta i^2 + \ldots$$

Dazu setzen wir die als Konvexität benannte Größe

$$C = C(Z) = \frac{P''(Z,i_0)}{P(Z,i_0)} = \frac{P''(i_0)}{P(i_0)} .$$

Die Konvexität kann ähnlich wie die Duration direkt aus den diskontierten Zahlungen $v^t Z_t$ ermittelt werden:

$$C = \frac{1}{P}\frac{d^2P}{di^2} = \frac{1}{P}\cdot\sum_{t\geq 0}\frac{d^2v^t}{di}Z_t = \frac{v^2}{P}\cdot\sum_{t\geq 0} t\cdot(t+1)\cdot v^t Z_t = v^2\frac{\sum_{t\geq 0} t\cdot(t+1)\cdot v^t Z_t}{\sum_{t\geq 0} v^t Z_t}$$

Anhand der letzten Formel kann die Analogie zum Herleitungsansatz der Duration als Zahlungsschwerpunkt aufgezeigt werden. Hier wird keine mittlere Dauer der diskontierten Zahlungen bestimmt, sondern es werden im Wesentlichen die mit den diskontierten Zahlungen gewichteten Quadrate der einzelnen Zahlungsdauern gemittelt. Genau genommen werden nicht die Quadrate t^2, sondern $t\cdot(t+1)$ gemittelt und zudem wird dieses Mittel noch mit v^2 multipliziert. Diese Feinheiten kommen letztlich vom Begriff des Zinssatzes, der auf ein Jahr genommen und nicht als auf ein Jahr bezogene Zinsintensität verstanden wird. Da hier eine geometrische Interpretation weniger naheliegend ist, kommt die Begriffsbildung bei der Konvexität direkt aus der Analysis und bewegt sich damit auf der Ebene des Begriffs der modifizierten Duration.

Die Konvexität eines in zwei Teil-Cashflows Z_1 und Z_2 zerlegbaren Cashflows Z ist ebenfalls das gewichtete Mittel der jeweiligen Konvexität der einzelnen Cashflows, mit den jeweiligen Barwerten als Gewichten. Die Herleitung ist analog zu der entsprechenden Beziehung für die Duration. Bei der Konvexität tritt dabei anstelle der ersten Ableitung bei Duration die zweite Ableitung des Cashflow-Barwertes. Dies führt zu

$$C(Z) = \frac{P(Z_1)}{P(Z)}C(Z_1) + \frac{P(Z_2)}{P(Z)}C(Z_2) .$$

3.3.2 Dispersion

Wir betrachten

$$(1+i)^2 C - D = \frac{\sum_{t\geq 0} t^2\cdot v^t Z_t}{\sum_{t\geq 0} v^t Z_t} = \frac{\sum_{t\geq 0}((t-D)^2 + D^2 - 2tD)\cdot v^t Z_t}{\sum_{t\geq 0} v^t Z_t}$$

$$= \sigma^2 + D^2 - 2D \frac{\sum_{t \geq 0} t \cdot v^t Z_t}{\sum_{t \geq 0} v^t Z_t} = \sigma^2 - D^2.$$

Dabei ist die Dispersion

$$\sigma^2 = \frac{\sum_{t \geq 0} (t - D)^2 \cdot v^t Z_t}{\sum_{t \geq 0} v^t Z_t}$$

als mittlere quadratische Abweichung vom Zahlungsschwerpunkt definiert. Die Definition der Dispersion geht vom geometrischen Zugang aus. Zwischen Duration, Konvexität und Dispersion besteht die oben gezeigte Beziehung

$$\sigma^2 = (1+i)^2 \, C - D - D^2 ,$$

die gelegentlich auch als Definition der Dispersion aufgefasst wird. Die Definition der Konvexität setzt direkt auf dem Zugang aus der Analysis auf und muss deshalb mit dem Term $(1+i)^2$ multipliziert werden, um mit den geometrisch basierten Begriffen Duration und Dispersion in Beziehung gesetzt werden zu können. Abstrahiert man von dem Term $(1+i)^2$ und auch vom einfachen Term in D, die beide in der Zinsdefinition begründet sind, so ist diese Beziehung analog zur Wahrscheinlichkeitstheorie. Dabei entspricht die Varianz σ^2 einer Zufallsvariablen X, D dem Erwartungswert und die Konvexität dem 2. Moment, das heißt $E[X^2]$, und die obige Gleichung wird zu $\sigma^2 = \sigma^2[X] = E[X^2] - E[X]^2$.

3.3.3 *Die Ableitung der Duration und die Dispersion*

Duration und Dispersion beruhen wie erwähnt auf der geometrischen Sichtweise. Es gibt aber auch eine von der Analysis geprägte Beziehung zwischen beiden Größen: Die Ableitung der Duration nach dem Zins entspricht weitgehend dem negativen Wert der Dispersion. Dabei muss auch wie bei der Duration bei dem geometrischen Ausdruck für die Ableitung der Diskontfaktor v aufgrund der Zinskonvention mit dem Jahreszins berücksichtigt werden. Zur Berechnung der Ableitung erweitern wir den Bruch mit v^{-D_0}, wobei D_0 der Duration des Zinssatzes i_0 entspricht, für den wir die Ableitung bestimmen. Damit verschieben wir den Cashflow so, dass der Nullpunkt im Zahlungsschwerpunkt liegt. Der verschobene Cashflow hat dann die Duration 0. Deshalb verschwindet die Ableitung des Nenners und es genügt, die Ableitung des Zählers zu berücksichtigen, bei der sich die Quadrate der Zeitabstände der einzelnen Zahlungen vom Zahlungsschwerpunkt als Faktoren der diskontierten Zahlungen ergeben, was dann zusammen mit dem Nenner zur Dispersion führt.

$$D' = D'(Z) = \frac{d(D(Z))}{di} = \frac{d}{di}\left(\frac{\sum_{t\geq 0} t\cdot v^t Z_t}{\sum_{t\geq 0} v^t Z_t}\right) = \frac{d}{di}\left(\frac{\sum_{t\geq 0} t\cdot v^t Z_t}{\sum_{t\geq 0} v^t Z_t} - D_0\right)$$

$$= \frac{d}{di}\left(\frac{\sum_{t\geq 0}(t-D_0)\cdot v^t Z_t}{\sum_{t\geq 0} v^t Z_t}\right) \qquad = \frac{d}{di}\left(\frac{\sum_{t\geq 0}(t-D_0)\cdot v^{t-D_0} Z_t}{\sum_{t\geq 0} v^{t-D_0} Z_t}\right)$$

$$= -\, v\frac{\sum_{t\geq 0}(t-D_0)^2\cdot v^{t-D_0} Z_t}{\sum_{t\geq 0} v^{t-D_0} Z_t} \qquad = -\, v\frac{\sum_{t\geq 0}(t-D_0)^2\cdot v^t Z_t}{\sum_{t\geq 0} v^t Z_t}$$

$$= -\, v\,\sigma^2$$

Gibt es in einem Cashflow nur eine Auszahlung wie beispielsweise bei einem Zerobond oder einer reinen Erlebensfallversicherung, dann ist die Duration konstant und entspricht unabhängig vom gewählten Zinssatz dem Zeitraum bis zu dieser einen Zahlung. Das obige Resultat zeigt dies auch. Cashflows mit einer einzigen Auszahlung haben eine Dispersion von 0. Damit verschwindet auch die Ableitung der Duration nach dem Zinssatz, was ebenfalls zeigt, dass die Duration konstant ist. Umgekehrt kann man sagen, je breiter die (diskontierten) Zahlungen streuen, desto stärker ändert sich die Duration bei Änderung des Zinssatzes.

Da die Dispersion immer positiv ist, ist die Duration als Funktion des Zinssatzes eine monoton fallende Funktion. Die Duration nimmt bei zunehmendem Zinssatz ab und bei abnehmendem Zinssatz zu. Kennt man die Duration für einen bestimmten Zinssatz, so gibt eine Schätzung der Dispersion eine Vorstellung über das Ausmaß dieser Ab- resp. Zunahme.

3.3.4 Konvexität und Dispersion bei Zeitrenten für den Zinssatz $i_0 = 0$

Die einfach zu berechnenden Formeln für den Zinssatz 0 geben auch eine Vorstellung der Größenordnung dieser Werte im allgemeinen Fall

$$C(\ddot{a}_{\overline{n}|}) = \frac{1}{n}\sum_{t=0}^{n-1} t\cdot(t+1) = \frac{1}{n}\cdot\frac{1}{3}n(n-1)(n+1) = \frac{(n-1)(n+1)}{3}.$$

Die Summenformel kann man beispielsweise durch vollständige Induktion mit dem hier berechneten Schritt von $n-1$ nach n nachweisen:

$$\frac{1}{3}\big(n(n-1)(n+1)-(n-2)(n-1)n\big) = \frac{1}{3}(3(n-1)n) = (n-1)n$$

Entsprechend gilt:

$$C(a_{\overline{n}|}) = \frac{n+1}{n}C(\ddot{a}_{\overline{n+1}|}) = \frac{n+1}{n}\cdot\frac{n(n+2)}{3} = \frac{(n+1)(n+2)}{3}$$

und bei aufgeschobenen Renten

$$C({}_{m|}a_{\overline{n}|}) = \frac{m+n}{n}C(a_{\overline{m+n}|}) - \frac{m}{n}C(a_{\overline{m}|}) = \frac{1}{3}\left(\frac{m+n}{n}(m+n+1)(m+n+2) - \frac{m}{n}(m+1)(m+2)\right)$$

$$= \frac{1}{3}\left(\frac{m}{n}n(2m+3+n) + (m+n+1)(m+n+2)\right)$$

$$= \frac{1}{3}\big(m(2m+3+n+n+1+n+2+m) + (n+1)(n+2)\big)$$

$$= m(m+n+2) + \frac{(n+1)(n+2)}{3}.$$

Aus der Beziehung $\sigma^2 = C - D - D^2$ für den Zinssatz 0 kann die Dispersion hergeleitet werden:

$$\sigma(\ddot{a}_{\overline{n}|}) = \frac{(n-1)(n+1)}{3} - \frac{n-1}{2} - \frac{(n-1)^2}{4} = \frac{(n-1)(4n+4-6-3n+3)}{12} = \frac{(n-1)(n+1)}{12}.$$

Aus geometrischen Gründen bleibt die Dispersion gleich, wenn ein Cashflow in der Zeit kongruent verschoben wird, da sich Abstände der einzelnen Zahlungen vom Zahlungsschwerpunkt dann nicht ändern. Damit ist

$$\sigma^2(\ddot{a}_{\overline{n}|}) = \sigma^2(a_{\overline{n}|}) = \sigma^2({}_{m|}a_{\overline{n}|}) = \sigma^2({}_{m|}\ddot{a}_{\overline{n}|}) = \frac{(n-1)(n+1)}{12}.$$

3.3.5 *Näherungsformel für jährliche Amortisationsbeträge*

Ein Kredit soll über n Jahre zurückgezahlt werden. Dabei werde immer per Ende Jahr eine so genannte Amortisationsrate geleistet, mit der der Betrag abgezahlt werde. Der noch nicht abgezahlte Betrag verzinse sich jeweils von Jahr zu Jahr mit dem Zinssatz i.

Beläuft sich der Kredit gerade auf den Betrag a_n, so kann er mit einer Amortisationsrate von 1 einschließlich den geforderten Schuldzinsen genau über die n Jahre zurückgezahlt werden. Kredit und Rate sind immer im gleichen Verhältnis zueinander. Wird ein Kredit der Höhe 1 betrachtet, ergibt sich $1/a_{\overline{n}|}$ als Amortisationsrate. Mit den ersten beiden Termen der Taylorentwicklung von $1/a_{\overline{n}|}$ um den Zinssatz $i_0=0$ ergibt sich

$$\frac{1}{a_{\overline{n}|}} = \frac{1}{n} + \frac{d(a_{\overline{n}|})^{-1}}{di}\cdot i + \frac{1}{2}\frac{d^2(a_{\overline{n}|})^{-1}}{di^2}\cdot i^2 + \ldots \cong \frac{1}{n} + \frac{n+1}{2n}\cdot i + \frac{(n+1)\cdot(n-1)}{12n}\cdot i^2$$

wegen

$$\frac{d(a_{\overline{n}|})^{-1}}{di} = \frac{a_{\overline{n}|} \cdot v \cdot D(a_{\overline{n}|})}{(a_{\overline{n}|})^2} = \frac{v \cdot D(a_{\overline{n}|})}{a_{\overline{n}|}} = \frac{n+1}{2n} \quad \text{und } D(a_{\overline{n}|}) = (n+1)/2 \text{ , jeweils bei } i = i_0 = 0\text{ ,}$$

$$\frac{1}{2}\frac{d^2(a_{\overline{n}|})^{-1}}{di^2} = \frac{1}{2}\frac{-\sigma^2(a_{\overline{n}|}) + (D(a_{\overline{n}|}))^2 - D(a_{\overline{n}|})}{a_{\overline{n}|}} = \frac{1}{2n}\frac{(n+1)(-n+1+3n+3-6)}{12}$$

$$= \frac{(n-1)(n+1)}{12n}\text{, ebenfalls bei } i = i_0 = 0.$$

In der Näherungsformel des Amortisationsbeitrags entspricht der erste Summand $1/n$ der Rate ohne Verzinsung.

Der 2. Term $i \cdot (n+1)/2n$ entspricht dem einfachen Zins bei linearer Amortisation. Im Mittel muss ein Betrag in halber Höhe des Ausgangskredites verzinst werden, was bei der Amortisationsrate zum Faktor ½ führt.

Der 3. Term berücksichtigt, dass die Amortisation langsamer als linear erfolgt, da zu Beginn der Amortisation die ausstehende Schuld höher als gegen Ende der Amortisation ist. Die Formel zeigt aber auch, dass die Näherung mit dem einfachen Zins bei nicht zu langen Dauern schon recht gut sein muss. Die Thematik der Amortisation einer Schuld wird auch unter dem Begriff „Tilgungsrechnung" behandelt (Ortmann 2008, S. 45f.).

Beispiel 3.1: Die folgende Tabelle zeigt die exakten Amortisationsbeträge und die drei Terme der Näherung für einen Zinssatz von 5 %:

Dauer	Genau	N_1	N_2	N_3	$N_1 + N_2 + N_3$
n	$\frac{1}{a_{\overline{n}|}}$	$\frac{1}{n}$	$\frac{n+1}{2n}i$	$\frac{(n+1)(n-1)}{12n}i^2$	Näherung
5	23,10 %	20,00 %	3,00 %	0,10 %	23,10 %
10	12,95 %	10,00 %	2,75 %	0,21 %	12,96 %
20	8,02 %	5,00 %	2,63 %	0,42 %	8,04 %
30	6,51 %	3,33 %	2,58 %	0,62 %	6,54 %
40	5,83 %	2,50 %	2,56 %	0,83 %	5,90 %

3.3.6 Rekursive Berechnung des Zinssatzes

Wir greifen das Beispiel 2.1 aus dem zweiten Kapitel nochmals auf. Eine Anleihe zahle einen Coupon von 3 % für die nächsten 10 Jahre. Nach 10 Jahren werde der Nominalbetrag 1 zusammen mit dem letzten Jahreszins ausgezahlt. Damit sind die Cashflow-Zahlungen

$$Z_1 =, \ldots, = Z_9 = 0{,}03 \text{ und } Z_{10} = 1{,}03.$$

Die Anleihe sei an einem Markt bewertet. Wir stellen uns vor, der Marktwert entspreche dem Barwert der Zahlungen bei Diskontierung zu einem festen Zinssatz und bestimme diesen Zinssatz. Bei einem Marktwert von 1 entspricht der Zinssatz 3 %, wie oben gezeigt wurde. Wir stellen uns wiederum die Frage, welcher Zinssatz einem Marktwert von 1,1 entspricht. Zuerst versuchen wir, den Zinssatz mit der Theorie der Durationen von Cashflows abzuschätzen. Die Duration des 10-jährigen Cashflows liegt knapp unter 10 Jahren. Die neun Zinszahlungen vor den 10 Jahren machen 0,27 der Gesamtzahlung von 1,3, also etwa 20 % aus. Wir nehmen somit für eine einfache Überschlagsrechnung an, dass die Couponzahlungen in der Mitte der 10-jährigen Periode, also nach 5 Jahren erfolgen. Die Zahlung von 20 % nach 5 Jahren und 80 % nach 10 Jahren ergibt einen Zahlungsschwerpunkt von 9.

Nimmt man als einfache Näherungsformel

$$0{,}1 = \Delta P = \frac{\Delta P}{P} \approx -\Delta i \cdot D = -0{,}011 \cdot 9 = -1{,}1\,\% \cdot 9.$$

Damit ergibt sich beim Marktwert von 1,1 ein Zinssatz von neu

$$i_0 + \Delta i = 3\,\% - 1{,}1\,\% = 1{,}9\,\%.$$

Die Überschlagsrechnung kommt dem genauen Wert von 1,893 % hier sehr nahe, was auch daran liegt, dass sich einzelne Näherungen in diesem Fall aufheben. Für eine erste Schätzung oder für eine Kontrolle der exakten Rechnung sind die Näherungen immer sehr nützlich.

Die exakten Renditen wird man üblicherweise mit den in den Tabellenrechnern eingebauten Funktionen ermitteln, die dann auf iterative Verfahren zurückgreifen. Ein recht schnell konvergierendes iteratives Verfahren kann aus der linearen Näherung der Barwertdifferenz mittels der Duration bestimmt werden. Dabei ändert man den Zinssatz von einem zum nächsten Berechnungsschritt, indem man $\Delta i_k = -(1+i_k) \cdot \frac{\Delta P_k}{P_k} \cdot \frac{1}{D_k}$

setzt und als Zinssatz für den nächsten Rekursionsschritt

$$i_{k+1} = i_k + \Delta i_k$$

nimmt.

Im nächsten Schritt wiederholt sich alles: Man bestimmt zum Zinssatz i_{k+1} den Barwert des Cashflows P_{k+1}, dessen Differenz zum gesuchten Marktwert ΔP_{k+1} und die Duration D_{k+1} des Cashflows zum neuen Zinssatz i_{k+1}. Daraus bestimmt man dann i_{k+2}.

An diesem Beispiel kann auch das Wechselspiel zwischen Theorie und Realität erläutert werden: Gehen wir wiederum davon aus, dass die Anleihe zu den gegebenen Zinszahlungen von

3 % am Markt zu dem Preis von 1,1 gehandelt werde. Dann ist der Marktpreis die Realität und die daraus ermittelte Verzinsung von 1,9 % oder des später noch ermittelten genaueren Wertes von 1,893 % eine Angabe, die eigentlich nur theoretische Bedeutung hat. Andererseits kann man das Geschäft des Kaufes oder Verkaufes einer solchen Anleihe ohne diesen theoretischen, berechneten Zinssatz, vielleicht noch zusammen mit der Duration von 9 Jahren, nicht wirklich verstehen. So soll die Theorie den Akteuren, also Marktteilnehmern oder auch Aufsichtsbehörden, ein besseres, klareres und auch einfacheres Bild als die diffuse und ungeordnete Wirklichkeit geben.

Oft ist der Zinssatz ein Gedankenkonstrukt, das von Marktgegebenheiten bestimmt wird. Es gibt auch Situationen, wo der Zinssatz schon selbst vorgegeben ist: Bei Lebensversicherungen basieren die handelsrechtlichen Rückstellungen sowie der bei Auflösung zurückerstattete Betrag auf dem so genannten technischen Zinssatz, der sich nach dem Vertragsbeginn richtet.

3.3.7 Grafik zur Abhängigkeit des Barwertes vom Zinssatz

Beispiel 3.2: Dieses Beispiel wird mit den Abbildungen 3.2 und 3.3 illustriert. Die Abbildung 3.2 zeigt die Abhängigkeit des Barwertes einer nachschüssig zahlbaren Zeitrente über 40 Jahre in Abhängigkeit vom Diskontierungszins. Als erste Näherung für die Duration kann man n/2, also ca. 20 Jahre, nehmen.

Etwas genauer kann man D bei 3 % aus der Duration für den Zinssatz 0, also 20,5 und aus der Abnahme bis zu 3 % ermitteln:

$$D(i{=}\Delta i) \approx D(i=0) - \sigma^2(i=0)\cdot\Delta i = 20{,}5 - \sigma^2\cdot\Delta i \approx 20{,}5 - \frac{40^2}{12}\cdot 3\% \approx 20{,}5 - 4 = 16{,}5$$

Genau berechnet ist die Duration D= 16,65, siehe dazu Abbildung 3.3. Die für die relative Barwertänderung maßgebliche modifizierte Duration beträgt $v\cdot D$=16,2.

Für die Konvexität gilt

$$C{=}D_{\text{mod}}^{\ 2}+D_{\text{mod}}+\sigma^2 = 16{,}2^2{+}16{,}2{+}\,\sigma^2\,.$$

Die Dispersion beträgt $(n+1)\cdot(n-1)/12$ beim Zinssatz 0 und ist für Zeitrenten wegen der konstanten Zahlungen auch gegenüber Zinssatzänderungen recht stabil, wie später noch erläutert wird.

Dies gibt C $\approx$ 400 und die Auswirkung des Konvexitäts-Terms in der Taylorentwicklung ½ $C\cdot\Delta i^2$ macht ca. 2 % aus.

Die Steigung der Tangente an die Kurve mit dem Barwertverlauf beträgt −16,2.

Damit liegt die gestrichelte Tangente beim Zinssatz von 2 % in der Höhe von 116,2 % und beim Zinssatz von 4 % auf 83,8 %. Die Konvexität erhöht beide Werte um ca. 2 %. Die genauen Werte sind 118,3 % bei 2 % und 85,6 % bei 4 %.

Die Reihenentwicklung nach dem Zins selbst ist alternierend. Bei einer Reduktion des Zinssatzes, also mit negativem Δi, sind alle Summanden positiv.

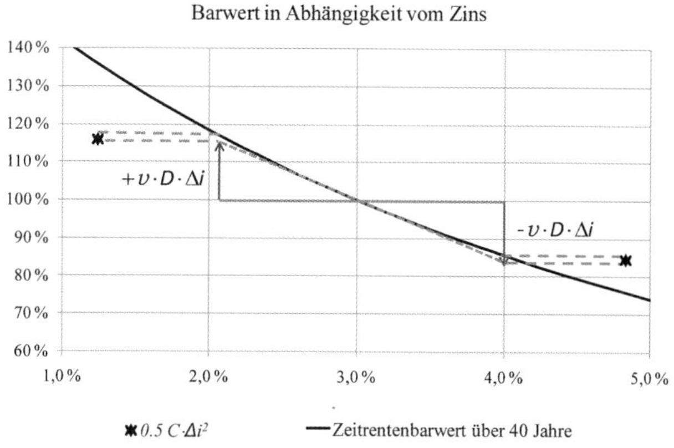

Abbildung 3.2

Diese Grafik zeigt die Abhängigkeit der Duration des Cashflows einer nachschüssig zahlbaren Zeitrente über 40 Jahre vom Diskontierungszinssatz.

Der Verlauf ist recht linear und deshalb können die einfachen Formeln für den Zinssatz 0 recht gut für erste Näherungen oder Plausibilisierungen verwendet werden.

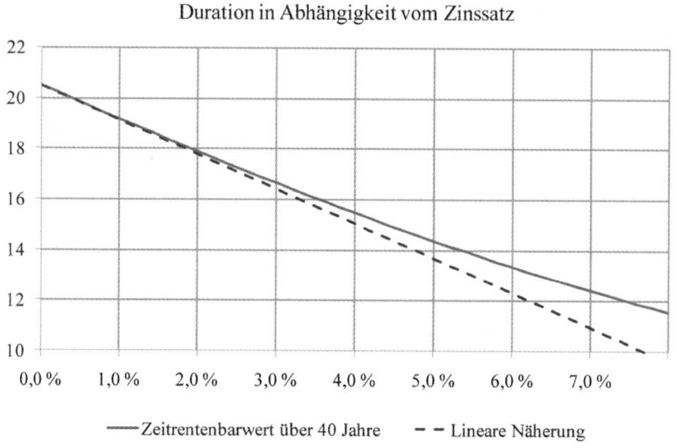

Abbildung 3.3

3.4 Taylor-Reihen und wiederholtes Aufsummieren der diskontierten Cashflow-Zahlungen

Im Folgenden betrachten wir Cashflows über einen beschränkten Zeitraum von höchstens n Zahlungen zu ganzjährigen Terminen ab $t=1$. Die Barwerte dieser Cashflows sollen in einer Taylorreihe entwickelt werden.

Bei der geometrischen Definition der Duration

$$D(Z) = \frac{\sum_{t=1}^{n} t \cdot v^t Z_t}{\sum_{t=1}^{n} v^t Z_t}$$

kann die Summe im Zähler durch Summation der Cashflow-Barwerte für die Zahlungen ab einem bestimmten Jahr k bestimmt werden, da

$$\sum_{t=1}^{n} t \cdot v^t Z_t = \sum_{u=1}^{n} \sum_{t=u}^{n} v^t Z_t \; .$$

Generell kann die k-te Ableitung aus Hilfsgrößen $S_t^{(k)}$ bestimmt werden, die sich durch (k+1) mal sukzessives Aufsummieren der jeweiligen Zahlenreihen ergeben. Dabei muss die Summenbildung jeweils vom letzten Wert entsprechend der letzten Zahlung ausgehen. Der für ein Jahr früher gültige Wert ergibt sich aus der Summe des Folgewertes und des für das gleiche Jahr im vorherigen Rekursionsschritt gültigen Wertes. Formal geschrieben, heißt dies

$$\frac{d^k}{di^k}\left(\sum_{t=1}^{n} v^t Z_t\right) = k!\,(-v)^k \sum_{j=0}^{n-t}\binom{k+j}{k} \cdot v^{t+j} Z_{t+j} = k!\,(-v)^k S_t^{(k)} \; .$$

Bei $k = 1$ gibt dies

$$\frac{d^k}{di}\left(\sum_{t=1}^{n} v^t Z_t\right) = -v \sum_{j=0}^{n-t}\binom{1+j}{1} \cdot v^{t+j} Z_{t+j} = -v \sum_{j=0}^{n-t}(1+j) \cdot v^{t+j} Z_{t+j} = -v\, S_t^{(0)} \; .$$

Der erste Zahlungszeitpunkt für $j = 0$ erfolgt nach unseren Annahmen im Jahr 1. Damit entspricht die obige Summe den aufsummierten, mit dem Zahlungszeitpunkt $(1+j)$ multiplizierten, diskontierten Zahlungen.

Dabei bezeichnen wir

$$S_t^{(k)} = \sum_{j=0}^{n-t}\binom{k+j}{k} \cdot v^{t+j} Z_{t+j} = v^t Z_t + (k+1) \cdot v^{t+1} Z_{t+1} + \binom{k+2}{2} \cdot v^{t+2} Z_{t+2} + \ldots$$

Die $S_t^{(k)}$ können iterativ durch Aufsummieren der vorher bestimmten Kolonne $S_t^{(k-1)}$ bestimmt werden:

$$S_t^{(k)} = \sum_{\tau=t}^{n} S_\tau^{(k-1)} \; , \quad S_t^{(0)} = \sum_{j=0}^{n-t}\binom{0+j}{0} \cdot v^{t+j} Z_{t+j} = \sum_{j=0}^{n-t} v^{t+j} Z_{t+j}$$

Dies ergibt sich durch vollständige Induktion mit den folgenden Umformungen und der Substitution von j durch $\tau = t + j - l$:

$$S_t^{(k)} = \sum_{j=0}^{n-t} \binom{k+j}{k} \cdot v^{t+j} Z_{t+j} = \sum_{j=0}^{n-t} \sum_{l=0}^{j-1} \binom{k-1+l}{k-1} \cdot v^{t+j} Z_{t+j} =$$

$$\sum_{\tau=t}^{n} \sum_{l=0}^{\tau-1} \binom{k-1+l}{k-1} \cdot v^{\tau+l} Z_{\tau+l} = \sum_{\tau=t}^{n} S_\tau^{(k-1)}$$

Diese Summationsformel kann auch so verstanden werden:

j	$S_t^{(k)}$	$= S_t^{(k-1)}$	$+S_{t+1}^{(k-1)}$	$+S_{t+2}^{(k-1)}$	…
0	$v^t Z_t$	$= v^t Z_t$			
1	$(k+1) \cdot v^{t+1} Z_{t+1}$	$= k \cdot v^{t+1} Z_{t+1}$	$+v^{t+1} Z_{t+1}$		
2	$\binom{k+2}{2} \cdot v^{t+2} Z_{t+2}$	$= \binom{k+1}{2} \cdot v^{t+2} Z_{t+2}$	$+k \cdot v^{t+2} Z_{t+2}$	$+v^{t+2} Z_{t+2}$	
3	$\binom{k+3}{3} \cdot v^{t+3} Z_{t+3}$	$= \binom{k+2}{3} \cdot v^{t+3} Z_{t+3}$	$+\binom{k+1}{2} \cdot v^{t+2} Z_{t+2}$	$+k \cdot v^{t+2} Z_{t+2}$	…
…	…	…	…	…	…

Da die $S_t^{(k)}$ bis auf k! den k-ten Ableitungen nach dem Zinssatz entsprechen, führt die Taylor-Reihenentwicklung zu folgender Reihe:

$$P(i_0 + \Delta i) = \sum_{t_1=0}^{n} v^{t_1} Z_{t_1} \; - v \cdot S_t^{(0)} \cdot \Delta i \; + \; v^2 \cdot S_t^{(1)} \cdot \Delta i^2 \; - \; v^3 \cdot S_t^{(2)} \cdot \Delta i^2 \ldots$$

Beispiel 2.1, neu betrachtet: Dieses Beispiel betrifft eine Anleihe mit dem Coupon von 3 % über 10 Jahre und der dann fälligen Rückzahlung des Nominalbetrages, also mit den Cashflow-Zahlungen

$Z_1 = ,\ldots, = Z_9 = 0{,}03$ und $Z_{10} = 1{,}03$.

Das oben beschriebene Verfahren des sukzessiven Aufsummierens der Kolonnen gibt hier die folgenden Koeffizienten der Taylor-Reihenentwicklung um den Zinssatz von 3 %:

k			0	1	2	3	4
			$S_t^{(0)}$	$S_t^{(1)}$	$S_t^{(2)}$	$S_t^{(3)}$	$S_t^{(4)} = S_t^{(k)}$
Jahr t	Z_t	$v^t Z_t$	$\sum_{j=0}^{n-t} Z_{t+j}$	$\sum_{j=0}^{n-t} (j+1) \cdot Z_{t+j}$	$\sum_{j=0}^{n-t} \binom{2+j}{2} Z_{t+j}$	...	$\sum_{j=1}^{n-t} \binom{k+j}{k} Z_{t+j}$
1	0,03	0,03	1,00	8,786	46,184	180,56	578,80
2	0,03	0,03	0,97	7,79	37,40	134,37	398,24
3	0,03	0,03	0,94	6,82	29,61	96,98	263,87
4	0,03	0,03	0,92	5,87	22,80	67,36	166,89
5	0,03	0,03	0,89	4,96	16,92	44,57	99,52
6	0,03	0,03	0,86	4,07	11,97	27,64	54,96
7	0,03	0,02	0,84	3,21	7,90	15,68	27,31
8	0,03	0,02	0,81	2,37	4,69	7,78	11,63
9	0,03	0,02	0,79	1,56	2,32	3,09	3,86
10	1,03	0,77	0,77	0,77	0,77	0,77	0,77

Oberste Zeile	1.00	8,79	46,18	180,56	578,80
$(-v)^k \cdot S_t^{(k)}$	1,00	-8,53	43,53	-165,24	514,26
$(-v \cdot \Delta i)^k \cdot S_t^{(k)}$	**1,00**	**+ 0,09443**	**+ 0,00533**	**+ 0,00022**	**+0,00001**
	= 1,10000				

Dabei wird $\Delta i = -1{,}107$ % in diese Taylorreihe eingesetzt, was mit dem Zinssatz von 3 %+ $\Delta i = 1{,}893$ % den Barwert 1,1 ergibt.

3.5 Duration und Konvexität bei Rentenbarwerten in der Lebensversicherung

Das klassische Kalkül bei Lebensversicherungen stützt sich auf die tabellierten, so genannten „Kommutationszahlen". Diese basieren auf der diskontierten Anzahl Lebender D_x und der diskontierten Anzahl Gestorbener C_x. Im ersten Schritt werden diese jeweils aufsummiert, was zu den Kolonnen N_x bzw. M_x führt. Aus N_x kann der Barwert a_x resp. $\ddot{a}_x$ einer sogenannten Leibrente für einen x-jährigen Versicherten berechnet werden. Dabei wird eine Rente des Betrages 1, solange wie die jeweiligen jährlichen Fälligkeiten erlebt werden, ausgezahlt. Aus M_x kann der Barwert der Todesfalldeckung A_x mit Zahlung des Betrages 1 bei Tod des x-jährigen Versicherten berechnet werden.

Die Bildung von Kommutationszahlen

$$N_x = N_{x+1} + D_x \; , x = 0,\ldots,\omega, \quad N_\omega = D_\omega \, , \quad M_x = M_{x+1} + C_x \, , \; x = 0,\ldots,\omega, \quad M_\omega = C_\omega$$

wird üblicherweise fortgesetzt in

$$S_x = S_{x+1} + N_x \; , \; x = 0,\ldots,\omega, \quad S_\omega = N_\omega \, , \quad R_x = R_{x+1} + M_x \; , \; x = 0,\ldots,\omega, \quad R_\omega = M_\omega \, .$$

Früher wurden oft auch so genannte „höhere Kommutationszahlen“

$$S_x^{(k+1)} = S_{x+1}^{(k+1)} + S_x^{(k)} \, , \; S_x^{(0)} = S_x \, ,$$

betrachtet und entsprechend auch $R_x^{(k)}$ für die Taylorreihe der Todesfallbarwerte nach dem Zinssatz.

Mit diesen Notationen konnte die Taylorentwicklung des Rentenbarwertes einer nachschüssigen Rente a_x wie folgt dargestellt werden:

$$a_x(i_0 + \Delta i) = a_x(i_0) - \frac{v \cdot S_{x+1}}{D_x} \cdot \Delta i + \frac{v^2 \cdot S_{x+1}^{(2)}}{D_x} \cdot \Delta i^2 - \frac{v^3 \cdot S_{x+1}^{(3)}}{D_x} \cdot \Delta i^3 + \ldots$$

Das Kalkül der Kommutationszahlen beginnt nicht mit 1 zum Zeitpunkt 0, wie es für die Rentenbarwerte wie a_x eigentlich sein müsste, sondern mit der diskontierten Anzahl Lebender im Alter x, D_x. Die Verhältnisse der Anzahl Lebender von Jahr zu Jahr entsprechen den Wahrscheinlichkeiten, das nächste Jahr zu erleben. Somit kann die Reihenentwicklung anhand der auf den D_x aufgebauten Cashflows und den daraus gebildeten sukzessiven Teilsummen bestimmt werden. Dabei sind alle Terme mittels Division durch D_x auf einen Startwert im Alter x von 1 zu normieren. Die Reihenentwicklung mittels sukzessiver Summen geht von Cashflows ohne Zahlung zum Zeitpunkt 0 aus. Deshalb muss hier immer der Wert für x+1, also S_{x+1} etc. genommen werden. Damit ergibt sich für die Duration und Konvexität der Leibrenten:

Duration

$$D(a_x) = \frac{S_{x+1} / D_x}{a_x} = \frac{S_{x+1} / D_x}{N_{x+1} / D_x} = \frac{S_{x+1}}{N_{x+1}}$$

$$D(\ddot{a}_x) = \frac{S_{x+1} / D_x}{\ddot{a}_x} = \frac{S_{x+1} / D_x}{N_x / D_x} = \frac{S_{x+1}}{N_x}$$

Bei den Barwerten lebenslanger Renten gilt die einfache Beziehung

$$\ddot{a}_x = N_x / D_x = a_x + 1,$$

da sich der Cashflow bei der vorschüssigen Rente einfach um die sichere Zahlung 1 zum Zeitpunkt '0' von der nachschüssigen Rente unterscheidet. Bei der Duration gilt keine gleichermaßen einfache Beziehung zwischen vor- und nachschüssiger Rente. Durationen verhalten sich nicht einfach, wenn einzelne Cashflow-Zahlungen dazu genommen werden. Dagegen verhalten sich Durationen „gutmütig“ bei Verschiebung des gesamten Cashflow beispielsweise um n Jahre. Der Zahlungsschwerpunkt verschiebt sich hier einfach um n Jahre und die

Duration des verschobenen Cashflows erhält man durch Addition von „n“ zu derjenigen des ursprünglichen Cashflows. Die einzelnen Cashflow-Zahlungen von aufgeschobenen Renten und zum Ende der Aufschubzeit sofort beginnenden Renten unterscheiden sich nur durch einen für alle Zahlungen einheitlichen Faktor, die Wahrscheinlichkeit ${}_np_x$, das Ende der Aufschubzeit zu erleben. Die Multiplikation aller Cashflow-Zahlungen mit einem konstanten Faktor hat keinen Einfluss auf die Duration. Somit gilt:

$$D({}_{n|}a_x) = D(a_{x+n}) + n, \quad D({}_{n|}\ddot{a}_x) = D(\ddot{a}_{x+n}) + n$$

Für reine Erlebensfallversicherungen nach n Jahren gilt $D({}_nE_x) = n$, da hier höchstens eine Zahlung erfolgt, nämlich wenn der x-jährige Versicherte nach n Jahren lebt. Die Duration von temporären Leibrenten kann aus der Duration der lebenslangen Renten bestimmt werden. Dabei macht man sich zunutze, dass die Duration einer Summe von Cashflows dem gewichteten Mittel der einzelnen Cashflows entspricht, mit den Barwerten als Gewichte.

$$\ddot{a}_x \cdot D(\ddot{a}_x) = \ddot{a}_{x:\overline{n|}} \cdot D(\ddot{a}_{x:\overline{n|}}) + {}_{n|}\ddot{a}_x \cdot D({}_{n|}\ddot{a}_x) \quad \text{ergibt}$$

$$\frac{N_x}{D_x}\frac{S_{x+1}}{N_x} = \frac{N_x - N_{x+n}}{D_x} D(\ddot{a}_{x:\overline{n|}}) + \frac{N_{x+n}}{D_x}\left(n + \frac{S_{x+n+1}}{N_{x+n}}\right)$$

und aufgelöst nach $D(\ddot{a}_{x:\overline{n|}})$ ergibt dies

$$D(\ddot{a}_{x:\overline{n|}}) = \frac{S_{x+1} - S_{x+n+1} - n \cdot N_{x+n}}{N_x - N_{x+n}}.$$

Bei temporären nachschüssigen Renten ergibt diese Rechnung

$$a_x \cdot D(a_x) = a_{x:n} \cdot D(a_{x:n}) + {}_{n|}a_x \cdot D({}_{n|}a_x)$$

$$\frac{N_{x+1}}{D_x}\frac{S_{x+1}}{N_{x+1}} = \frac{N_{x+1} - N_{x+n+1}}{D_x} D(a_{x:\overline{n|}}) + \frac{N_{x+n+1}}{D_x}\left(n + \frac{S_{x+n+1}}{N_{x+n+1}}\right)$$

$$D(a_{x:\overline{n|}}) = \frac{S_{x+1} - S_{x+n+1} - n \cdot N_{x+n+1}}{N_{x+1} - N_{x+n+1}}.$$

Für die Todesfallversicherung gilt analog

$$D(A_x) = \frac{R_x / D_x}{A_x} = \frac{R_x / D_x}{M_x / D_x} = \frac{R_x}{M_x} \quad \text{und bei temporärer Deckung}$$

$$D({}_{|n}A_x) = \frac{R_x - R_{x+n} - n \cdot M_{x+n}}{M_x - M_{x+n}}.$$

Gemäß dem hier verwendeten Modell der Todesfallversicherung haben die mit dem Index „x“ versehenen Cashflows die erste Zahlung zum Zeitpunkt „x+1“, also am Ende des ersten Jahres. Dabei beginnt die Versicherungsdeckung im Alter „x“.

Für die gemischte Versicherung gilt

$$D(A_{x:\overline{n}|}) = \frac{1}{A_{x:\overline{n}|}}\left({}_{|n}A_x \cdot D({}_{|n}A_x) + {}_nE_x \cdot n\right)$$

$$= \frac{D_x}{D_{x+n} + M_x - M_{x+n}} \cdot \left(\frac{M_x - M_{x+n}}{D_x} \cdot \frac{R_x - R_{x+n} - n \cdot M_{x+n}}{M_x - M_{x+n}} + \frac{D_{x+n}}{D_x} \cdot n\right)$$

$$= \frac{R_x - R_{x+n} + n \cdot (D_{x+n} - M_{x+n})}{D_{x+n} + M_x - M_{x+n}}.$$

Konvexität

Oben wurde die Reihenentwicklung des Rentenbarwertes angegeben. Der Koeffizient des quadratischen Terms, dividiert durch den Rentenbarwert, entspricht dem doppelten Wert der Konvexität

$$C(a_x) = \frac{2\,v^2\,S_{x+1}^{(2)} / D_x}{N_{x+1} / D_x} = \frac{2\,v^2\,S_{x+1}^{(2)}}{N_{x+1}} \quad \text{und} \quad C(\ddot{a}_x) = \frac{2\,v^2\,S_{x+1}^{(2)}}{N_x}.$$

Zum Übergang zur vorschüssigen Zahlung: Die Zahlung zum Zeitpunkt 0 geht in der die Konvexität definierenden Formel nur in den Rentenbarwert im Nenner ein. Deshalb kann die Konvexität wie die Duration auch durch das Verhältnis der Barwerte vor- und nachschüssiger Zahlung umgerechnet werden. Dieses Verhältnis ist gerade N_x/N_{x+1}.

Für die Todesfallversicherung gilt analog $C(A_x) = \dfrac{2\,v^2\,R_x^{(2)}}{M_x}$.

Dispersion

Generell wird man diese aus Duration und Konvexität berechnen müssen. Dabei gilt

$$\sigma^2({}_na_x) = \sigma^2(a_{x+n}) \quad \text{und} \quad \sigma^2({}_n\ddot{a}_x) = \sigma^2(\ddot{a}_{x+n}),$$

da es sich jeweils um das gleiche aber verschobene Cashflow-Muster handelt, einmal ab Alter x und einmal ab Alter $x+n$ betrachtet, und die Dispersion invariant gegenüber solchen Verschiebungen ist.

3.6 Übungsaufgaben und Fragen

►**Aufgabe 3.1**: Welche beiden Begriffe für die Duration gibt es? Welcher Begriff gibt den größeren Wert? Ist der Unterschied groß? Warum liegt der Unterschied zwischen beiden Begriffen letztlich nur an Konventionen in der Benennung von ökonomischen Kenngrößen?

►**Aufgabe 3.2**: Geben Sie ein geometrisches Argument für die Beziehung $D(\ddot{a}_\infty) = D(a_\infty) + 1$.

▶**Aufgabe 3.3**: Warum gilt $D({}_{n|}a_x) = D(a_{x+n}) + n$ aber nicht $D(a_x) \neq D(\ddot{a}_x) + 1$?

Welche Beziehung gilt zwischen den Durationen der vor- und nachschüssigen Leibrenten?

▶**Aufgabe 3.4**: Welche Dimension haben Duration, Konvexität und Dispersion? Wie können diese Dimensionen mit dem geometrischen Zugang oder dem Zugang mittels der Differentialrechnung erklärt werden?

▶**Aufgabe 3.5**: Weisen Sie aufgrund des Zugangs zur Duration aus der Analysis die Beziehung $D({}_{n|}a_x) = D(a_{x+n}) + n$ nach!

▶**Aufgabe 3.6**: Ermitteln Sie eine Formel für die Duration einer Anleihe zu dem Zinssatz für den jährlich nachschüssig ausgezahlten Coupon. Die Anleihe von 1 werde nach n-Jahren zusammen mit dem letzten Coupon ausgezahlt. Suchen Sie eine Entsprechung der Duration dieser Anleihe mit einem standardmäßig gebrauchten Wert (Formel von Bertolotti). Interpretieren Sie das Resultat, indem Sie die Änderung der Duration der Anleihe bei einem Vergleich von Anleihen von n- und $(n+1)$-jähriger Dauer ausrechnen.

▶**Aufgabe 3.7**: Eine Schuld von 100.000 € soll über 10 Jahre mit jährlichen (nachschüssigen Zahlungen) bei einem Schuldzins von 4 % abgezahlt werden. Geben sie eine Schätzung der Höhe der jährlichen Zahlungen! Wie interpretieren Sie die Komponenten der Näherung?

▶**Aufgabe 3.8**: Eine Anleihe von 1 zahle während ihrer 20-jährigen Laufzeit einen Coupon von 3 %, jeweils per Ende Jahr. Nach den 20 Jahren werde die Anleihe zurückgezahlt. Der aktuelle Marktpreis der Anleihe sei 0,8. Berechnen Sie die aktuelle Verzinsung mit einem iterativen Verfahren!

▶**Aufgabe 3.9**: In Deutschland wurde 2011 mit der sogenannten „Zinszusatzreserve" eine neue Vorschrift zu den statutarischen Rückstellungen erlassen. Dabei darf der in die Reserve eingerechnete Zinssatz einen als Mittel der Zinssätze von 10-jährigen Anleihen von Staaten bester Bonität über die vergangenen 10 Jahre gebildeten Zinssatz nicht überschreiten. Dementsprechend müssen für die Altbestände mit höheren eingerechneten Zinssätzen zusätzliche Reserven gestellt werden. Die Zusatzreserve muss nicht über die ganze restliche Vertragslaufzeit, sondern nur für die nächsten 15 Jahre gestellt werden.

Wie interpretieren Sie dieses Vorgehen (regel- oder prinzipienorientiert)?

Geben Sie eine Formel für die Reserve (ohne Kosten) an, welche eine kleinere Verzinsung in den nächsten 15 Jahren berücksichtigt. Die Versicherung habe im Alter x des Versicherten begonnen und laufe seit t Jahren. Die Höhe der Reserve zu einem gegebenen Zinssatz sei $V_t(i)$.

3.7 Literatur

Im Zusammenhang mit Zinsproblematik bei Lebensversicherungen sind neben den im zweiten Kapitel aufgeführten Lehrbüchern von Ortmann und Wolfsdorf zwei Klassiker von Schweizer Autoren von besonderem Interesse:

Dieses Thema hatte zu Recht früher eine große Rolle gespielt. Die Thematik wurde als das „Zinsfußproblem“ bezeichnet. Dabei ging es darum, die Auswirkung einer Änderung des Zinsfußes, also des Bewertungszinssatzes für die Cashflows der Lebensversicherungen, zu analysieren. Der geometrisch gut fassbare Begriff der Duration wurde von Macaulay schon 1938 für die Bewertung von Anleihen eingeführt. Im Zusammenhang mit dem „Zinsfußproblem“ verwendete man diese Interpretation aber nicht. Dafür setzte man intensiv die Analysis ein und das Buch von Zwinggi hatte die Taylor-Reihenentwicklung des Leibrentenbarwertes nach einer Zinsvariation Δi auf die Kommutationszahlen zurückgeführt. Damit konnten die Duration und die Konvexität sowie auch höhere Terme der Reihenentwicklung aus den Kommutationszahlen ermittelt werden, wobei die höheren Terme durch sukzessive Addition der vorher ermittelten Terme recht einfach bestimmt werden.

Das „Zinsfußproblem“ wurde in den 50er und 60er Jahren des vorigen Jahrhunderts besonders in der Schweiz intensiv untersucht. Das war seinerzeit nicht nur reines Forschungsinteresse, sondern hatte einen sehr konkreten ökonomischen Hintergrund. Damals waren die Marktzinsen in der Schweiz sehr tief und die theoretische Behandlung hat zum Verständnis und auch zur besseren Einschätzung des Ausmaßes dieser Problematik beigetragen.

Die im nächsten Abschnitt hergeleitete Beziehung zwischen den Leibrentenbarwerten bei einem Sterbegesetz von Makeham (im kontinuierlichen Fall) und der unvollständigen Gammafunktion war früher grundsätzlich ebenfalls bekannt und wird im Buch von Saxer erwähnt.

Saxer, W.: Versicherungsmathematik Erster Teil, Springer, Heidelberg (1979)

Zwinggi, E.: Versicherungsmathematik, Birkhäuser Verlag, Basel und Stuttgart (1958)

4 Zinssensitivität

4.1 Exponentialdarstellung der Zinsvariation

4.1.1 Ableitungen

Wie wir gesehen haben, entsprechen sich der geometrisch orientierte Begriff der Duration als Zahlungsschwerpunkt und die mit der Analysis berechnete Größe der Ableitung des Cahflow-Barwertes nach dem Zinssatz, dividiert durch den Cashflow-Barwert, bis auf das Vorzeichen und den Faktor v resp. $1+i$. Der analytische Term entspricht der Ableitung des Logarithmus des Cashflow-Barwertes nach dem Zinssatz und dieser Term ist maßgebend für das Wachstum oder den Schwund des Cashflow-Barwertes bei Zinszunahme oder -abnahme. Es gilt:

Die Ableitung des Logarithmus des Barwertes nach dem Zinssatz entspricht dem negativen Betrag der Duration, multipliziert mit dem Diskontfaktor:

$$\frac{d \ln P}{di} = \frac{1}{P}\frac{dP}{di} = -v \cdot D$$

Die Ableitung der Duration entspricht dem mittleren Abweichungsquadrat der diskontierten Zahlungen vom Zahlungsschwerpunkt, normiert mit dem Barwert der Zahlungen:

$$D' = \frac{dD}{di} = -v \cdot \sigma^2 = v \frac{\sum_{t \geq 0} (t - D_0)^2 \cdot v^{t-D_0} Z_t}{\sum_{t \geq 0} v^{t-D_0} Z_t}$$

Weitere Ableitungen von D bleiben wohl auch für die sehr langen Cashflows bei Lebensversicherungen von eher theoretischem Wert. Für ein später behandeltes Beispiel soll hier auch die 2. Ableitung der Duration bestimmt werden:

$$D'' = \frac{d^2 D}{di^2} = -v^2 \cdot \sigma^2 + v \frac{d}{di}\left(\frac{\sum_{t \geq 0} (t - D_0)^2 \cdot v^{t-D_0} Z_t}{\sum_{t \geq 0} v^{t-D_0} Z_t} \right) = -v^2 \cdot \sigma^2 + v \frac{\sum_{t \geq 0} (t - D_0)^3 \cdot v^{t-D_0} Z_t}{\sum_{t \geq 0} v^{t-D_0} Z_t}$$

$$= v^2 \cdot (\sigma^2 + \mu_3)$$

Dabei bezeichnen wir den Term

$$\mu_3 = \frac{\sum_{t \geq 0} (t - D_0)^3 \cdot v^{t-D_0} Z_t}{\sum_{t \geq 0} v^{t-D_0} Z_t}$$

in Analogie zum 3. zentralen Moment der Wahrscheinlichkeitstheorie mit μ_3.

4.1.2 Integrale

Der Barwert sei für i_0 bekannt und man interessiert sich wiederum dafür, wie der Barwert ändert, wenn der Zinssatz um Δi auf $i_1 = i_0 + \Delta i$ erhöht oder auf $i_1 = i_0 - \Delta i$ reduziert wird. Aus

$$\ln \frac{P(i_1)}{P(i_0)} = \left[\ln P\right]_{i_0}^{i_1} = \int_{i_0}^{i_1} \frac{P'}{P}\, di = \int_{i_0}^{i_1} \upsilon \cdot D(i)\, di \quad \text{folgt}$$

$$P(i_1) = P(i_0) \cdot e^{-\int_{i_0}^{i_1} \upsilon \cdot D(i)\, di} \approx P(i_0) \cdot e^{\ln(\upsilon_1/\upsilon_0) \cdot \overline{D}} = P(i_0) \cdot \left(\frac{\upsilon_1}{\upsilon_0}\right)^{\overline{D}} = P(i_0) \left(\frac{1+i_0}{1+i_1}\right)^{\overline{D}}.$$

Die Duration hängt vom Zinssatz i aus $[i_0, i_1]$ ab. Damit nähern wir das Integral im Exponenten an, indem wir eine mittlere Duration in dem Zinsintervall als Exponent nehmen. Je nach gewünschter Näherungsgüte und auch nach der Länge des Cashflows und der Größe der Zinsvariation kann einfach die Duration beim Ausgangszins d.h. $\overline{D} = D(i_0) = D_0$ genommen werden oder aber die Entwicklung bis zum zweiten oder dritten Term:

$$\overline{D} = D_0^{(2)} = D_0 - 0.5\, \upsilon_0\, \sigma_0^2\, \Delta i \quad \text{oder} \quad \overline{D} = D_0^{(3)} = D_0^{(2)} + \frac{1}{6}\, \upsilon_0^2 \left(\sigma_0^2 + (\mu_3)_0\right) \Delta i^2$$

Der Index 0 bedeutet dabei immer, dass die Größen zum Ausgangszinssatz i_0 genommen werden. Diese Formeln ergeben sich aus der Taylorentwicklung von D bis zum zweiten Term in D'' und der Integration dieser Funktion von i_0 bis i_1.

4.1.3 Frühere Beispiele, neu betrachtet in der Exponentialdarstellung

Beispiel 2.1, wiederum neu betrachtet

Zuerst betrachten wir mit Beispiel 2.1 eine Anleihe mit dem Coupon von 3 % über 10 Jahre und der dann fälligen Rückzahlung des Nominalbetrages, also mit den Cashflow-Zahlungen $Z_1 =, .. = Z_9 = 0.03$ und $Z_{10} = 1.03$. Wir berechnen wie oben den Barwert dieser Anleihe bei einem Zinssatz

$$3\,\% - \Delta i = 3\,\% - 1.107\,\% = 1.893\,\%$$

und erhalten bei der 2. Näherung unter Einbezug der Dispersion den Wert von 1.1000 auf die vierte Stelle genau.

Da die Anleihe zum Zinssatz von 3 % den Wert 1 hat, entspricht der neue Barwert auch der relativen Wertänderung $\dfrac{P(i_1)}{P(i_0)} = \left(\dfrac{1+i_0}{1+i_1}\right)^{\overline{D}}$.

Näherung		Duration $\overline{D}$	Relative Wertänderung
Erste		$D_0 = 8{,}79$	1,0996
Zweite	Der Term für Konvexität ergibt sich aus dem im 3. Kapitel zu Beispiel 2.1 bestimmten Wert für die zweifache Summierung der diskontierten Cash-flows von 46,18: $(1+i_0)^2 \times C_0 = 92{,}36 = 2 * 46{,}18.$ Damit ergibt sich die Dispersion $\sigma_0^2 = (1+i_0)^2 \times C_0 - D_0^2 - D_0 = 6{,}39.$	$D_0^{(2)} = 8{,}82$	1,1000
Genau			1,1000

Beispiel 3.1, neu betrachtet

Wir wenden uns nun dem ebenfalls bereits behandelten Zeitrentenbarwert über 40 Jahre a_{40} zu und entwickeln diesen um den Zinssatz $i_0 = 3$ %, um die Erhöhung des Barwertes bei der Reduktion des Zinssatzes um einen Prozentpunkt auf neu $i_1 = 2$ % zu bestimmen. Der genaue Wert beträgt:

Näherung		Duration $\overline{D}$	Relative Wertänderung
Erste		$D_0 = 16{,}650$	1,1764
Zweite	Mit $C_0 = 394.3$ ergibt sich die Dispersion $\sigma_0^2 = (1+i_0)^2 \times C_0 - D_0^2 - D_0 = 124{,}4.$	$D_0^{(2)} = 17{,}254$	1,1833
Genau			1,1835

Zum Vergleich: Die Entwicklung in der konventionellen Taylorreihe bis zum zweiten Term ohne Verwendung von Exponenten ist weniger genau:

Ausgangswert		1,0000
Lineare Näherung	$v \cdot D_0 \cdot \Delta i$ =	0,1617
Quadratische Näherung ($C_0 = 394.3$)	$0.5\ C_0 \cdot \Delta i^2$ =	0,0197
Σ = Näherung bis zum quadratischen Term		1,1814

Beispiel 3.2, neu betrachtet

Hier wird der Barwert von a_{40} bei 3 % aus dem Barwert beim Zinssatz 0, also von 40, und den früher hergeleiteten Formeln zu Duration und Dispersion für Zeitrenten beim Zinssatz 0 mit Hilfe der Exponentialformel bestimmt:

Näherung		Duration $\overline{D}$	Wert: $P(i_1) = 40 \cdot \left(\frac{1+i_0}{1+i_1}\right)^{\overline{D}}$
Erste		$D_0 = 20{,}5$	
Zweite	Dispersion $\sigma_0^2 = (n+1)\cdot(n-1)/12 = 133$	$D_0^{(2)} = 18{,}55$	23,117

Der genaue Wert beträgt 23,115. Es liegt natürlich auch an den speziellen Cashflows bei Zeitrenten, dass diese Rechnung so genau ist. Das 3. Moment μ_3 verschwindet hier. Aber auch sonst gibt die Berechnung über die Exponentialdarstellung schon bei früheren Näherungsschritten genauere Werte als die konventionelle Taylorreihe, welche rein arithmetisch ist.

4.1.4 Generelle Bemerkungen

Die Duration entspricht – abgesehen vom Diskontfaktor – der Ableitung des Cashflow-Barwertes dividiert durch den Barwert, also der relativen Änderung des Barwertes bei Zinsänderungen. Somit gibt die Duration das Wachstum des Barwertes bei Zinsänderungen wieder, wobei eine Zinsabnahme zu einem Wachstum des Barwertes und eine Zinsreduktion zu einer Minderung des Barwertes führen. Wachstums- oder Zerfallsprozesse werden generell am besten durch Exponentialfunktionen wiedergegeben. Der Wachstums-Faktor entspricht

$$e^{\ln(\upsilon_1/\upsilon_0)\cdot \overline{D}} \approx e^{-\Delta i \cdot \overline{D}} .$$

Besonders bei langen Cashflows führt dieser Ansatz über die Exponentialfunktion zu genaueren Resultaten als die übliche arithmetische Berechnung aufgrund der Taylorentwicklung. Die Exponentialfunktion ist gut geeignet, Fragestellungen mit Zins- , Zinseszins und sogar noch weiteren Zinseszinskomponenten zu behandeln. Schließlich kann sie gerade über Wachstums-, Zins- und Zinseszins-Fragestellungen eingesetzt werden. $e^{D\cdot\Delta i}$ gibt die Erhöhung des Endwertes eines zu einer kontinuierlichen Verzinsung angelegten Sparkapitals bei einer auf ein Jahr hochgerechneten Zinsintensität von Δi an, oder auch die Erhöhung des Sparkapitals bei Anhebung der Zinsintensität um Δi . Bei der Taylorreihe der Exponentialfunktion entsprechen die einzelnen Komponenten dem Beitrag der wiederholten Verzinsung.

	Anfangsbetrag		Einfacher Zins		Zinseszins		Zinseszinszins	
$e^{D\cdot\Delta i} =$	1	$+$	$D\cdot\Delta i$	$+$	$\frac{1}{2}\cdot D^2\cdot\Delta i^2$	$+$	$\frac{1}{6}\cdot D^3\cdot\Delta i^3$	$+\ \ldots$

Dies ist so zu verstehen, dass der linear über die Dauer D anfallende Zinsertrag sich wiederum über die Dauer D mit Δi verzinst. Da der Zinsertrag $D \cdot \Delta i$ nicht schon am Anfang zur Verfügung steht, sondern linear anfällt, verzinst er sich nur über die halbe Dauer, was zu dem Faktor ½ beim Zinseszins führt.

Indem die Exponentialfunktion direkt verwendet wird, werden alle höheren Zinseszinskomponenten berücksichtigt, was insbesondere bei langen Dauern über etwa 20 Jahren relevant sein kann. Generell hängt die Güte der Näherung von der Größe von $D \cdot \Delta i$ ab.

In den hier angegebenen Formeln wird die Zinsintensität per annum aus den gegebenen Verzinsungen für ein Jahr zurückgerechnet, indem wir

$$\Delta i = - \ln(\upsilon_1 / \upsilon_0) = \ln\left(\frac{1+i_0}{1+i_1}\right)$$

setzen. Damit konstruieren wir die Zinsintensität einer kontinuierlichen Verzinsung, welche über ein Jahr zu der gegebenen Jahresverzinsung führt. Die bei der Exponentialfunktion übliche kontinuierliche Verzinsung kann so auch bei unserer konkreten Fragestellung mit gegebenen Zinssätzen auf ein Jahr angewendet werden. So kann ausgenutzt werden, dass beim Konzept der Exponentialfunktion die höheren Zinseszinskomponenten schon eingerechnet sind.

4.2 Reserveänderung bei Zinsvariation in der Lebensversicherung

4.2.1 Prämien- und Leistungs-Cashflows

Bei Versicherungen – seien es einzelne Verträge oder auch ganze Portefeuilles - sind prinzipiell zwei Cashflows zu betrachten: der Cashflow der Beiträge (Einnahmen) B und derjenige der Leistungen (Ausgaben) L. Wir nehmen an, dass alle Cashflows zu einem festen technischen Zinssatz i_0 bewertet werden.

Die Reserve V ermittelt sich dann als Barwert des zu entrichtenden Leistungs-Cashflows abzüglich der zukünftigen Einnahmen, also des Barwertes der zukünftigen Beiträge:

$$V = P(L) - P(B)$$

4.2.2 Differentialgleichung

Wie erwähnt berechnet sich die Reserve als Differenz der Barwerte der Prämien und Leistungs-Cashflows $P(L) - P(B)$. Damit hängt die Zinsabhängigkeit der Reserve von der Duration der beiden Cashflows ab und die Ableitung der Reserve nach dem Zinssatz ist

$$\begin{aligned} \frac{dV}{di} = V' &= P(L)' - P(B)' \\ &= -\upsilon \cdot (P(L) \cdot D(L) - P(B) \cdot D(B)) \\ &= -\upsilon \cdot \left(V \cdot D(L) + P(B) \cdot (D(L) - D(B))\right), \end{aligned}$$

wobei $D(L)$ die Duration des zukünftigen Leistungs-Cashflows und $D(B)$ die Duration des zukünftigen Beitrags-Cashflows sind.

Ohne zukünftige Beiträge, also nach Ende einer periodischen Prämienzahlung oder bei Finanzierung gegen Einmalprämie, hat man die übliche Formel für die Zinsabhängigkeit von Cashflows, d.h.

$$V' = -\, v \cdot V \cdot D(L).$$

Diese Zinsabhängigkeit bezogen auf die Reserve wird noch durch den Term im Beitragsbarwert $P(B)$ erhöht. Dies liegt daran, dass bei einem Auseinanderfallen des Zahlungsschwerpunkts der Leistungen und Prämien eine Zinswirkung berücksichtigt werden muss. Ganz generell ist im Allgemeinen

$D(B) \leq D(L)$, andernfalls führt dies zu negativen Rückstellungen und entsprechend problematischen Forderungen bei den Versicherungsverträgen. Somit ist auch der Term $P(B) \cdot (D(L) - D(B))$ positiv.

Die Zinssensitivität entspricht derjenigen von

$V + P(B)\dfrac{D(L) - D(B)}{D(L)}$ Anlagebetrag und

$D(L)$ Duration, Dauer der Anlage.

Soll dieser Verpflichtung auf der Aktivseite eine Anleihe gegenübergestellt werden, um sie gegen Zinsschwankungen zu immunisieren, dann steht im Allgemeinen nur die Reserve V als Anlagebetrag zur Verfügung. Um auch die zukünftigen Beiträge zu immunisieren, muss die Anleihe eine höhere Duration als diejenige der Verpflichtungen haben, also:

$D(L) + \left(1 + \dfrac{P(B) \cdot (D(L) - D(B))}{V \cdot D(L)}\right)$ Duration zur Immunisierung der Verpflichtung

4.2.3 Beispiel 4.1 für eine aufgeschobene Rente

Dies soll am Beispiel eines einzelnen Vertrages etwas näher erläutert werden:

Ein x-Jähriger schließe eine aufgeschobene Leibrente ab. Die Versicherungsleistung sei die Zahlung einer Rente, deren Höhe wir hier zur Vereinfachung der Notation als 1 ansetzen. Die Rente wird so lange gezahlt, wie der Versicherte am Auszahlungstermin lebe. Der Barwert der Rentenzahlungen ist dann

$$L = {}_{65-x}\ddot{a}_x = N_{65} / D_x .$$

Die Prämie berechnet sich als Quotient von Leistungsbarwert und dem Prämienbarwert $\ddot{a}_{x:\overline{n}|}$

$$\pi = \frac{{}_{65-x|}\ddot{a}_x}{\ddot{a}_{x:\overline{65-x}|}} = \frac{N_{65}}{N_x - N_{65}} .$$

Damit sind die Barwerte des Prämien-Cashflows, d.h. der Zahlung der Prämie π bis zum Alter 65, und der Leistungs-Cashflows, d.h. des Bezugs der Rente 1 ab Alter 65, gleich. Die Prämien und Leistungen werden nur bei Erleben der Fälligkeitstermine gezahlt.

Das Deckungskapital nach t Jahren V_{x+t} berechnet sich dann als Barwert des Leistungs-Cashflows, also der Rentenzahlung, abzüglich Barwert der ausstehenden Prämie:

$$V_{x+t} = {}_{65-x-t|}\ddot{a}_{x+t} - \pi \cdot \ddot{a}_{x+t:\overline{65-x-t}|}$$

Diese Gleichsetzung der Prämien- und Leistungs-Cashflows nennt man Äquivalenzgleichung.

In diesem Fall ergibt dies mit $r = 65-x-t$:

$$D(L) = D({}_{r|}\ddot{a}_{x+t}) = r + D(\ddot{a}_{65}),\ D(B) = D(\ddot{a}_{x+t:\overline{r}|}) \approx ½\ r,\ \ D(L) - D(B)) \approx ½\ r + D(\ddot{a}_{65})$$

und

$$\frac{dV}{di} = V' = -\ v \cdot (V \cdot D(L) + P(B) \cdot (D(L) - D(B))) \approx -V(r + D(\ddot{a}_{65})) - P(B) \cdot (0.5r + D(\ddot{a}_{65}))$$

$D(\ddot{a}_{65})$ muss man konkret aufgrund der angenommen Sterblichkeit und des Zinssatzes berechnen. Von welcher Größenordnung kann man hier in etwa ausgehen?

Weiter hinten werden Schätzungen für das Verhältnis von Duration und Barwert von Leibrenten-Cashflows diskutiert. Dabei zeigt sich, dass man als Faustregel $D(\ddot{a}_{65}) \approx 0.7\ \ddot{a}_{65}$ annehmen kann.

Wie groß ist $\ddot{a}_{65}$? Das hängt von der Lebenserwartung und dem Diskontierungszinssatz i_0 ab. Nehmen wir an, im Alter 65 betrage die Lebenserwartung 20 Jahre. Dann entspricht dies in etwa $\ddot{a}_{65}$ zum Zinssatz 0. Bei einem Zinssatz von 3 % reduziert sich $\ddot{a}_{65}$ auf ca. 70 % des Ursprungswertes beim Zinssatz 0, da

$$e^{-3\% \cdot \bar{D}} = e^{-3\% \cdot 12} = e^{-0,36} \approx 0.7.$$

Dabei wird angenommen, dass die Duration im Mittel des Zinsintervalls von [0 %, 3 %] mit 12 Jahren etwas höher als beim Zinssatz von 3 % ist, für den diese Annahmen zu einer Duration von ca. 10 Jahren führen:

Nimmt man nämlich beide Reduktionsfaktoren, den einen, weil man den Barwert des Cashflows zu 3 % betrachtet und nicht die Lebenserwartung selbst, und den zweiten, weil man die Duration und nicht den Rentenbarwert betrachtet, führt dies zu einer Reduktion von insgesamt ca. 0,7·0,7, also auf etwa die Hälfte der Lebenserwartung. Bei der angenommenen Lebenserwartung von 20 Jahren kann man also für Schätzungen von einem Richtwert von ca.10 Jahren ausgehen. Damit ergibt sich eine Zinssensitivität von

$$\frac{dV}{di} \approx -V \cdot (r + 10) - P(B) \cdot (0.5\ r + 10),$$

mit r =Anzahl Jahre bis Beginn der Rentenzahlung.

Bei viel längeren Lebenserwartungen jüngerer Versicherter ist die Schätzung mit ca. der halben Lebenserwartung ungeeignet, da der Cashflow hier eher den Charakter einer konstanten

Zahlung hat, deren Barwert mit den Formeln von geometrischen Reihen abgeschätzt werden kann. Dieses Beispiel zeigt, wie stark die Zinsabhängigkeit bei Lebensversicherungen sein kann. Diese Thematik wird im nächsten Kapitel näher behandelt

4.2.4 Integral zur Bestimmung der Reserveauffüllung

Nimmt man die Koeffizientenfunktionen $D(L)$, $D(B)$ und $P(B)$ der obigen Differentialgleichung als konstant an, kann man sie einfach lösen und die Reserve in Abhängigkeit des Zinssatzes bestimmen. Für Näherungen kann man die Koeffizienten als mittlere Werte in den Intervallen $[\, i_{0,}\ i_1\,]$ ansetzen.

$$\overline{D}(Z) = D_0(Z) - 0{,}5 \cdot v_0 \cdot \sigma_0^2(Z) \cdot \Delta i \qquad Z = L \text{ oder } B$$

$$\overline{P}(B) = P_0(B) \cdot (1 - 0{,}5 \cdot v_0 \cdot \overline{D}(B) \cdot \Delta i) \quad \text{Beitragsbarwert (mittels Taylorreihe)}$$

Die Reserve in Abhängigkeit des Zinssatzes i genügt der folgenden Funktion

$$V(i) = V(i_0) \cdot (v/v_0)^{\overline{D}(L)} + \overline{P}(B) \cdot \frac{\overline{D}(L) - \overline{D}(B)}{\overline{D}(L)} \left((v/v_0)^{\overline{D}(L)} - 1 \right)$$

mit $v = v(i) = 1/(1+i)$, da die Randbedingung $V(i)=V(i_0)$ und auch die Differentialgleichung erfüllt sind, was aus

$$\frac{d}{di} v^{\overline{D}(L)} = \frac{d}{di}(1+\mathrm{i})^{-\overline{D}(L)} = -\overline{D}(L)(1+i)^{-\overline{D}(L)-1} = -\overline{D}(L) \cdot v^{\overline{D}(L)+1}$$

hervorgeht.

Die Reserve $V(i_0)$ zu einem (Reserve)Zinssatz i_0 sei bekannt. Ebenso seien die Beitrags- und Leistungs-Cashflows bekannt und daraus können Duration, Konvexität und Dispersion $D_0(Z)$, $C_0(Z)$ und $\sigma_0^2(Z)$ der Beitrags- und Leistungs-Cashflows ($Z = B$ oder L) zum Reservezinssatz i_0 berechnet werden. Dann kann der Auffüllungsbedarf (bei Zinssatzreduktion) respektive die frei werdende Reserve (bei Zinssatzerhöhung) wie folgt bestimmt werden:

$$\Delta V = V(i_1) - V(i_0) \cong \left(V(i_0) + \overline{P}(B) \cdot \frac{\overline{D}(L) - \overline{D}(B)}{\overline{D}(L)} \right) \left((v/v_0)^{\overline{D}(L)} - 1 \right)$$

Typisch für die Lebensversicherungen ist der Zusatzterm mit dem Prämienbarwert. Zu diesem Term kommt es, da die Prämien und Reserven generell mit dem gleichen Zinssatz gerechnet werden. In den zukünftigen Prämien sind auch Zinserträge eingerechnet. Ändert sich der Zinssatz, so müssten eigentlich auch die zukünftigen Prämien angepasst werden. Da die Prämien vertraglich fest vereinbart sind und sogar auf der Versicherungspolice festgehalten sind, müssen bei einer Änderung des Zinssatzes dessen Auswirkungen auf die zukünftigen Prämien bei der Änderung der Reserven berücksichtigt werden. Dabei muss der Beitragsbarwert von der maßgebenden Duration $\overline{D}(L) - \overline{D}(B)$ für die aus den zukünftigen Beiträgen zu erbringenden Leistungen auf die für die Reserven maßgebende Duration $\overline{D}(L)$ umgerechnet werden.

4.2.5 Zinssensitivität bei einzelnen Produkten in der Lebensversicherung

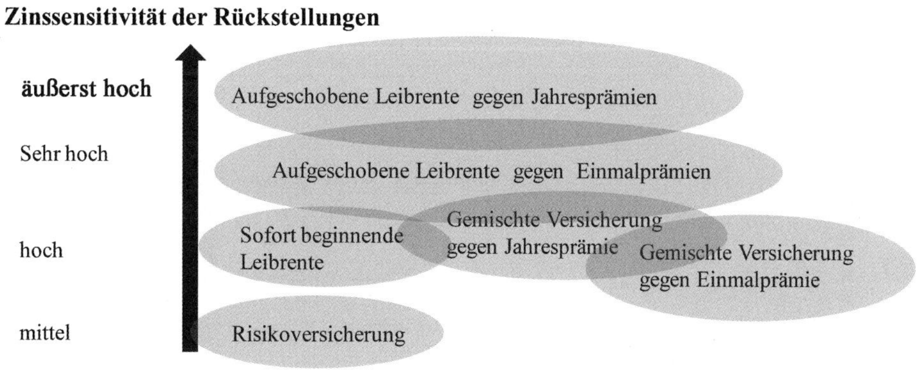

Abbildung 4.1

Aufgeschobene Leibrenten können bei den Leistungs-Cashflows sehr lange Durationen haben. Wenn diese gegen Jahresprämien finanziert werden, dann müssen neben den Versicherungsleistungen, die aus den Reserven finanziert werden, noch diejenigen, die sich aus den zukünftigen Prämien finanzieren, berücksichtigt werden. Damit reagieren die Rückstellungen in diesem Produkttypus am stärksten gegenüber Änderungen des Zinssatzes.

4.2.6 Beispiel 4.2 für die Reserveerhöhung bei einem Leibrentenportefeuille

4.2.6.1 Problemstellung

Für die Lebensversicherungsprodukte, deren Zinssensitivität am größten ist, die aufgeschobenen Leibrenten gegen Jahresprämie, betrachten wir als Schulbeispiel ein Portefeuille einer Versicherungsgesellschaft, welches nur aus drei repräsentativ über die möglichen Alter verteilten Policen besteht.

Die Reserve für den Zinssatz $i_0 = 4\ \%$ sei bekannt und man möchte die Reserve mit einem neuen Zinssatz von $i_0 + \Delta i = 2\ \%$ respektive den Auffüllungsbedarf ΔV bei Reduktion des Zinssatzes um 2 % berechnen. Wir betrachten ein Leibrentenportefeuille mit drei Versicherten im Alter von $x = 20$, 40 und 60 Jahren. Alle drei haben im Alter 20 die Versicherung abgeschlossen und zahlen die gleiche Prämie basierend auf dem Eintrittsalter 20. Versichert seien jährlich vorschüssig zahlbare Renten der Höhe 1, zahlbar ab Alter 65.

4.2.6.2 Biometrische Annahmen

Damit bei Lebensversicherungen oder generell bei Leibrenten ein Cashflow definiert ist, müssen biometrische Annahmen getroffen werden. Dazu ermittelt man aus den beobachteten Sterblichkeitsraten einen angenommenen Verlauf der Sterblichkeit. Will man den Sterblichkeitsverlauf analytisch mit einer Formel darstellen, so hat Makeham schon Mitte des 19. Jahrhunderts eine typische Funktionsklasse gefunden: Dabei hängt die Sterblichkeit exponentiell vom Alter ab, bei einer Alterszunahme um eine feste Anzahl Jahre nimmt die Sterberate jeweils immer um den gleichen Faktor zu und verdoppelt sich beispielsweise alle 10 Jahre. Wir nehmen im Folgenden für das Alter x

$$q_x = 0{,}0025+0{,}00005 \cdot e^{0{,}1\cdot(x-20)},\ x = 20,\ldots,119;\ q_{120} = 1$$

als Todesfallwahrscheinlichkeiten an,

d.h. alle 10 Jahre erhöht sich die Sterblichkeit um das e-fache. Mit diesen Sterbewahrscheinlichkeiten kann die Entwicklung des Bestandes der Lebenden berechnet werden, indem

$${}_t p_x = \prod_{k=0}^{t-1}(1-q_{x+k})$$ die Wahrscheinlichkeit, nach $t > 0$ Jahren am Leben zu sein,

ergibt. Dabei setzen wir ${}_t p_x = 0$ wenn $x+t > 120$, dem angenommenen Ende der Sterbetafel.

Dies ergibt beispielsweise für $x = 20$ eine sehr lange stabile, nur ganz langsam fallende Bestandsentwicklung, die dann erst ab einem Alter von 80 bis 90 Jahren immer schneller abnimmt.

4.2.6.3 Prämie und Reserve zum Zinssatz von 4 %

Mit diesen Überlebenswahrscheinlichkeiten ${}_t p_x$ können die Prämie bei Eintrittsalter 20

$$\pi = \frac{{}_{45|}\ddot{a}_{20}}{\ddot{a}_{20:\overline{45}|}} = 11{,}32\ \%$$

und die Reserve als Differenz der Barwerte der Leistungs- und Prämien-Cashflows berechnet werden:

$$V = {}_{5|}\ddot{a}_{60} + {}_{25|}\ddot{a}_{40} + {}_{45|}\ddot{a}_{20} - \pi \cdot \left(\ddot{a}_{20:\overline{45}|} + \ddot{a}_{40:\overline{25}|} + \ddot{a}_{60:\overline{5}|}\right) = 15{,}82$$

4.2.6.4 Cashflows

Aus der Bestandsentwicklung können die beiden maßgebenden Cashflows, derjenige für die Prämienzahlung und derjenige für die Leistungen, d.h. für die Zahlung der Renten ab Erreichen des Alters 65, ermittelt werden. Dabei kann man für ein Alter x den Cashflow ${}_t p_x$ betrachten. Ist $t+x < 65$, so gehört $\pi \cdot {}_t p_x$ zum Prämien-Cashflow. Falls $t+x< 65$ ist, gehört ${}_t p_x$ zum Leistungs-Cashflow. Diese einzelnen Cashflows für die 3 erreichten Alter 20, 40 und 60 müssen zu dem gesamten Cashflow des versicherten Portefeuilles summiert werden. Dies ergibt die beiden Cashflows Z_t:

Beiträge $\pi \sum_{x=20,40,60} {}_t p_x \cdot 1_{\{t+x<65\}}$

Leistungen $\sum_{x=20,40,60} {}_t p_x \cdot 1_{\{t+x\geq 65\}}$

Dabei hat der Prämien-Cashflow die späteste Auszahlung nach 44 Jahren, wenn der 20-jährige das Alter 64 erreicht hat und seine letzte Prämie zahlt. Beim Leistungs-Cashflow ist die späteste Auszahlung nach 100 Jahren, wenn der 20-jährige das angenommene Ende der Sterbetafel, also das Alter 120 erreicht.

4.2.6.5 Kennzahlen zu den Cashflows

Duration des Leistungs-Cashflows

	Alter x	20	40	60	
Barwert	${}_{65-x\|}\ddot{a}_x$	2,34	5,40	12,72	$\sum$ = 20,45
Produkt	${}_{65-x\|}\ddot{a}_x$. $D({}_{65-x\|}\ddot{a}_x)$	131,31	195,49	206,29	$\sum$ = 533,10
Duration in Jahren	$D({}_{65-x\|}\ddot{a}_x)$	56,22	36,22	16,22	$D_0(L)$ = 26,07 =533,1/20,45

Duration des Beitrags-Cashflows

	Alter x	20	40	60	
Barwert	$\ddot{a}_{x:\overline{65-x\|}}$	20,64	15,71	4,58	$\sum$ = 40,93
Produkt	$\ddot{a}_{x:\overline{65-x\|}} \cdot D(\ddot{a}_{x:\overline{65-x\|}})$	315,10	154,09	8,75	$\sum$ = 477,94
Duration in Jahren	$D(\ddot{a}_{x:\overline{65-x\|}})$	15,27	9,81	1,91	$D_0(B)$ =11,68 = 477,94/40,93

Zu den beiden Cashflows kann mittels der Dispersion eine gute Näherung für die mittlere Duration im Intervall [2 %, 4 %] berechnet werden, für welches die Variation des Zinssatzes vorgenommen wird. Da wir hier einerseits sehr lange Cashflows betrachten und andererseits eine erhebliche Zinssatzvariation um $\Delta i = 2$ % ermitteln wollen, haben wir auch den 3. Term berücksichtigt, d.h. wir setzen wie oben erläutert:

		Duration in Jahren Cashflow:	
		Leistungen	Beiträge
Duration	D_0	26,07	11,68
Term in der Dispersion	$-0{,}5\ \upsilon_0\ \sigma_0^2\ \Delta i$	2,62	1,05
Weiterer Näherungsterm	$\frac{1}{6}\ \upsilon_0^2\left((\mu_3)_0+\sigma_0^2\right)\Delta i^2$	0,23	0,08
	-----------------------------	---------	---------
Mittlere Duration = Summe der drei oberen Terme	$\overline{D}$	28,92	12,81

Die Durationen D_0 von Beiträgen und Leistungen zum Ausgangszinssatz von 4 % können aus den gesamten Cashflows der Portefeuilles oder wie hier als gewichtetes Mittel der Cashflows der Einzelverträge bestimmt werden. Die weiteren Terme zur Berechnung der mittleren Duration $\overline{D}$ müssen aus dem gesamten Cashflow berechnet werden. Zur Illustration ist hier dennoch die Berechnung als gewichtetes Mittel aufgeführt:

4.2.6.6 Berücksichtigung der in den Beiträgen eingerechneten Zinsen

Es genügt nicht, den Nachreservierungsbedarf aufgrund des Reservevolumens von 12,280 und der mittleren Duration des Leistungs-Cashflows von 26,12 zu berechnen. Man muss zudem den Beitragsbarwert berechnen und die mittlere Duration des Leistungs-Cashflows umrechnen:

Beitragsbarwert	$P_0(B) = (\ddot{a}_{20:\overline{45}\rvert} + \ddot{a}_{40:\overline{25}\rvert} + \ddot{a}_{60:\overline{5}\rvert})*11.32\ \%$	=	4,632
Mittlerer Beitragsbarwert	$\overline{P}(B) = P_0(B)\cdot(1-\ 0{,}5\ \upsilon_0\overline{D}(B)\ \Delta i)$	=	5,202
Umrechnen auf Duration des Leistungs-Cashflows	$\overline{P}(B)\cdot(\overline{D}(L)-\overline{D}(B))/\overline{D}(L)$	=	2,900

4.2.6.7 Bezugsgröße für Reserveerhöhung

Damit kann nun der Betrag ermittelt werden, auf den die Duration des Leistungs-Cashflows bezogen wird:

Reserve	$V(i_0) = V_0$	=	15,815
Beitragsterm	$\overline{P}(B)\cdot(\overline{D}(L)-\overline{D}(B))/\overline{D}(L)$	=	2,900
			18,715

4.2.6.8 Reserveerhöhung

Schließlich kann die Reserveerhöhung bestimmt werden:

$$\Delta V \cong \left(V_0 + \overline{P}(B) \cdot \frac{\overline{D}(L) - \overline{D}(B)}{\overline{D}(L)}\right) \cdot \left(\left(\frac{v_1}{v_0}\right)^{\overline{D}(L)} - 1\right) = 18{,}715 \cdot \left(\left(\frac{1{,}04}{1{,}02}\right)^{28{,}92} - 1\right) = 14{,}103.$$

Der exakte Wert beträgt 14,096. Die Reserve steigt somit in diesem Beispiel auf fast das Doppelte mit $V(i = 2\ \%) = 29{,}911$ und in unserer Näherung auf 29,918. Die Näherungsformel ist auch bei diesem etwas extrem gewählten Beispiel sehr genau.

Vernachlässigt man bei $\overline{D}$ den 3. Term, so erhält man 13,953 als Näherung.

Bei dieser etwas gröberen Näherung genügen Duration und Konvexität von Beitrags- und Leistungs-Cashflow. Ohne weitere Berechnungen kennt man im Allgemeinen lediglich die Reserve genau. Den Beitragsbarwert muss man zusätzlich ermitteln oder schätzen, beispielsweise anhand eines repräsentativen Bestandesauszugs. Duration und Konvexität bestimmen sich für Portefeuilles generell als mit den Barwerten gewichtetes Mittel dieser Größen für die einzelnen Cashflows. Für die Dispersion gilt dies nicht.

Gegenüber der Taylorentwicklung der üblichen Reserveformel mit der fehleranfälligen Differenz (von Leistungs- und Prämienbarwert) ist die angegebene Formel mit einer Summe aus 2 Termen, dem Reserveterm und dem von den zukünftigen Beiträgen abhängigen Term, etwas stabiler. Für eine sehr grobe *untere* Abschätzung des Auffüllungsbedarfes bei Zinssatzreduktion kann der Term mit den zukünftigen Beiträgen weglassen werden.

4.3 Zinssatzvariation: Prämie bei gleicher Leistung resp. Leistung bei gleicher Prämie

4.3.1 Differentialgleichung

Der Prämiensatz sei durch

$$\pi = \frac{P(L)}{P(B)}$$

gegeben, wobei man üblicherweise für die Versicherungsleistung und die Prämie die in Abschnitt 3 angegebenen Cashflows verwendet. Diese gehen von einer Versicherungsleistung oder einer Prämienhöhe von 1 aus, die im Versicherungsfall respektive im Erlebensfall als Prämie zahlbar ist. Die Ableitung nach dem Zinssatz ergibt

$$\frac{1}{\pi} \cdot \frac{d\pi}{di} = \frac{d \ln \pi}{di} = \frac{d \ln(P(L))}{di} - \frac{d \ln(P(B))}{di} = \frac{P(L)'}{P(L)} - \frac{P(B)'}{P(B)} = -v \cdot \left(D(L) - D(B)\right).$$

In der Praxis ist diese Berechnung für $VS = \pi^{-1}$ noch interessanter, da dies der relativen Zinsabhängigkeit der Versicherungssumme VS bei gegebener Prämie entspricht:

$$\frac{1}{VS}\cdot\frac{dVS}{di} = \frac{d\ln VS}{di} = \frac{d\ln(\pi^{-1})}{di} = \frac{d(-\ln(\pi))}{di} = -\frac{d\ln(\pi)}{di} = v\cdot\big(D(L)-D(B)\big).$$

4.3.2 *Integral*

Die Änderung des Prämiensatzes erhält man durch Integrale, die sich wiederum nur näherungsweise berechnen lassen:

$$\frac{\pi(i_0+\Delta i)}{\pi(i_0)} \cong e^{-\Delta i\cdot v_0\cdot(D(L)-D(B))}.$$

Beschränkt man sich auf eine lineare Näherung, ergibt sich

$$\Delta\pi\,(\,\%) = (\pi(i+\Delta i)-\pi(i))/\pi(i) \cong -v_0\cdot(D(L)-D(B))\cdot\Delta i\,.$$

Näherungen für die relative Leistungserhöhung aus einer Zinssatzdifferenz Δi sind:

$$\frac{VS(i_0+\Delta i)}{VS(i_0)}\overline{D}(\ddot{a}_n) \cong e^{\Delta i\cdot v_0\cdot(D(L)-D(B))} \cong (1+\Delta i)^{v_0\cdot(D(L)-D(B))}$$

$$\cong (1+v_0\frac{D(L)-D(B)}{n}\cdot\Delta i)^n,$$

womit für Versicherungen mit fester Versicherungsdauer n die Auswirkung der Zinserhöhung auf einen jährlichen Erhöhungssatz umgerechnet werden kann. Im Allgemeinen wird man die Duration für den Ausgangszinssatz i_0 verwenden, d.h. $D(Z) = D_0(Z)$, $Z = L$ oder B. Für genauere Schätzungen wird man allenfalls eine geeignete Interpolation $D(Z) = \overline{D}(Z)$ für einen mittleren Zinssatz im Intervall $[i_0, i_0+\Delta i]$ ansetzen.

4.4 Sparprozess

Die Zinssensitivität von gemischten Versicherungen hängt von der Sterbetafel, dem Eintrittsalter, der Dauer und den eingerechneten Kostensätzen ab. Um eine Vorstellung von der Größenordnung der Zinssensitivität zu geben, lassen wir dies alles auf der Seite. Wir betrachten also einen reinen Sparprozess gegen laufende Sparbeiträge und gehen von einer Verzinsung mit einem konstanten Satz während der gesamten Dauer aus. Wie hängt hier die Ablaufsumme von dem Verzinsungssatz ab?

Jeweils Anfang Jahr werde der Betrag 1 eingezahlt. Dann wird die Leistung L üblicherweise mit $\ddot{s}_n$ bezeichnet.

Der Leistungs-Cashflow besteht aus einer Zahlung nach n Jahren und hat damit unabhängig vom Zinssatz die Duration n. Für den Prämien-Cashflow stützen wir uns auf die Entwicklung der Duration von $\ddot{a}_n$ um den Zinssatz 0 :

$$D(\ddot{a}_n) \approx 0{,}5(n-1)-i\cdot\sigma^2_{i=0}(\ddot{a}_n) \approx 0{,}5(n-1)-i\cdot n^2/12\,.$$

Für die mittlere Duration im Zinsintervall $[i_0, i_0 + \Delta i]$ wird in der obigen Formel $i = i_0 + 0{,}5 \cdot \Delta i$ gesetzt. Damit ergibt sich

$$\overline{D}(B) = \overline{D}(\ddot{a}_n) = 0{,}5(n-1) - (i_0 + 0{,}5 \cdot \Delta i) \cdot n^2 / 12 \text{ und}$$

$$D(L) - \overline{D}(B) \approx 0{,}5(n+1) + (i_0 + 0{,}5 \cdot \Delta i) \cdot n^2 / 12 .$$

Wir setzen

$$\delta_{Näherung} = v_0 \cdot (0{,}5 + 0{,}5 / n + (i_0 + 0{,}5 \cdot \Delta i) \cdot n / 12))$$

und vergleichen dies mit dem aus der Gleichung

$$\ddot{s}_n(i_0 + \Delta i) / \ddot{s}_n(i_0) = (1 + \Delta i)^{\delta \cdot n} \text{ ermittelten exakten Wert für } \delta .$$

Dabei bezeichnet

$$\ddot{s}_n(i) = (1+i)^n + (1+i)^{n-1} + \ldots + (1+i)^2 + (1+i) = \frac{(1+i)^{n+1} - (1+i)}{i}$$

den Endwert, also den Wert nach n Jahren bei einer jährlich vorschüssigen Zahlung des Betrages 1 und einer jährlichen Verzinsung mit i.

Beispiel 4.3. Für $i_0 = 3$ %, $\Delta i = 2$ % ergibt dieser Vergleich von $\delta_{Näherung}$ und δ :

n	5	10	15	20	30	40
$\delta_{Näherung}$	0,60	0,57	0,57	0,57	0,60	0,63
δ	0,60	0,56	0,56	0,57	0,59	0,62

δ kann als der Anteil der Laufzeit verstanden werden, der für die Verzinsung zur Verfügung steht. Somit heißt dies: Bei einem Sparprozess reduziert sich die Zeitspanne, die für die Verzinsung wirksam ist, und zwar bei den für Jahresprämien üblichen Dauern auf ca. 60 % der Gesamtdauer des Sparprozesses. Die spätere Zahlung der Sparbeiträge reduziert die Zinswirkung gegenüber einer sofortigen Zahlung entsprechend einer Einmalzahlung zu Beginn um ca. 40 %. Die Zinswirkung, welche sich bei Einmalzahlung exakt mit einer Exponentialformel darstellen lässt, kann mit einem fest angenommenen δ von beispielsweise 60 % für ein ziemlich breites Spektrum von Dauern recht gut angenähert werden. Dies hat seinen tieferen Grund darin, dass die Funktion

$$1 / n + (i_0 + 0{,}5 \cdot \Delta i) \cdot n / 12)$$

bei den hier betrachteten Laufzeiten und Zinssätzen recht stabil ist. Der Term $1/n$ nimmt mit zunehmendem n ab und wird durch den 2. Term kompensiert.

Diese Stabilität erklärt Überschuss-Systeme, wie die Bestimmung von Schlussüberschüssen und die „simple"- und „compound bonus"-Systeme in Großbritannien. Dabei wird für einen ganzen Bestand an Jahresprämienversicherungen mit unterschiedlicher Laufzeit und Eintrittsalter ein einheitlicher Überschuss-Satz festgelegt. Nimmt man beispielsweise an, bei einem Sparprozess wurde ein Zinssatz von 3 % in die garantierten Leistungen eingerechnet und es soll eine Zusatzverzinsung von Δi =2 % als Überschuss gegeben werden, dann kann beispielsweise im „compound bonus"- System die Versicherungssumme um den Bonus von $0.6 \cdot \Delta i = 1{,}2$ % jährlich erhöht werden. „Compound" heißt dabei, dass der erreichte Bonus auch erhöht wird, d.h. der Gesamtbonus ermittelt sich multiplikativ; „simple" heißt, dass die Bonusteile addiert werden. Dabei wird ausgenutzt, dass der Zinsüberschuss auf der Sparkomponente der Versicherung sich als

$$\ddot{s}_n(i_0 + \Delta i) / \ddot{s}_n(i_0) = (1+\Delta i)^{\delta \cdot n} \approx (1+\delta \cdot \Delta i)^n$$

stabil und gut nähern lässt.

Der den in Kontinentaleuropa üblichen Ansätzen für die Schlussüberschüsse entsprechende „simple bonus" ermittelt den Gesamtbonus additiv. Da diese Schlussüberschüsse nur einen kleineren Teil des gesamten Überschusses betreffen, entsprechen sich „simple-" und „compound-bonus" weitgehend. Bei kleinem Δi gilt nämlich

$$(1+\delta \cdot \Delta i)^n \approx 1 + n \cdot \delta \cdot \Delta i = 1 + \text{Überschuss-Satz} \cdot n.$$

Dabei wird sich der Überschuss-Satz in der Größenordnung von 60 % des für den Schlussüberschuss benötigten Zinsüberschusses bewegen.

Selbstverständlich stellt man bei der Überschussfestlegung tiefergehende Betrachtungen an und berücksichtigt umfangreichere Berechnungen und Überlegungen. Allerdings wären diese Überschuss-Systeme aber wohl nicht eingeführt worden, wenn sie bei unterschiedlichen Dauern nicht so stabil wären. Und solche Stabilitäten oder Gesetzmäßigkeiten erkennt man mit theoretischen Überlegungen am besten.

4.4.1 Beispiele 4.4 a-e für die Änderung der Versicherungssumme bei Zinsreduktion

Es wird die Variation der Versicherungssumme (*VS*) ermittelt, die für die Prämie 1 finanziert werden kann, wenn der eingerechnete Zinssatz von 2,25 % auf 1,75 % reduziert wird. Alle Betrachtungen gehen selbstverständlich auch vice versa, d.h. für die Prämienänderung bei Festhalten der Versicherungssumme.

Sterbetafel wie oben,

$$q_x = 0{,}0025 + 0{,}00005 \cdot e^{0{,}1 \cdot (x-20)}, \; x = 20, \ldots, 119; \; q_{120} = 1$$

Beispiel 4.4 a: Gemischte Versicherung gegen Jahresprämie

Alter	Zins	Barwerte		Versicherungssumme	Durationen		$\Delta D =$	Relative Änderung
		Leistungen	*Beiträge*		$D(L)$	$D(B)$	$D(L)\text{-}D(B)$	$\Delta i \cdot D$
x		$A_{x:\overline{65-x}\rvert}$	$\ddot{a}_{x:\overline{65-x}}$	$VS = B/L$	$D(A_{x:\overline{65-x}\rvert})$	$D(\ddot{a}_{x:\overline{65-x}\rvert})$		
20	2,25 %	0,40	27,31	68,46	40,12	17,82	22,30	-11,2 %
	1,75 %	0,49	29,86	61,40				
40	2,25 %	0,59	18,69	31,75	23,60	10,66	12,95	-6,5 %
	1,75 %	0,66	19,70	29,81				
60	2,25 %	0,90	4,73	5,28	4,94	1,94	3,00	-1,5 %
	1,75 %	0,92	4,78	5,21				

Änderung der Versicherungssumme bei Variation des Zinssatzes:

Alter	Diskontierte relative Änderung $\Delta\,\% = v \cdot \Delta i \cdot D$	Näherung Linear $VS(i_0)\cdot(1+\Delta\%)$	Exponentiell $VS(i_0)\cdot e^{\Delta\%}$	Exakter Wert
20	-10,9 %	61,00	61,39	61,40
40	- 6,3 %	29,74	29,80	29,81
60	- 1,5 %	5,21	5,21	5,21

Bei 2,25 % eingerechnetem Zins finanziert der 20-jährige Versicherte für eine jährliche Prämie von 1.000 eine gemischte Versicherung bis Alter 65 über die Versicherungssumme von 68.460. Damit wird diese Summe entweder bei vorzeitigem Tod oder spätestens bei Erreichen des Alters 65 ausgezahlt. Bei Reduktion des Zinssatzes auf 1,75 % reduziert sich die Versicherungssumme auf 61.400.

Diese Reduktion kann noch einfacher geschätzt werden. In etwa entspricht die relative Änderung der Versicherungssumme (bei gleicher Prämie) der halben Versicherungsdauer, multipliziert mit der Differenz der beiden betrachteten Zinssätze. Damit ergeben sich in den Eintrittsaltern 20, 40 und 60 die recht nahe bei den genauen Werten liegenden Zinssensitivitäten

$$\Delta\,\%^{Näherung} = -12{,}25\ \%,\ -6{,}125\ \%\ \text{und}\ -1{,}25\ \%.$$

Beispiel 4.4 b: Gemischte Versicherung gegen Einmalprämie

Alter	Zins	Barwerte		Versicherungssumme	Durationen		$\Delta D =$	Relative Änderung
		Leistungen	*Beiträge*		$D(L)$	$D(B)$	$D(L)\text{-}D(B)$	$\Delta i{\cdot}D$
x		$A_{x:\overline{65-x}\vert}$		$VS = B/L$	$D(A_{x:\overline{65-x}\vert})$			
20	2,25 %	0,40	1,00	2,51	40,12	0,00	40,12	-20,1 %
	1,75 %	0,49	1,00	2,06				
40	2,25 %	0,59	1,00	1,70	23,60	0,00	23,60	-11,8 %
	1,75 %	0,66	1,00	1,51				
60	2,25 %	0,90	1,00	1,12	4,94	0,00	4,94	-2,5 %
	1,75 %	0,92	1,00	1,09				

Änderung der Versicherungssumme bei Variation des Zinssatzes

Alter	Diskontierte relative Änderung	Näherung		Exakter Wert
		Linear	Exponentiell	
	$\Delta\,\% = v\cdot\Delta i{\cdot}D$	$VS(i_0)\cdot(1+\Delta\%)$	$VS(i_0)\cdot e^{\Delta\%}$	
20	-19,6 %	2,01	2,06	2,06
40	-11,5%	1,50	1,51	1,51
60	- 2,4 %	1,09	1,09	1,09

Bei 2,25 % eingerechnetem Zins finanziert der 20-jährige Versicherte für eine Einmalprämie von 100.000 eine gemischte Versicherung bis Alter 65 über die Versicherungssumme von 250.655. Bei 1,75 % reduziert sich diese Summe auf 205.600.

Eigentlich ist die Zinsvariation bei Einmalprämien einfacher als bei Jahresprämien zu bestimmen. Bei unserem Vorgehen fassen wir die Einmalprämie als Spezialfall des Vorgehens bei genereller Prämienzahlung auf. Dabei ist der Prämienbarwert 1 und die Duration des Prämien-Cashflows 0.

Die Zinssensitivität ist hier größer als bei Jahresprämien. Als einfache Näherung entspricht die relative Änderung der Versicherungssumme bei gleicher Prämie der Versicherungsdauer, multipliziert mit der Differenz der beiden betrachteten Zinssätze. Damit ergeben sich für die Eintrittsalter 20, 40 und 60 die recht nahe bei den genauen Werten liegenden Zinssensitivitäten

$\Delta\,\%^{\text{Näherung}} = -22{,}5\ \%,\ -12{,}25\ \%$ und $-2.5\ \%$.

Beispiel 4.4 c: Aufgeschobene Rente gegen Jahresprämie

Hier ist die Rente die Versicherungssumme *VS* und es wird ermittelt, wie hoch die für die Prämie 1 finanzierte Rente in Abhängigkeit des Zinssatzes ist.

Alter	Zins	Barwerte		Rente	Durationen		$\Delta D =$	Relative Änderung
		Leistungen	*Beiträge*		$D(L)$	$D(B)$	$D(L)$-$D(B)$	$\Delta i \cdot D$
x		${}_{65-x\|}\ddot{a}_x$	$\ddot{a}_{x:\overline{65-x}\|}$	$VS = B/L$	$D({}_{65-x\|}\ddot{a}_x)$	$D(\ddot{a}_{x:\overline{65-x}\|})$		
20	2,25 %	6,14	27,31	4,449	57,70	17,82	39,88	-19,9 %
	1,75 %	8,15	29,86	3,662				
40	2,25 %	10,10	18,69	1,850	37,70	10,66	27,04	-13,5 %
	1,75 %	12,17	19,70	1,620				
60	2,25 %	16,95	4,73	0,279	17,70	1,94	15,75	-7,9%
	1,75 %	18,51	4,78	0,258				

Änderung der Rente (*VS*) bei Variation des Zinssatzes:

Alter	Diskontierte relative Änderung $\Delta\,\% = v \cdot \Delta i \cdot D$	Näherung Linear $VS(i_0)\cdot(1+\Delta\%)$	Exponentiell $VS(i_0)\cdot e^{\Delta\%}$	Exakter Wert
20	−19,5 %	3,582	3,661	3,662
40	−13,2%	1,605	1,621	1,620
60	- 7,7 %	0,258	0,259	0,258

Bei 2,25 % eingerechnetem Zins finanziert der 20-jährige Versicherte für eine jährliche Prämie von 1.000 eine Rente ab Alter 65 über 4.449.

Die Zinssensitivität ist hier beträchtlich. Die Durationen der Leistungs-Cashflows sind sehr hoch. Die Durationen der einzelnen Eintrittsalter stehen in Beziehung zueinander und unterscheiden sich jeweils nur um die 20 Jahre, um welche die Duration der aufgeschobenen Rente bei der Reduktion der Aufschubdauer abnimmt. Zur Berechnung der Durationen der aufgeschobenen Renten benötigt man deshalb nur die Duration der laufenden Rente ab Beginn der Rentenzahlung, hier also ab Alter 65. Für eine grobe Näherung kann man für eine sofort beginnende Rente ab Alter 65 eine Duration von 10 Jahren annehmen, wobei auch diese Näherung eine genaue Rechnung nur plausibilisieren und nicht ersetzen kann. Für die Duration des Beitrags-Cashflows kann man die halbe Aufschubdauer ansetzen.

Damit ergibt sich als Faustregel für die Zinssensitivität $\Delta\,\% = \Delta i$ (halbe Aufschubdauer +10). In unserem Beispiel mit $\Delta i = -0{,}5\ \%$ ergibt dies

$\Delta\,\% \approx -\frac{1}{4}$ Aufschubdauer – 5 (in Prozent), was in den Eintrittsaltern 20, 40 und 60 die recht nahe bei den genauen Werten liegenden Zinssensitivitäten

$\Delta\,\%^{Näherung} = -16{,}125\,\%,\ -11{,}125\,\%$ und $-6{,}125\,\%$ ergibt.

Beispiel 4.4 d: Aufgeschobene Rente gegen Einmalprämie

Alter x	Zins	Barwerte Leistungen $_{65-x\vert}\ddot{a}_x$	Beiträge	Rente $VS = B/L$	Durationen $D(L)$ $D(_{65-x\vert}\ddot{a}_x)$	$D(B)$	$\Delta D =$ $D(L)$-$D(B)$	Relative Änderung $\Delta i{\cdot}D$
20	2,25 %	6,14	1,00	16,3 %	57,70	0,00	57,70	−28,8 %
	1,75 %	8,15	1,00	12,3 %				
40	2,25 %	10,10	1,00	9,9 %	37,70	0,00	37,70	−18,8 %
	1,75 %	12,17	1,00	8,2 %				
60	2,25 %	16,95	1,00	5,9 %	17,70	0,00	17,70	−8,8 %
	1,75 %	18,51	1,00	5,4 %				

Änderung der Rente (*VS*) bei Variation des Zinssatzes:

Alter	Diskontierte relative Änderung $\Delta\,\% = \upsilon \cdot \Delta i{\cdot}D$	Näherung Linear $VS(i_0)\cdot(1+\Delta\%)$	Exponentiell $VS(i_0)\cdot e^{\Delta\%}$	Exakter Wert
20	−28,2 %	11,69 %	12,28 %	12,26 %
40	−18,4 %	8,07 %	8,23 %	8,22 %
60	−8,7 %	5,39 %	5,41 %	5,40 %

Damit finanziert beispielsweise ein 60-Jähriger bei 2,25 % eingerechnetem Zins für eine Prämie von 100.000 eine Rente von 5.900 und mit 5.400 sinkt die Rente um 500 bei einem Zinssatz von 1,75 % . Man kann die Prozentsätze von 5,9 % resp. 5,4 % als Rentensätze verstehen. Das sind die Prozentsätze, zu denen die Einmalprämie in eine Rente umgewandelt wird.

Insgesamt ist die Zinssensitivität hier am größten. Gegenüber Jahresprämien fällt der Abzugsterm der halben Jahresprämie weg. Maßgebend ist dabei wiederum nur die Duration des Leistungs-Cashflows. Damit ergibt sich als Faustregel für die Zinssensitivität $\Delta\,\% = \Delta i$ (Aufschubdauer +10). In unserem Beispiel ergibt dies in den Eintrittsaltern 20, 40 und 60 die recht nahe bei den genauen Werten liegenden Zinssensitivitäten

$\Delta\,\%^{Näherung} = -27{,}5\,\%,\ -17{,}5\,\%$ und $-7{,}5\,\%$.

Beispiel 4.4 e: Temporäre Todesfallversicherung gegen Jahresprämien

Alter	**Zins**	**Barwerte**		**Versicherungssumme**	**Durationen**		$\Delta D =$	**Relative Änderung**
		Leistungen	*Beiträge*		$D(L)$	$D(B)$	$D(L)\text{-}D(B)$	$\Delta i \cdot D$
x		$_{\vert 65-x}A_x$	$\ddot{a}_{x:\overline{65-x}\vert}$	$VS = B/L$	$D(_{\vert 65-x}A_x)$	$D(\ddot{a}_{x:\overline{65-x}\vert})$		
20	2,25 %	8,43 %	27,31	323,9	21,91	17,82	4,09	−2,0 %
	1,75 %	9,41 %	29,86	317,3				
40	2,25 %	7,10 %	18,69	263,3	13,43	10,66	2,77	−1,4 %
	1,75 %	7,59 %	19,70	259,8				
60	2,25 %	2,71 %	4,73	174,8	3,06	1,94	1,11	–0,6 %
	1,75 %	2,75 %	4,78	173,9				

Änderung der Versicherungssumme bei Variation des Zinssatzes:

Alter	**Diskontierte relative Änderung** $\Delta\,\% = v \cdot \Delta i \cdot D$	**Näherung** **Linear** $VS(i_0) \cdot (1 + \Delta\%)$	**Exponentiell** $VS(i_0) \cdot e^{\Delta\%}$	**Exakter Wert**
20	−2,0 %	317,4	317,5	317,3
40	−1,4 %	259,7	259,8	259,8
60	−0,5 %	173,9	173,9	173,9

Damit kostet die Todesfalldeckung über die Summe 100.000 zwischen Alter 20 und 65 eine Jahresprämie von 309 (=100.000/323,9) bei einem eingerechneten Zins von 2,25 % und von 315 (=100.000 /317,3) bei 1,75 % Zins.

Die pauschale Schätzung der Zinssensitivität ist hier schwieriger. Dass sie nicht verschwindet, liegt an den steigenden Todesfallwahrscheinlichkeiten mit zunehmendem Alter. Diese führen bei nivellierten Prämien zu einer Vorfinanzierung und damit zur Bildung von Reserven, die auch als Grund der Zinssensitivität verstanden werden. Letztlich sind die Durations-Unterschiede zwischen Prämien und später bezogenen Leistungen ja auch für die Reservebildung verantwortlich.

4.4.2 Darstellung der Zinssensitivität von Prämien und Leistungen

Natürlich hängt die Zinssensitivität von der speziell betrachteten Kombination und insbesondere von der Versicherungsdauer ab. Die globale Sicht über die einzelnen Produktgruppen soll die unterschiedlichen Sensitivitätsbereiche miteinander vergleichen:

Abbildung 4.2

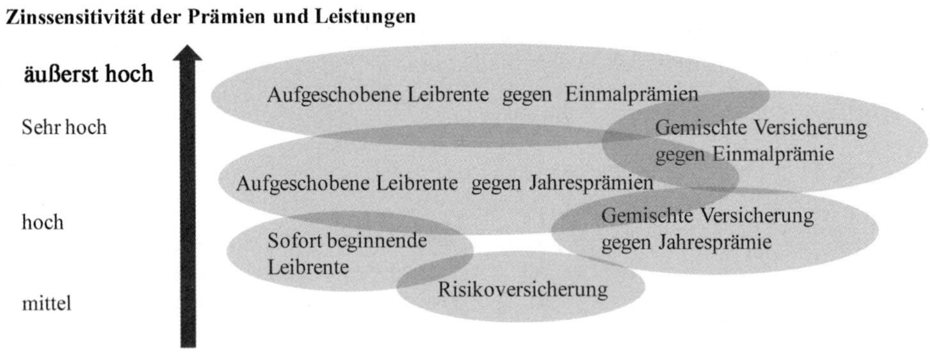

Im Unterschied zur Zinssensitivität von Rückstellungen reduziert die jährliche Prämienzahlung hier die Zinssensitivität, da der Zeitraum zwischen Prämienzahlung und Leistungserbringung dann kürzer wird als bei Einmalprämien. Letztlich ist dieser Zeitraum maßgebend, der als Zeitspanne zwischen den jeweiligen Schwerpunkten der Cashflows zu verstehen ist.

Beispiel 4.5: BVG-Sparprozess

Wir wenden nun die Überlegungen zu den Durationen auf den in der Schweiz mit dem Bundesgesetz über die berufliche Alters-, Hinterlassenen- und Invalidenvorsorge (BVG) vorgeschriebenen Sparprozess an. Dabei sind per Ende des Versicherungsjahres ab Alter 25 für jeweils 10-jährige Altersstaffeln Sparprämien von 7 %, 10 %, 15 % und 18 % des BVG-Lohnes zu zahlen. Wie hängt das hochgerechnete Altersguthaben vom Zinssatz ab?

Prämienzahlung

Barwert: $7\,\% \cdot a_{\overline{10}|} + 10\,\% \cdot {}_{10|}a_{\overline{10}|} + 15\,\% \cdot {}_{20|}a_{\overline{10}|} + 18\,\% \cdot {}_{30|}a_{\overline{10}|}$

Für $i_o = 0$ berechnet sich die Gesamtduration und –konvexität als gewichtetes Mittel dieser Werte für die jeweiligen Altersstaffeln $D({}_{m|}a_{\overline{n}|}) = \frac{1}{2}(n+1)+m$ und

$C({}_{m|}a_{\overline{n}|}) = 1/3(n+1+3m)(n+2)+m^2$:

Duration $14\,\%\, D(a_{\overline{10}|}) + 20\,\%\, D({}_{10|}a_{\overline{10}|}) + 30\,\%\, D({}_{20|}a_{\overline{10}|}) + 36\,\%\, D({}_{30|}a_{\overline{10}|}) = 24{,}3$

Konvexität 14 % $C(a_{\overline{10|}})$ +20 % $C({}_{10|}a_{\overline{10|}})$ +30 % $C({}_{20|}a_{\overline{10|}})$ +36 % $C({}_{30|}a_{\overline{10|}})$ = 733,6

Dispersion $= 733{,}6 - 24{,}3^2 - 24{,}3 = 118{,}8$

Wir setzen $\overline{D}(B) = D_0(B) - 0.5 \cdot \sigma_0(B)^2 \cdot i = 24{,}3 - 59{,}4\, i.$

Altersguthaben

Das Altersguthaben (AGH) wird mit 65, also nach 40 Jahren, ausgezahlt. Damit ist die Duration des Leistungs-Cashflows 40, wobei die Dispersion 0 ist. Dies gibt die Näherung

$$\mathrm{AGH}(i)/\,\mathrm{AGH}(i{=}0) = (1+i)^{D(L)-\overline{D}(B)} = (1+i)^{40-24{,}3+0{,}5\cdot\sigma_0(B)^2\cdot i} = (1+i)^{15{,}7+59{,}4\,i}.$$

Bei einem BVG-Lohn von 50.000 ist AGH(i=0) = 250.000 und für die verschiedenen BVG-Zinssätze:

BVG-Zinssatz i	Jahre für Zinswirkung $15{,}7+59{,}4\,i$	Aufzinsfaktor $(1+i)^{15{,}7+59{,}4\,i}$	Altersguthaben Näherung	Exakt
1,50 %	16,59	1,2802	320.050	320.109
2,00 %	16,89	1,3971	349.285	349.427
2,50 %	17,19	1,5286	382.146	382.430
4,00 %	18,08	2,0319	507.966	509.171

4.5 Übungsaufgaben und Fragen

►**Aufgabe 4.1.** Der Barwert eines Cashflows betrage 110 Mio. € zum Zinssatz von 3 % und 100 Mio. € zum Zinssatz von 4 %. Wie viel beträgt der Barwert mindestens zum Zinssatz von 2 %?

►**Aufgabe 4.2.** Was ist zinssensitiver, Jahres- oder Einmalprämienversicherungen? Warum ist das so?

►**Aufgabe 4.3.** Wie groß ist $A_{25:\overline{40|}}$, wenn ein Zinssatz von 1,75 % und keine Sterblichkeit einrechnet ist? Welches aktuarielle Symbol entspricht $A_{25:\overline{40|}}$,wenn keine Sterblichkeit eingerechnet wird? Ist der Einfluss der Sterblichkeit für diese Kombination groß?

►**Aufgabe 4.4.** Bei einem Sparplan über 20 Jahre werden 100.000 € verteilt, also jeweils 5.000 € per Anfang Jahr angelegt, gegenüber der Anlage des gesamten Betrages von 100.000 € auf 10 Jahre. Was gibt die höhere Auszahlung bei Ablauf? Warum ist das so? Man schätze die Differenz bei einer Verzinsung von 4 %.

►**Aufgabe 4.5.** Warum eignet sich die Exponentialdarstellung für Zinsfragen? Für welche Fragestellungen ist diese Darstellung besonders geeignet?

►**Aufgabe 4.6.** Welche Versicherung ist zinssensitiver? Beide Versicherungen seien temporäre Todesfallversicherungen, beispielsweise bis Alter 65. Eine der Versicherungen zahle bei Tod eine konstante Summe, die andere eine temporäre Hinterbliebenenrente aus.

4.6 Literatur

Siehe die Angaben zum zweiten und dritten Kapitel.

5 Zinssensitivität von Leibrenten und Sterblichkeitsannahmen

5.1 Barwert und Duration von Leibrenten-Cashflows

5.1.1 *Kontinuierliche Rentenzahlung*

Typische Cashflows für die Versicherungen und insbesondere Lebensversicherungen sind Rentenzahlungen. Temporäre Renten wie sie zur Bewertung der Zahlung der laufenden Prämien angesetzt werden, die beispielsweise oft bis Alter 65 beschränkt sind, können durch geometrische Reihen angenähert, die Sterblichkeit kann hier in einer ersten Näherungen vernachlässigt werden. Auch Leistungszahlungen von gemischten Versicherungen und von anderen Kapitalversicherungen können durch eine Einmalzahlung bei Vertragsablauf angenähert werden. Wie wir gesehen haben, kann man die Zinssensitivität bei diesen Versicherungen mit einfachen Überlegungen aus der Analysis recht gut abschätzen.

Wie steht es aber bei lebenslänglich zahlbaren Leibrenten? Mit welchen Barwerten und mit welcher Duration muss man hier rechnen? Kann man diese Größen in Bezug zur Lebenserwartung setzen und so mit einer Größe verbinden, zu der auch über die Fachkreise hinaus ein Bezug besteht?

Es zeigt sich, dass die Zusammenhänge bei lebenslänglichen Renten am klarsten im theoretischen Modell kontinuierlicher Rentenzahlungen sichtbar werden. Für kontinuierliche Rentenzahlungen gelten stärkere Gesetzmäßigkeiten. Im kontinuierlichen Fall, d.h. nach dem Grenzübergang zu beliebig kleinen Zeitschritten können die zu behandelnden Größen oft mit analytischen Formeln dargestellt werden und die Sensitivitäten erhält man dann wie in der Theorie der Optionen als Ableitung dieser analytischen Funktionen.

Für die diskreten Rentenzahlungen sind diese Gesetzmäßigkeiten in den praxisüblichen Fällen durchaus aussagekräftig. Allerdings gelten die Gesetzmäßigkeiten nicht in der mathematisch geforderten Absolutheit. Hier lassen sich je nach Festlegung der einzelnen Zahlungen exotische Gegenbeispiele konstruieren. Insbesondere bei einem engen Rentenzahlungsmodus, wie bei monatlicher Rentenzahlung, besteht bei den praxisüblich zu betrachtenden Altern allerdings kaum ein Unterschied zwischen kontinuierlicher und diskreter Zahlung.

Im kontinuierlichen Fall sei die Wahrscheinlichkeit, am Leben zu sein und damit eine Rentenzahlung zu erhalten, durch eine für alle $t \geq 0$ definierte Funktion ${}_t p_x$ gegeben. Damit ergibt sich der Rentenbarwert bei einer Zinsintensität δ als Integral:

$$\overline{a}_x = \int_0^\infty {}_t p_x \, e^{-\delta \cdot t} dt$$

Mit dem überstrichenen Barwertsymbol soll die kontinuierliche Rentenzahlung von der diskreten Zahlung unterschieden werden.

5.1.2 *Linear fallende diskontierte Rentenzahlung, Sterbegesetz nach de Moivre*

Schon vor Jahrhunderten hat man sich Gedanken gemacht über einen „typischen“ Verlauf der Sterblichkeit oder auch der Überlebenswahrscheinlichkeit. Einer der frühsten Ansätze kam vom französischen Mathematiker de Moivre. Er ging dabei von einem ganz einfachen Modell aus:

Der Bestand an Lebenden ${}_tp_x$, für die eine Rente zu zahlen sei, entwickle sich linear fallend von der Ausgangsanzahl zu einem Alter x bis zu einem angenommenen Schlussalter ω, welches als höchstes im Modell erreichbares Lebensalter verstanden werden kann.

Wir wollen dieses Modell hier noch vereinfachen und nehmen an, dass die diskontierten Zahlungen linear fallend verlaufen. Damit bekommt das Profil der diskontierten Zahlungen Dreiecksform. Bei Altersrenten mit Beginnalter ab ca. 60 Jahren wird das Dreiecksprofil dem Verlauf der diskontierten Renten besser gerecht als beispielsweise das Rechteckprofil bei Zeitrenten, welches eher dem Muster des Renten-Cashflows bei jüngeren Versicherten entspricht. Dabei ergibt sich nur bei verschwindendem Zinssatz ein Rechteckprofil für die diskontierten Zahlungen bei Zeitrenten.

Wir berechnen hier den Barwert und die Duration für dieses sehr einfache Modell eines Profils der Rentenzahlungen in Dreiecksform:

Barwert:

$$\overline{a}_x = \int_0^\infty {}_tp_x \, e^{-\delta \cdot t} dt = \int_x^\omega \left(1 - \frac{t-x}{\omega - x}\right) dt = \int_x^\omega \frac{\omega - t}{\omega - x} dt = \left[-\frac{1}{2}\frac{(\omega - t)^2}{\omega - x} \right]_x^\omega = \frac{\omega - x}{2}$$

Duration:

$$D(\overline{a}_x) = \frac{1}{\overline{a}_x} \cdot \int_0^\infty t \cdot {}_tp_x \, e^{-\delta \cdot \tau} d\tau = \frac{1}{\overline{a}_x} \int_x^\omega \left(t - x - \frac{(t-x)^2}{\omega - x} \right) dt$$

$$= \frac{2}{\omega - x} \left(\frac{(\omega - x)^2}{2} - \frac{(\omega - x)^3}{3(\omega - x)} \right) = \frac{\omega - x}{3}$$

Nimmt man nun einfach als Beginnalter x=65 und als Schlussalter ω= 100, dann gibt dies

$\overline{a}_x = (100-65)/2 = 35/2 = 17{,}5$ und

$D(\overline{a}_x) = 35/3 = 11{,}66$ Jahre.

Selbstverständlich kann man nicht einfach ins Blaue fantasieren. Andererseits kann man durchaus empfehlen, komplexere Rechnungen an einfachen, gröberen Modellen zu testen und dann eventuell die gröberen Kontrollmodelle zu verfeinern. Das Modell eines Dreiecksprofils der diskontierten Rentenzahlungen ist insbesondere für die Höhe des Barwertes oder der Duration selbst wenig aussagekräftig. Die Wahl des Schlussalters ω= 100 ist wohl nicht unplausibel, kann aber so nur mit Zahlenmystik begründet werden. Aufschlussreich dagegen ist der Quotient von Duration und Rentenbarwert. Beide Größen haben ja eine Zeitdimension, der Barwert misst die mittlere Dauer, für welche die Rente gezahlt wird und die Duration die

Distanz zum Zahlungsschwerpunkt. Dieser Quotient ist unabhängig vom gewählten Schlussalter ω. Damit beträgt dieser Quotient $D(\overline{a}_x) / \overline{a}_x$ je nach Rententyp:

Rententyp	**Muster der diskontierten Zahlungen**	$D(\overline{a}_x) / \overline{a}_x$
Leibrente Bestandsentwicklung nach de Moivre ohne Zins	Dreieckmuster	2/3
Temporäre Rente ohne Zins	Rechteckmuster	1/2
Ewige Rente, Zinssatz > 0	Exponentiell fallend	1

Die später hier behandelten genaueren Rechnungen zeigen, dass das Dreiecksmuster die Verhältnisse bei Altersrenten, d.h. bei Leibrenten ab Rentenbeginn von ca. 60 Jahren, ganz gut wiedergibt. Das Muster der diskontierten Zahlungen ist hier gar nicht so weit von einem Dreieck entfernt, wobei die lineare Abnahme durch einen S-förmigen Verlauf überlagert wird, d.h. in den ersten Jahren ist die Abnahme geringer als im Mittel, steigt dann mit der deutlichen Zunahme der Sterblichkeit an und nimmt dann wieder etwas ab, da der zu klein gewordene Bestand an Überlebenden auch die weiter zunehmende Sterbewahrscheinlichkeit kompensiert. Abstrahiert man von diesen Feinheiten, gibt das Dreiecksmuster den Charakter des Profils der diskontierten Zahlungen recht gut wieder.

5.1.3 *Sterbegesetze von Gompertz und Makeham und die Gamma-Verteilung*

Nach den ersten recht elementaren Ansätzen von de Moivre aus dem Jahre 1725 („annuities upon life“) kamen Gompertz (Philosophical Transactions, Juni 1825) und später Makeham zu Sterbegesetzen, die bis heute als typische Beschreibung des Sterblichkeitsverlaufes gelten. Dabei war man früher der Meinung, mit einem „Sterbegesetz“ eine Art Naturgesetz gefunden zu haben. Währenddem damals analytische Funktionen für den Sterblichkeitsverlauf gesucht wurden, ist man heute in gewisser Weise pragmatischer. Man erhebt aus den beobachteten Beständen die Sterblichkeit nach dem Alter und üblicherweise auch nach dem Geschlecht. Die erhobenen sogenannten rohen Sterberaten gleicht man mit statistischen Verfahren aus, um glatte Verläufe zu erhalten, die unabhängig von den Zufallsschwankungen des beobachteten Bestandes sind. Es zeigt sich dabei, dass die heute erhobenen Sterbetafeln zumindest in doch immerhin oft mehrere Jahrzehnte langen Alterssegmenten recht gut im Einklang zu den Sterbegesetzen von Gompertz und Makeham stehen. Für ein tieferes theoretisches Verständnis kann man sich nicht nur auf statistische Auswertungen eines Bestandes stützen. Solchen Auswertungen haften immer die spezifischen Gegebenheiten des betrachteten Bestandes an, so wie beispielsweise die häufigeren Unfälle bei der Altersgruppe der 16-25-Jährigen zu einer Ausbeulung bei der Sterbewahrscheinlichkeit, die man „Unfalllbuckel“ nennt, führt. Insbesondere für die Rentenbarwerte bei Leibrenten spielt dieser „Unfallbuckel“ aber eine untergeordnete Rolle. Deshalb muss das theoretische Verständnis anhand eines Modelles gebildet werden. Danach muss selbstverständlich überprüft werden, in wieweit Theorie und Wirklichkeit im Einklang sind.

Zuerst beschreiben wir das theoretische Modell von Gompertz: Generell ist es einleuchtend, dass die Sterblichkeit, wenn man großzügig von so kleinen Störungen wie dem „Unfallbukkel“ abstrahiert, mit steigendem Alter zunimmt. Nun ist die Zunahme der Sterblichkeit in höherem Alter viel größer als in jungen Jahren und steigt in einem hohen Alter stark an. Dies wird im Modell von Gompertz durch einen exponentiellen Anstieg der Sterbewahrscheinlichkeiten mit zunehmendem Alter erreicht. Will man nun mit diesem sehr einfachen Sterbegesetz die effektiv beobachteten Sterbewahrscheinlichkeiten über alle Alter, d.h. von Alter 0 bis ca. 100 Jahre, beschreiben, so stellt man fest, dass die Kalibrierung (Anpassung) bei den höheren Altern wegen der exponentiellen Abnahme zu fast verschwindenden Sterbewahrscheinlichkeiten bei jungen Altern führt. Ganz generell wird der exponentielle Verlauf, der in gewisser Weise als Altersabnützung verstanden werden kann, der Sterblichkeit in jungen Altern nicht gerecht.

Das Sterblichkeitsgesetz von Makeham erweitert deshalb das exponentielle Sterbegesetz von Gompertz um einen konstanten Zusatzterm, sozusagen um eine Grundsterblichkeit, die unabhängig vom Alter ist. Eine solche konstante Komponente kann auch die Sterblichkeit durch Unfall mit beinhalten, für die es keinen exponentiellen Verlauf mit zunehmendem Alter gibt.

Zunächst zum

Sterbegesetz von Gompertz:

$$q_x^G = A \cdot e^{z \cdot x} = q_{x_0}^G \cdot e^{z \cdot (x - x_0)} = z \cdot e^{z \cdot (x-b)}$$

Hier ist x das Alter des Versicherten und A, b und z sind Parameter, die aufgrund von statistischen Untersuchungen bei dem betrachteten Versichertenbestand bestimmt werden. Die Parameter dieser drei unterschiedlichen Darstellungen können jeweils umgerechnet werden. Dabei ist

z = exponentielle Zunahme der Sterblichkeit. In einer kleinen Zeitperiode Δt nimmt die Sterblichkeit um $\Delta t\,/z$ zu. Im Zeitraum z nimmt die Sterblichkeit um

$$\lim_{\Delta t \to 0} \left(1 + \Delta t / z\right)^{z/\Delta t} = e \text{ zu.}$$

Je nach Situation kann die eine oder andere Darstellung geeigneter sein. Will man beispielsweise die Sterblichkeit für ein gegebenes Alter vorgeben, im Folgenden nehmen wir hier das Alter x=20, eignet sich die mittlere Parametrisierung besonders.

Die dritte Darstellung ist im Zusammenhang mit der Lebenserwartung interessant. Hier ist $q_b^G = z$, das heißt im Alter b entspricht die Sterblichkeit der Zunahme z. Es wird sich zeigen, dass b maßgebend für die Lebenserwartung bei gegebenem Sterbegesetz ist. Im Wesentlichen kann die Lebenserwartung bei nicht zu hohem Alter mit

$$\overline{e}_x^G \approx b - \gamma / z - x$$

geschätzt werden. Bei höherem Alter x muss noch ein einfach berechenbarer Restbetrag R berücksichtigt werden. Dabei ist γ die Konstante von Euler-Mascheroni, die

$$\gamma = 0{,}5772\ldots \text{ beträgt.}$$

Nehmen wir also beispielsweise an, die Sterblichkeit in einem bestimmten Alter, beispielsweise mit 76 Jahren, betrage $0{,}1 \cdot e^{-2} \approx 1{,}35$ % und wachse um 10 % der jeweiligen Alterszunahme an, also über 10 Jahre insgesamt auf das e-fache. Dann ist $z = 0{,}1$ und nach zweimaliger Multiplikation mit e, d.h. im Alter von 96 Jahren, beträgt die Sterbewahrscheinlichkeit

$$q_{96}^{G} = 0{,}1 \cdot e^{0} = 0{,}1 = z. \text{ Somit ist } b = 96 \text{ und}$$

$$\overset{-G}{e}_{70} \approx b - \gamma / z - x = 96 - 0{,}577/0{,}1 - 76 \approx 14 \text{ Jahre.}$$

Der Parameter b ergibt sich aus $q_{x_0}^{G}$ und x_0 in der zweiten Darstellung gemäß

$$e^{\ln(q_{x_0}^{G}) + z \cdot (x - x_0)} = e^{\ln(z) + z \cdot (x - b)}$$

und damit

$$b = -\frac{1}{z} \cdot \ln\left(\frac{q_{x_0}^{G}}{z}\right) + x_0 .$$

Das allgemein wichtigste und allseits anerkannteste Sterbegesetz ist nach Makeham benannt. Es kann ganz einfach auf das Sterbegesetz von Gompertz zurückgeführt werden, unterscheidet es sich doch von jenem nur durch die Addition einer Konstanten.

Sterbegesetz von Makeham:

$$q_x = q_c + q_x^{G}$$

5.1.4 Übergang zum kontinuierlichen Fall

Die verbreiteten Modelle zur Sterblichkeit, Überlebenswahrscheinlichkeit und Bestandesentwicklung der Lebenden, an die beispielsweise weiter Leibrenten zu zahlen sind, gehen nicht von einer kontinuierlichen Abhängigkeit der Sterblichkeit vom Alter entsprechend einer analytischen Formel für ein gegebenes Alter x aus. Für nicht ganzzahlige x ist die Sterblichkeitswahrscheinlichkeit eigentlich nicht definiert und man nimmt üblicherweise in der Praxis das nächstkleinere ganzzahlige Alter, für das die Sterblichkeit definiert ist oder man modelliert die Sterblichkeit jeweils in einem Altersintervall von einem Jahr als konstant. Bei analytischen Sterbegesetzen gibt die Sterbefunktion für jedes reelle x eine unterschiedliche Sterblichkeit, die man als Sterblichkeitsintensität in genau diesem Alter x verstehen kann und die nun unterjährig leicht zunimmt. Die Sterblichkeitsintensität steht im Zusammenhang mit der Überlebenswahrscheinlichkeit. Im diskreten Fall hat man

$$q_{x+t} = \frac{{}_t p_x - {}_{t+1} p_x}{{}_t p_x}$$

Würde man die Sterblichkeit nicht auf Jahresbasis messen, hätte man

$$q_{x+t} = \frac{1}{\Delta t} \frac{{}_t p_x - {}_{t+\Delta t} p_x}{{}_t p_x} = -\frac{1}{{}_t p_x} \frac{{}_{t+\Delta t} p_x - {}_t p_x}{\Delta t} \overset{\Delta t \to 0}{\rightarrow} -\frac{1}{{}_t p_x} \frac{d\,{}_t p_x}{dt} = -\frac{d(\ln {}_t p_x)}{dt}$$

Im kontinuierlichen Fall spielt es keine Rolle, ob die Abgänge selbst in dem Bestand, auf den die Abgänge bezogen werden, schon berücksichtigt sind. Entsprechend wird der Begriff im kontinuierlichen Fall klarer und einfacher. Man versteht hier die Sterblichkeit als

Sterblichkeitsintensität und nennt diese üblicherweise zur besseren Unterscheidung μ_{x+t} bzw. μ_x. Man definiert die Sterbeintensität als negativen Betrag der Veränderung der Anzahl Überlebender pro Zeitintervall, geteilt durch den aktuellen Bestand an Überlebenden und nimmt dafür den Differentialquotient der negativen logarithmischen Ableitung der Überlebenswahrscheinlichkeit ${}_t p_x$:

$$\mu_{x+t} = -\frac{1}{{}_t p_x} \frac{d\,{}_t p_x}{dt} = -\frac{d(\ln {}_t p_x)}{dt}.$$

5.1.5 *Sterblichkeitsintensität und mehrjährige Überlebenswahrscheinlichkeit*

Die Sterblichkeitsintensität μ_{x+t} und die Überlebenswahrscheinlichkeit ${}_t p_x$ sind durch eine Differentialgleichung miteinander verbunden. Mit der zusätzlichen Randbedingung ${}_0 p_x = 1$ kann so die Überlebenswahrscheinlichkeit als Integral aus der Intensität bestimmt werden.

Für das allgemeinere Sterbegesetz von Makeham gilt

$${}_t p_x = e^{-\mu_c \cdot t - e^{z\cdot(x+t-b)} + e^{z\cdot(x-b)}}.$$

Für die Überlebenswahrscheinlichkeit bei einem Sterbegesetz nach Gompertz gilt die gleiche Formel mit einer verschwindenden Intensität $\mu_c = 0$. Im Folgenden behandeln wir das allgemeinere Sterbegesetzt von Makeham.

$$-\ln({}_t p_x) = \mu_c \cdot t + e^{z\cdot(x+t-b)} - e^{z\cdot(x-b)} \text{ und}$$

$$\mu_{x+t} = -\frac{d(\ln {}_t p_x)}{dt} = \mu_c + z \cdot e^{z\cdot(x+t-b)} = \mu_c + \mu^G_{x+t}.$$

Nimmt man an, dass die Überlebenswahrscheinlichkeit unabhängig vom erreichten Alter x ist und nur von $x+t$ abhängt, kann man in der obigen Formel für die Intensität $x+t$ durch x ersetzen und erhält wie oben die drei unterschiedlichen Darstellungen

$$\mu_x = \mu_c + z \cdot e^{z\cdot(x-b)} = \mu_c + A \cdot e^{z\cdot x} = \mu_c + \mu^G_{x_0} \cdot e^{z\cdot(x-x_0)}.$$

Als Funktion des Alters ergibt die Sterbeintensität bei den Sterbegesetzen von Gompertz und Makeham in der logarithmischen Skala eine Gerade. Diese Eigenschaft ist auch für die Praxis wichtig. So können die erhobenen, nicht geglätteten Sterberaten in der logarithmischen Skala in Funktion des Alters aufgetragen werden. Hier kann die Glättung einfach durch die Näherung mit einer geeigneten Geraden vorgenommen werden. Zudem genügt der Augenschein, ob der Verlauf in etwa einer Gerade entspricht oder aber mehr oder weniger deutlich stark davon abweicht. Weicht der Verlauf abgesehen vom Unfallbuckel in jüngeren Jahren insbesondere in höherem Alter deutlich von einer Geraden ab, sollte man den Gründen dieser Abweichungen nachgehen.

5.1.6 Rentenbarwerte im kontinuierlichen Fall

Mit einem ersten Integral konnte aus der Sterblichkeitsintensität die Überlebenswahrscheinlichkeit bestimmt werden. Indem nun alles durch analytische Funktionen beschrieben ist, steht uns ja das ganze Instrumentarium der Analysis, also die gesamte Differential- und Integralrechnung zur Verfügung, um die Cashflows in Abhängigkeit der Überlebenswahrscheinlichkeit weiter theoretisch zu beleuchten. Wir interessieren uns dabei insbesondere für die Rentenzahlung, d.h. für die Zahlung einer Leibrente. Diese wird so lange gezahlt, wie der Versicherte am Leben ist. Um die Berechnungen im kontinuierlichen Fall besser von der praxisüblichen, diskreten Berechnung unterscheiden zu können, versieht man die Barwertsymbole mit einem Querstrich über dem Symbol also $\overline{a}_x$. Kontinuierliche Zahlungen stellen ja in gewisser Weise eine Mischung zwischen vor- und nachschüssig dar und diese beiden Zahlungsarten werden ja auch durch die zwei Punkte bei vorschüssiger Zahlung über dem Symbol unterschieden.

Geht man von einer Zahlungsintensität für die Rente in der Höhe von 1 bezogen auf ein Jahr aus, führt dies zu einer Zahlungsintensität von ${}_t p_x$ für die Cashflow-Zahlung an den Bestand der Rentenbezieher zum Zeitpunkt t nach Vertragsbeginn. ${}_t p_x$ stellt den Erwartungswert der Zahlungen an die Überlebenden dar und wie früher im diskreten Fall können wir diese Erwartungswertbildung als schon in der Zahlungshöhe ${}_t p_x$ eingerechnet verstehen. Die diskontierte Zahlung ergibt sich dann als ${}_t p_x \cdot e^{-\delta\, t}$. Dabei geht man von einer Zinsintensität δ aus. Wie bei der Sterblichkeitsintensität μ_x gegenüber q_x wählt man im kontinuierlichen Fall traditionellerweise mit δ ein anderes Symbol als im diskreten Fall, wo der Zinssatz i für die nachschüssige Verzinsung über den Zeitraum eines Jahres reserviert ist. Für praktische Abschätzungen von Größenordnungen wird man oft die Intensitäten im kontinuierlichen Fall gleich den entsprechenden, auf jeweils ein Jahr ausgerichteten Größen im diskreten Fall setzen.

Damit ergibt sich nun der Rentenbarwert ganz einfach als Integral

$$\overline{a}_x = \int_0^\infty {}_t p_x \cdot e^{-\delta\, t}\, dt\,.$$

Würde man nur eine konstante Sterblichkeit μ_c ansetzen, ließe sich dieses Integral leicht lösen. Der Rentenbarwert würde hier dem Barwert einer Zeitrente mit einer um μ_c erhöhten Zinsintensität $\delta + \mu_c$ entsprechen. Generell treten bei allen Rentenbarwertberechnungen die konstante Sterblichkeit und der Zins immer als Summe auf. Ob die diskontierten Rentenzahlungen durch eine zusätzliche konstante Sterblichkeit oder durch eine höhere Verzinsung kleiner werden, spielt generell keine Rolle.

Für eine Überlebenswahrscheinlichkeit nach Gompertz oder Makeham, d.h. bei

$${}_t p_x = e^{-\mu_c \cdot t - e^{z\cdot(x+t-b)} + e^{z\cdot(x-b)}}$$

ist die Bestimmung des obigen Integrals in einem geschlossenen Ausdruck nicht möglich. Es zeigt sich aber, dass sich die Bestimmung von $\overline{a}_x$ auf die unvollständige Gammafunktion zurückführen lässt. Deren Berechnung kann numerisch in den üblichen Tabellenkalkulationsprogrammen mit der Gamma-Verteilung vorgenommen werden. Die theoretische Behandlung über die Gamma-Verteilung führt schließlich zu weiteren Erkenntnissen über den typischen Verlauf von Lebenserwartung und Rentenbarwerten, wie sie eingangs im Zusammenhang mit der Schätzung der Lebenserwartung bei einem Sterbegesetz nach Gompertz aufgezeigt wurden. Dort wurde die Schätzung der Lebenserwartung auf die Konstante von Euler-Mascheroni gestützt, die als Ableitung der Gammafunktion im Punkt 1 definiert ist und 0,5772 beträgt.

5.1.7 Berechnung der Rentenbarwerte im Modell von Makeham mit der Gammaverteilung

Wir wollen

$$\overline{a}_x = \int_0^\infty {}_t p_x \cdot e^{-\delta\, t}\, dt = \int_0^\infty e^{-(\mu_c+\delta)\cdot t - e^{z\cdot(x+t-b)} + e^{z\cdot(x-b)}}\, dt$$

berechnen. Als neue Koordinaten nehmen wir

$$\tau = e^{z\cdot(x+t-b)} = \tilde{\mu}^G_{x+t} \quad (= \mu^G_{x+t} / z).$$

Dann ist in neuen Koordinaten

$${}_t p_x = e^{\tilde{\mu}^G_x - \tilde{\mu}^G_{x+t} - \mu_c\, t} = e^{\tilde{\mu}^G_x - \tau - \mu_c\, t} \text{ und}$$

$$\tau / \tilde{\mu}^G_x = \tilde{\mu}^G_{x+t} / \tilde{\mu}^G_x = e^{z\cdot(x+t-b-x+b)} = e^{z\cdot t}.$$

Der Term von ${}_t p_x \cdot e^{-\delta\, t}$, der eine einfache Potenz darstellt, entspricht in den neuen Koordinaten τ: $e^{-(\mu_c+\delta)\, t} = \left(\tau / \tilde{\mu}^G_x\right)^{-\frac{\mu_c+\delta}{z}} = \left(\tau / \tilde{\mu}^G_x\right)^{\alpha-1}$

mit der Bezeichnung

$$\alpha = 1 - \frac{\delta + \mu_c}{z}.$$

Im folgenden Integral wird der konstante Term in $\tilde{\mu}^G_x$ vor das Integral genommen und im Exponenten von τ die Variablentransformation auf dem Differential berücksichtigt, d.h.

$$d\tau = z \cdot e^{z\cdot(x+t-b)} \cdot dt = z \cdot \tau \cdot dt.$$

Die partielle Integration führt zu dem Term $1/(\alpha - 1) = z / (\delta + \mu_c)$, welcher den Term *1/z* aus der Variablentransformation der Differentiale kompensiert, so dass nur der Term $1/(\delta + \mu_c)$ verbleibt. Mit

$$\left(\tilde{\mu}^G_x\right)^{-\alpha+1} = e^{z\cdot(x-b)(\delta+\mu_c)/z} = e^{(x-b)(\delta+\mu_c)}$$

folgt schließlich die zuletzt aufgeführte Gleichung:

$$\bar{a}_x^{Makeham} = \int_0^\infty {}_tp_x \cdot e^{-\delta\, t}\, dt = e^{\tilde{\mu}_x^G} \cdot \left(\tilde{\mu}_x^G\right)^{-\alpha+1} \int_{\tilde{\mu}_x^G}^\infty \tau^{\alpha-2} \cdot e^{-\tau}\, d\tau$$

$$= \frac{e^{\tilde{\mu}_x^G}\left(\tilde{\mu}_x^G\right)^{-\alpha+1}}{(\alpha-1)\cdot z}\left(\left[\,\tau^{\alpha-1}\, e^{-\tau}\,\right]_{\tilde{\mu}_x^G}^\infty + \int_{\tilde{\mu}_x^G}^\infty \tau^{\alpha-1}\, e^{-\tau}\, d\tau\right)$$

$$= \frac{1\; - \; e^{\tilde{\mu}_x^G - (\delta+\mu_c)(b-x)} \int_{\tilde{\mu}_x^G}^\infty \tau^{\alpha-1} e^{-\tau}\, d\tau}{\delta + \mu_c}$$

$$= \frac{1\; - \; e^{\tilde{\mu}_x^G - (\delta+\mu_c)(b-x)}\, \Gamma(\alpha)\left(1\text{-}F_{\Gamma(\alpha)}(\tilde{\mu}_x^G)\right)}{\delta \; + \; \mu_c}$$

Dabei bezeichnet $F_{\Gamma(\alpha)}(\tilde{\mu}_x^G)$ die Gamma-Verteilungsfunktion mit Parameter α, die mit üblichen Tabellenkalkulationen ausgewertet werden kann und $\Gamma(\alpha)$ die Gammafunktion von α. Damit können sowohl die Rentenbarwerte wie auch die Durationen von Rentenbarwerten als Differenzenquotienten nahe beieinanderliegender Zinssätze mit einer Formel berechnet werden.

Die Formel kann folgendermaßen verstanden werden: Man setzt den Rentenbarwert mit dem Barwert einer ewigen Rente bei konstanter Zinsintensität und konstanter Basissterblichkeit $\delta + \mu_c$ in Beziehung. Der Abzugsterm misst die Abnahme des Barwertes der ewigen Rente aufgrund der konstanten Intensitäten $\delta + \mu_c$ durch die zusätzliche, steigende Sterblichkeitskomponente. Wie wir weiter unten sehen, kann dieser Abzugsterm als Barwert einer Todesfall-Zahlung interpretiert werden.

5.1.8 Die Lebenserwartung beim Gompertzschen Sterbegesetz

5.1.8.1 Zum generellen Vorgehen

Prinzipiell kann die konstante Grundsterblichkeits-Intensität μ_c in die Zinsintensität δ eingerechnet werden. Im Folgenden betrachten wir die Rentenbarwerte im Makehamschen Sterbegesetz mit konstanter Grundsterblichkeit $\mu_c = 0$, also dem spezielleren Sterbegesetz von Gompertz. Zuerst werden für den Zinssatz $\delta = 0$ recht einfache Näherungsformeln für die Rentenbarwerte, also für die Lebenserwartung im Sterbegesetz von Gompertz hergeleitet. Dazu werden die bekannten mathematischen Gesetzmäßigkeiten der Gammafunktion

$$\Gamma(\alpha) = \int_0^\infty t^{\alpha-1}\, e^{-t}\, dt$$

eingesetzt. Eigentlich basiert der Rentenbarwert mit der unteren Integrationsgrenze $\tilde{\mu}_x^G > 0$ nur auf der sogenannten unvollständige Gammafunktion. Unsere Näherungsformeln berücksichtigen dies mit einem Korrekturterm R, der umso größer wird, je größer

$$\tilde{\mu}_x^G = \mu_x^G / z,$$

also je höher das Eintrittsalter x und damit die Sterblichkeit wird.

Mit Näherungsformeln zur Duration des Renten-Cashflows kann der Einfluss einer Zinsvariation auf den Rentenbarwert abgeschätzt werden. Damit ergeben sich Formeln für Rentenbarwerte und Durationen von Rentenbarwerten im Modell von Gompertz beim Zinssatz $\delta \neq 0$. Indem eine konstante Grundsterblichkeit $\mu_c \neq 0$ wie ein entsprechend höherer Zinssatz im Modell von Gompertz aufgefasst wird, können die Näherungsformeln für das Sterbegesetz von Gompertz auf das allgemeinere Sterbegesetz von Makeham übertragen werden.

5.1.8.2 Die Interpretation des Rentenbarwertes als Differenz von Zins- und Todesfallterm

Der Rentenbarwert $\overline{a}_x^G$ im Modell von Gompertz ergibt sich aus der obigen Formel für $\overline{a}_x^{Makeham}$ mit $\mu_c = 0$ als

$$\overline{a}_x^G = \frac{1 - e^{\tilde{\mu}_x^G - \delta(b-x)} \int_{\tilde{\mu}_x^G}^{\infty} \tau^{\alpha-1} e^{-\tau}\, d\tau}{\delta} = \frac{1 - \overline{A}_x^G}{\delta} \approx \frac{1 - e^{\tilde{\mu}_x^G - \delta(b-x)} \cdot \Gamma(1+\delta/z)}{\delta}.$$

Wir bezeichnen den Abzugsterm mit $\overline{A}_x^G$. Dieser kann folgendermaßen verstanden werden:

Durch die zusätzliche steigende Sterblichkeit nach dem Gompertzschen Sterbegesetz reduziert sich der Rentenbarwert. Der Abzugsterm mit der Gammaverteilung misst diesen Effekt, indem anstelle des Bestandes das $z \cdot \tau = \mu_{x+t}^G$-fache und somit die Bestandesabgänge gewichtet mit dem Diskontfaktor $e^{-\delta t}$, aufaddiert werden. Der Diskontfaktor $e^{-\delta t}$ kann hier als Bewertung des Verhältnisses der Rentenbarwerte ${}_t a_\infty / a_\infty$ zwischen der um t Jahre aufgeschobenen Rente und der sofort beginnenden Rente verstanden werden und misst damit die „Einsparung“ im Rentenbarwert bei vorzeitigem Tod durch die zusätzliche steigende Sterblichkeit μ_{x+t}^G.

Dabei entspricht

$$\overline{A}_x^G = e^{\tilde{\mu}_x^G - \delta(b-x)} \int_{\tilde{\mu}_x^G}^{\infty} \tau^{\alpha-1} e^{-\tau}\, dt$$

dem Barwert der Zahlung des Betrages 1 bei Tod für einen x-jährigen Versicherten. Dies stellt damit den Barwert einer lebenslangen Todesfallversicherung dar.

Rentenbarwerte und Todesfallbarwerte addieren sich zum Barwert einer sicheren Renten, d.h.

$$\bar{a}_x^G + \frac{1}{\delta}\bar{A}_x^G = \frac{1}{\delta} \quad \text{oder} \quad \delta \cdot \bar{a}_x^G + \bar{A}_x^G = 1$$

Die letztere Beziehung kann so verstanden werden: Der Betrag 1 stehe zur Verfügung. Daraus zahlt man solange Zins, wie der Versicherte lebt. Bei Tod des Versicherten wird der Betrag 1 zurückgezahlt. Diese Beziehung gilt auch im diskreten Fall. Hier sind die entsprechenden Formeln mit dem auf Anfang Jahr diskontierten Zinssatz $d = i/(1+i)$

$$d \cdot \ddot{a}_x + A_x = 1$$

und bei begrenzter, n-jähriger Versicherungsdauer

$$d \cdot \ddot{a}_{x:\overline{n|}} + A_{x:\overline{n|}} = 1.$$

Diese Beziehung kann analog verstanden werden: Der Zins wird vorschüssig diskontiert in der Höhe d gezahlt, solange der Versicherte die Rentenzahlungstermine 0, 1, 2, ... erlebt. Stirbt der Versicherte, so wird gemäß dem Modellaufbau per Ende Jahr der Betrag 1 zurückgezahlt. Diese Vereinbarung ist äquivalent zur sofortigen Bezahlung des Betrages 1 und hat damit auch im Barwert den Wert 1. Bei beschränkter Laufzeit von n Jahren muss bei Ablauf der Betrag 1 unabhängig davon, ob der Versicherte im letzten Jahr gestorben ist, zurückgezahlt werden. Dieses Zahlungsmuster wird im Barwert der gemischten Versicherung $A_{x:n}$ eingerechnet. Für den diskreten Fall siehe auch (Ortmann 2008, S. 139-141).

5.1.8.3 Näherungsformeln für die Lebenserwartung im Modell von Gompertz

Die obige Näherung für $\bar{a}_x^G$ gilt für nicht zu große x, da hier $\tilde{\mu}_x^G = \mu_x^G / z$ genügend klein ist und in der Näherung 0 gesetzt wird. Die Lebenserwartung ergibt sich als

$$\bar{a}_x^{Gompertz}(\delta = 0) = \bar{a}_x^G(\delta = 0) \ ,$$

d.h. als Rentenbarwert bei einer Zinsintensität von 0. Die Formel für $\bar{a}_x^G$ hat in $\delta = 0$ eine Unbestimmtheitsstelle. Nach der Regel von Hôpital entspricht der Wert an der Unbestimmtheitsstelle dem Quotienten der Ableitungen von Zähler und Nenner, falls Letzterer nicht verschwindet:

$$\bar{e}_x^G = \bar{a}_x^G \approx -\frac{d(e^{\tilde{\mu}_x^G - \delta(b-x)} \cdot \Gamma(1+\delta/z))/d\delta \Big|_{\delta=0}}{d(\delta)/d\delta}$$

$$\approx e^{\tilde{\mu}_x^G} \cdot \left((b-x) - \frac{d\,\Gamma(1+\delta/z)}{d\delta}\Bigg|_{\delta=0} \right) \approx e^{\tilde{\mu}_x^G} \left((b-x) - \frac{1}{z}\Gamma'(1) \right)$$

$$\approx e^{\tilde{\mu}_x^G} \left((b-x) - \gamma/z \right) \approx b - x - \gamma/z = b - 0{,}577/z - x$$

Die Ableitung der Gammafunktion im Wert 1 wird mit dem Symbol γ als Euler-Mascheroni-Konstante bezeichnet, die auf 3 Stellen genau den Wert 0,577 hat. Bei den von uns gewählten Parametern der Sterbeintensitäten ist $b = 96{,}01$ und $z = 0{,}1$. Somit ist insgesamt

$$\overline{e}_x^G \approx (96{,}01 - 0{,}577)/0{,}1 - x = 96{,}01 - 5{,}77 - x = 90{,}24 - x.$$

Damit beträgt die Lebenserwartung für junge Alter in dem gewählten Beispiel 90,24 Jahre, siehe auch Abbildung 5.1. Die einfache Subtraktion des erreichten Alters ist natürlich nicht exakt. Die Näherung berücksichtigt die Reduktion der Lebenserwartung durch die bis zum Alter x schon Gestorbenen nicht. Dieser Näherungsfehler nimmt mit zunehmendem Alter zu.

Dabei ist

$$\overline{e}_0^G \approx b - \frac{\gamma}{z} = -\left(\ln(\tilde{\mu}_0^G) + \gamma\right) / z,$$

die Lebenserwartung im Alter 0. In unserem Beispiel beträgt diese 90,24 Jahre. Je höher das Alter ist, desto größer ist die Abweichung, wenn bei $\overline{e}_x$ einfach das erreichte Alter abgezogen wird. Schließlich muss die Lebenserwartung mit zunehmendem Alter steigen, da die dann noch Lebenden im Mittel eine höhere Lebenserwartung haben.

Die genauere Formel lautet

$$\overline{e}_x^G = e^{\tilde{\mu}_x^G} \left((b - x) - \frac{\gamma}{z} \right) + R \approx e^{\tilde{\mu}_x^G} \left(\overline{e}_0^G - x \right) + R$$

mit $R = \dfrac{\tilde{\mu}_x^G}{z} + \dfrac{3 \cdot \left(\tilde{\mu}_x^G\right)^2}{4 \cdot z} + \dfrac{11 \cdot \left(\tilde{\mu}_x^G\right)^3}{36 \cdot z} \ldots$

Für eine Näherung genügt bei nicht zu hohem Alter für R der 1. Term, bei jüngerem Alter kann R ganz weggelassen werden.

Damit kann $\overline{e}_x^G$ aus der Zunahme z und der Sterblichkeitsintensität μ_x^G, welche wiederum $\tilde{\mu}_x^G = \mu_x^G / z$ ergibt, bestimmt werden.

Sowohl R wie auch der Term $e^{\tilde{\mu}_x^G} - 1$ sind bei tieferen Altern klein und können dann in einer Näherung weggelassen werden.

5.1.9 *Herleitung der Restterme bei der Lebenserwartung beim Gompertzschen Sterbegesetz*

Die genaue Formel für $\overline{e}_x^G$ kann für $\delta = 0$ resp. $\alpha = 1$ wie folgt weiter enwickelt werden:

$$\overline{e}_x^G = e^{\tilde{\mu}_x^G} \left((b - x) \cdot \int_{\tilde{\mu}_x^G}^{\infty} t^{\alpha-1} e^{-t}\, dt - \gamma / z + \frac{d}{d\delta} e^{\delta(b-x)} \int_0^{\tilde{\mu}_x^G} t^{\alpha-1} e^{-t}\, dt \right)$$

$$= e^{\tilde{\mu}_x^G} \left((b-x)\cdot e^{-\tilde{\mu}_x^G} - \gamma / z + (b-x)\cdot(1-e^{-\tilde{\mu}_x^G}) + \frac{d}{d\delta}\int_0^{\tilde{\mu}_x^G} t^{\alpha-1} e^{-t}\, dt \right)$$

$$= e^{\tilde{\mu}_x^G} \left((b-x) - \gamma / z)\right) + R$$

$$= e^{\tilde{\mu}_x^G} \left(-\left(\ln(\tilde{\mu}_0^G) + \gamma\right) / z - x\right) + R$$

Der Restterm R bestimmt sich, indem der Integrand durch sukzessive partielle Integration in eine Reihe entwickelt wird,

$$e^{\tilde{\mu}_x^G} \int_0^{\tilde{\mu}_x^G} t^{\alpha-1} e^{-t}\, dt = e^{\tilde{\mu}_x^G} \cdot \frac{1}{\alpha}\left([\, t^{\alpha}\, e^{-t}\,]_0^{\tilde{\mu}_x^G} + \int_0^{\tilde{\mu}_x^G} t^{\alpha}\, e^{-t}\, dt \right)$$

$$= \frac{\left(\tilde{\mu}_x^{Ga}\right)}{\alpha} + \frac{\left(\tilde{\mu}_x^G\right)^{\alpha+1}}{\alpha\cdot(\alpha+1)} + \frac{e^{\tilde{\mu}_x^G} \int_0^{\tilde{\mu}_x^G} t^{\alpha+1} e^{-t}\, dt}{\alpha\cdot(\alpha+1)}.$$

Je weiter die Terme partiell entwickelt werden, desto kleiner wird der verbleibende Term mit dem Integral und umso besser wird die Annäherung durch die Quotienten. Für den Restterm müssen wir die Quotienten noch nach δ ableiten:

$$R = \frac{d}{d\delta}\left(\frac{\left(\tilde{\mu}_x^G\right)^{\alpha}}{\alpha} + \frac{\left(\tilde{\mu}_x^G\right)^{\alpha+1}}{\alpha\cdot(\alpha+1)} + \frac{\left(\tilde{\mu}_x^G\right)^{\alpha+2}}{\alpha\cdot(\alpha+1)(\alpha+2)} \ldots \right)\Bigg|_{\delta=0} = \frac{\tilde{\mu}_x^G}{z} + \frac{3\cdot\left(\tilde{\mu}_x^G\right)^2}{4\cdot z} + \frac{11\cdot\left(\tilde{\mu}_x^G\right)^3}{36\cdot z} \ldots$$

$$= \frac{1}{z}\sum_{i=1}^{\infty} \frac{r_i\cdot\left(\tilde{\mu}_x^G\right)^i}{(i!)^2}$$

Die Koeffizienten r_i ergeben sich rekursiv aus $r_1 = 1$ und $r_i = i\cdot r_{i-1} + (i-1)!$, was aus

$$r_i = \frac{d}{dx}\left((1+x)\cdot(2+x)\ldots(i+x)\right)\Big|_{x=0} \quad \text{folgt.}$$

5.1.10 Duration von Rentenbarwerten beim Gompertzschen Sterbegesetz

Wir interessieren uns für die Größenordnung der Duration des Leibrentenbarwertes. Bei einem Zinssatz $\delta = 0$ gilt für bis zu einem Alter $x < \overline{e}_0^G - 15$ die folgende Näherungsformel:

$$D(\overline{e}_x^G) \approx \frac{\overline{e}_0^G - x}{2} + \frac{0{,}8}{z^2(\overline{e}_0^G - x)}$$

Damit ist die Duration bei tiefen Altern in der Größenordnung der Hälfte der Lebenserwartung im Alter 0 abzüglich dem erreichten Alter x. Mit zunehmendem Alter fällt der Zusatzterm ins Gewicht und erhöht die Duration. Üblicherweise betrachtet man Rentenbarwerte mit nicht verschwindendem Zinssatz $\delta \neq 0$. Deren Duration wird kleiner, da die Dispersion der Renten-Cashflows nicht verschwindet. Zur besseren Unterscheidung bezeichnen wir diese Näherung im Folgenden mit dem Index *N*, also

$$D_N(\overline{e}_x^G) = \frac{\overline{e}_0^G - x}{2} + \frac{0,8}{z^2(\overline{e}_0^G - x)}.$$

5.1.11 Herleitung der Näherungsformel $D_N(\overline{e}_x^G)$ für $D(\overline{e}_x^G)$

Wir gehen von der Beziehung

$$\overline{a}_x^G = \frac{1-\overline{A}_x^G}{\delta} = \frac{1 - e^{\tilde{\mu}_x^G - \delta(b-x)} \int_{\tilde{\mu}_x^G}^{\infty} \tau^{\alpha-1} e^{-\tau}\, dt}{\delta}$$

aus und betrachten zuerst den Fall $\delta = 0$. Dann ist $\overline{a}_x^G = \overline{e}_x^G$ und $D(\overline{a}_x^G) = D(\overline{e}_x^G)$.

Die Reihenentwicklung des Zählers gibt

$$- e^{\tilde{\mu}_x^G - \delta(b-x)} \int_{\tilde{\mu}_x^G}^{\infty} \tau^{\alpha-1} e^{-\tau}\, dt \approx \overline{e}_x^G \cdot \delta - \frac{1}{2} \frac{d^2(e^{\tilde{\mu}_x^G - \delta(b-x)} \cdot \Gamma(\alpha))}{d\delta^2} \cdot \delta^2 \approx \overline{e}_x^G \cdot (\delta - D(\overline{e}_x^G) \cdot \delta^2),$$

wobei die letzte Gleichung aus $\overline{a}_x^G \approx \overline{e}_x^G \cdot (1 - D(\overline{e}_x^G) \cdot \delta)$ und damit $\overline{a}_x^G \cdot \delta \approx \overline{e}_x^G \cdot (\delta - D(\overline{e}_x^G) \cdot \delta^2)$ folgt. Somit ist

$$\overline{e}_x^G \cdot D(\overline{e}_x^G) \approx \frac{1}{2} \frac{d^2(e^{\tilde{\mu}_x^G - \delta(b-x)} \cdot \Gamma(\alpha))}{d\delta^2}\Bigg|_{\delta=0} = \left(e^{\tilde{\mu}_x^G} \left(\frac{(b-x)^2}{2} - (b-x)\Gamma'(\alpha) + \frac{\Gamma''(\alpha)}{2} \right) \right)\Bigg|_{\delta=0}$$

$$\approx e^{\tilde{\mu}_x^G} \cdot \left(\frac{(\overline{e}_0^G + \gamma / z - x)^2}{2} - (\overline{e}_0^G + \gamma / z - x) \cdot \frac{\gamma}{z} + \frac{\Gamma''(1)}{2z^2} \right)$$

$$= e^{\tilde{\mu}_x^G} \cdot \left(\frac{(\overline{e}_0^G - x)^2}{2} + \frac{\Gamma''(1) - \gamma^2}{2z^2} \right)$$

und damit kann bis zu einem Alter *x* von etwa $\overline{e}_0 - 15$ die Duration wegen $\overline{e}_x^G \approx \overline{e}_0^G - x$ wie folgt angenähert werden

$$D(\overline{e}_x^G) \approx \frac{\overline{e}_0^G - x}{2} + \frac{\Gamma''(1) - \gamma^2}{2z^2(\overline{e}_0^G - x)} \approx \frac{\overline{e}_0^G - x}{2} + \frac{0,8}{z^2(\overline{e}_0^G - x)}.$$

Dabei verwenden wir, dass

$$\frac{\Gamma''(1)-\gamma^2}{2} = \frac{\pi^2}{12} \approx 0{,}8$$

ist. Dies folgt aus der bekannten zweiten Ableitung der logarithmischen Gammafunktion, der Ableitung der Digammafunktion, der Trigammafunktion $\psi_1(1)$

$$\psi_1(1) = \frac{d^2}{dx^2}\left(\ln(\Gamma(x))\right)\Big|_{x=1} = \frac{d}{dx}\left(\frac{\Gamma(x)'}{\Gamma(x)}\right)\Big|_{x=1} = \frac{\Gamma(x)''}{\Gamma(x)} - \frac{(\Gamma(x)')^2}{\Gamma(x)^2}\Big|_{x=1} = \Gamma''(1)-\gamma^2 = \frac{\pi^2}{6}.$$

5.1.12 Übergang vom Gompertzschen zum Makehamschen Sterbegesetz

Im Beispiel 5.1 werden wir zuerst die Lebenserwartung $\overline{e}_x^G$ unter der Annahme μ_c =0 berechnen. Die zusätzliche konstante Sterblichkeit μ_c =0.25 % behandeln wir wie eine Zinskomponente. Dabei gehen wir in den Näherungen von einer Duration von $D(\overline{e}_x^G) \approx 0{,}5\,\overline{e}_x^G$ aus. Dies führt entsprechend den Formeln für die Zinssensitivität von Cashflow-Barwerten in der exponentiellen Berechnungsweise zu

$$\overline{e}_x \approx \overline{e}_x^G \cdot e^{-0{,}5\mu_c \cdot \overline{e}_x^G}.$$

Die Tabellenwerte zeigen, dass die Näherung recht gut ist. Dies liegt daran, dass die Näherung $\overline{e}_x^G$ sehr genau ist und die konstante Sterblichkeit gegenüber der exponentiellen Komponente eher klein ist.

Bei den Rentenbarwerten $\overline{a}_x$ ist die Näherung mit

$$\overline{a}_x \approx \overline{e}_x^G \cdot e^{-0{,}5(\mu_c+\delta)\cdot \overline{e}_x^G}$$

deutlich gröber, hat man hier doch bei Zinsintensitäten von 2 % – 4 % gegenüber der konstanten Sterblichkeit von 0.25 % einen viel größeren Diskonteffekt. Ab Alter 50 gibt aber auch diese einfache Formel recht gute Näherungen.

Auch bei den Durationen berechnen wir diese zuerst mit der einfachen Näherungsformel ohne konstante Sterblichkeitskomponente und für die Zinsintensität 0. Dies entspricht dem Cashflow, dessen Barwert die Lebenserwartung nach dem Sterbegesetz von Gompertz wiedergibt und dessen Duration wir mit $D_N(\overline{e}_x^G)$ bezeichnen.

Durationen sind generell weniger empfindlich gegenüber Änderungen des Diskontierungszinssatzes oder der Zunahme einer konstanten Sterblichkeitskomponente, was letztlich äquivalent ist. Die Zinssensitivität der Durationen wird durch die Dispersion bestimmt. Wir nehmen hier an, dass die Dispersion $\sigma^2(\overline{e}_x^G) \approx 0{,}4\cdot\left(D_N(\overline{e}_x^G)\right)^2$ beträgt.

Für eine temporäre Zeitrente beim Zinssatz 0 beträgt

$$\sigma^2(\overline{a}_{\overline{n}|}) = n^2/12 \text{ und}$$

$$D(\overline{a}_{\overline{n}|}) = n/2\,.$$

Somit ist $\sigma^2(\overline{a}_{\overline{n}|}) = 0{,}33 \cdot D(\overline{a}_{\overline{n}|})^2$.

Wir haben für unsere Näherung den Faktor mit 0,4 etwas höher gesetzt und dafür den für die Zinssensitivitäten geeigneteren Exponentialansatz genommen, der hier etwas weniger als ein additiver Ansatz ausmacht.

Damit ergibt sich die Näherungsformel

$$D(\overline{a}_x^G(\delta)) \approx D(\overline{a}_x^G(\delta=0)) \cdot e^{-\delta \cdot \frac{\sigma^2(\overline{a}_x^G(\delta=0))}{D(\overline{a}_x^G(\delta=0))}} \approx D_N(\overline{e}_x^G) \cdot e^{-0{,}4\delta \cdot D_N(\overline{e}_x^G)}\,.$$

Bei einem Sterbegesetz nach Makeham mit einer zusätzlichen konstanten Sterbewahrscheinlichkeit μ_c kann diese wie eine Zinskomponente δ behandelt werden. Dies führt zu folgender Näherungsformel für die Duration des Cashflows der Rentenzahlung:

$$D(\overline{a}_x(\delta)) \approx D_N(\overline{e}_x^G) \cdot e^{-0{,}4(\delta+\mu_c) \cdot D_N(\overline{e}_x^G)}$$

5.1.13 *Erläuterungen zu dem nachfolgend aufgeführten Beispiel und zu den Abbildungen*

5.1.13.1 Zum Vergleich der genauen Berechnungen mit den Näherungsberechnungen beim Makehamschen Sterbegesetz in Beispiel 5.1

Wir nehmen wiederum die Sterbewahrscheinlichkeiten

$$\mu_c + \mu_{x+t}^G = 0{,}0025 + 0{,}00005 \cdot e^{0{,}1\cdot(x-20)} \approx 0{,}0025 + 0{,}1 \cdot e^{0{,}1\cdot(x-96{,}009)}\,,$$

was in der Darstellung $\mu_x = \mu_c + z \cdot e^{z\cdot(x-b)}$ zu den Parametern $\mu_c = 0{,}0025$, $z = 0{,}1$ und $b = 96{,}009$ führt (siehe Abbildung 5.3).

In einem ersten Schritt betrachten wir den Fall $\mu_c = 0$, d.h. wir beschränken uns auf die exponentielle Komponente nach dem Sterbegesetz von Gompertz. Für sehr kleine Zinssätze δ entspricht der Rentenbarwert $\overline{a}_0^G$ der Lebenserwartung $\overline{e}_0^G$.

Im Folgenden vergleichen wir den numerisch genau berechneten Wert mit den oben beschriebenen Näherungsformeln. Für das Alter 0 nehmen wir die Näherung

$$\overline{e}_0^G = b - 0{,}5772/z = b - 5{,}772 = 90{,}24.$$

Dabei ist γ wie erwähnt die Euler-Mascheroni-Konstante, die sich als Ableitung der Gammafunktion im Wert 1 ergibt.

Die numerisch genau gerechneten Durationen sind aus Differenzen von Rentenbarwerten für nahe beieinander liegende Zinssätze gerechnet. Die Barwerte $\overline{a}_x^{Makeham}$ selbst wurden mit der in 5.1.7 angegebenen Formel auf die Gammaverteilungen zurückgeführt, welche bei den gebräuchlichen Tabellenkalkulationen aufgerufen werden kann.

In dem für die Praxis relevanten Altersbereich von 50 bis gegen 85 Jahre geben die Näherungsberechnungen bei den Rentenbarwerten recht gute Schätzungen. Bei der Duration sind die Schätzungen auch für tiefere Alter recht nah an den genauen Werten, dafür liegt die obere Altersgrenze für gute Schätzungen mit etwa 75 Jahren etwas tiefer. Diese Altersbereiche hängen von den gewählten Parametern des Sterbegesetzes ab.

5.1.13.2 Zum Wendepunkt bei den Überlebenswahrscheinlichkeiten in den Abbildungen 5.5 und 5.6

Die Überlebenswahrscheinlichkeit ${}_t p_x^G$ gemäß dem Sterbegesetz von Gompertz, also mit $\mu_c = 0$, hat im Alter $x+t = b$ ihren einzigen Wendepunkt:

$$ {}_t p_x^G = e^{-e^{z\cdot(x+t-b)} + e^{z\cdot(x-b)}} $$

$$ \frac{d\,{}_t p_x^G}{dt} = -z\cdot e^{z\cdot(x+t-b)}\cdot e^{-e^{z\cdot(x+t-b)} + e^{z\cdot(x-b)}} $$

$$ \frac{d^2\left({}_t p_x^G\right)}{dt^2} = \left(z^2\cdot e^{2z\cdot(x+t-b)} - z^2\cdot e^{z\cdot(x+t-b)}\right)\cdot e^{-e^{z\cdot(x+t-b)} + e^{z\cdot(x-b)}} = 0, $$

wenn $1 = e^{z\cdot(x+t-b)}$, d.h. $x+t = b$ ist.

Die Überlebenswahrscheinlichkeit ${}_t p_x^G$ wechselt in $x+t = b$ von einer konkaven in eine konvexe Krümmung. Konvexe Krümmungen hat man generell auch bei diskontierten Cashflows von konstanten Zahlungen oder auch bei nur konstanter Sterblichkeit. Im Alter $x+t > b$ ist die erreichte Höhe der Sterblichkeit μ_x^G so groß, dass diese wie bei einer konstanten Sterblichkeit in dieser Höhe den Charakter der Kurve prägt und nicht mehr die weiteren Zunahmen, die bei Altern $x+t < b$ den sich bei konstanter Sterblichkeit ergebenden konvexen Verlauf in einen konkaven Verlauf umbiegen können.

Die Überlebenswahrscheinlichkeit ${}_b p_0^G = e^{-e^0 + e^{-z\cdot b}} \approx e^{-1}$ ist kleiner als ½. Damit hat im Alter $t = b$ weniger als die Hälfte der Lebenden im Alter 0 überlebt. Dies macht es verständlich, dass die Lebenserwartung $\overset{-G}{e_0}$ kleiner als b ist. Der Abzugsterm kann mit γ / z sehr genau bestimmt werden. Dieser Term zeigt, dass eine langsamere Zunahme der Sterblichkeit zu einem größeren Abzug bei der Bestimmung der Lebenserwartung $\overset{-G}{e_0}$ aus dem Referenzalter b führt. Dies liegt daran, dass eine langsamere Abnahme z die Überlebenswahrscheinlichkeit vor dem Referenzalter b stärker als danach beeinflusst, siehe dazu die Abbildungen 5.5 und 5.6. Nach dem Alter b ist die Überlebenswahrscheinlichkeit weniger von der Zunahme z abhängig und nimmt generell recht schnell ab.

Beispiel 5.1

Alter x		**0**	**20**	**50**	**60**	**65**	**75**
Sterblichlichkeit $\mu_c + \mu_x^G$ in %		0,25	0,26	0,35	0,52	0,70	1,47
Lebenserwartung $\overline{e}_x$							
Numerisch genau mit Gammaverteilung		80,62	64,28	38,58	30,02	25,86	18,05
Näherung	($\tilde{\mu}_x^G = \mu_x^G / z$)						
$\overline{e}_0^G - x = -\left(\ln(\tilde{\mu}_0^G) + \gamma\right) / z - x$		90,24	70,24	40,24	30,24	25,24	15,24
$e^{\tilde{\mu}_x^G}$		*1,00*	*1,00*	*1,01*	*1,03*	*1,05*	*1,13*
$e^{\tilde{\mu}_x^G}\left(\overline{e}_0^G - x\right)$		90,24	70,27	40,64	31,07	26,40	17,22
Restterm *R:* $\tilde{\mu}_x^G / z$		0,00	0,01	0,10	0,27	0,45	1,22
Gompertz-Modell ohne μ_c: $\overline{e}_x^G = e^{\tilde{\mu}_x^G}\left(\overline{e}_0^G - x\right) + R$		90,24	70,28	40,74	31,35	26,85	18,44
Insgesamt $\overline{e}_x^G \cdot e^{-0,5\mu_c \cdot \overline{e}_x^G}$, $\mu_c = 0.25$ %		80,62	64,37	38,72	30,14	25,96	18,02
Rentenbarwerte $\overline{a}_x$	δ						
Numerisch genau mit Gammaverteilung	2 %	38,3	34,9	26,0	21,8	19,5	14,6
Näherung $\overline{e}_x^G \cdot e^{-0,5(\mu_c+\delta)\cdot \overline{e}_x^G}$		32,7	31,9	25,8	22,0	19,9	15,1
Numerisch genau	3 %	29,0	27,3	21,9	18,9	17,1	13,2
Näherung		20,8	22,4	21,0	18,8	17,4	13,7
Numerisch genau	4 %	22,9	22,1	18,7	16,6	15,2	12,1
Näherung		13,3	15,8	17,1	16,1	15,2	12,5

Alter x		**0**	**20**	**50**	**60**	**65**	**75**
Duration Rentenbarwerte							
Numerisch genau $D(\overline{e}_x)$	0 %	44,1	35,1	21,6	17,3	15,2	11,2
Näherung							
$0,5(\overline{e}_0^G - x)$		45,1	35,1	20,1	15,1	12,6	7,6
$+ 0,8/(z^2(\overline{e}_0^G - x))$		0,9	1,1	2,0	2,6	3,2	5,3
$= D_N(\overline{e}_x^G)$		46,0	36,3	22,1	17,8	15,8	12,9
Insgesamt, Diskontierung mit μ_c $D_N(\overline{e}_x^G)\cdot e^{-0,4\mu_c \cdot D_N(\overline{e}_x^G)}$		43,9	35,0	21,6	17,5	15,5	12,7
Numerisch genau $D(\overline{a}_x)$	2 %	30,8	26,3	18,0	14,8	13,2	10,0
Näherung $D_N(\overline{e}_x^G)\cdot e^{-0,4(\delta+\mu_c)\cdot D_N(\overline{e}_x^G)}$		30,4	26,2	18,1	15,1	13,7	11,5
Numerisch genau	3 %	25,5	22,7	16,4	13,7	12,3	9,5
Näherung		25,3	22,6	16,6	14,1	12,9	10,9
Numerisch genau	4 %	21,4	19,6	14,9	12,7	11,5	9,0
Näherung		22,0	20,3	15,5	13,4	12,3	10,5

5.1.14 Grafiken zu Beispiel 5.1

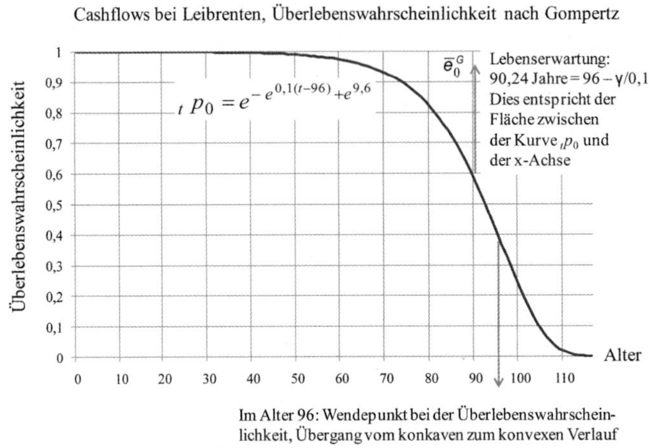

Abbildung 5.1

Die Überlebenswahrscheinlichkeit ist lange sehr nahe bei 1. Danach gibt es einen s-förmigen Verlauf. Ab Pensionierungsalter, d.h. ca. ab Alter 60 bis 70 könnte der Verlauf sehr grob als linear fallende Gerade angenähert werden. Dabei bliebe der s-förmige Verlauf unberücksichtigt.

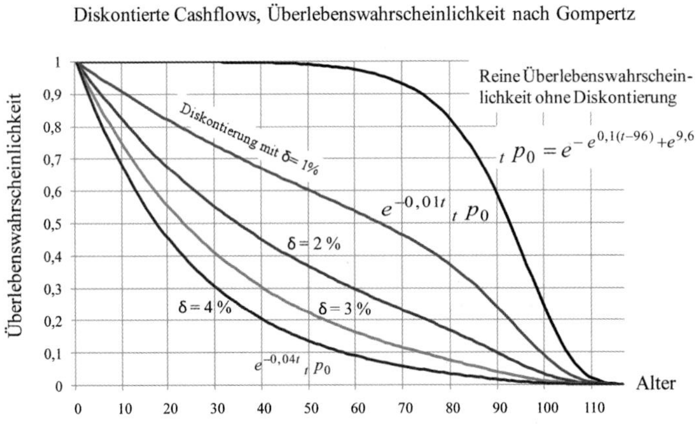

Abbildung 5.2

Die Diskontierung hobelt die s-Form weg. Beim kleinen Zinssatz von 1 % wird schon der Verlauf ab Alter 0 fast geradenförmig. Bei höherem Zinssatz prägt die Diskontierung den Verlauf der diskontierten Cashflows: Ab Alter 0 sind die Kurven und auch die Barwerte ähnlich wie bei ewigen Renten, die ja typischerweise konvex sind. Die Sterblichkeit spielt bei diesen jungen Altern dann eine untergeordnete Rolle.

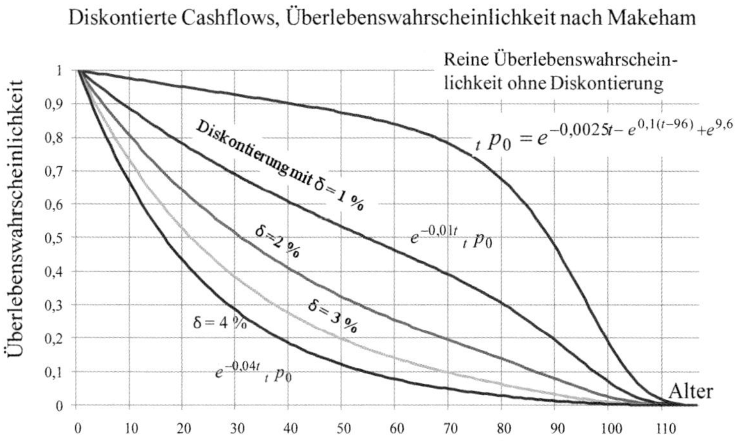

Abbildung 5.3

Über die lange Dauer ab Alter 0 zeigt auch die gegenüber dem Sterbegesetz von Gompertz zusätzlich berücksichtigte, kleine zusätzliche Sterblichkeitsintensität von 0,25 % eine Wirkung und führt zum linear fallenden Verlauf der Überlebenswahrscheinlichkeit $_t p_0$.

Die Diskontierung mit dem Zinssatz von 1 % hobelt hier wiederum den s-förmigen Verlauf weg zu einem geradenförmigen Verlauf. Bei höheren Zinssätzen entspricht der Verlauf ab Alter 0 weitgehend dem von ewigen Renten.

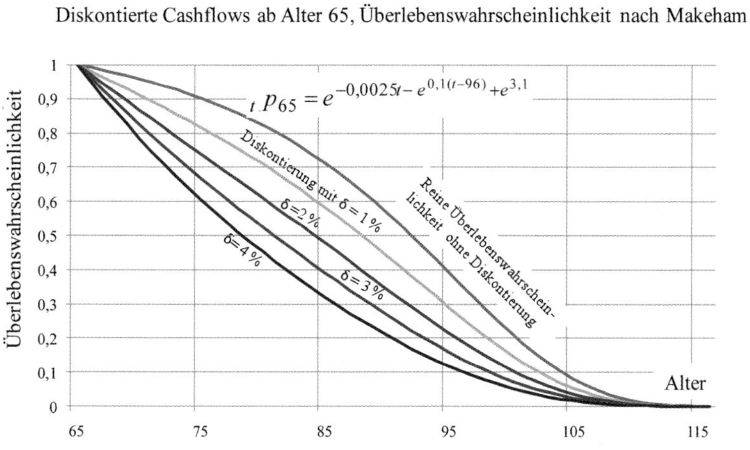

Abbildung 5.4

Ab dem Rentenbeginn im Altersbereich der Pensionierung wird die s-Form schon in den Überlebenswahrscheinlichkeiten abgeschwächt. Bei den Diskontierungszinsen von 1-2 % ist der Verlauf der diskontierten Cashflows recht geradenförmig. Das älteste Modell von de Moivre mit der Annahme eines linearen Verlaufes der diskontierten Cashflows ist für eine grobe Vorstellung gar nicht so unpassend. Wird der Zinssatz höher, bestimmt dieser die Gestalt der Kurve stärker und gibt ihnen den Verlauf wie bei ewigen Renten. Dieser Übergang gestaltet sich allerdings langsamer als bei jungen Altern mit einer hohen Lebenserwartung, wo sich dieser Verlauf schon bei den Zinssätzen von 2 % und 3 % einstellt.

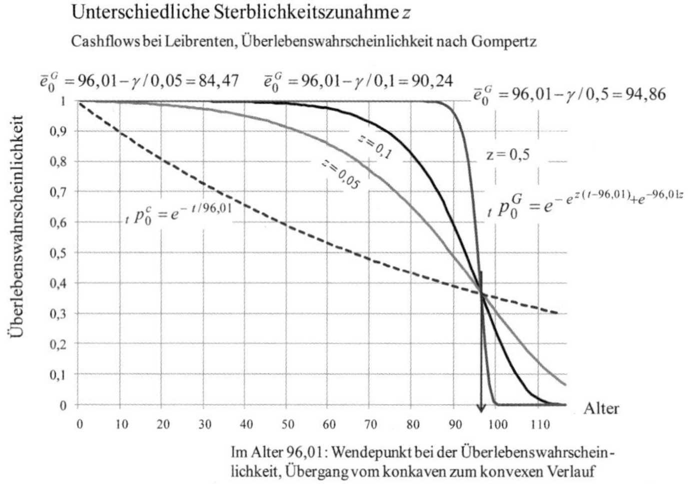

Abbildung 5.5

Abbildung 5.5 stellt die Überlebenswahrscheinlichkeit bei unterschiedlicher Sterblichkeitszunahme z dar. Die Überlebenswahrscheinlichkeiten sind so normiert, dass sie alle im Alter von hier genau 96,01 Jahren e^{-1} betragen. Entsprechend nimmt die Überlebenswahrscheinlichkeit bei der hohen Zunahme mit $z = 0{,}5$ vor dem Alter 96,01 schwächer ab, um dann ab diesem Alter um so steiler zu fallen. Für die tiefe Zunahme mit $z = 0{,}05$ ist es umgekehrt. Hier setzt die Abnahme schon viel früher ein, setzt sich dafür aber ab Alter 96,01 viel langsamer fort.

Die stärkere Abnahme vor dem Wendepunkt im Alter von 96,01 wird durch die schwächere Abnahme nach diesem Alter nicht kompensiert. Der Abzugsterm von γ / z mit der Euler-Mascheroni-Konstante γ misst den „Fehlbetrag" bei dieser Kompensation.

Generell kann hier wiederum die Lebenserwartung $\overline{e}_0^G$ im Alter 0 als Fläche zwischen der Kurve zur Überlebenswahrscheinlichkeit und der x-Achse interpretiert werden.

Die Beispiele mit den höheren und tieferen Zunahmen z sind illustrativ und werden sich so extrem nicht in der Praxis finden lassen.

Zum Vergleich ist auch die Überlebenswahrscheinlichkeit bei konstanter Sterblichkeit

$$ {}_t p_0^C = e^{-\mu_c t} = e^{-t/96,01} $$

als gestrichelte Kurve eingetragen.

Für diese Überlebenswahrscheinlichkeiten ergibt sich eine Lebenserwartung von

$$ \bar{e}_0 = 1/\mu_c = 96,01. $$

D.h. die Lebenserwartung entspricht hier dem Alter, zu dem

$$ {}_t p_0 = 1/e $$

ist, aber ohne den Abzugsterm mit der Euler-Mascheroni Konstante γ.

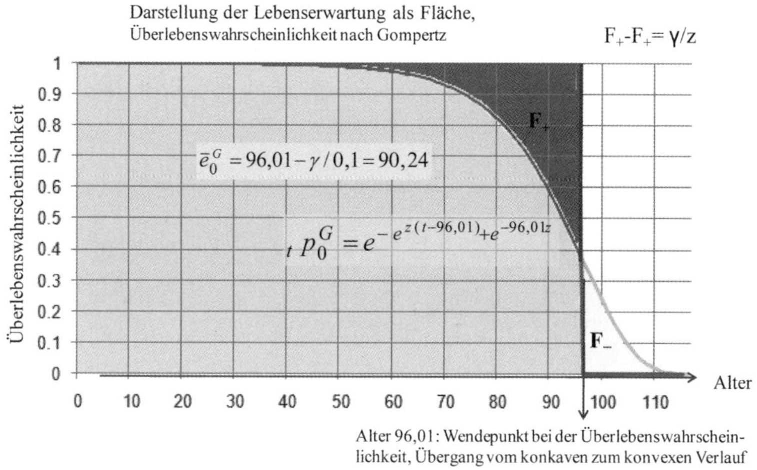

Abbildung 5.6

Die Interpretation der Lebenserwartung als Fläche zwischen der Kurve der Überlebenswahrscheinlichkeit und der x-Achse ist in Abbildung 5.6 grafisch dargestellt.

Betrachtet man für diverse Sterblichkeitszunahmen z die auf das Alter 96,01 ausgerichteten Überlebenswahrscheinlichkeiten

$$ {}_t p_0^G = e^{-e^{z(t-96,01)} + e^{-96,01z}}, \text{ so ist} $$

$$ {}_t p_{96,01}^G \approx e^{-1} $$

für nicht zu kleine, unrealistische Sterblichkeitszunahmen z. Damit schneiden sich die Kurven zu den Überlebenswahrscheinlichkeiten im Punkt (96, e^{-1}). Eine Lebenserwartung von 96 Jahren entspricht dem oben eingezeichneten Rechteck bis Alter 96,01.

Dass die Lebenserwartung mit

$$\overline{e}_0^G = 96{,}01 - \gamma / z = 96{,}01 - 0{,}577 / 0{,}1 = 90{,}24$$

kleiner als 96 ist,

liegt daran, dass sich die Flächen F_+ und F_- nicht kompensieren. Je schwächer die Sterblichkeitszunahme z ist, umso weniger kompensieren sich die Flächen und umso mehr kann die Abnahme der Überlebenswahrscheinlichkeit vor Alter 96,01 danach nicht mehr kompensiert werden.

5.2 Die Rentenhöhe in Abhängigkeit vom Zinssatz

5.2.1 Ableitung des Rentensatzes und der Duration

Bei der bisher betrachteten jährlichen Verzinsung mit Zuweisung eines Zinssatzes i nach einem Jahr gibt es die folgende Beziehung zwischen der Ableitung des Rentensatzes a_x^{-1} (oder $\ddot{a}_x^{-1}$) und dem Quotienten von Duration und Barwert des Rentensatzes

$$(1+i)\cdot\frac{d(a_x)^{-1}}{di} = -(1+i)\cdot\frac{d(a_x)}{di}\cdot\frac{1}{a_x}\cdot\frac{1}{a_x} = \frac{D(a_x)}{a_x}.$$

Nun betrachten wir wiederum kontinuierliche (Renten)-Zahlungen der Intensität ${}_tp_x$ sowie die kontinuierliche Verzinsung mit der Intensität δ. Die obige Beziehung gibt dann

$$\frac{d(\overline{a}_x)^{-1}}{d\delta} = \frac{d(\overline{a}_x)}{d\delta}\cdot\frac{1}{\overline{a}_x}\cdot\frac{1}{\overline{a}_x} = \frac{D(a_x)}{a_x},$$

wobei der kontinuierliche Rentenbarwert mit

$$\overline{a}_x = \int_0^\infty {}_tp_x \cdot e^{-\delta\, t}\, dt$$

definiert ist. Damit ist

$$\frac{d(\overline{a}_x)}{d\delta} = \frac{d\left(\int_0^\infty {}_tp_x \cdot e^{-\delta\, t} dt\right)}{d\delta} = \int_0^\infty {}_tp_x \cdot \frac{d\left(e^{-\delta\, t}\right)}{d\delta} dt = \int_0^\infty t\cdot {}_tp_x \cdot e^{-\delta\, t} dt\,,$$

also ähnlich wie bei diskreten Zahlungen

$$D(\overline{a}_x) = \frac{\int_0^\infty t\cdot {}_tp_x \cdot e^{-\delta\, t} dt}{\overline{a}_x}.$$

Die Stammfunktion von ${}_tp_x e^{-\delta\, t}$ ist

$$\int_0^\infty {}_{\tau+t}p_x e^{-\delta\,(\tau+t)}\, d\tau = {}_tp_x e^{-\delta\, t}\int_0^\infty {}_\tau p_{x+t} e^{-\delta\,\tau}\, d\tau = {}_tp_x e^{-\delta\, t}\overline{a}_{x+t}\,.$$

Mit partieller Integration erhält man

$$\int_0^\infty t \cdot {}_t p_x e^{-\delta t}\, dt = \left[-t \cdot ({}_t p_x e^{-\delta t} \cdot \overline{a}_{x+t})\right]_0^\infty + \int_0^\infty {}_t p_x e^{-\delta t} \cdot \overline{a}_{x+t}\, dt = \int_0^\infty {}_t p_x e^{-\delta t} \cdot \overline{a}_{x+t}\, dt$$

und schließlich

$$D(\overline{a}_x) = \frac{1}{\overline{a}_x} \int_0^\infty {}_t p_x e^{-\delta t} \cdot \overline{a}_{x+t}\, dt .$$

Dies kann auch so verstanden werden: Die Duration des Rentenbarwerts zum Alter x entspricht dem gewichteten Mittel der Rentenbarwerte der zukünftigen Alter $x+t$ mit den diskontierten Cashflow-Zahlungen ${}_t p_x e^{-\delta t}$ als Gewichten.

5.2.2 Begrenzung der Ableitung des Rentensatzes nach dem Zinssatz

Die Ableitung des Rentensatzes ergibt sich im kontinuierlichen Fall als Verhältnis zwischen Duration und Rentenbarwert und liegt immer zwischen ½ und 1:

$$\frac{D(\overline{a}_x)}{\overline{a}_x} = \frac{1}{\overline{a}_x^{\,2}} \cdot \int_0^\infty {}_t p_x e^{-\delta t} \cdot \overline{a}_{x+t}\, dt = 1 - \frac{1}{\overline{a}_x^{\,2}} \int_0^\infty {}_t p_x e^{-\delta t} \cdot (\overline{a}_x - \overline{a}_{x+t})\, dt \geq 1/2.$$

Die obere Beschränkung durch 1 ist klar, da der Abzugsterm mit $\overline{a}_x \geq \overline{a}_{x+t}$ positiv ist. Ohne Sterblichkeit, d.h. bei einer ewigen Rente, wird der Abzugstem 0, da hier die Rentenbarwerte mit $1/\delta$ unabhängig vom „Alter" $x+t$ sind.

Wir weisen nun noch nach, dass der Abzugsterm kleiner oder gleich ½ ist:

$$\int_0^\infty {}_t p_x e^{-\delta t} \cdot (\overline{a}_x - \overline{a}_{x+t})\, dt = \int_0^\infty {}_t p_x e^{-\delta t} \int_0^t d(-\overline{a}_{x+\tau})\, dt = \int_0^\infty \int_{t=\tau}^\infty {}_t p_x e^{-\delta t} dt\; d(-\overline{a}_{x+\tau}) \leq$$

$$\int_0^\infty \int_{t=\tau}^\infty {}_{t-\tau} p_x e^{-\delta (t-\tau)} dt\; d(-\overline{a}_{x+\tau}) = \int_0^\infty \overline{a}_{x+\tau} \cdot d(-\overline{a}_{x+\tau}) = \left[-\overline{a}_{x+\tau}^{\,2}/2\right]_0^\infty = \overline{a}_x^{\,2}/2 .$$

Von den beiden Extremwerten erhält man ½ durch eine Zeitrente mit verschwindendem Zinssatz und 1 durch eine ewige Rente ohne oder mit positiver konstanter Sterblichkeit. Die Zeitrente kann man sich in unserem Modell als Grenzfall einer verschwindenden Sterblichkeit bis $t = n$ und Sterblichkeit 1 bei $t = n$ vorstellen.

5.2.3 Abhängigkeit des Rentensatzes vom Zinssatz

Die Rentenhöhe bei gegebener Einmalprämie und gleichbedeutend damit der Rentensatz $(\overline{a}_x)^{-1}$ bei gegebenem x sind konvexe Funktionen des Zinssatzes, d.h.

$$\frac{d^2(\overline{a}_x(\delta))^{-1}}{d\delta^2} \geq 0:$$

Wir zeigen, dass $\frac{1}{(\overline{a}_x)^2}\int_0^\infty {}_tp_x e^{-\delta t}\cdot \overline{a}_{x+t}\cdot d(-\overline{a}_{x+t}) = \int_0^\infty {}_tp_x e^{-\delta t}\cdot \frac{\overline{a}_{x+t}}{\overline{a}_x}\cdot d(-\frac{\overline{a}_{x+t}}{\overline{a}_x})$

mit zunehmendem Zinssatz δ kleiner wird:

Ohne den Faktor der diskontierten Cashflow-Zahlungen ${}_tp_x e^{-\delta t}$ ist das Integral

$$\int_0^\infty \frac{\overline{a}_{x+t}}{\overline{a}_x}\cdot d(-\frac{\overline{a}_{x+t}}{\overline{a}_x}) = \left[\frac{\overline{a}_{x+t}}{\overline{a}_x}\right]_0^\infty = 1$$

unabhängig vom Zinssatz δ.

Das Integral bildet ein gewichtetes Mittel über die diskontierten Cashflow- Zahlungen ${}_tp_x e^{-\delta t}$ mit einem Gesamtgewicht von 1. Wird der Zinssatz δ angehoben, werden Zahlungen schon wegen des höheren Diskontierungszinses kleiner. Zudem wird der Verlauf von $\overline{a}_{x+t}/\overline{a}_x$ mit zunehmendem Zinssatz δ flacher. Damit wird bei höherem Zinssatz δ den längeren und damit kleineren Überlebensdauern ${}_tp_x$ ein größeres Gewicht gegeben.

Der flachere Verlauf von $\overline{a}_{x+t}/\overline{a}_x$ folgt aus

$$\frac{d}{d\delta}(\frac{\overline{a}_{x+t}}{\overline{a}_x}) = \frac{(D(\overline{a}_x)-D(\overline{a}_{x+t}))\cdot \overline{a}_x\cdot \overline{a}_{x+t}}{(\overline{a}_x)^2} \geq 0;$$

$D(\overline{a}_x) \geq D(\overline{a}_{x+t})$ gilt, falls man annimmt, dass die Sterblichkeit mit zunehmendem Alter zunimmt oder zumindest nicht abnimmt.

5.3 Grafische Darstellung

Mit zunehmendem Zinssatz steigt die Ableitung des Rentensatzes an:

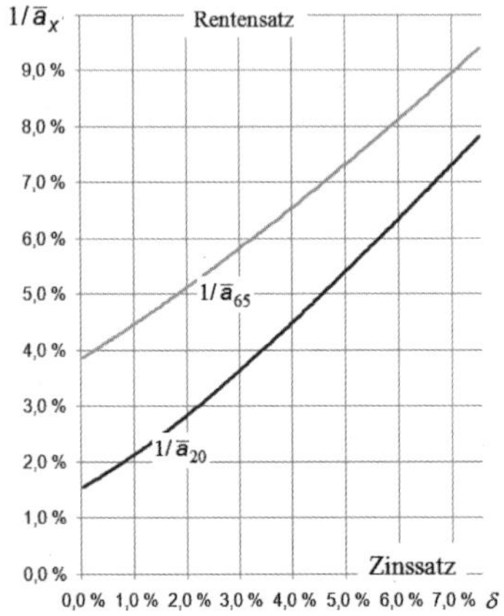

Der Rentensatz $1/\overline{a}_x$ für einen x-jährigen Versicherten ist eine konvexe Funktion des Zinssatzes, mit Steigung zwischen ½ und 1. Insbesondere bei höherem Alter, hier bei Alter 65, ist die Konvexität recht schwach. Dies kann benutzt werden, um mit einem linear angenommenen Verlauf pauschale Näherungen für die Änderung des Barwertes bei Variation des Zinssatzes zu bestimmen. Bei Alter 20 und den Zinssätzen ab 5 % entspricht die Leibrente weitgehend einer ewigen Rente. Die hohe Sterblichkeit ab Alter 90 spielt für den Rentensatz kaum noch eine Rolle. Dieser liegt kaum noch über dem Zinssatz.

Abbildung 5.7

Das Verhältnis $D(\overline{a}_x)/\overline{a}_x$ kann zur Charakterisierung der Renten benutzt werden:

Bei tiefem Zins und jungem Alter x ist dieser Wert nahe bei 0,5. Der Wert 0,5 gilt für Zeitrenten ohne Zins und entsprechend hat die Leibrente hier einen solchen Charakter. Bei tiefem Alter ändert die Leibrente dann mit zunehmendem Zinssatz recht rasch den Typus und verhält sich bei $D(\overline{a}_x)/\overline{a}_x$ nahe bei 1 ähnlich wie eine ewige Rente.

Bei höherem Alter x bleibt $D(\overline{a}_x)/\overline{a}_x$ recht lange stabil im Bereich von ca. 2/3. Deshalb kann man hier für einfache Näherungen von einer bis zu einem Schlussalter linear fallenden Gerade für den diskontierten Cashflow ausgehen, wie dies schon im einfachen Modell von de Moivre (beim Zinssatz 0) der Fall ist.

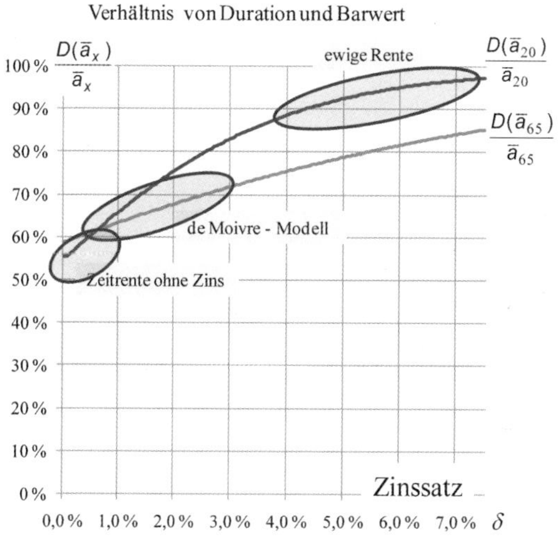

Abbildung 5.8

Bei tiefem Zinssatz überwiegt der konkave Teil der Kurve ${}_tp_x$ der Überlebenswahrscheinlichkeit und bei höherem Zinssatz der konvexe Teil. Bei mittlerem Zins gleicht sich der s-förmige Verlauf insgesamt aus und kann mit einem geradlinigen Verlauf angenähert werden. Die Abbildung 5.8 zeigt deshalb für mittlere Zinssätze ein ähnliches Verhältnis von Duration zu Barwert wie beim einfachen linearen Modell von de Moivre.

Die Stabilität im Alter 65 kann zu pauschalen Überschlagsformeln für die Berechnung des Rentensatzes verwendet werden:

Beispiel 5.2: Lineare Näherung der Rentensätze bei Zinsvariation. Die Annahmen entsprechen Beispiel 5.1. Damit ist $\mu_c = 0{,}0025$, $z = 0{,}1$, $b = 96{,}009$ und $\tilde{\mu}_{65}^G = \mu_{65}^G / z = 4{,}5\ \%$.

Unsere angenommene Sterbetafel ergibt im Alter 65 eine Lebenserwartung von $\overline{e}_{65} = 25{,}86$ Jahren.

Den Rentensatz (Umwandlungssatz) für einen höheren Zinssatz berechnen wir gemäß

$$1/\overline{a}_x = 1/\overline{e}_x + 2/3 \cdot \delta \, .$$

Damit erhält man folgende Näherungen:

Zinssatz δ im kontinuierlichen resp. i im diskreten Fall	**Rentensatz mit Zahlungsart**			
	kontinuierlich		**diskret, monatlich nachschüssig**	
	Exakt	**Näherung**	**Exakt**	**Näherung**
	$1/\bar{a}_{65}$	$1/\bar{e}_{65} + 2/3\cdot\delta$	$1/a_{65}^{(12)}$	$1/e_{65}^{(12)} + 2/3\cdot i$
0 %	3,87 %	3,87 %	3,85 %	3,85 %
1 %	4,48 %	4,53 %	4,46 %	4,52 %
2 %	5,13 %	5,20 %	5,10 %	5,18 %
3 %	5,83 %	5,87 %	5,79 %	5,85 %
4 %	6,57 %	6,53 %	6,50 %	6,52 %

Eine kontinuierliche, d.h. stetige Verzinsung mit dem Zinssatz δ würde eigentlich einer auf ein Jahr gerechneten Verzinsung mit dem Zinssatz $i = e^{\delta}$ entsprechen. Für unsere Beispielrechnungen haben wir immer ganzzahlige Zinssätze verwendet und damit $i = \delta$ gesetzt. $1/a_{65}^{(m)}$ bezeichnet hier eine nachschüssig zahlbare Rente ab Alter 65, zahlbar in m Monatsraten, d.h. jeweils zahlbar zu den Fälligkeiten, das sind die Zeitpunkte $1/m$, $2/m$, ...,1, $1+1/m$, $1+2/m$, ...,n, $n+1/m$, ... so lange, wie der Versicherte die Fälligkeitstermine erlebt. Bei $m = 12$ hat man also monatliche Zahlungen, was einem stetigen Geldfluss, wie er im kontinuierlichen Modell angenommen wird, schon recht nah kommt.

Die Berechnung im kontinuierlichen Modell gibt ein tieferes theoretisches Verständnis und einen besseren Überblick zur Gesamtsituation in einer langfristigen Optik. Indem von einzelnen Rentenzahlungen und den dann allenfalls notwendigen Abklärungen, welche Zahlungen effektiv vorgenommen wurden, abstrahiert wird, ergibt sich ein klareres, einfacheres Bild.

Typischerweise werden aber beide Sichtweisen verlangt: eine langfristige Aussage, ob die Rückstellungen für die Erbringung der Versicherungsverpflichtungen ausreichend sind, und eine kurzfristigere, ob allen Zahlungsverpflichtungen ordnungsgemäß nachgekommen wurde. Für diese kurzfristigere Kontrolle ist das kontinuierliche Modell ungeeignet. Hier muss selbstverständlich jede einzelne Zahlung, jede Rentenzahlung und auch jede Rentenrate seitens der Verpflichtungen wie auch jede Couponauszahlung für Anleihen seitens des angelegten Vermögens berücksichtigt werden. Sowohl für die Versicherungsverpflichtungen wie auch für die Anleihen gibt es jeweils ein speziell ausgearbeitetes, ausgeklügeltes Berechnungskalkül, um zu berücksichtigen, ob die Zahlung schon erfolgt ist oder noch ausstehend ist.

5.4 Berücksichtigung diskreter Zahlungen

5.4.1 Unterjährige Rentenzahlung

Das Lebensversicherungskalkül definiert in den üblichen Barwertsymbolen genau, welche einzelnen Zahlungen inbegriffen sind und welche nicht. Dies betrifft insbesondere die Barwertsymbole für Rentenzahlungen, wo dies zu verschiedenen Symbolen für vor- und nachschüssige Renten führt. Man erweitert die Symbole für die jährliche Zahlung zu den ebenfalls praxisüblichen, unterjährigen Zahlungen in m Rentenraten und bezeichnet dies mit einem hochgestellten Index „(m)“ zum Barwertsymbol.

Symbol	Beschreibung	Barwertformel
$a_x^{(m)}$, $m=2,4,12$	nachschüssige Zahlung einer Rente des Betrages 1 in *m* Jahresraten, d.h. halb-, vierteljährlich oder monatlich für einen Versicherten des Alters *x*, zahlbar, solange die Rentenfälligkeiten erlebt werden	$a_x^{(m)} = a_x + \frac{m-1}{2m}$
$\ddot{a}_x^{(m)}$, $m=2,4,12$	vorschüssige Zahlung, d.h. es wird wie oben bei der nachschüssigen Rente gezahlt, dazu aber noch zum Zeitpunkt 0 die erste Rentenrate von 1/*m*.	$\ddot{a}_x^{(m)} = \ddot{a}_x - \frac{m-1}{2m}$

Mit den Formeln können die Barwerte bei unterjährigen Zahlungen auf diejenigen bei jährlicher Rentenzahlung zurückgeführt werden. Diese Formeln zeigen, wie schon die Kommutationszahlen, wie geschickt das klassische Lebensversicherungskalkül die Vielfalt unterschiedlicher realer Gegebenheiten in möglichst wenigen Grundzahlen zusammengeführt hat. Dies war auch rechnerisch eine Notwendigkeit, hatte man doch damals nicht die heutigen technischen Möglichkeiten. Für ein besseres Verständnis, also für einen theoretischen Zugang, ist eine Begrenzung bei den Grundbegriffen unabhängig von den Berechnungsmöglichkeiten auch heute noch ein Gewinn.

Wie kann man diese einfachen Formeln begründen?

Vergleichen wir die Auszahlungen bei vor- und nachschüssiger Zahlung miteinander. Die Zahlungen unterscheiden sich ja nur um die erste Rentenrate in Höhe von 1/m zum Zeitpunkt 0. Diese Zahlung erfolgt in jedem Fall, da der Versicherte zum Zeitpunkt 0 noch lebt. Somit müsste $\ddot{a}_x^{(m)} - a_x^{(m)} = 1/m$ sein.

Dies ist in der Tat so:

$$\ddot{a}_x^{(m)} - a_x^{(m)} = \ddot{a}_x - \frac{m-1}{2m} - a_x + \frac{m-1}{2m} = a_x + 1 - 2\frac{m-1}{2m} - a_x - \frac{m-1}{2m} = 1/m.$$

Geometrisch entspricht der Barwert $\ddot{a}_x$ bei jährlicher Rentenzahlung der Gesamtfläche der einzelnen großen Rechtecke, die jeweils eine Jahresrente darstellen.

Auch die unterjährige Zahlung kann als Gesamtfläche einzelner Rechtecke verstanden werden. Hier entspricht jedes Rechteck einer Rentenrate, hat also die Breite von $1/m$. Der Barwert der Rente ergibt sich als Summe der diskontierten Cashflow-Zahlungen $v^t \, {}_tp_x$.

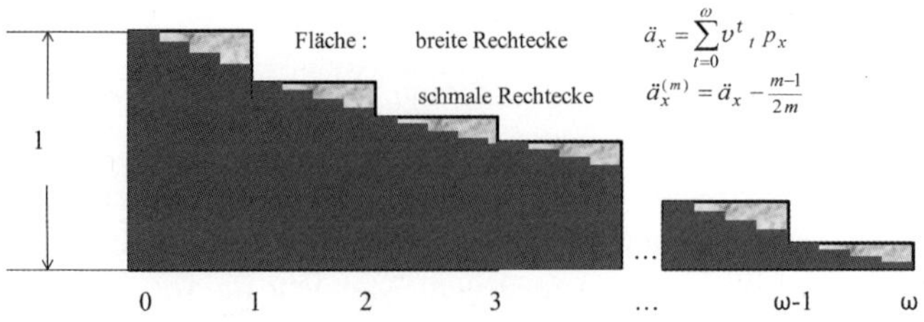

Abbildung 5.9

Interpoliert man die diskontierten Cashflow-Zahlungen während des Jahres linear zwischen den beiden jeweils zum Jahresstichtag gegebenen Werten, führt dies zu einem Abzugsterm gegenüber der jährlich vorschüssig zahlbaren Rente von $\Delta(m\text{-}1)/2m$.

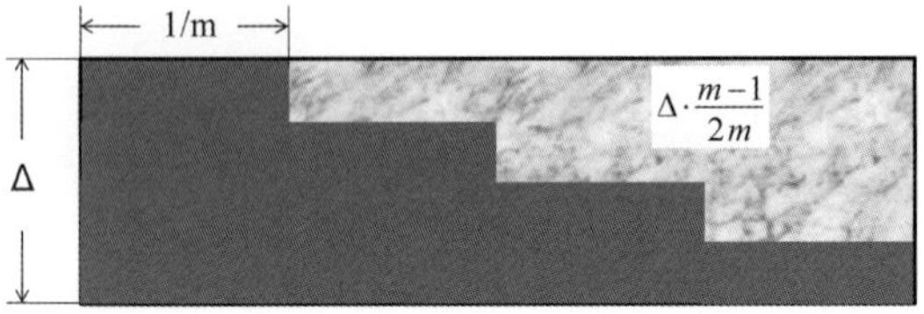

Abbildung 5.10

Dabei geben die einzelnen Δ-Beträge, über die gesamte lebenslange Rentenzahlung summiert, die Differenz zwischen der ersten Cashflow-Zahlung $v^0 \cdot {}_0 p_x = 1$ und der letzten $v^\omega \, {}_\omega p_x = 0$. Somit haben die kleinen oberen Rechtecke, über die gesamte Rentenzahlungsdauer genommen, insgesamt die Fläche $(m\text{-}1)/2m$. Die Formeln bei nachschüssiger Zahlung ergeben sich analog. Zur formelmäßigen Herleitung der Beziehungen zwischen den Rentenbarwerten bei jährlicher und unterjähriger Zahlung siehe (Ortmann 2008, S. 124 f.).

5.5 Prämien- und Rentenübertrag

5.5.1.1 Rentenübertrag

Die üblichen Barwertberechnungen mit den klassischen Formeln setzen jeweils in einem Prämien- oder Rentenzahlungspunkt auf. Dann genügt eigentlich die Verzinsung über die vollen Jahre mit dem auf ein Jahr bezogenen Zinssatz *i,* resp. mit der Diskontierung um $v = 1/(1+i)$ für jedes volle Jahr. Die unterjährige Diskontierung, beispielsweise mit $v^{1/m}$ bei unterjährigen Rentenzahlungen, ist unüblich. Man müsste ja zudem auch die Überlebenswahrscheinlichkeit auf unterjähriger Basis festlegen und das Vorgehen sollte dann wieder konsistent zu Ganzjahresbetrachtungen sein.

Lineare Interpolationen erfüllen Konsistenzforderungen am besten und wie bei den Rentenbarwerten für unterjährige Rentenzahlungen benutzt man auch generell bei unterjähriger Bewertung von Prämien- oder Leistungs-Cashflows einen linearen Ansatz. Dieses Vorgehen erläutern wir anhand der Bewertung einer jährlichen Rentenzahlung. Dabei soll der Bewertungszeitpunkt um *h,* beispielsweise 1/4 Jahr, vor den jeweiligen Rentenzahlungsterminen liegen.

Es soll der Barwert, d.h. der „aktuelle" Wert der Rentenverpflichtung zum Bewertungszeitpunkt ermittelt werden. Aus der Sicht im Bewertungszeitpunkt sind die nächsten beiden realen Zustände zu bestimmten Rentenzahlungszeitpunkten:

- die letzte Rentenzahlung vor dem Bewertungszeitpunkt ohne die Rentenzahlung, also mit einem Barwert $\ddot{a}_x - 1$
- die nächste Rentenzahlung nach dem Bewertungszeitpunkt mit Rentenzahlung, also mit einem Barwert $\ddot{a}_{x+1}$

Zum Bewertungszeitpunkt ergibt sich dann der interpolierte Wert $(1-h)\,(\ddot{a}_x - 1) + h\,\ddot{a}_{x+1}$.

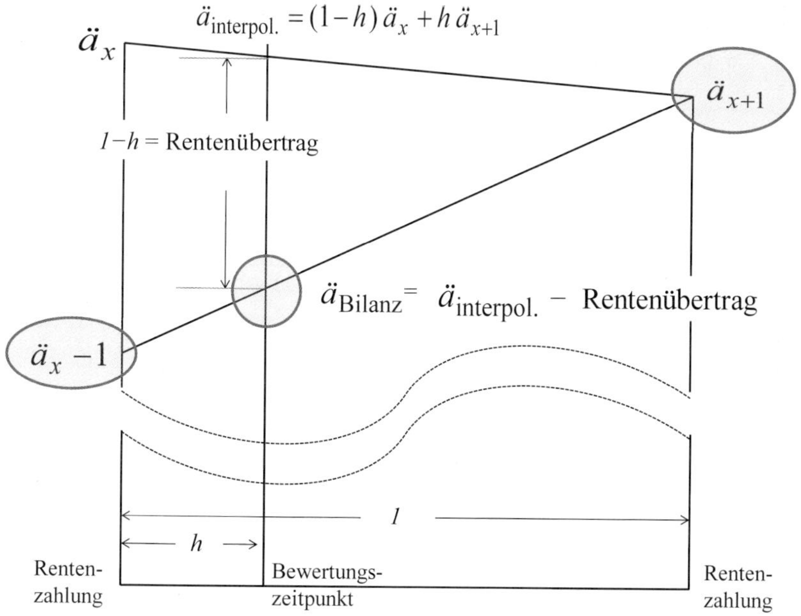

Abbildung 5.11

Zu den Zeitpunkten der Rentenzahlung kann der Wert der Rentenverpflichtung ohne unterjährige Verzinsung, nur mit dem auf ein Jahr ausgerichteten Diskontsatz $v = 1/(1+i)$, bestimmt werden. Die Bewertungen bezeichnet man als Stichtagsreserven. Man berechnet die Rückstellungen zum Bewertungszeitpunkt dann üblicherweise nicht als Interpolation von unterschiedlich berechneten Stichtagsreserven, sondern setzt

$$V_{\text{Bilanz}} = (1-h)\,(\ddot{a}_x - 1) + h\,\ddot{a}_{x+1} = (1-h)\,\ddot{a}_x + h\,\ddot{a}_{x+1} - (1-h) = V_{\text{interpol.}} - \text{Rentenübertrag}$$

und versteht

$V_{\text{interpol.}} = (1-h)\,\ddot{a}_x + h\,\ddot{a}_{x+1}$ als interpolierte Stichtagsreserve und $1-h$ als Rentenübertrag.

Zum Zeitpunkt der Rentenzahlung ist die Barwertberechnung definiert, deswegen greift man ja grundsätzlich auf diese Barwerte zurück. Dagegen muss man vereinbaren, ob der Barwert ein- oder ausschließlich der genau zu diesem Zeitpunkt zu zahlenden Rente zu verstehen ist. Ob die Rente vor- oder nachschüssig ist, spielt nur bei der ersten Rentenrate eine Rolle, danach wird in beiden Fällen jeweils zu den Stichtagen eine Rente gezahlt.

Zu einem nicht mit einem Rentenzahlungszeitpunkt zusammenfallenden Bewertungszeitpunkt muss nicht geklärt werden, ob sich die Bewertung mit oder ohne Rentenzahlung versteht. Die Situation, d.h. V_{Bilanz} ist diesbezüglich eindeutig. V_{Bilanz} kann aber auf verschiedene Arten berechnet werden. Man könnte die Stichtagsreserven auch exklusive der dann fälligen Rentenzahlungen rechnen und dafür einen Rentenübertrag addieren. Wegen $\ddot{a}_x = a_x + 1$ führt dies zum gleichen Resultat

$$V_{\text{Bilanz}} = (1-h)\,\ddot{a}_x + h\,\ddot{a}_{x+1} - (1-h) = (1-h)\,a_x + h\,a_{x+1} + h\,.$$

5.5.1.2 Prämienübertrag

Grundsätzlich ist die Problematik hier gleich wie bei dem vorher behandelten Rentenübertrag. Auch Prämien fließen ja in der Realität nicht kontinuierlich, sondern diskret. Entweder sind sie gezahlt oder sie sind nicht gezahlt und je nachdem gibt es einen anderen Wert. Die Unklarheit besteht wiederum nur zum Zeitpunkt der Prämienzahlungen. Liegt der Bewertungszeitpunkt zwischen Prämienzahlungszeitpunkten, ist die Situation klar. Wiederum geht es darum, die Berechnung der Rückstellungen zu den Stichtagen, zu denen die Prämienzahlung erfolgt, mit dem sogenannten Prämienübertrag abzustimmen.

In den üblichen Reserveformeln für die Stichtagsreserven V_x geht man von vorschüssiger Prämienzahlung aus. In V_x ist schon die zum Stichtag fällige Prämie eingerechnet. Da der Prämienbarwert bei der Reserveberechnung vom Leistungsbarwert abgezogen wird, wird ein mit vorschüssiger Prämienzahlung berechnetes V_x um die per Stichtag fällige Prämie kleiner. Mit dem Prämienübertrag wird die nach dem Bewertungszeitpunkt zu zahlende Prämie während der Zeit zwischen den Prämienzahlungen linear aufgebaut.

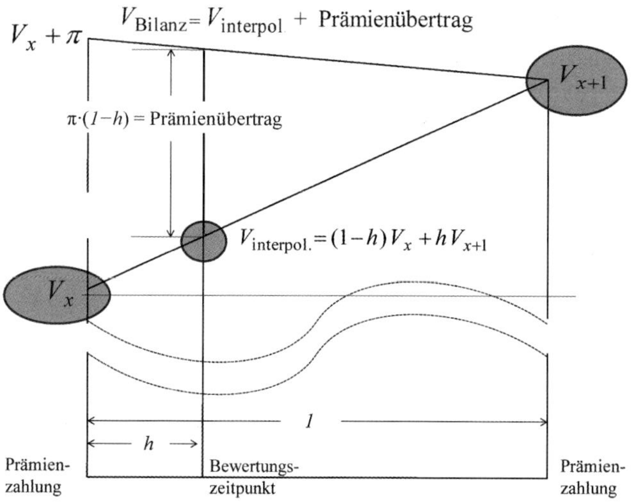

Abbildung 5.12

Insgesamt gilt:

$V_{Bilanz} = V_{interpol.} +$ Prämienübertrag

Der Prämienübertrag muss addiert werden, damit das Vorgehen mit den Konventionen bei der Berechnung der Stichtagsreserven zusammenpasst. Für die Bilanzreserve außerhalb eines Prämien- oder Leistungszahlungszeitpunktes selbst muss dagegen nicht vereinbart werden, wie die Zahlungen zu berücksichtigen sind. V_{Bilanz} selbst ist nicht mehr von diesen Konventionen abhängig.

5.5.2 Couponzahlung, Stückzinsen und Theta bei Anleihen

Auch bei Anleihen hat man diskret anfallende Zahlungen, eben den Coupon, mit dem die Anleihe üblicherweise verzinst wird. Zum Zeitpunkt der Couponzahlung muss ebenfalls vereinbart werden, ob sich der Preis der Anleihe mit oder ohne Coupon versteht. Man benennt

Bezeichnung	**Beschreibung**	**Analogie bei den Rückstellungen**
„Clean price“	Wert der Anleihe ohne die zwischen den Couponzahlungsterminen aufgelaufenen Zinsansprüche	$V_{interpol.}$, interpolierte Stichtagsreserven
+ Stückzinsen, Marchzinsen, accrued interest	aufgelaufene Zinsen	+ Prämienübertrag
= „dirty price“	gesamthafte Bewertung	V_{Bilanz}, Bilanzreserve

Beim „dirty price“ muss zum Zeitpunkt der Couponzahlung auch geklärt werden, ob der Coupon nun schon gezahlt wurde oder aber ausstehend ist. Vielleicht soll die Bezeichnung „dirty“ vor dieser Unklarheit warnen. Die Situation kann analog zu den Rückstellungen verstanden werden, wobei an die Stelle der anfallenden Zinszahlungen durch die Coupons die eingerechneten Prämienzahlungen treten.

Die Sägezahnkurve in Abbildung 5.13 entspricht dem „dirty price“, die glatte Kurve dem „clean price“ und die Dreiecke selbst zeigen das Anwachsen der Stückzinsen zwischen den Couponzahlungen. Dabei werde die Anleihe zu einem bestimmten Preis über pari, d.h. über 100, zwischen zwei Couponzahlungen gekauft.

Ab diesem Zeitpunkt sind die weiteren Marktschwankungen ausgeblendet. Die Bewertungen halten nun die Zinssituation beim Kauf einerseits und andererseits das Auszahlungsmuster der Coupons fest.

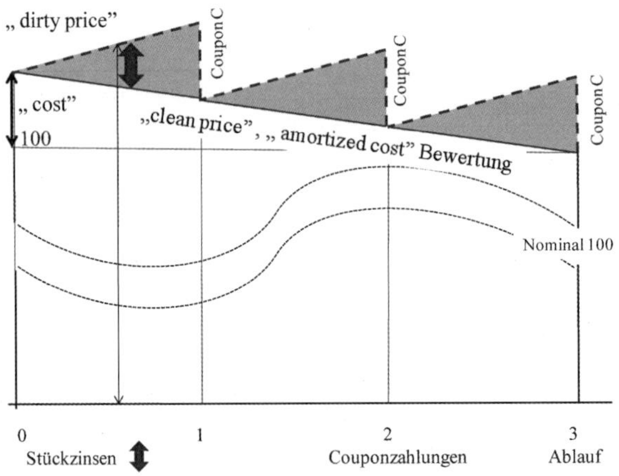

Abbildung 5.13

Eine Anleihe zahle den Nominalwert von 100 bei Ablauf aus und werde zu einem bestimmten Preis über pari, d.h. über 100, zwischen zwei Couponzahlungen gekauft. Dieser Kaufpreis stellt einen „dirty-price“ dar. Um den „clean price“ zu bestimmen, zieht man die seit der letzten Couponzahlungen aufgelaufenen Stückzinsen ab. Diese berechnen sich linear als

$$\text{Stückzinsen} = C \cdot h\,,$$

mit h = Zeitraum in Jahren seit der letzten Couponzahlung C.

Bei einer „amortized cost“- Bewertung wurde früher der „clean price“ aus dem Kaufpreis abzüglich den Stückzinsen bestimmt. Für die weiteren Bewertungen war es damals üblich, zwischen dem „clean price“ bei Kauf und dem Nominalwert bei Ablauf linear zu interpolieren. Diese Methode heißt lineare Kostenamortisation.

Heute ist man hier genauer. Man bestimmt aus dem „dirty price“, d.h. aus dem Preis, zu dem man die Anleihe gekauft hat, den Effektivzinssatz. Das ist der Zinssatz, zu dem die diskontierten Couponauszahlungen und die Nominalrückzahlung den Kaufpreis ergeben. Dann hält man diesen Zinssatz für die zukünftigen Bewertungen bis zum Ablauf der Anleihe konstant.

Dies gibt dann einen sägezahnartigen Verlauf der weiteren Bewertungen der Anleihe. Bei jeder Couponzahlung gibt es einen Sprung, sobald die Zahlung des Coupons zu diesem Termin nicht mehr berücksichtigt wird. Als „amortized cost"-Bewertung selbst versteht man dann diese Sägezahnkurve des mit der festgehaltenen Effektivverzinsung bestimmten „dirty price" abzüglich der Sägezahnkurve der jeweils zwischen den Couponzahlungen aufgelaufenen Zinsen, also der Stückzinsen. Damit ist die „amortized cost"-Bewertung eine glatte Kurve, welche die gleichen Endpunkte wie mit der linearen Kostenamortisation hat und in etwa auch linear zwischen den beiden Endpunkten verläuft.

In der Bilanz werden Stückzinsen und die „amortized cost"-Bewertung üblicherweise getrennt erfasst, stellen aber im Allgemeinen beide in den Aktiven erfasste Vermögenspositionen dar und kommen so wieder zusammen. Bei der einfachen linearen Kostenamortisationsmethode mussten die Stückzinsen zwingend abgetrennt werden. Bei der moderneren Effektivzinsmethode müssten eigentlich keine Stückzinsen betrachtet werden, da mit der unterjährigen Diskontierung alles erfasst wird.

5.5.3 Theta bei Anleihen

Ähnlich wie die Duration die Zinssensitivität von Anleihen charakterisiert, kennt man bei den Optionen die sogenannten „Griechen". Diese messen die Abhängigkeit der Anlageinstrumente von den ihren Wert bestimmenden Gegebenheiten. Mit dem griechischen Buchstaben Θ (Theta) bezeichnet man allgemein die Sensitivität der Instrumente gegenüber der Restlaufzeit. Theta misst, wie der Wert des Instrumentes sich ändert, wenn die Zeit voranschreitet und damit die Restlaufzeit abnimmt. Wie bei den Optionspreisen kann man Θ mit der Differentialrechnung bestimmen, indem die Formel für den Wert des Anlageinstruments nach dem Zeitparameter abgeleitet wird. Dabei muss man eine kleine Umformung vornehmen: Die Cashflow-Fälligkeiten bleiben ja unverändert und werden neu mit T und der laufende Zeitparameter mit τ bezeichnet. Damit ist $t = \mathrm{T} - \tau$ und die Zeitsensitivität der Anleihe ergibt sich als Ableitung des Anleihenwertes nach τ. Bei den später behandelten Optionspreisen werden je nach Situation auch zwei Zeitparameter verwendet. Dabei wird t im Allgemeinen den laufenden Zeitparameter und τ die Restlaufzeit bis zum Ausübungszeitpunkt T der Option bezeichnen.

$$P = \sum_{t \geq 0} v^t \cdot Z_t = \sum_{T-\tau \geq 0} v^{(\mathrm{T}-\tau)} \cdot Z_T \quad \text{mit} \quad v = 1/(1+i). \text{ Damit ist}$$

$$\Theta_{Jahr} = \frac{d}{d\tau} \sum_{T-\tau \geq 0} v^{(\mathrm{T}-\tau)} \cdot Z_T = \frac{d}{d\tau} \sum_{T-\tau \geq 0} e^{-\ln(1+i)\cdot(\mathrm{T}-\tau)} \cdot Z_T = \ln(1+i) \sum_{T-\tau \geq 0} e^{-\ln(1+i)\cdot(\mathrm{T}-\tau)} \cdot Z_T$$

$$= \ln(1+i) \cdot P$$

und man setzt

$$\Theta = \Theta_{Tag} = \frac{\Theta_{Jahr}}{360} = \frac{\ln(1+i) \cdot P}{360} \approx \frac{i \cdot P}{360}.$$

Θ gibt hier einfach die Verzinsung der Anleihe auf Tagesbasis wieder. Mit Ausnahme der Couponzahlungen, bei denen der Wert um den Coupon nach unten springt, gibt es immer einen stetigen Wertzuwachs in Höhe der Verzinsung, wobei man den für ein Jahr gerechneten Zinssatz in eine Zinsintensität δ umrechnen muss mit $e^{\delta} = 1+i$, d.h. $\delta = \ln(1+i)$.

5.6 Übungsaufgaben und Fragen

►**Aufgabe 5.1.** Interpretieren Sie die Gleichungen $d \cdot \ddot{a}_x + A_x = 1$, $\delta \overline{a}_x^G + \overline{A}_x^G = 1$ und $d \cdot \ddot{a}_{x:\overline{n}|} + A_{x:\overline{n}|} = 1$! Erläutern Sie die letzte Gleichung für $n = 1$!

►**Aufgabe 5.2.** Berechnen Sie den Prämiensatz (ohne Kosten) bezogen auf eine Versicherungssumme von 1 für eine gemischte Versicherung! Formen Sie die Beziehung so um, dass der Leistungsbarwert der gemischten Versicherung nicht in die Berechnung des Prämiensatzes eingeht und interpretieren Sie diese Beziehung anhand einer geeigneten Zusammenstellung von einzelnen Geschäftsvereinbarungen.

►**Aufgabe 5.3.** Was ist der Unterschied zwischen den Sterbegesetzen von Makeham und Gompertz? Welches Gesetz ist das umfassendere? Bei welchen Todesursachen muss wohl das umfassendere Sterbegesetz angesetzt werden?

►**Aufgabe 5.4.** Wir betrachten kontinuierliche Rentenzahlungen. Die Sterbewahrscheinlichkeit im Alter 40 sei 2 ‰ und verdopple sich dann alle 15 Jahre. Welches Sterbegesetz liegt hier zugrunde? Welche Lebenserwartung hat der/die 40-Jährige? Welche Duration hat die Rentenzahlung in etwa: ohne Zins und bei einem Zinssatz von 3 %?

►**Aufgabe 5.5.** Gemäß den Beispielen 4.4 c und 4.4 d zur Zinssensitivität aufgeschobener Renten mit dem dort gewählten Zinssatz von 2,25 % und der Sterbetafel

$$q_x = 0{,}0025 + 0{,}00005 \cdot e^{0{,}1 \cdot (x-20)},\ x = 20,..,119;\ q_{120} = 1$$

beträgt die Duration $D(\ddot{a}_{65}) = 12{,}7$. Zeigen Sie dies!

Im kontinuierlichen Modell beträgt $D(\overline{a}_{65}) = 13{,}0$. In Beispiel 5.1 sind die Werte für die Zinssätze 2 % und 3 % angegeben, woraus man auch durch Interpolation zum Wert für den Zinssatz 2,25 % kommt. Begründen Sie die Differenz! Nehmen Sie dazu an, der Barwert betrage $\ddot{a}_{65} = 20$.

►**Aufgabe 5.6.** Man diskutiere die Relation von Duration und Rentenbarwert bei kontinuierlicher Rentenzahlung.

►**Aufgabe 5.7.** Man hat für einen Bestand an laufenden Renten folgende Angaben: Höhe der jährlichen Rentenzahlungen 100 Mio. € und 2 Mia. Rückstellungen bei einem Zinssatz von 3 %. Man schätze den Nachreservierungsbedarf bei Reduktion des Zinssatzes auf 2 %!

►**Aufgabe 5.8.** Erläutern Sie die Beziehung zwischen den Barwerten mit und ohne unterjährige Zahlungen am Beispiel der nachschüssigen Rente $a_x^{(m)} = a_x + \frac{m-1}{2m}$. Warum ist der Unterschied so groß? Welche Näherungen werden dabei verwendet?

►**Aufgabe 5.9.** Warum benötigt man den Prämien- und Rentenübertrag?

►**Aufgabe 5.10.** Was unterscheidet „clean“ und „dirty price“? Wie kann man sich die Begriffe aus den Benennungen merken? Welcher Begriff ist näher an den praktischen Realitäten und welcher Begriff hat eher theoretischen Charakter?

5.7 Literatur

Zusätzlich zu den im zweiten und dritten Kapitel gegebenen generellen Literarurhinweisen:

Gompertz , B.: On the Nature of the Function Expressive of the Law of Human Mortality, and on a New Mode of Determining the Value of Life Contingencies, Philosophical Transactions of the Royal Society of London 115 (1825), pp. 513–585.
http://www.jstor.org/stable/107756?seq=15. Zugegriffen März 2012

Zu dem Sterbegesetz von Gompertz gibt es diverse Publikationen des australischen Aktuars John H. Pollard. Hier ist ein im Internet zugänglicher Artikel dazu aufgeführt.

Pollard, J. H: Improving Mortality: A Rule of Thumb and Regulatory Tool, Journal of Actuarial Practice 10 (2002). http://jofap.org/documents/vol10/v10_pollard.pdf. Zugegriffen März 2012

6 Solvency II und die Aggregation verschiedener Risiken

6.1 Ermittlung des vorhandenen Risikokapitals („Eigenmittel")

Grundsätzlich geht es immer darum, Aktiva und Passiva, d.h. Anlage- und sonstiges Vermögen einerseits und Verpflichtungen andererseits, zu bewerten und gegenüberzustellen. Die Differenz stellt das Eigenkapital dar.

In Solvency II geht man ähnlich vor. Nur hat man hier keine Eigentumssicht, sondern die Sicherheitssicht. Man unterscheidet nicht wie bei den aktionärsbezogenen Rechnungslegungsstandards, wem die Verpflichtungen gehören, wenn das Geschäft im Wesentlichen gleichartig weitergeführt wird („going concern"), sondern nach der Art der Verpflichtung: Sind diese unabänderlich garantiert oder können sie wie der Überschussfonds allenfalls zur Erbringung von festen garantierten Leistungen herangezogen werden? Sortiert man Vermögen und Verpflichtung aus diesem Blickwinkel, ergibt die Differenz nicht das Eigenkapital, sondern das Risikokapital. Hierfür wird auch die Bezeichnung „Eigenmittel" verwendet. Diese Bezeichnung kann so verstanden werden, dass dies Mittel sind, welche dem Unternehmen mehr oder weniger direkt zur Erfüllung der Verpflichtungen zur Verfügung stehen. Dabei werden die Eigenmittel nach Grad der Verfügbarkeit in drei Klassen (Tier 1-3) eingeteilt. Auf diese Einteilung werden wir hier nicht eingehen.

Die meisten und größten Bilanzpositionen werden sowohl in der Eigentumssicht wie auch in der Risikosicht erfasst, dabei aber oft sehr unterschiedlich bewertet. Wie schon im Eingangskapitel erwähnt, haben die modernen aktionärsausgerichteten Rechnungslegungsstandards eher eine Ergebnissicht und blenden dabei oft die Kapitalmarktschwankungen aus, in der Meinung, die Überlagerung durch die exogenen Kapitalmarktschwankungen trübten den Blick für die eigentliche Unternehmensleistung. Auch die handelsrechtlichen Vorgaben haben zum Teil diese Sichtweise, indem beispielsweise mit dem Anschaffungswertprinzip ebenfalls Kapitalmarktschwankungen ausgeblendet werden und die Bilanz-und Ergebnisentwicklung stabiler und besser planbar wird.

Solvency II hat keine Ergebnis- sondern eine Bilanzsicht und blendet die Kapitalmarktänderungen nicht aus, sondern berücksichtigt bei ihren Bewertungen ganz wesentlich die aktuellen Kapitalmarktkonditionen. Insbesondere für die Diskontierung der zukünftigen Verpflichtungen werden aktuelle Kapitalmarktzinssätze herangezogen. Dabei stützt man sich bei der Diskontierung auf Zinskurven von Anlagen ausgezeichneter Bonität, da die Marktpreise der Anleihen je nach Dauer und Bonität des Emittenten unterschiedlich sind. Dies stellt einen wesentlichen Unterschied zu den anderen Bewertungen dar. Selbstverständlich hängt die Höhe des vorhandenen Risikokapitals ganz entscheidend davon ab, wie Vermögen und Verpflichtungen gemessen werden. Solvency II bewertet das Vermögen soweit möglich mit Marktwerten und stützt sich bei der Diskontierung der Verpflichtungen ebenfalls weitgehend auf Marktwerte, genauer auf die Zinssätze, welche sich aus Marktpreisen von Anleihen ausgezeichneter Bonität (EU-Richtlinie) berechnen lassen und die so die maßgebliche, risikofreie Zinskurve bestimmen. Indem Solvency II sich soweit möglich auf objektive, an Märkten messbare Bewertungsnormen abstützt, entspricht sie der modernen Auffassung, staatliche und aufsichtsrechtliche Vorgaben sollen sich an allgemein zugänglichen Gegebenheiten und objektiven, nicht vom Staat und deren Behörden bestimmten Realitäten orientieren. Damit setzen sich Staat und Aufsichtsbehörden nicht dem Vorwurf von Behördenwillkür und Amtsanmaßung aus. Zudem kann ein Bezug auf Marktgegebenheiten im Zusammenhang mit jeglicher Bewertung in einem wirtschaftlichen Kontext wohl kaum kritisiert werden. Das Vorgehen bei der Bewertung der Verpflichtungen beeinflusst die Höhe der Verpflichtungen und damit auch das Risikokapital, da sich dieses residual als Differenz zwischen des aufgrund von Marktwerten oder marktnah bewerteten Vermögens und der marktnah bewerteten Verpflichtungen ergibt. In den früheren Kapiteln wurde wohl eindrücklich aufgezeigt, wie entscheidend die Höhe des Diskontzinssatzes für die Bewertung der Verpflichtung ist.

Eine Warnung ist in diesem Zusammenhang doch angebracht. Mit der generellen Beschreibung, Solvency II bewerte Vermögen und Verpflichtungen marktnah, könnte übersehen werden, dass man diesem einleuchtenden Ziel mangels Markt für die zu bewertenden Verpflichtungen konkret nicht so einfach nachkommen kann, wie das vielleicht scheinen mag. Die Marktsicht beschränkt sich hier auf die aus den entsprechenden Anleihemärkten bestimmten Diskontzinssätze zur Bewertung der Verpflichtungen. Damit wird das mit Solvency II neu geschaffene Instrument nicht oder zumindest noch nicht sofort zu der unbestechlich objektiven Messung der Sicherheit der einzelnen Versicherungsgesellschaften, wie man es sich wohl erhofft hatte.

Vermögen und Verpflichtungen werden nach dem Markt oder marktnah bewertet. Die Differenz ergibt das Risikokapital. Dieses stellt im Wesentlichen Eigenkapital dar, welches dem Aktionär gehört. Neben dem Aktionär können aber auch weitere Eigentümer von Risikokapital auftreten; so stellt bei Lebensversicherungen der Überschussfonds, der den Versicherten gehört, auch Risikokapital dar, da dieses Kapital in einem ungünstigen Fall auch zur Ausrichtung garantierter Leistungen herangezogen werden kann. Zudem kann die Versicherungsgesellschaft ein nachrangiges Darlehen aufnehmen, um über genügend Risikokapital zu verfügen.

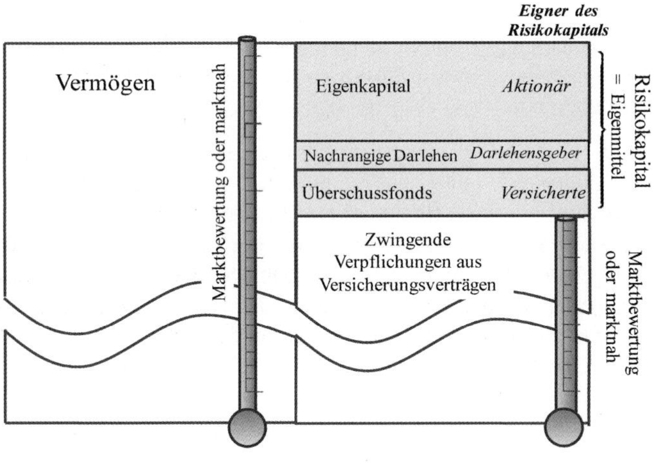

Abbildung 6.1

Damit ein Darlehen der besten Eigenmittelklasse zugeordnet werden kann, muss es eine im Vergleich zu den Versicherungsverpflichtungen ausreichende Laufzeit haben.

6.2 Ermittlung des Solvenzkapitals

Das vorhandene Risikokapital allein sagt noch nichts zur Risikofähigkeit aus. Unter Risikofähigkeit versteht man dabei, ob und in welchem Umfang das Risikokapital ausreicht, die Auswirkung ungünstiger Entwicklungen aufzufangen. Auch bei ungünstigen Entwicklungen sollten die Verpflichtungen immer noch mit den Vermögenswerten bedeckt sein, d.h. auch dann sollte der Vermögenswert über dem Wert der Verpflichtungen liegen. Die Begriffe „ungünstig" und „zukünftige Entwicklungen" sind so nicht fassbar. Damit daraus eine verbindliche Vorgabe an die Versicherungsindustrie wird, müssen diese Begriffe näher definiert werden. Das neue europäische Aufsichtsregime stützt sich bei der weiteren Definition dieser Begriffe auf Wahrscheinlichkeitsvorgaben und definiert,

I. wie unwahrscheinlich der ungünstige Fall sein darf,

II. für welchen Zeitraum dieser ungünstige Fall in Betracht gezogen werden muss und

III. wie die Wahrscheinlichkeiten der zukünftigen Entwicklungen generell bestimmt werden sollen.

Damit wird von der Versicherungsindustrie, d.h. von den Versicherungsunternehmen, verlangt, explizit als Wahrscheinlichkeiten definierte, ordnungspolitische Vorgaben einzuhalten. Dabei wird

I. die Wahrscheinlichkeit als 0,5 % definiert, d.h. in 99,5 % der Fälle genügt das Solvenzkapital,

II. der Zeitraum von einem Jahr betrachtet, d.h. auf ein Jahr gesehen muss in 99,5 % der Fälle das Risikokapital genügen,

III. ein geeigneter Wahrscheinlichkeitsraum definiert, indem das Gesamtrisiko auf einzelne Komponenten, wie (Finanz)marktrisiken, Versicherungsrisiken, Kreditrisiko (Gegenparteiausfallrisiko) heruntergebrochen wird.

Die Risiken werden einzeln untersucht und das für die einzelnen Risiken benötigte Solvenzkapital unter den Anforderungen I. und II. bestimmt. Diese Komponenten des Solvenzkapitals werden dann mittels einer vorgegebenen Korrelationsmatrix zum gesamten Solvenzkapital aggregiert. Wo möglich werden die Risiken anhand objektiver, allgemein zugänglicher Maßstäbe gemessen. Diese Maßstäbe gibt es vor allem für (Finanz)marktrisiken, also für das Kursrisiko bei Aktien im Anlagevermögen oder für das Risiko von Änderungen des Marktzinses. Das Zinsrisiko betrifft sowohl die im Vermögen gehaltenen Anleihen wie auch den Zinssatz zur Diskontierung von Versicherungsverpflichtungen.

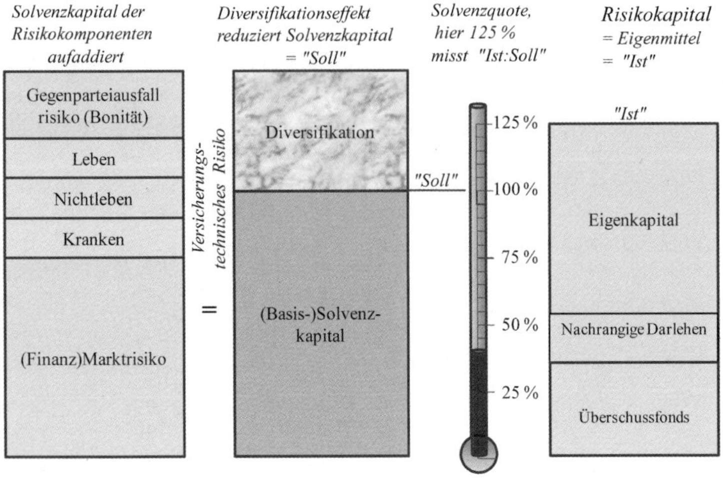

Abbildung 6.2

Das gesamte Solvenzkapital ist kleiner als die Summe der einzelnen Komponenten. Dies liegt am Diversifikationseffekt, da die Risiken nicht vollständig korreliert sind und es einen Risikoausgleich gibt.

Die Solvenzquote setzt das vorhandene Solvenzkapital ins Verhältnis zum benötigten Solvenzkapital. Bei einer Quote von unter 100 % sind die Anforderungen von Solvency II nicht erfüllt. Bei einer Quote zwischen 25 % – 40 % sind auch die Mindestkapitalanforderungen nicht erfüllt.

6.3 Risikobegriff, Aggregation von Risiken

6.3.1 Risikobegriff

In der Wahrscheinlichkeitstheorie werden die zur mathematisch korrekten Behandlung benötigten Begriffe wie Ereignisalgebra, Wahrscheinlichkeitsmaß und Zufallsvariable so eingeführt, dass sie möglichst allgemein definiert und anwendbar sind und die gewünschten mathematischen Eigenschaften sich auch in dieser Allgemeinheit nachweisen lassen. Dies führt zu einem recht technischen und abstrakten Aufbau. Bei unserer anwendungsorientierten Sicht interessiert uns das Fundament der Wahrscheinlichkeitstheorie weniger. Stattdessen sollen einzelne wichtige Zusammenhänge herausgegriffen werden, um insbesondere auch quantitative Zusammenhänge zu erläutern und zu plausibilisieren – so wie die Ingenieur- und Wirtschaftswissenschaften umfangreiche Anwendungen der Analysis haben, ohne sich zwingend mit der mathematisch exakten Einführung des Konvergenzbegriffes oder mit dem Lebesgueschen Integralbegriff beschäftigen zu müssen. Im Folgenden sind die wichtigsten Begriffe zusammengestellt:

Symbol	Mathematischer Begriff	Beispiel im Zusammenhang mit der Bestimmung des Solvenzkapitals
Ω	Menge aller Elementarereignisse	Zustandsänderungen der Welt in einem Jahr. Sinnvollerweise beschränkt man sich hier auf Zustandsänderungen, welche einen Einfluss auf das Risikokapital haben. Deshalb betrachtet man hier Schwankungen am Finanzmarkt wie Zinsänderungen, Aktienentwicklung, Risikoverlauf bei den versicherungstechnischen Risiken.
F	Ereignisalgebra	Menge von Teilmengen von Ω. Da mehrere, ja viele Zustände möglich sind, benötigt man einen Begriff, der sich nicht auf einzelne Elementarereignisse beschränkt. Außer bei einfachen Beispielen wie dem Wurf mit Würfeln etc. hat es oft keinen konkreten praktischen Nutzen, die relevanten Zustandsänderungen zu beschreiben. Man versteht Ω und F vielmehr als Grundlage für die Begriffsbildung. Vielleicht kann man sich diese Gebilde in Anlehnung an die „cloud" in der Informatik als „Wolke" vorstellen.
$P\colon \mathrm{F} \rightarrow \mathrm{IR}_{+}$	Wahrscheinlichkeitsmaß	Ordnet den relevanten Mengen von Zustandsänderungen Wahrscheinlichkeiten zu. *P* muss gewisse Eigenschaften erfüllen, beispielsweise beträgt die Wahrscheinlichkeit von allen Zustandsänderungen zusammen $P(\Omega)=1$. Hier benötigt man beispielsweise Annahmen zur Entwicklung des Kapitalmarktes. Solche Wahrscheinlichkeiten sind unabhängig vom Versicherungsunternehmen und können zum Teil aus Marktrealitäten, beispielsweise aus den Preisen von Optionen, Swaptions etc., abgeleitet werden.
$X\colon \Omega \rightarrow \mathrm{IR}$	Zufallsvariable	Bewertet die Zustandsänderungen. Die Bewertung hängt von der gewählten Zufallsvariablen ab. Je nach dieser Wahl kann eine Zufallsvariable auf bestimmte Zustandsänderungen stark reagieren oder aber ihnen gegenüber immun sein. Eine solche wäre z. B. die Änderung des Risikokapitals. Diese hängt vom Risikoappetit und der Risikosteuerung im Versicherungsunternehmen ab. Besteht in einem Unternehmen ein weitgehendes „Matching" von Vermögen und Verpflichtungen gegenüber den Zinsschwankungen, so wird die Zufallsvariable sich anders verhalten als ohne „Matching".

In der folgenden Tabelle ist weiter ausgeführt, welche Begriffe theoretischer Natur sind und wo welche Realität maßgebend ist.

Symbol, Begriff	Theorie	Marktrealität	Branchenrealität	Unternehmensrealität
Elementarereignisse Ω, Ereignisalgebra F	Mathematischer Aufbau der Wahrscheinlichkeitstheorie			
Wahrscheinlichkeitsmaß $P\colon \mathrm{F} \rightarrow \mathrm{IR}_{+}$		Finanzmarktrealität für das Markt- und Bonitätsrisiko	Branchenstandards für das versicherungstechnische Risiko	
Zufallsvariable $X\colon \Omega \rightarrow \mathrm{IR}$				Misst unterschiedliche Unternehmensrealitäten, je nach betrachteten Zufallsvariablen.

6.3.2 Erwartungswert, Varianz, Kovarianz und Korrelation

Der zentrale Begriff in der Wahrscheinlichkeitstheorie ist derjenige des Erwartungswertes. Für eine Zufallsvariable X ist der Erwartungswert

$$E[X] = \int_{\Omega} X \, dP = \int_{\Omega} X(\omega) \, dP(\omega).$$

Man kann den Erwartungswert als den Durchschnittswert der betrachteten Zufallsvariablen X bei allen möglichen betrachteten Zustandsänderungen aus Ω verstehen. Dabei wird einer Zustandsänderung $\omega \in \Omega$, beispielsweise gewissen Kapitalmarktschwankungen innerhalb des Betrachtungszeitraums von einem Jahr, mit einer gewählten Zufallsvariablen $X(\omega)$ eine Zahl zugeordnet, also beispielsweise die Änderung des Risikokapitals eines Versicherungsunternehmens aufgrund dieser Kapitalmarktschwankungen. Diese Zufallsvariable $X(\omega)$ wird mit der Wahrscheinlichkeit für diese Zustandsänderung $dP(\omega)$, also mit der Wahrscheinlichkeit für die betrachtete Kapitalmarktschwankung, multipliziert.

Der Erwartungswert ergibt sich dann als Summe (hier mit dem Integral dargestellt) von allen diesen Produkten

„Wahrscheinlichkeit einer Zustandsänderung ($dP(\omega)$) multipliziert mit der Auswirkung der Zustandsänderung auf die betrachtete Zufallsvariable ($X(\omega)$)".

Die mathematische Begriffsbildung umfasst dabei mit der Notation des Integrals sowohl diskrete Wahrscheinlichkeitsverteilungen, bei denen sich der Erwartungswert als einfache Summe ergibt, wie auch kontinuierliche Verteilungen, bei denen der Erwartungswert als Integral über die Wahrscheinlichkeitsdichte bestimmt wird. Die Begriffsbildung lässt selbst Mischformen mit diskreten und kontinuierlichen Komponenten zu. Diese Allgemeinheit des mathematischen Wahrscheinlichkeitsbegriffes erlaubt nicht nur, mit einer Notation zwei unterschiedliche Situationen zu behandeln. Indem die Konzepte von diskreten und kontinuierlichen Zufallsvariablen und Verteilungsfunktionen unter einen Hut gebracht werden, ergeben sich zusätzliche Einsichten. So können die als Grenzwerte von kontinuierlichen Verteilungen entstehenden, diskreten Verteilungen im gleichen theoretischen Rahmen wie die kontinuierlichen Verteilungen betrachtet werden. Gerade bei den später behandelten stochastischen Prozessen, bei denen der Aktienkurs zu einem gegebenen Zeitpunkt bekannt ist und später als lognormalverteilt modelliert wird, benötigt man diesen umfassenden Wahrscheinlichkeitsbegriff.

Zudem ist der mathematische Formalismus so allgemein angelegt, dass mit zwei Zufallsvariablen

$$X: \Omega_X \rightarrow \mathrm{IR} \text{ und } Y: \Omega_Y \rightarrow \mathrm{IR}$$

auch ihr Produkt und ihre Summe wieder Zufallsvariablen sind, wobei hier als Elementarereignisse alle Kombinationen von Elementarereignissen der jeweiligen Zufallsvariablen zu betrachten sind. Die Menge aller dieser Kombinationen wird mit $\Omega_X \times \Omega_Y$ bezeichnet. Für diese neue Menge von Elementarereignissen $\Omega_X \times \Omega_Y$ sind $X+Y$ und $X \cdot Y$ neu gebildete Zufallsvariablen:

$$X+Y \text{ und } X \cdot Y: \Omega_X \times \Omega_Y \rightarrow \mathrm{IR}$$

Nun kann man zeigen, dass

$$E[X+Y] = E[X] + E[Y].$$

Diese Beziehung gilt nicht für E[$X \cdot Y$], d.h., im Allgemeinen ist

$$E[X \cdot Y] \neq E[X] \cdot E[Y].$$

Gerade diese Ungleichheit ist interessant und gibt Anlass, einen neuen Begriff, die Kovarianz zweier Zufallsvariablen X und Y, einzuführen:

$$Cov(X,Y) = E[X \cdot Y] - E[X] \cdot E[Y]$$

Damit hat man als Spezialfall den wichtigen Begriff der Varianz definiert:

$$Var(X) = Cov(X,X) = E[X^2] - E[X]^2$$

Für die Kovarianz gilt:

(1) Bezüglich der Multiplikation mit Skalaren λ, $\mu \in$ IR ist sie bilinear, d.h.

$$Cov(\lambda X, \mu Y) = \lambda \cdot \mu \, Cov(X,Y)$$

(2) Symmetrie, d.h. $Cov(X,Y) = Cov(Y,X)$ und

(3) $Cov(X^2) = Var(X) = E[X^2] - E[X]^2 = E[(X - E[X])^2] \geq 0$ (3a)
Dagegen folgt aus $Cov(X^2) = 0$ nicht $X = 0$ (3b)

Die Bedingung (3b) ist nicht erfüllt. In der Wahrscheinlichkeitstheorie können auch Ereignisse eintreten, denen keine positiv zählbare Wahrscheinlichkeit zugeordnet wird. Für die Praxis ist das ohne Belang. Weil die Erwartungswerte die Bedingung (3b) nicht erfüllen, bezeichnet man sie nicht als positiv definit, sondern nur als positiv *semi*definit. Somit stellen die Erwartungswerte eine positiv *semi*definite, symmetrische Bilinearfom dar.

Üblicherweise verlangt man von einem richtigen Skalarprodukt, dass Bedingung (3b) erfüllt ist und der Zusatz „semi“ damit gestrichen werden kann. Das sollte hier aber nicht weiter stören. In der Tat kann man sich E[$X \cdot Y$] als Skalarprodukt vorstellen. Man kennt die Skalarpodukte aus der sogenannten euklidischen Geometrie in der Ebene, im Raum oder ganz generell auch im IR^n. Es zeigt sich, dass für $Cov(X,Y)$ und $Var(X)$ die Analogie zum Skalarprodukt in IR^n eine geeignete Vorstellung für die tieferen Zusammenhängen gibt.

Für Skalarprodukte gilt generell die Ungleichung von Cauchy-Schwartz. Da für diese Ungleichung auch „*semi*“definit genügt, gilt sie auch für die Kovarianz. Sie besagt

$$-\sqrt{Var(X)} \cdot \sqrt{Var(Y)} \leq Cov(X,Y) \leq \sqrt{Var(X)} \cdot \sqrt{Var(Y)}$$

und folgt aus

$$0 \leq Var(X - \frac{Cov(X,Y))}{Var(Y)} Y) = Var(X) - 2\frac{Cov(X,Y)}{Var(Y)} Cov(X,Y) + \frac{Cov(X,Y)^2}{Var(Y)^2} Var(Y)$$

$$= Var(X) - \frac{Cov(X,Y)^2}{Var(Y)}.$$

Die Korrelation zweier Zufallsvariablen X und Y definiert sich durch:

$$\text{Korr}(X,Y) = \frac{Cov(X,Y)}{\sqrt{Var(X)} \cdot \sqrt{Var(Y)}}$$

Damit ist $-1 \leq \text{Korr}(X,Y) \leq 1$.

Man kann damit den Zufallsvariablen Vektoren im IR^n zuordnen. Werden nur zwei Zufallsvariable betrachtet, genügt die Ebene, also der IR^2, bei drei Zufallsvariablen muss man diese üblicherweise im Raum, also im IR^3 positionieren und generell bei n Zufallsvariablen im IR^n. Die Vorstellung in der Ebene oder im 3-dimensionalen Raum hilft auch für den generellen Raum mit $n > 3$.

Die Übersetzung geht wie folgt: Jedem Risiko, d.h. jeder Zufallsvariablen, wird ein Vektor zugeordnet. Die Länge des Vektors entspricht der Standardabweichung, d.h. der Wurzel aus der Varianz der Zufallsvariablen. Die Vektoren werden so angeordnet, dass der Kosinus des Winkels zwischen zwei Vektoren der Korrelation der Zufallsvariablen entspricht, die durch die Vektoren dargestellt werden. Da die Korrelation zwischen -1 und $+1$ liegt, kann ein solcher Winkel immer gefunden werden.

Mit diesem Modell werden die Zufallsvariablen als Vektoren im IR^n aufgefasst. Das Risikomaß der Standardabweichung bei den Zufallsvariablen entspricht dem der Längenmessung bei IR^n. Die Standardabweichung der Summe zweier Zufallsvariablen entspricht der Länge des zusammengesetzten Vektors, also der Länge der Vektoraddition der beiden, die jeweiligen Zufallsvariablen repräsentierenden Vektoren. Betrachtet man nur zwei Zufallsvariable, genügt das geometrisch leicht fassbare Bild von Vektoren in der Ebene und somit der Summe zweier Zufallsvariablen als Gesamtlänge eines zusammengesetzten Vektors. Muss man beispielsweise ein großes Risiko und ein kleineres, dazu nicht korreliertes Risiko zusammen betrachten, so fällt das kleinere Risiko kaum ins Gewicht, da sich die Länge einer Strecke kaum verändert, wenn eine kleinere Wegstrecke senkrecht zu einer größeren Wegstrecke dazukommt und der Weg direkt genommen werden kann.

Im Folgenden werden die Analogien der Begriffswelten von Risikobetrachtungen, Zufallsvariablen und Vektoren im IR^n gegenübergestellt:

	Begriffswelt	
Risikobetrachtung in den Wirtschaftswissenschaften	**Wahrscheinlichkeitstheorie**	**euklidische Geometrie im IR^n, z. B. im Raum oder in der Ebene**
<u>Solvenz II</u>		
gefordertes Solvenzkapital SCR_i für ein bestimmtes Risiko i (z. B. Marktrisiko, versicherungstechnisches Risiko etc.)	Spezielle Zufallsvariable	Vektor
gesamtes gefordertes Solvenzkapital SCR	Summe von Zufallsvariablen	Summe von Vektoren
Varianz von SCR_i oder SCR	Varianz einer Zufallsvariablen	Quadrat der Länge eines Vektors
Standardabweichung von SCR_i oder SCR	Standardabweichung einer Zufallsvariablen	Länge eines Vektors

Korrelation 0 zwischen Komponenten, d.h. Korr(SCR_i ,SCR_j)=0	nicht korrelierte Zufallsvariable	orthogonale Vektoren
Bei Korr(SCR_i ,SCR_j)=0 ist $SCR_{i+j}=\sqrt{SCR_i^2+SCR_j^2}$		Formel von Pythagoras für die Länge der Hypotenuse im rechtwinkligen Dreieck: $a^2+b^2=c^2$
$SCR_{i+j} \leq SCR_j + SCR_j$, d.h. gesamte Solvenzkapitalanforderung aus 2 Komponenten ist kleiner oder allenfalls gleich der Summe beider einzelnen Anforderungen	Diversifikationseffekt	Die Länge der Summe zweier nicht gleichgerichteter Vektoren ist kleiner als die Summe der Längen der beiden Vektoren.
Korr(SCR_i ,SCR_j)= Kosinus des Winkels zwischen den als Vektoren interpretierten Komponenten des geforderten Solvenzkapitals	Korrelation von Zufallsvariablen	Kosinus des Winkels zwischen Vektoren
$SCR_{i+j}^2 =$ $SCR_i^2+SCR_j^2+$ $2SCR_i\cdot SCR_j\cdot Korr(SCR_i,SCR_i)$	$Var(X_i+X_j)=$ $Var(X_i)+Var(X_j)$ $+\,2\cdot Korr(X_i,X_j)\cdot$ $\sqrt{Var(X_i)\cdot Var(X_j)}$	Kosinussatz, Verallgemeinerung des Pythagoras: $a^2+b^2+2ab\cos\gamma=c^2$
<u>Portfoliotheorie</u>		
Risiko eines Portfolios aus zwei unterschiedlichen Kapitalanlagen mit gegebenem Risiko und gegebener Korrelation zwischen den beiden Anlagemöglichkeiten	Standardabweichung der Linearkombination $\lambda X+\mu Y$ zweier Zufallsvariablen mit $\lambda+\mu=1$.	Zwei Punkte A und B entsprechen den beiden Anlagemöglichkeiten, d.h. ihr Abstand vom Ursprung entspricht ihrem Risiko und der Kosinus des Winkels dazwischen ihrer Korrelation. Der Abstand der einzelnen Punkte der Verbindungsgeraden von A und B vom Ursprung entspricht dem Risiko der jeweiligen Linearkombination.
Das investierte Kapital wird auf beide Anlagemöglichkeiten aufgeteilt.	$\lambda, \mu \geq 0,\ \lambda+\mu=1$	Die zwischen A und B liegenden Punkte entsprechen Linearkombinationen mit positiven Koeffizienten.
Es sind auch Leerverkäufe möglich, d.h. man leiht sich Kapital in der einen Anlage und investiert in die andere. Die Bedingungen beim Ausleihen und Investieren sind gleich.	λ oder μ können auch negativ sein	Es werden auf der Verbindungsgeraden auch Punkte betrachtet, die nicht zwischen A und B liegen.

Die Portfoliotheorie wird weiter hinten noch etwas ausführlicher behandelt. In den Vorgaben zu Solvency II wird anstatt

$$SCR_{i+j}^{2} = SCR_i^2 + SCR_j^2 + 2SCR_i \cdot SCR_j \cdot Korr(SCR_i, SCR_i)$$

allgemeiner geschrieben

$$SCR_{i+j}^{2} = \sum_{i,j} SCR_i \cdot SCR_j \cdot Korr(SCR_i, SCR_i),$$

was gleichbedeutend ist, da ja $Korr(SCR_i, SCR_i) = 1$ ist. Soll ganz generell das geforderte Solvenzkapital SCR für die Risiken $1,..,n$ bestimmt werden, wobei für jedes dieser einzelnen Risiken ein Solvenzkapital SCR_i $i=1,..,n$ gefordert wird, dann gilt allgemein:

$$SCR^2 = \sum_{i,j=1}^{n} SCR_i \cdot SCR_j \cdot Korr(SCR_i, SCR_i)$$

Die Risiko- resp. Solvenzstruktur in Solvency II ist eine hierarchische Struktur. Das heißt, das gesamte geforderte Basissolvenzkapital wird zuerst in Komponenten der nächsten Stufe wie Finanzmarktrisiko oder versicherungstechnische Risiken jeweils nach den Branchen Leben, Nichtleben und Kranken und Gegenparteirisiko unterschieden. Für das Zusammenspiel der einzelnen Risiken der nächstunteren Stufe sind Korrelationsmatrizen

$Korr(SCR_i, SCR_i),\ i,j = 1,..,n$

festgelegt. Damit kann die Solvenzkapitalerfordernis der höheren Stufe auf die Komponenten der darunterliegenden Stufe zurückgeführt werden. Die darunterliegende Stufe wird wieder in Risikokomponenten aufgeteilt, deren wechselseitige Korrelationen bestimmt werden. Dieses Verfahren geht so weit, bis das geforderte Solvenzkapital für einzelne Risiken nicht weiter zerlegt wird und eine Berechnungsweise für das für dieses Risiko benötigte Solvenzkapital vorgegeben ist.

6.3.3 Aggregieren von Risiken, Vektoraddition und Kosinussatz

Die Aggregation zweier Risiken mittels ihrer Korrelationsmatrix kann auf den Kosinussatz in der Geometrie zurückgeführt werden. Dieser verallgemeinert den Satz von Pythagoras, indem die Formel für die Länge einer Dreiecksseite von einem rechtwinkligen auf ein beliebiges Dreieck erweitert wird. Dabei kommt es zu dem Zusatzterm $2a\, b \cdot \cos\gamma$, der in der Risikowelt dem gemischten Term

$SCR_1 \cdot SCR_2 \cdot Korr(SCR_1, SCR_2)$

entspricht, mit $\cos\gamma$ als geometrischer Interpretation von $Korr(SCR_1, SCR_2)$.

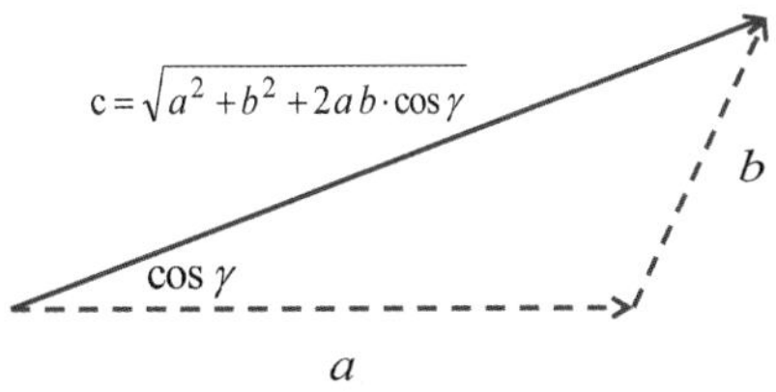

$$c = \sqrt{a^2+b^2+2a\,b\cdot\cos\gamma}$$

$$= \sqrt{\begin{pmatrix} a & b \end{pmatrix}\begin{pmatrix} 1 & \cos\gamma \\ \cos\gamma & 1 \end{pmatrix}\begin{pmatrix} a \\ b \end{pmatrix}}$$

$$= \sqrt{\begin{pmatrix} a & b \end{pmatrix}\begin{pmatrix} 1 & Korr(a,b) \\ Korr(a,b) & 1 \end{pmatrix}\begin{pmatrix} a \\ b \end{pmatrix}}$$

Abbildung 6.3

6.4 Korrelationsmatrizen in Solvency II

Für die höchste Hierarchiestufe gibt die EU-Richtlinie 2009/38 die Korrelationsmatrix selbst vor:

$Korr(SCR_i, SCR_j)$	**Markt**	**Gegenpartei-ausfall**	**Leben**	**Kranken**	**Nichtleben**
Markt	1,00	0,25	0,25	0,25	0,25
Gegenparteiausfall	0,25	1,00	0,25	0,25	0,50
versicherungstechnische Risiken					
Leben	0,25	0,25	1,00	0,25	0,00
Kranken	0,25	0,25	0,25	1,00	0,00
Nichtleben	0,25	0,50	0,00	0,00	1,00

Da die Korrelation symmetrisch in den Argumenten, d.h. in den Zufallsvariablen, ist, sind Korrelationsmatrizen generell symmetrisch. Darüber hinaus sind die Einträge immer zwischen –1 und +1 und in der Diagonalen steht immer eine positive 1.

Nehmen wir einmal an, wir müssten das Basissolvenzkapital für eine Lebensversicherungsgesellschaft ohne Kranken- und Nichtlebengeschäft ermitteln.

Das hat den Vorteil, dass wir uns auf drei Komponenten beschränken können und uns die Situation im 3- dimensionalen Raum veranschaulichen können. Wir sehen, dass die einzelnen Risiken leicht positiv korreliert sind, da die Einträge außerhalb der Diagonalen wohl eher klein, aber doch positiv sind. Besser für einen Risikoausgleich wären negative Einträge. Dann sind die Risiken gegeneinander gerichtet und gleichen sich eher aus. Der Eintrag von 0,25 außerhalb der Diagonalen bedeutet, dass die drei hier betrachteten Risiken jeweils einen Winkel zueinander von 75,5° haben, da cos 75,5° = 0,25 (Wert gerundet). Damit kann ein entsprechendes Bild im 3-dimensionalen Raum aufgebaut werden:

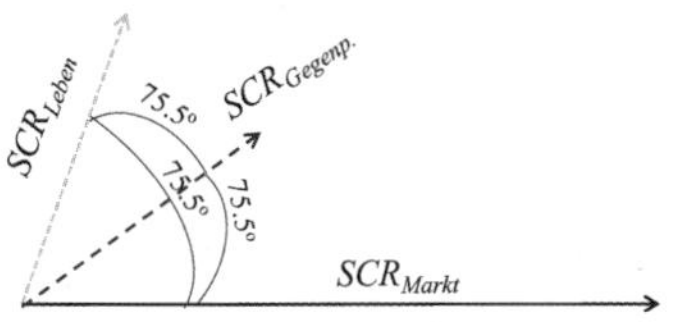

Abbildung 6.4

Die Abbildung 6.5 zeigt das geforderten Solvenzkapital für die drei betrachteten Risiken, dargestellt als Vektoren im Raum:

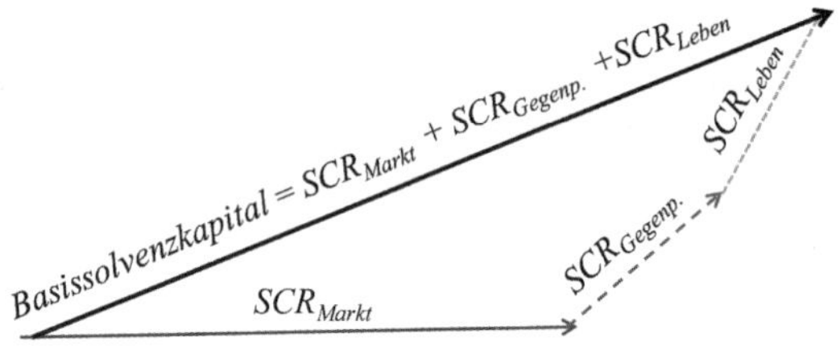

Abbildung 6.5

Das Basissolvenzkapital ergibt sich hier als Vektorsumme der als Vektoren betrachteten Solvenzanforderungen für die einzelnen Risiken. Die Größe der Anforderung entspricht der Länge der Vektoren. Je nachdem wie die Vektoren zueinander liegen, gibt es größere oder kleinere Diversifikationseffekte.

Die Schreibweise als Matrizenprodukt ergibt für das Quadrat der Basissolvenzanforderungen $BSCR^2$:

$$BSCR^2 = \begin{pmatrix} SCR_{Markt} & SCR_{Gegenp.} & SCR_{Leben} \end{pmatrix} \cdot \begin{pmatrix} 1 & 0{,}25 & 0{,}25 \\ 0{,}25 & 1 & 0{,}25 \\ 0{,}25 & 0{,}25 & 1 \end{pmatrix} \cdot \begin{pmatrix} SCR_{Markt} \\ SCR_{Gegenp.} \\ SCR_{Leben} \end{pmatrix}$$

Man kann dies folgendermaßen verstehen: Mit der Korrelationsmatrix wird eine „Vermessung" der Risikowelt erreicht. Mit ihr wird ein Skalarprodukt zwischen den einzelnen Risiko- resp. Solvenzkomponenten definiert. Ein Skalarprodukt stellt quasi die Luxusvariante von allen denkbaren Vermessungswünschen dar. Mit einem Skalarprodukt kann man nicht nur messen, sondern eben auch Winkel zwischen einzelnen Elementen bestimmen. Dabei ist der Winkel von 90° besonders wichtig, führt er doch zum Begriff der Orthogonalität. Dieser Begriff ist entscheidend für Optimierungsaufgaben, also bei der Suche eines Minimums oder Maximums bei einer gegebenen Zielfunktion. Um sicherzustellen, dass die Punkte minimaler

Distanz als Lösung des Optimierungsproblems auch wirklich Elemente des betrachteten Vektorraums sind, verlangt man üblicherweise noch, dass der Vektorraum vollständig ist. Das kann so verstanden werden, dass man nicht mit den rationalen Zahlen, zu denen schon $\sqrt{2}$ nicht mehr gehört, sondern mit reellen Zahlen rechnen will. Mit dem mathematischen Konstrukt eines so genannten „Hilbertraumes" hat man alle gewünschten Eigenschaften zur Verfügung gestellt:

I. Ein Skalarprodukt, welches eine geometrische Interpretation analog zur Geometrie in der Ebene und im Raum begründet.

II. Die „Vollständigkeit", einen Begriff aus der Analysis, welcher sicherstellt, dass beispielsweise der gesuchte Punkt mit minimalem Abstand nicht gerade auf einen Punkt mit irrationalen Koordinaten fällt. Dazu benötigt man nicht einmal exotisch konstruierte Fälle. Schon beim minimalen Abstand des Punktes mit den Koordinaten (0,1) zur Geraden $x = y$ durch den Ursprung mit Steigung 45° kommt es zu einem irrationalem Abstand $1/\sqrt{2}$. Würde man nur die rationalen Zahlen betrachten, wäre diese Minimallösung nicht im Lösungsraum. Deshalb ist es in der Mathematik sinnvoll, solche Fragen in „vollständigen" Räumen wie den reellen Zahlen IR zu behandeln, wo dann wirklich eine Lösung existiert und nicht nur eine Folge, welche der Lösung wohl beliebig nah kommt, ohne dass der Grenzwert selbst im Lösungsraum liegt. Im Unterschied zum Skalarprodukt ist dieser Begriff mehr eine innermathematische Frage, welche die Korrektheit des gedanklichen Aufbaus sicherstellt, die vom Anwender der Mathematik einfach vorausgesetzt wird, ohne dass er sich allzu viel darum kümmern möchte.

Es sind also an sich sehr praktische Anforderungen, die sich hinter dem etwas abstrakt scheinenden Begriff des Hilbertraums verbergen.

Einer der Gründe, warum die Standardabweichung und die Varianz als Risikomaß bei Zufallsvariablen diese Bedeutung haben, liegt darin, dass mit der Kovarianz von Zufallsvariablen ein Skalarprodukt definiert wird. So wird auf den Zufallsvariablen eine geometrische Struktur eingeführt, die weitgehend analog zur Geometrie in der Ebene oder im Raum verstanden werden kann. Damit können Optimierungsprobleme auf Orthogonalitätsfragen reduziert werden, die dann oft geometrisch gelöst werden können. Indem der üblicherweise betrachtete Raum als Hilbertraum so konstruiert ist, dass er vollständig ist, stellt man sicher, dass die Lösung auch im Raum selbst und nicht nur knapp daneben liegt.

Üblicherweise verlangt man von einem Skalarprodukt, dass es positiv definit ist. Ein Vektor, dessen mittels Skalarprodukt gemessene Länge verschwindet, soll der Nullvektor sein. Nimmt man bei den Zufallsvariablen als Skalarprodukt $E[X \cdot Y]$ für 2 Zufallsvariable X und Y, dann folgt aus $E[X^2]$ noch nicht $X = 0$. Die Zufallsvariable X kann auf sogenannten „Nullmengen", dass sind Mengen, die das Wahrscheinlichkeitsmaß 0 haben, beliebig abgeändert werden, ohne dass dies ihren Erwartungswert oder ihre Varianz beeinflusst. Was die Zufallsvariable auf Nullmengen annimmt, wird quasi ausgeblendet. Nimmt man als Skalarprodukt die Kovarianz, d.h. als Abstandsmessung $\sigma(X) = \sqrt{Var(X)}$, muss man sich gar nicht erst mit den vielleicht etwas formal anmutenden Konstruktionen von „Nullmengen" beschäftigen: Aus einer verschwindenden Standardabweichung kann nicht geschlossen werden, dass die Zufallsvariable schon verschwindet. So hat eine Zufallsvariable, welche immer den Wert 1 annimmt, die Standardabweichung 0, ohne dass sie selbst die 0-Zufallsvariable ist.

Die zum Teil etwas komplexeren mathematischen Zusammenhänge in der Wahrscheinlichkeitstheorie sollten nicht von der geometrischen Vorstellung der Risikomessung als Länge von Strecken in der Ebene oder im Raum abhalten. Die erläuterten geometrischen Eigenschaften geben eine gute Vorstellung von den inneren Zusammenhängen bei der Risikomessung mit der Standardabweichung. Dass mit der Standardabweichung Interessantes und auch Risikorelevantes über die betrachteten Zufallsvariablen ausblendet wird, ist unbestritten. Andererseits ist es für eine Realwissenschaft sowieso unabdingbar, die Realität in ihren Modellen geeignet zu vereinfachen und fassbar zu machen. Im Vergleich mit den weiteren notwendigen Kompromissen ist das, was durch die begrenzte Sichtweise bei der Standardabweichung verloren geht, im Allgemeinen vertretbar.

6.5 Cholesky-Zerlegung

6.5.1 Cholesky-Zerlegung der Korrelationsmatrix für die Basissolvenzanforderungen

Die Korrelationsmatrix für die betrachteten Basissolvenzanforderungen *BSCR* lässt sich als Matrizenprodukt einer Dreiecksmatrix mit ihrer transponierten Matrix schreiben:

$$\begin{pmatrix} 1 & 0{,}25 & 0{,}25 \\ 0{,}25 & 1 & 0{,}25 \\ 0{,}25 & 0{,}25 & 1 \end{pmatrix} = \begin{pmatrix} 1 & 0 & 0 \\ 0{,}25 & \sqrt{15/16} & 0 \\ 0{,}25 & \sqrt{3/80} & \sqrt{9/10} \end{pmatrix} \cdot \begin{pmatrix} 1 & 0{,}25 & 0{,}25 \\ 0 & \sqrt{15/16} & \sqrt{3/80} \\ 0 & 0 & \sqrt{9/10} \end{pmatrix}$$

Solche Zerlegungen heißen „Cholesky-Zerlegung“ und jede symmetrische Matrix S, welche ein Skalarprodukt definiert, kann in ein Matrizenprodukt aus einer unteren Dreiecksmatrix D und der transponierten Matrix D^T zerlegt werden, d.h.

$S = D \cdot D^T$. Dabei nennt man die Matrix D die Cholesky-Zerlegung von S.

Diese Zerlegung gibt weiteren Aufschluss über die Geometrie, indem sie die Komponenten, zu denen die quadratische Form, also hier die Korrelationsmatrix, definiert ist, in einem orthogonalen Koordinatensystem darstellt. Mit dieser Zerlegung kann man ein Bild der einzelnen Risikokomponenten und ihrer Lage zueinander erstellen. Die einzelnen Risiken sind in dem neuen, rechtwinkligen Koordinatensystem durch folgende Vektoren dargestellt:

$$SCR_{Markt} = |SCR_{Markt}| \cdot \begin{pmatrix} 1 \\ 0 \\ 0 \end{pmatrix}, \quad SCR_{Gegenp.} = |SCR_{Gegenp.}| \cdot \begin{pmatrix} 0{,}25 \\ \sqrt{15/16} \\ 0 \end{pmatrix} = |SCR_{Gegenp.}| \cdot \begin{pmatrix} 0{,}25 \\ 0.97 \\ 0 \end{pmatrix},$$

$$SCR_{Leben} = |SCR_{Leben}| \cdot \begin{pmatrix} 0{,}25 \\ \sqrt{3/80} \\ \sqrt{9/10} \end{pmatrix} = |SCR_{Leben}| \cdot \begin{pmatrix} 0{,}25 \\ 0{,}19 \\ 0{,}95 \end{pmatrix}$$

Die Vektoren geben die Richtung der Risiken an, haben jeweils die Länge 1 und das Skalarprodukt zweier unterschiedlicher Vektoren beträgt jeweils 0,25. Mit diesen Vektoren kann die Geometrie der Risikowelt im Raum dargestellt werden:

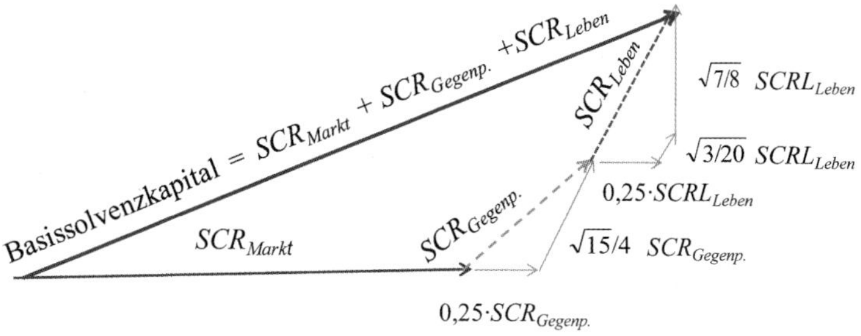

Abbildung 6.6

Wir führen den Vektor

$$SCR = \begin{pmatrix} SCR_{Markt} \\ SCR_{Gegenp.} \\ SCR_{Leben} \end{pmatrix}$$

ein und haben damit

$$BSCR^2 = SCR^T \cdot \begin{pmatrix} 1 & 0,25 & 0,25 \\ 0,25 & 1 & 0,25 \\ 0,25 & 0,25 & 1 \end{pmatrix} \cdot SCR$$

$$= SCR^T \cdot \begin{pmatrix} 1 & 0 & 0 \\ 0,25 & 0,97 & 0 \\ 0,25 & 0,25 & 0,95 \end{pmatrix} \cdot \begin{pmatrix} 1 & 0,25 & 0,25 \\ 0 & 0,97 & 0,19 \\ 0 & 0 & 0,95 \end{pmatrix} \cdot SCR$$

$$= \left(\begin{pmatrix} 1 & 0,25 & 0,25 \\ 0 & 0,97 & 0,19 \\ 0 & 0 & 0,95 \end{pmatrix} SCR \right)^T \begin{pmatrix} 1 & 0,25 & 0,25 \\ 0 & 0,97 & 0,19 \\ 0 & 0 & 0,95 \end{pmatrix} SCR \quad = \quad BSCR^T \cdot BSCR$$

mit dem in rechtwinkligen Koordinaten gemessenen Vektor für das Basissolvenzkapital

$$BSCR = \begin{pmatrix} 1 & 0,25 & 0,25 \\ 0 & 0,97 & 0,19 \\ 0 & 0 & 0,95 \end{pmatrix} SCR = \begin{pmatrix} SCR_{Markt} + 0,25 \cdot SCR_{Gegenp.} + 0,25 \cdot SCR_{Leben} \\ 0,97 \cdot SCR_{Gegenp.} + 0,19 \cdot SCR_{Leben} \\ 0,95 \cdot SCR_{Leben} \end{pmatrix}.$$

Das Basissolvenzkapital stellt die Länge des sich aus der Vektoraddition der Komponenten ergebenden Vektors dar.

$$|BSCR| = \left\| \begin{pmatrix} 1 & 0{,}25 & 0{,}25 \\ 0 & 0{,}97 & 0{,}19 \\ 0 & 0 & 0{,}95 \end{pmatrix} SCR \right\| = \left\| \begin{pmatrix} SCR_{Markt} + 0{,}25 \cdot SCR_{Gegenp.} + 0{,}25 \cdot SCR_{Leben} \\ 0{,}97 \cdot SCR_{Gegenp.} + 0{,}19 \cdot SCR_{Leben} \\ 0{,}95 \cdot SCR_{Leben} \end{pmatrix} \right\|$$

Wir nehmen hier die Dezimaldarstellung, da dies eine bessere Vorstellung zur Größenordnung der einzelnen Matrixelemente geben kann. Damit ist

$$\begin{aligned} BSCR^2 = \; & (SCR_{Markt} + 0{,}25\, SCR_{Gegenp.} + 0{,}25\, SCR_{Leben})^2 \\ + \; & (0{,}97\, SCR_{Gegenp.} + 0{,}19\, SCR_{Leben})^2 \\ + \; & (0{,}95\, SCR_{Leben})^2. \end{aligned}$$

Wir nehmen im Folgenden an, eines der drei Risiken sei deutlich größer als die anderen beiden, resp. für eine der drei Anforderungen müsste deutlich mehr Solvenzkapital gestellt werden. In der Praxis ist das Marktrisiko wohl das größte Risiko und deshalb gehen wir im Folgenden auch davon aus, dass das Marktrisiko deutlich größer als die anderen beiden Risiken sei. Wie muss man dann die anderen beiden Risiken überhaupt noch berücksichtigen? Näherungsweise gilt:

$$BSCR^2 \cong \left(SCR_{Markt} + 0{,}25 \cdot SCR_{Gegenp.} + 0{,}25 \cdot SCR_{Leben}\right) \cdot \left(1 + \left(\frac{SCR_{Gegenp.}}{SCR_{Markt}}\right)^2 + \left(\frac{SCR_{Leben}}{SCR_{Markt}}\right)^2\right)$$

und damit

$$\begin{aligned} BSCR &\cong SCR_{Markt} + 0{,}25 \cdot SCR_{Gegenp.} + 0{,}25 \cdot SCR_{Leben} + 0{,}5 \cdot \frac{(SCR_{Gegenp.})^2}{SCR_{Markt}} + 0{,}5 \cdot \frac{(SCR_{Leben})^2}{SCR_{Markt}} \\ &= SCR_{Markt} + \left(0{,}25 + 0{,}5\, \frac{SCR_{Gegenp.}}{SCR_{Markt}}\right) SCR_{Gegenp.} + \left(0{,}25 + 0{,}5 \frac{SCR_{Leben}}{SCR_{Markt}}\right) \cdot SCR_{Leben} \, . \end{aligned}$$

Der Diversifikationseffekt ist damit

$$\begin{aligned} Div &= |SCR_{Markt}| + |SCR_{Gegenp.}| + |SCR_{Leben}| - |BSCR| \\ &\cong \left(0{,}75 - 0{,}5\, \frac{SCR_{Gegenp.}}{SCR_{Markt}}\right) SCR_{Gegenp.} + \left(0{,}75 - 0{,}5 \frac{SCR_{Leben}}{SCR_{Markt}}\right) \cdot SCR_{Leben} \, . \end{aligned}$$

Die obige Formel ist auf die speziellen Korrelationskoeffizienten der EU-Richtlinie 2009/138 abgestimmt. Im generellen Fall hat man

$$Div \cong \sum_{i \neq Markt} \left(1 - Korr(SCR_i) - 0{,}5\, \frac{SCR_i}{SCR_{Markt}}\right) SCR_i \, .$$

Beispiel 6.1. Nehmen wir an, die Solvenzkapitalien teilen sich ohne Diversifikationseffekt in die folgenden Verhältnisse:

Annahmen	A	B	C
$\lvert SCR_{Markt} \rvert$	50,0 %	60,0 %	70,0 %
Sonstige Komponenten			
$\lvert SCR_{Gegenp.} \rvert$	25,0 %	10,0 %	5,0 %
$\lvert SCR_{Leben} \rvert$	25,0 %	30,0 %	25,0 %
Summe sonstige Komponenten	50,0 %	40,0 %	30,0 %
Berechnung Diversifikationseffekt			
- parallel zum Marktrisiko			
75 % davon	37,5 %	30,0 %	22.5 %
- Orthogonale zum Marktrisiko			
$\left\lvert \frac{SCR_{Gegenp.}}{2\ SCR_{Markt}} \right\rvert \cdot SCR_{Gegenp.}$	- 25 %·25 % = - 6,25 %	- 8 %·10 % = - 0,8 %	vernachlässigbar
$\left\lvert \frac{SCR_{Leben}}{2\ SCR_{Markt}} \right\rvert \cdot SCR_{Leben}$	-25 %·25 % = - 6,25 %	-25 %·30 % = -7,5 %	- 18 %·25 % =-4.5 %
	- 12,5 %	-8,3 %	=-4.5 %
Div. = Diversifikationseffekt			
angenähert	25,0 %	21,7 %	18,0 %
genau	27,1 %	22,9 %	18,4 %
$\lvert BSCR \rvert$ = gefordertes Solvenzkapital für das Basissolvenzrisiko	**72,9 %**	**77,1 %**	**81,6 %**

Die Berechnung zeigt, wie sich Komponenten parallel zum größten Risiko und orthogonal dazu auf die Gesamtlänge, eben die Größe des Basissolvenzkapitals, auswirken. Sollen einzelne Risikokomponenten reduziert werden, um damit das Gesamtrisiko, d.h. hier das Basissolvenzkapital, zu reduzieren, so wirken sich Reduktionen am größten Risiko, also hier am Marktrisiko, viel stärker aus als Risikominderungen an den kleineren oder gar am kleinsten Risiko. Dies gilt, wenn die Korrelation zwischen den Risiken nicht zu groß ist und die Risiken damit nicht in eine gleiche oder ähnliche Richtung zeigen, um im Bild der Vektoren zu bleiben.

6.5.2 Cholesky- Zerlegung im Allgemeinen

Gegeben sei eine symmetrische Matrix S, die ein Skalarprodukt definiere. Damit wird verlangt, dass $v^TSv \geq 0$ für beliebige $v \neq 0$. Diese Bedingung entspricht der Forderung, dass die Varianz einer Zufallsvariablen größer oder gleich 0 ist oder dass kein Risiko zu einem anderen negativ korreliert ist und das andere Risiko kompensieren kann. Zudem darf aber jedes Risiko für sich selbst gemessen keinen negativen Wert haben. Im Bild der Vektoren im Raum entspricht dies der Forderung, dass kein Vektor eine negative Länge haben darf. Man kann nun zu dieser symmetrischen Matrix $S=(s_{i,j})_{i,j=1,..n}$ Spaltenvektoren $a_1, ..,a_n$ mit folgenden Eigenschaften suchen:

I. Dreiecksform: Für die Vektoren $a_i = (a_{ij}),\ j=1,..,n$ gilt $a_{ij} = 0$ für $j > i$. Damit sind die Koeffizienten unterhalb der Diagonalen 0, wenn die Vektoren in einer Matrix nebeneinander angeordnet werden.

II. $\left\langle a_i, a_j \right\rangle = s_{i,j},\ i,j=1,..,n$ mit dem üblichen Skalarprodukt im IR^n

$$\left\langle a_i, a_j \right\rangle = \sum_{k=1}^{n} a_{ik} \cdot a_{jk}.$$

Damit geben die Vektoren $(a_1, ..,a_n)$ das durch die symmetrische Matrix S gegebene Skalarprodukt wieder und bilden so die durch Matrix und Skalarprodukt definierte Geometrie ab. Es gilt:

$$S = \begin{pmatrix} s_{11} & s_{12} & ,..., & s_{1n} \\ s_{21} & s_{22} & ,..., & s_{2n} \\ ,..., & ,..., & ,..., & ,..., \\ s_{n1} & ,..., & ,..., & s_{nn} \end{pmatrix} = \begin{pmatrix} a_1 & a_2 & ,..., & a_n \end{pmatrix}^T \begin{pmatrix} a_1 & a_2 & ,..., & a_n \end{pmatrix}$$

$$= \begin{pmatrix} a_{11} & 0 & 0 & 0 \\ a_{12} & a_{22} & 0 & 0 \\ ,..., & ,..., & ,..., & 0 \\ a_{1n} & ,..., & ,..., & s_{nn} \end{pmatrix} \cdot \begin{pmatrix} a_{11} & a_{12} & ,..., & a_{1n} \\ 0 & a_{22} & ,..., & a_{2n} \\ 0 & 0 & ,..., & ,..., \\ 0 & 0 & 0 & a_{nn} \end{pmatrix}$$

Die Größen $a_i = (a_{i\,j}),\ j=1,..,n$ können rekursiv bestimmt werden, indem sukzessive von oben nach unten Zeile um Zeile der oberen Dreiecksmatrix bestimmt wird. Bei der Bestimmung der Koeffizienten in den jeweiligen Zeilen geht man vom Diagonalelement $a_{i\,i}$ aus und bestimmt dann nach rechts gehend jeweils den nächsten Koeffizienten bis zuletzt $a_{i\,n}$, um dann ausgehend vom nächsten Diagonalelement $a_{i+1\,i+1}$ die Koeffizienten der folgenden Zeile zu ermitteln. Bei diesem Verfahren kann mit jeder neuen Koeffizientenbestimmung $a_{i\,j},\ j \geq i$ eine neue Bestimmungsgleichung $\left\langle a_i, a_j \right\rangle = s_{i,j}$ verwendet werden.

Später bestimmte Koeffizienten belassen die in der darüber liegenden Zeile betrachteten Bestimmungsgleichungen $\langle a_k, a_j \rangle = s_{kj}$, $k < i$ unverändert, da die Vektoren a_k in der Komponente a_{kj} den Koeffizienten 0 haben.

Die einzige kritische Stelle sind die Diagonalelemente. Hier steht für die Lösung der Bestimmungsgleichung $\langle a_i, a_i \rangle = s_{ii}$ nur das Quadrat des Koeffizienten a_{ii}^2 zur Verfügung. Es kann aber nachgewiesen werden, dass die Bestimmungsgleichung zu einem positiven Term für das Quadrat führt und man nimmt dann die positive Wurzel daraus für a_{ii}. Der Nachweis benutzt, dass s_{ij} ein Skalarprodukt definiert, d.h. $v^T S v \geq 0$ für beliebige $v \neq 0$ verlangt wird. In der Sprache der Matrizen heißt dies, dass die Matrix S positiv definit ist.

6.6 Risikobaum in Solvency II

In Solvency II wird das geforderte Solvenzkapital (Basic Solvency Requirement) *BSCR* aus einer Art „Risikolandkarte" bestimmt. Diese Landkarte soll möglichst alle denkbaren Risiken erfassen und behandeln. Dies hat den Vorteil, umfassend zu sein und zwingt die Unternehmen, ein Gesamtbild aller Risiken zu berücksichtigen, auch wenn sich für manche der zu erfassenden Risiken schwerlich eine reale Basis für deren Quantifizierung finden lässt. Das Marktrisiko, d.h. das Finanzmarktrisiko, stellt insgesamt in der Assekuranz die größte Risikokomponente dar. Es ist auch das Risiko, für welches die wirtschaftliche Realität die meisten und härtesten Anhaltspunkte gibt. Die Finanzmarktrealitäten sind transparent, allgemein bekannt und geben eine umfangreiche Realitätsbasis, die man kaum ignorieren kann.

Die Risiken sind in einer „hierarchischen" Struktur angeordnet, d.h. auf der untersten Ebene wird eine Art von Solvenzkapital-Grundrisiken bestimmt, die dann jeweils auf einer höheren Ebene zusammengefasst werden. Für diese Aggregation wird jeweils standardmäßig eine Korrelationsmatrix vorgeschlagen. Die Größe der Grundrisiken kann wiederum als Länge von Vektoren im Raum interpretiert werden. Die Korrelationsmatrizen geben im Bild der Vektoren an, wie diese zueinander liegen, d.h. wie sich die Einzelvektoren zur Vektorsumme addieren oder wie sich die Risikoelemente zum Gesamtrisiko aggregieren. Genauer genommen sind es nicht die Risiken, sondern das für die entsprechenden Risiken erforderliche Solvenzkapital SCR_{Risiko}. Das jeweilige Solvenzkapital ist auf die Solvenzanforderung in Solvency II abgestimmt, d.h. die einzelnen Komponenten sollten so groß sein, dass sie das geforderte 200–Jahre-Ereignis auffangen können, welches dem geforderten 99,5 % Konfidenzniveau (value at risk) entspricht.

Die Abbildung 6.7 zeigt die Risikolandschaft in Solvency II: Die Eigenmittel, über die das Versicherungsunternehmen verfügen muss, richten sich nach dem *BSCR*, dem Basissolvenzkapital. Dieses wird in 5 Komponenten entsprechend 5 Risikotypen aufgeteilt und für jedes dieser 5 Risiken wird ein Solvenzkapital gerechnet und diese 5 Beträge werden entsprechend der in der EU-Direktive 2009/138 aufgeführten Korrelationsmatrix aggregiert. Die 5 Risiken sind im Einzelnen aufgeführt. Zudem fließt noch $SCR_{Immateriell}$ direkt additiv ohne einen Diversifikationseffekt in das *BSCR* ein. Dies wird nicht über die Erweiterung zu einer 6x6 Korrelationsmatrix angegeben.

Komponenten von *BSCR*	**Beschreibung der Risiken**
SCR_{Markt}	Gemeint ist das Finanzmarktrisiko, man kürzt dieses üblicherweise mit „Marktrisiko" ab. Das liegt daran, dass es eigentlich nur für die finanziellen Bewertungsparameter eine mehr oder weniger verbindliche, harte Marktrealität gibt. Diese Marktrealität betrifft insbesondere I. die Bewertung der Vermögensteile, die an Märkten gehandelt werden, also insbesondere die Bewertung von Aktien und Anleihen, II. den Diskontierungszinssatz resp. die diesbezügliche Zinskurve für die Verpflichtungen aus den Versicherungsverträgen und III. das Änderungsrisiko bei I. und II. Das Marktrisiko selbst betrifft nur das Änderungsrisiko bei I und II. zusammengenommen. Das für das Marktrisiko benötigte Solvenzkapital SCR_{Markt} stellt den Betrag dar, der mit 99,5 % genügt, eine Verringerung des Risikokapitals aufgrund einer für dieses Risikokapital ungünstigen Finanzmarktentwicklung über den betrachteten Zeitraum eines Jahres aufzufangen. Was dabei „ungünstig" ist, hängt insbesondere davon ab, wie Vermögen und Verpflichtungen gegenüber Finanzmarktschwankungen aufeinander abgestimmt sind. Sind die Durationen der Anleihen und der Verpflichtungen weit auseinander, das heißt bei einem recht großen so genannten „duration gap", reagiert das Risikokapital empfindlicher auf Zinsschwankungen. Ebenso ist es, wenn im Vermögen Aktien gehalten werden, deren Schwankungen nicht wie bei anteilgebundenen Versicherungen mit den Verpflichtungen mitschwingen. Dann müssen die Aktienschwankungen vom Risikokapital aufgefangen werden. Und für dieses Risiko muss ein entsprechendes Solvenzkapital innerhalb von SCR_{Markt} gestellt werden.
SCR_{Leben}	Hier muss Solvenzkapital gestellt werden, welches mit einer 99,5 %igen Wahrscheinlichkeit genügt, eine Verringerung des Risikokapitals aufgrund einer ungünstigen versicherungstechnischen Entwicklung aufzufangen. Ungünstige Entwicklungen betreffen dabei nur die eine Bilanzseite, die Passivseite mit den Versicherungsverpflichtungen. Die Aktivseite mit dem angelegten Vermögen ist nicht betroffen, es sei denn, man hat in Anlagen investiert, deren Performance beispielsweise von der Entwicklung der Langlebigkeit abhängt. Solche Anlagen werden aber auch in den Branchen Nichtleben oder Kranken wohl noch für einige Zeit allenfalls eine Randstellung einnehmen können. Im SCR_{Leben} muss eine Reduktion des Risikokapitals infolge einer Erhöhung der marktnahen Rückstellungen aufgefangen werden können. Alle Rückstellungen, auch die in Solvency II betrachteten, marktnahen Rückstellungen sind von versicherungstechnischen Annahmen abhängig, wie beispielsweise der eingerechneten Lebenserwartung. Hat man innert eines Jahres hier andere Erkenntnisse, hat sich z. B. abgezeichnet, dass die Lebenserwartung gestiegen ist, erhöhen sich die Rückstellungen für die Rentenverpflichtungen. Für alle diese möglichen Verringerungen des Risikokapitals über den betrachteten Zeitraum eines Jahres muss ein Solvenzkapital gestellt werden. Die einzelnen Komponenten werden dabei wie auch bei den anderen Risiken mit einer Korrelationsmatrix aggregiert.
$SCR_{Nichtleben}$	Grundsätzlich soll das Solvenzkapital hier wie bei der Lebens- und Krankenversicherung die Verringerung des Risikokapitals aufgrund von ungünstigen versicherungstechnischen Entwicklungen auffangen. Dabei geht $SCR_{Nichtleben}$ direkt nur auf 3 weitere geforderte Komponenten zurück, die wie immer mit einer Kovarianzmatrix verbunden sind: Das sind wie im Leben die beiden Solvenzkapitalien, eines für das Storno- und das andere für das Katastrophenrisiko. In einer dritten Komponente, dem Solvenzkapital für das Prämien- und Reserverisiko, werden dann alle weiteren versicherungstechnischen Risiken im Nichtleben zusammengefasst.

$SCR_{Kranken}$	Wie im Nichtleben geht das Solvenzkapital auch hier direkt nur auf 3 Komponenten zurück, wovon eine wie sonst auch das Katastrophenrisiko quantifiziert. Die beiden anderen Komponenten lehnen sich an den Aufbau von $SCR_{Nichtleben}$ und SCR_{Leben} an und betreffen die nach dem Muster der Lebensversicherung geführten Krankenversicherungen und die übrigen Krankenversicherungen.
$SCR_{Gegenpartei}$	Hiermit wird das Risiko des Ausfalls einer „Gegenpartei" erfasst. Wie immer muss mit $SCR_{Gegenpartei}$ ermittelt werden, um welchen Betrag sich das Solvenzkapital aufgrund dieses Risikos innerhalb eines Jahres mit 99,5 % Sicherheit höchstens reduziert. Das Risiko selbst betrifft den Ausfall von Vertragspartnern, welcher zu einer Abnahme des Vermögens oder zu einer Zunahme der Verpflichtungen führen kann. Sowohl der Ausfall von Schuldnern bei Anleihen wie auch der Ausfall von Rückversicherern ist unter dieser Risikokomponente zu behandeln. Dabei betrachtet man zwei Klassen von Vertragspartnern. In der ersten Klasse fasst man diejenigen zusammen, für die es publizierte Bonitätsinformationen gibt, wie ein Rating bei Anleihen oder eine Solvenzquote bei Rückversicherern. In der 2. Klasse behandelt man die übrigen Vertragspartner.
$SCR_{Immateriell}$	Solvency II lässt in beschränktem Ausmaß auch immaterielle Vermögenswerte zu. Damit muss auch das Risiko von diesbezüglichen Wertänderungen quantifiziert werden.

Im Folgenden gehen wir näher auf die Marktrisiken ein, da diese die eigentlichen Finanzrisiken eines Versicherungsunternehmens darstellen:

Komponenten von SCR_{Markt}	**Beschreibung**
SCR_{Zins}, SCR_{Aktien} $SCR_{Immobilien}$ $SCR_{Währung}$	Diese Risiken wurden bereits näher beschrieben und werden auch weiter untersucht. Die Beträge bemessen die Abnahme des Risikokapitals aufgrund von Marktänderungen bei den Zinsen, Aktien, Immobilien und Währungen. Bei den entsprechenden Solvenzkapitalien werden immer Aktiv- und Passivseite, d.h. Vermögen und Verpflichtungen zusammen betrachtet. Je weniger beide Seiten aufeinander abgestimmt sind desto größer ist das Risiko bei Marktschwankungen und desto mehr Solvenzkapital muss gestellt werden.
SCR_{Spread}	Dieses Solvenzkapital betrifft nur die Aktivseite und hier nur die Anleihen. Der Marktwert von Anleihen hängt von den Marktzinsen und der Bonität der Anleihen ab. Fällt die Bonität innert eines Jahres, reduziert sich der Marktwert der Anleihen und damit auch das Risikokapital. Für ungünstige Entwicklungen bei der Bonität der Anleihen und die daraus resultierenden Marktwertverluste muss ein Solvenzkapital gestellt werden. Diese Anforderung passt wohl in das Gesamtkonzept von Solvency II und es besteht auch kein Grund, dieses bedeutende Risiko nicht gleichermaßen wie die anderen Risiken zu berücksichtigen. Andererseits zeigt sich hier auch, wie hoch die Anforderungen von Solvency II sind: Für die Versicherungsverpflichtungen selbst gibt es eben kein „Rating" und damit immer die Höchstanforderungen. Indem man bei den marktnahen Rückstellungen mit sicheren Zinssätzen von bestens „gerateten" Anleihen diskontiert, reserviert man die Rückstellungen bereits mit dem bestmöglichen „Rating" bezüglich den Zinsannahmen. Zusätzlich muss man mit SCR_{Spread} noch Risikokapital dafür stellen, dass die im Vermögen des Unternehmens gehaltenen Anleihen „downgeratet" werden.

$SCR_{Illiquidity}$	Solvency II erlaubt beim Zinssatz zur Diskontierung der Verpflichtung einen sogenannten „Illiquiditäts"- Zuschlag. Damit soll berücksichtigt werden, dass die Marktzinsen bei illiquiden Anlagen höher als bei liquiden Anlagen sind und je nach Versicherungsdekkung dem Kunden kein Recht eingeräumt wird, seine Versicherung vor Vertragsende aufzulösen. Deshalb muss auch das Risiko einer Reduktion dieses Zuschlags quantifiziert werden. Die Einrechnung dieses Zuschlags bei der Diskontierung der Verpflichtungen reduziert den Wert der marktnahen Verpflichtungen erheblich und führt damit zu einer Entlastung des Risikokapitals.

6.7 Risikolandkarte für Solvency II im Standardmodell:

6.7.1 Risikobaum

Die Risiken werden modular aufgeteilt und gemäß vorgegebenen Korrelationsmatrizen aggregiert.

Die versicherungstechnischen Risiken werden in der maßgebenden EU-Direktive 2009/138 auf Englisch als „underwriting risks" bezeichnet. Die EU-Direktive selbst legt nur die Risiken in der 1. Hierarchiestufe unterhalb des BSCR und deren Korrelation zueinander fest und spezifiziert zudem die versicherungstechnischen Grundrisiken in der Lebensversicherung, also Langlebigkeit, Sterblichkeit, Invalidität/Morbidität etc. Die weiteren Spezifizierungen, d.h. die weiteren Korrelationsmatrizen wie auch die Bestimmung der Grundrisiken selbst, wurden von der EIOPA, European Insurance and Occupational Pensions Authority, der europäischen Aufsichtsbehörde für das Versicherungswesen und die betriebliche Altersvorsorge getroffen. Die EIOPA übernimmt als Nachfolgeorganisation der CEIOPS die dieser in der EU-Direktive zugeschriebene Rolle. Diese Vorgaben wurden im Rahmen von quantitativen Studien „QIS" (quantitative impact study) getroffen, welche die Konsequenzen des Übergangs zum neuen risikobasierten Aufsichtsregime mit „Solvency II" ausloten sollen.

Die Versicherungsunternehmen können anstelle des von den Aufsichtsbehörden entwickelten „Standardmodells" auch eigene, so genannte „interne Modelle" verwenden, die aber von den Aufsichtsbehörden genehmigt sein müssen.

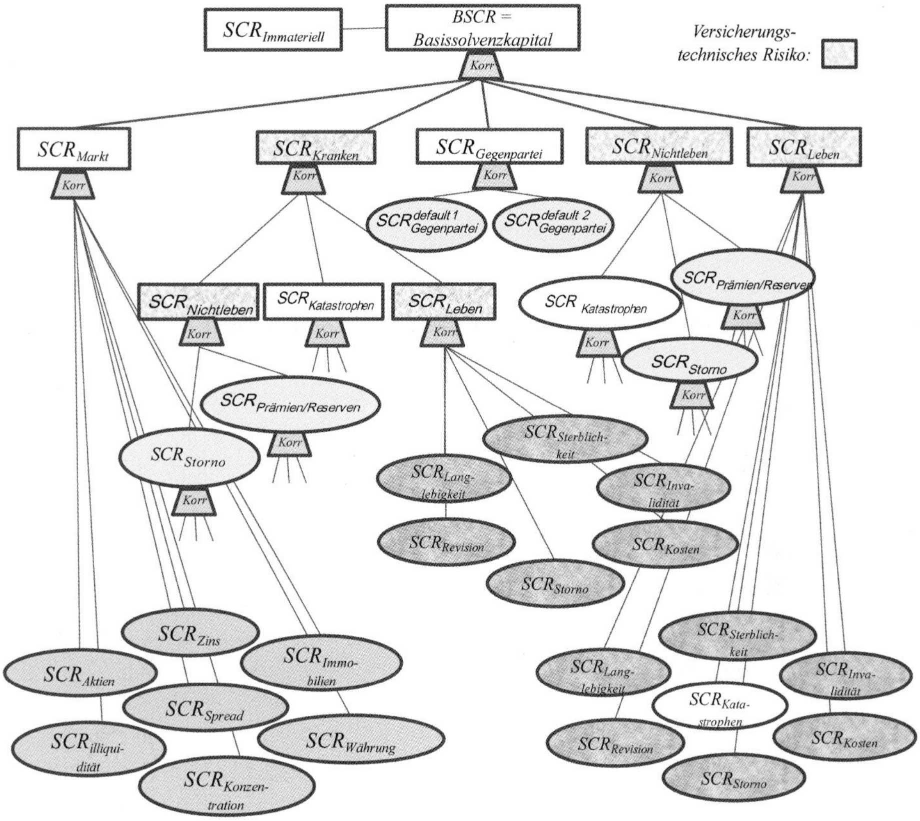

Abbildung 6.7

6.7.2 Vorgaben der EIOPA zur Bestimmung der Einzelrisiken

Wie erwähnt hat die europäische Aufsichtsbehörde EIOPA sowohl alle Korrelationsmatrizen zur Aggregation der Einzelrisiken vorgegeben wie auch das Vorgehen zur Bestimmung der Einzelrisiken beschrieben. Dabei muss zwischen Dokumenten der EIOPA unterschieden werden, welche das praktische Vorgehen beschreiben und Dokumenten, in denen das Vorgehen begründet und beispielsweise mit statistischem Material untermauert wird. Einzelne Vorgehensweisen haben durchaus noch den Charakter eines regelbasierten Vorgehens, bei dem wie bei dem überholten Vorgehen in Solvency I vorgegebene Faktoren auf geeignete Größen bezogen werden. Im Interesse der Praktikabilität und auch der Transparenz sollte man Verständnis für eine gewisse Pragmatik im Vorgehen haben, schließlich müssen alle diese Vorgaben ja noch umgesetzt werden und letztlich stellt selbst die genaueste Berechnung nur ein Modell dar, welches schon wegen der kleinen Eintrittswahrscheinlichkeiten kaum an der Realität überprüft werden kann.

So ist beispielsweise für Immobilienvermögen, welches, wie dies üblich ist, nicht direkt an eine Verpflichtung gegenüber den Versicherten gekoppelt ist, ein $SCR_{\text{Immobilien}}$ von 25 % des Marktwertes der Immobilien zu stellen. Bei Aktien hängt das Solvenzkapital davon ab, in welchen Ländern diese kotiert sind. Das geforderte Solvenzkapital SCR_{Aktien} beträgt üblicherweise 30 % des Aktienwertes. Aufgrund der Diversifikationseffekte schmilzt diese Anforderung wieder zusammen. Hat eine Gesellschaft nicht zu hohe Anteile ihres Vermögens in diesen beiden Anlagekategorien, dann ist die Korrelation mit den anderen Risiken und hier insbesondere mit den maßgebenden, den großen Risiken wichtig. Hier gibt die EIOPA eine Korrelation von 0,5 zum Risiko fallender Marktzinsen vor. Somit müssen Anlagen in diesen Kategorien mit immerhin über 12,5 % resp. 15 % an Eigenmitteln unterlegt werden. Das betrifft selbstverständlich nur Anlagen, welche nicht direkte Verpflichtungen aus Versicherungsverträgen sind, also nicht beispielsweise Aktien- oder Immobilienfonds, wenn die Leistungen aus Versicherungsverträgen von der Entwicklung dieser Fonds abhängen.

Auch beim Zinsrisiko werden von der EIOPA recht einfache Stressszenarien vorgegeben. So werden die zinssensitiven Cashflows, also die Auszahlungsstruktur der Anleihen auf der Aktivseite und die marktnahen Verpflichtungen auf der Passivseite, ebenfalls aufgeteilt nach dem Jahr, in dem sie fällig werden, gegengerechnet. Aus diesem Cashflow wird bestimmt, wie sich eine Zinsänderung auf die Eigenmittel auswirkt, indem die aktuellen Zinssätze mit vorgegebenen, vom Fälligkeitsjahr abhängigen Faktoren multipliziert werden. Für die Zahlungen in 10 Jahren oder später muss beispielsweise für fallende Zinssätze ein SCR_{Zins} gestellt werden, welches eine Reduktion des Zinssatzes um je nach Jahr 27 % - 30 % auffängt. Bei früheren Fälligkeiten steigt dieser Faktor erheblich, bei vier Jahren ist er beispielsweise 50 % und bei zwei Jahren 65 %. Ein „Mismatch" von Aktiven und Passiven, d.h. ein Nichtaufeinanderpassen der Cashflows von Vermögen und Verpflichtungen erfordert auch bei den wie beschrieben abnehmenden Faktoren für die Zinsreduktion umso mehr Mittel, je ferner die Zahlung in der Zukunft liegt. Dies liegt daran, dass die Zinsreduktion für umso mehr Jahre wirksam ist.

Die Vorgaben der EIOPA haben noch keine Gesetzeswirkung, schließlich wurde Solvency II ja noch nicht definitiv eingeführt. Bisher betreffen diese Vorgaben nur Studien, eben die quantitativen QIS-Studien, in denen die Machbarkeit sowie auch die finanziellen Konsequenzen der neuen Solvenzordnung untersucht wurden. Auch wenn man davon ausgehen muss, dass insbesondere einzelne Faktoren noch angepasst werden, wird die Gesamtkonzeption und Struktur bei den umfangreichen Vorarbeiten wohl kaum noch vollständig in Frage gestellt werden können.

Wenn die EIOPA mit ihren „technical specifications" hinsichtlich der Durchführbarkeit zumindest bei einzelnen Komponenten auch recht einfache Regeln vorgibt, so ist sie dabei sehr transparent: In dem umfangreichen „calibration paper" wird detailliert festgehalten, wie sie zu den einzelnen Festlegungen gekommen ist.

6.8 Solvenzvorschriften in den USA

6.8.1 Statutarische und marktnahe Bilanz

In den USA wurde schon in den frühen 90er Jahren des letzten Jahrhunderts eine stärker risikobasierte Solvenzaufsicht in der Versicherungsindustrie eingeführt. Dabei wurde

- das Aktienexposure bewertet,
- die Korrelation der einzelnen Risiken mit einer einfachen Quadratwurzelformel berücksichtigt.

Die entsprechenden Vorschriften hat die „NAIC", die „National Association of Insurance Commissioners" verfasst, das ist die Vereinigung der Aufsichtsbehörden der Einzelstaaten, welche in gewisser Weise der CEIOPS/EIOPA in der EU entspricht. Aus europäischer Sicht kann das NAIC-Regime als Zwischenstufe zu den in den 70er Jahren eingeführten Solvency I – und den nun neuen Solvency II -Vorschriften verstanden werden. In den beiden oben genannten Punkten waren sie viel früher bereits weiter als Europa, wo mit Solvency I die einzelnen Risikoanforderungen einfach addiert wurden und insbesondere das Aktienexposure nicht speziell berücksichtigt wurde.

Bei den US-amerikanischen Vorschriften wird der vollständige Übergang zu Marktwerten auf beiden Seiten der Bilanz noch nicht vorgenommen. Die amerikanischen Vorschriften beruhen wie Solvency I grundsätzlich noch auf der statutarischen Bilanz, in der üblicherweise nicht nach Markt- oder marktnahen Werten bilanziert wird. So gilt beispielsweise in Deutschland für die Bewertung in der statutarischen Bilanz das Vorsichtsprinzip. In Solvency II kann man von tieferen marktnahen Rückstellungen ausgehen. Man will keine nichtquantifizierbaren Vorsichtsannahmen in diversen Bilanzpositionen einrechnen und das vorhandene Risikokapital so von vorneherein schon verkleinern. Die hohen Risikokapitalanforderungen in Solvency II ersetzen die früher in einzelnen Postionen getroffenen Vorsichtsannahmen und geben neu ein Gesamtbild.

Indem die Solvenzanforderungen in den USA im Unterschied zu Europa auf der statutarischen Bilanz beruhen, stellt sich die Frage nach der Bewertung der versicherungstechnischen Rückstellungen. Vom amerikanischen Aktuar, also vom Versicherungsmathematiker, wird verlangt, dass die Rückstellungen „reasonable", also „vernünftig" bemessen sind. Nun kann man sich die Frage stellen, ob beispielsweise der Erwartungswert ohne Sicherheitszuschlag „vernünftig" ist. Man hat in den USA inzwischen erkannt, dass mathematische Solvenzvorschriften ohne eine Klärung von relevanten, nur verbalen Beschreibungen etwas in der Luft hängen. „Vernünftig" bemessene Rückstellungen sollen Sicherheitsanforderungen erfüllen, um eine „CTE" (conditional tail expectation)-Grenze im Bereich zwischen 65 % - 90 % einzuhalten. Das heißt, die Rückstellungen sollen für das Mittel der 35 % resp. 10 % der schlechtesten Jahre ausgelegt sein. Diese Sicherheitsanforderung ist viel geringer als die gesamthaften Sicherheitsanforderungen in Solvency II, welche fordern, dass in 99,5 % aller Jahre die Reserven ausreichen, d.h. ein „VaR" (value at risk)-Kriterium zu 99,5 % erfüllt ist, oder als die Sicherheitsanforderung im SST(Swiss Solvency Test) in der Schweiz, der ein Risikokapital auf der Basis einer CTE-Grenze zu 99 % verlangt. Zu dieser Forderung in den USA nach „vernünftig" bemessenen Rückstellungen kommen aber noch die eigentlichen Solvenzanforderungen mit den für die USA typischen „Quadratwurzelformeln". Die einzelnen Risikokomponenten und allfällige generelle Faktoren zu ihrer Ermittlung sind darauf ausgelegt, eine CTE-Grenze von 95 % auf mehrjähriger Basis einzuhalten.

6.8.2 Quadratwurzelformeln

Wie erwähnt, wurden schon in den frühen 90er Jahren mit Quadratwurzelformeln für das geforderte Risikokapital Korrelationen oder eben auch ein Diversifikationseffekt zwischen einzelnen Risikotypen berücksichtigt. Die Risiken wurden dabei immer mit den Buchstaben C_{xy} bezeichnet, wobei die Indizes je nach den erfassten Risiken abgeändert resp. erweitert wurden. Dabei wurde die Formel weiter verfeinert und damit immer etwas komplizierter. Die Krankenversicherung selbst betrachten wir nicht und lassen einzelne diesbezügliche Komponenten im Folgenden weg, da dieses Geschäft sehr spezifisch für den amerikanischen Markt ist.

Bei Lebensversicherungen wird aktuell ein Risikokapital „*RBC*" (risk based capital) gemäß der folgenden Formel gefordert:

$$RBC = C_0 + C_4 + \sqrt{(C_{1o} + C_{3a})^2 + (C_{1cs} + C_{3c})^2 + (C_2)^2 + (C_{3b})^2}$$

Mit den folgenden Risikokomponenten

Symbol	Beschreibung der Risiken	Englische Bezeichnung
C_0	Ausfallrisiko für das bei verbundenen Unternehmen, Tochterfirmen etc., angelegte Kapital	Affiliate risk
C_1	Anlagerisiko außer C_0, aufgeteilt in	Asset risk
C_{1cs}	Schwankungsrisiko von Aktienanlagen („cs" = common stock)	
C_{1o}	C_1 außer bei Aktienanlagen („o" = other), erfasst das Ausfallrisiko (ohne Zinsrisiko) bei Anleihen, Hypotheken etc.	
C_2	versicherungstechnisches Risiko	Insurance risk
C_3	Asset-Liability Mismatch, erfasst das allgemeine Risiko der Auswirkungen von Finanzmarktentwicklungen auf das Risikokapital und betrachtet so Vermögen und Verpflichtungen zusammen. Berücksichtigt zum Beispiel auch eine zunehmende Stornorate bei steigenden Zinsen	Interest risk
C_{3a}	betrifft die Auswirkungen von Marktzinsänderungen auf das Risikokapital	
C_{3b}	Spezifisches Risiko aufgrund der Gegebenheiten in den USA, erfasst ein spezifisches Haftungsrisiko für amerikanische Lebensversicherungsunternehmen, die Krankenversicherung betreiben.	
C_{3c}	betrifft die Aktienentwicklung für C_3	
C_4	generelles Geschäftsrisiko, z. B. operationelles Risiko	Business risk

Insbesondere bei der Lebensversicherung wurde die Formel zur Berechnung des *RBC* laufend an neue Erfahrungen und auch an neue Produkte angepasst. Die Formel selbst wurde dabei in ihrer recht einfachen Grundstruktur beibehalten, die zunehmende Komplexität der modernen Produkte wurde in die Berechnung der Komponenten, insbesondere in die C_3-Terme gesteckt. Dabei geben die ursprünglichen englischen Bezeichnungen nicht immer das wieder, was aktuell in den Komponenten berücksichtigt ist. So kommt die Bezeichnung „interest risk" für die Komponente C_3 aus der Zeit, als man hier vor allem das Risiko steigender Marktzinsen und einer daraus resultierenden erhöhten Stornorate erfasst hat. Heute sind die Betrachtungen für das Risiko C_3 ungleich umfangreicher.

Bei Nichtlebenversicherungen (ohne Krankenversicherungen) hat sie aktuell folgende Form:

$$RBC = R_0 + \sqrt{(R_1)^2 + (R_2)^2 + (R_3)^2 + (R_4)^2 + (R_5)^2}$$

Symbol	Beschreibung der Risiken	Englische Bezeichnung
R_0	Ausfallrisiko für das bei verbundenen Unternehmen, Tochterfirmen etc. angelegte Kapital	Affiliate risk
R_1	Ausfallrisiko bei Anleihen, Hypotheken etc.	Fixed Income Securities
R_2	Schwankungsrisiko von Aktienanlagen	Equity investment
R_3	Gegenparteirisiko, insbesondere bezüglich dem Rückversicherer	Credit risk
R_4	Versicherungstechnisches Risiko bei der Reservierung	Reserving risk
R_5	Versicherungstechnisches Risiko bei den Prämien	Premium risk

6.8.3 Interpretation der Quadratwurzelformeln mit der Vektoraddition

Dieser und auch anderen Quadratwurzelformeln zur Aggregation von Risikokomponenten liegt immer das Verständnis zu Grunde, dass sich das Gesamtrisiko aus den Komponenten so abschätzen lässt, wie bei der Standardabweichung von einzelnen Zufallsvariablen und ihrer Summe. Dazu kann immer das Bild von Vektoradditionen herbeigezogen werden. Gemäß diesem Bild verlangt das Aufsichtsregime in den USA:

Im Nichtleben wird angenommen, dass alle Risikokomponenten unkorreliert sind, d.h. dieser Teil des *RBC* ergibt sich aus der Vektoraddition von fünf orthogonal zueinander stehendenden Vektoren (im IR^5, d.h. im 5-dimensionalen Zahlenraum) in der Länge der Risiken der einzelnen Komponenten. Da diese Vektorsumme kleiner als die Summe der Länge der einzelnen Vektoren ist, hat man einen Diversifikationseffekt, der umso höher ist, je ausgeglichener die Länge der einzelnen Vektoren ist, d.h. je ausgeglichener die Höhe der Risikokomponenten ist. Für die Lebensversicherung wird ähnlich vorgegangen, nur werden die Risiken aufgrund von mangelndem Matching von Vermögen und Verpflichtungen erst zu den entsprechenden Anlagerisiken addiert. Diese Additionen stellen das Analogon zum Marktrisiko in Solvency II dar. Dabei wird in zwei Komponenten unterschieden, einer für das Aktienrisiko und einer für das Risiko bei Festzinsanlagen.

Solche Quadratwurzeldarstellungen wären auch für Solvency II möglich. Immer wenn die Risikokomponenten über eine Korrelationsmatrix verbunden werden, lässt sich das Gesamtrisiko als Quadratwurzel der Quadrate der Einzelrisiken darstellen, sofern diese nicht korreliert sind, das heißt außerhalb der Diagonalen der Korrelationsmatrix steht nur Null. Auch wenn die Risiken positiv oder auch negativ korreliert sind, kann das Gesamtrisiko mit einer Quadratwurzelformel dargestellt werden. Dann kommen unter der Wurzel neben den Quadraten noch die gemischten Terme aus den paarweise gebildeten Produkten der jeweiligen Einzelrisiken mit dem 2-fachen der jeweiligen Korrelation als Faktor. In der obigen Formel wird mit

$$(C_{1o} + C_{3a})^2 = (C_{1o})^2 + (C_{3a})^2 + 2C_{1o} \cdot C_{3a}$$

angenommen, dass die Risiken C_{1o} und C_{3a} vollständig korreliert sind, das heißt sie haben den Korrelationskoeffizieten 1 wie auch die beiden Risiken C_{1cs} und C_{3c}.

Zudem müssen mit C_0 resp. R_0 Kapitalanlagen bei Konzerntöchtern oder anderen verbundenen Unternehmen voll im *RBC* gestellt werden. Diese Regelung soll wohl die doppelte Erfassung von Risikokapital, also ein „double gearing“ verhindern.

6.9 Solvenzvorschriften in der Schweiz

6.9.1 Risikokomponenten und deren Ermittlung bei Lebensversicherungen

In Europa hatte die Schweiz eine Vorreiterrolle. Ihr neues Solvenzregime, der „Swiss Solvency Test“ (SST), wurde ein gutes halbes Jahrzehnt vor Solvency II eingeführt. Auf einzelne Unterschiede wurde bereits hingewiesen, so bemisst der SST das geforderte Risikokapital nach der CTE (conditional tail expectation)-Grenze von 99 %. Das Risikokapital muss so groß sein, dass es das Mittel der 1 % der schlechtesten Jahre auffangen kann, ohne aufgebraucht zu werden. Darüberhinaus findet man aber auch viele konzeptionelle Parallelen. Der SST setzt ebenfalls auf einer marktnahen Bilanz für Vermögen und Verpflichtungen auf und betrachtet mit dem Marktrisiko auch die Auswirkungen von Finanzmarktschwankungen auf beiden Bilanzseiten zusammengenommen.

Der Schweizer SST unterscheidet im Standardmodell die drei Risiken

- Markt (= Finanzmarktrisiko),
- versicherungstechnisches Risiko und
- Gegenparteirisiko.

Bei der Behandlung und Aggregation dieser Risiken werden die drei Branchen

- Lebensversicherungen,
- Schaden- und Unfallversicherungen und
- Krankenversicherungen

getrennt behandelt. Im Folgenden konzentrieren wir uns auf die Vorgaben für Lebensversicherungen.

Das Marktrisiko wird gesamthaft berechnet und nicht wie in den Solvency II-Vorgaben aus den separat geforderten Solvenzkapitalien für das Zins-, Aktien-, Spreadrisiko etc. bestimmt. Dabei werden beim Zinsrisiko unterschiedliche Durationen getrennt betrachtet. Auch wenn dabei ab einer gewissen Anlagedauer mehere Jahre zusammengefasst werden, ergibt sich eine sehr große Kovarianzmatrix von über 100 x 100 Zeilen und Spalten. Da das Zinsrisiko sich bei ähnlichen Dauern wenig unterscheidet, sind die entsprechenden Korrelationen nahe bei 1.

Im Schweizer SST wird nicht wie in Solvency II zuerst das Solvenzkapital für die einzelnen Risiken als Nominalbetrag berechnet und dann mittels Korrelationsmatrix aggregiert, sondern es wird gerechnet, wie das vorhandene Solvenzkapital eines Versicherungsunternehmens, das im SST „risikotragendes Kapital“ (RTK) genannt wird, auf einzeln definierte, so genannte Risikofaktoren reagiert. Dabei bilden die einzelnen Marktrisikofaktoren $(x_1,..,x_n)$ die für das Solvenzkapital maßgeblichen Gegebenheiten des Kapitalmarktes, also das Zinsniveau zu gegebenen Anlagefristen und Währungen, das Niveau der jeweiligen Aktienkörbe, den Stand der Wechselkurse, die Immobilienentwicklung und weiteres mit über 100 Risikofaktoren, ab. Für jedes Versicherungsunternehmen gibt dies einen Vektor

$$\left(\frac{\partial RTK}{\partial x_1}, \dots, \frac{\partial RTK}{\partial x_n} \right),$$

der angibt, wie das Risikokapital auf diese Marktrisikofaktoren reagiert. Je besser Vermögen und Verpflichtung des Unternehmens aufeinander abgestimmt sind, je besser „assets“ und „liabilities“ „gematcht“ sind, desto kleiner wird dieser Vektor.

Zu diesem vom Unternehmen und ihrem Risikomanagement abhängigen Vektor kommt eine von der Aufsichtsbehörde aufgrund von Finanzmarktdaten erstellte Kovarianzmatrix, welche die Marktgegebenheiten zu den Finanzrisiken wiedergibt und wie immer in Korrelationen und Volatilitäten zerlegt werden kann. Die Volatilitäten sind dabei auf die Risikofaktoren ausgerichtet. So muss beispielsweise die Zinssensitivität des RTK im obigen Vektor auf eine Zinsänderung von 100 Basispunkten ausgelegt sein und entsprechend gibt die Aufsichtsbehörde die Zinsvolatilität auch in dieser Dimension an. Dabei sind die Volatilitäten auf die Standardabweichungen für einen Jahreshorizont ausgerichtet und nicht schon auf die viel strikteren Solvenzvorgaben eines VaR oder CTE von 99,5 % oder 99 %. Somit ergibt sich die Kovarianzmatrix

$$Cov = \begin{pmatrix} Var(R_1,R_1) & ,..., & Cov(R_1,R_i) & ,..., & Cov(R_1,R_n) \\ \vdots & & \vdots & & \vdots \\ Cov(R_i,R_1) & ,..., & Var(R_i,R_i) & ,..., & Cov(R_i,R_n) \\ \vdots & & \vdots & & \vdots \\ Cov(R_n,R_1) & ,..., & Cov(R_n,R_i) & ,..., & Var(R_n,R_n) \end{pmatrix}$$

$$= \Delta(\sigma) \cdot \begin{pmatrix} 1 & ,..., & Korr(R_1,R_i) & ,..., & Korr(R_1,R_n) \\ \vdots & & \vdots & & \vdots \\ Korr(R_i,R_1) & ,..., & 1 & ,..., & Korr(R_i,R_n) \\ \vdots & & \vdots & & \vdots \\ Korr(R_n,R_1) & ,..., & Korr(R_n,R_i) & ,..., & 1 \end{pmatrix} \cdot \Delta(\sigma) .$$

Dabei wird die Diagonalmatrix $\Delta(\sigma)$ aus den in der Diagonale eingetragenen jeweiligen Volatilitäten und dem Element 0 außerhalb der Diagonalen gebildet:

$$\Delta(\sigma)=\begin{pmatrix} \sigma(R_1) & ,..., & 0 & ,..., & 0 \\ \vdots & & \vdots & & \vdots \\ 0 & ,..., & \sigma(R_i) & ,..., & 0 \\ \vdots & & \vdots & & \vdots \\ 0 & ,..., & 0 & ,..., & \sigma(R_n) \end{pmatrix}$$

Damit ergibt sich die Varianz des risikotragenden Kapitals bezüglich der Risikofaktoren des Marktrisikos als

$Var(RTK_{Markt})=$

$$\left(\frac{\partial RTK}{\partial x_1},...,\frac{\partial RTK}{\partial x_n}\right)\begin{pmatrix} Var(R_1,R_1) & ,..., & Cov(R_1,R_i) & ,..., & Cov(R_1,R_n) \\ \vdots & & \vdots & & \vdots \\ Cov(R_i,R_1) & ,..., & Var(R_i,R_i) & ,..., & Cov(R_i,R_n) \\ \vdots & & \vdots & & \vdots \\ Cov(R_n,R_1) & ,..., & Cov(R_n,R_i) & ,..., & Var(R_n,R_n) \end{pmatrix}\begin{pmatrix} \frac{\partial RTK}{\partial x_1} \\ \\ \frac{\partial RTK}{\partial x_n} \end{pmatrix}$$

$$=$$

$$\left(\sigma_1\frac{\partial RTK}{\partial x_1},...,\sigma_n\frac{\partial RTK}{\partial x_n}\right)\begin{pmatrix} 1 & ,..., & Korr(R_1,R_i) & ,..., & Korr(R_1,R_n) \\ \vdots & & \vdots & & \vdots \\ Korr(R_i,R_1) & ,..., & 1 & ,..., & Korr(R_i,R_n) \\ \vdots & & \vdots & & \vdots \\ Korr(R_n,R_1) & ,..., & Korr(R_n,R_i) & ,..., & 1 \end{pmatrix}\begin{pmatrix} \sigma_1\frac{\partial RTK}{\partial x_1} \\ \\ \sigma_n\frac{\partial RTK}{\partial x_n} \end{pmatrix}$$

Der SST ermittelt zudem die Varianz des versicherungstechnischen Risikos $Var[RTM_{vers.techn.}]$ und aggregiert das versicherungstechnische und das Marktrisiko mit der Annahme, dass diese Risiken nicht korreliert seien. Dies führt zu einer Standardabweichung für das gesamte Risiko von Finanzmarktschwankungen und versicherungstechnischen Risiken:

$$\sigma_{Markt+vers.techn.}=\sqrt{Var[RTM_{Markt}]+Var[RTM_{vers.techn.}]}$$

Nimmt man die Entwicklung des Risikokapitals als normalverteilt an, dann entspricht $\sigma_{Markt\ +vers.techn.}$ dem geforderten Risikokapital, basierend auf der Sicherheitsanforderung in Höhe einer Standardabweichung, d.h. zu einem „value at risk" mit einer Grenze von 84 %. Dieses wird mit dem Faktor 2,6652 multipliziert, der sich aus der Solvenzanforderung eines Sicherheitsniveaus des CTE, also des „conditional tail expectation" zu 99 % ergibt und damit im Schnitt das 1 % der schlechtesten Jahre auffangen kann.

Seit 2011 stellt das Schweizer Standardmodell zusätzliche Anforderungen für die Bestimmung des risikotragenden Kapitals: Zu der mit dem Gradienten des risikotragenden Kapitals

RTK nach den Marktrisikofaktoren berücksichtigten linearen Sensitivität soll auch der quadratische Term, das heißt die zweite Ableitung des risikotragenden Kapitals nach den Marktrisikofaktoren berücksichtig werden. Die einfachere lineare Berechnungsweise wird dabei als „Delta-Verfahren" bezeichnet, das nun zum neuen „Delta-Gamma-Verfahren" erweitert werden muss.

6.9.2 Risikomessung beim SST und bei Solvency II

Solvency II sieht ein Sicherheitsniveau von 99,5 % vor und verlangt mit dem „value at risk" (VaR), dass nur in einem von zweihundert Jahren diese Grenze überschritten wird. Um wie viel diese Grenze dann überschritten wird, ob die Grenze aufgrund eines wenig wahrscheinlichen, aber riesigen Schadens gar gesprengt wird, spielt bei diesem Risikomaß keine Rolle. Deshalb verwendet der SST das auch in den USA gebräuchliche Risikomaß des CTE, „conditional tail expectation", der im Zusammenhang mit den Schweizer Solvenzvorschriften auch als „expected shortfall" (ES) bezeichnet wird.

Bei normalverteilter Entwicklung des Risikokapitals spielt das gewählte Risikomaß als solches keine Rolle. Die unterschiedlichen Risikomaße mit den jeweiligen Grenzen stellen immer ein Vielfaches der Standardabweichung der Normalverteilung dar und können ineinander umgerechnet werden.

Für ein Sicherheitsniveau von x gilt:

$$CTE_x = ES_x = VaR_x + \frac{1}{1-x} E[(RK - VaR_x)^+] = \frac{1}{1-x} \cdot \frac{e^{-0,5(VaR_x)^2}}{\sqrt{2\pi}}$$

Dabei ist RK der als Zufallsvariable aufgefasste mögliche Verlust an Risikokapital innerhalb des Betrachtungszeitraums von einem Jahr und $E[(RK - VaR_x)^+]$ der erwartete Verlust über der angenommen VaR-Grenze,

$$E[(RK - VaR_x)^+] = \frac{1}{\sqrt{2\pi}} \cdot \int_{VaR_x}^{\infty} (x - VaR_x) \cdot e^{-0,5x^2}$$

$$= \frac{1}{\sqrt{2\pi}} \int_{VaR_x}^{\infty} x \cdot e^{-0,5x^2} - VaR_x \cdot \frac{1}{\sqrt{2\pi}} \int_{VaR_x}^{\infty} \cdot e^{-0,5x^2}$$

$$= \frac{1}{\sqrt{2\pi}} \int_{0,5(VaR_x)^2}^{\infty} e^{-u} - VaR_x \cdot (1-x) = \frac{e^{-0,5(VaR_x)^2}}{\sqrt{2\pi}} - VaR_x \cdot (1-x)$$

Für x = 99 % ist $VaR_{99\,\%} = 2{,}3263$, da

$$\frac{1}{\sqrt{2\pi}} \cdot \int_{2,32}^{\infty} \cdot e^{-0,5x^2} = 1\,\% = 1 - x.$$

Damit ist

$$ES_{99\,\%}=100\cdot\left(\frac{1}{\sqrt{2\pi}}e^{-0.5\cdot\,2{,}3263^2}\right)=2{,}6652.$$

Insgesamt führt dies zu einem geforderten Solvenzkapital bei Lebensversicherungen gemäß dem Schweizer SST für die (Finanz)Markt- und versicherungstechnischen Risiken von

$$SCR_{\text{Markt+Ver. techn.}}=2{,}6652\cdot\sigma_{Markt+Vers.techn}\,.$$

Bei normalverteilter Entwicklung des Risikokapitals entsprechen sich die Schweizer SST- und die europäische Solvency II-Forderung weitgehend, da der „value at risk" $VaR_{99,5\,\%}=2{,}58$ ist, d.h. das Konfidenzintervall zu 99,5 % beläuft sich auf das 2,58-Fache der Standardabweichung.

Zu diesem Solvenzkapital wird noch für ausgewählte Szenarien ein zusätzliches Solvenzkapital gestellt.

6.9.3 Die SST-Anforderungen bei Nichtlebensversicherungen

Das geforderte Solvenzkapital für das versicherungstechnische Risiko wird nicht normalverteilt modelliert, sondern mit Modellen berechnet, welche die spezielle Situation des versicherungstechnischen Risikos im Nichtlebengeschäft beispielsweise aufgrund möglicher Großschäden besser berücksichtigen. Damit werden die Berechnungen allerdings auch komplexer.

Das Marktrisiko selbst wird analog zu der Lebensversicherung mit den Risikofaktoren modelliert und als normalverteilt angenommen.

Markt- und versicherungstechnisches Risiko werden aggregiert, indem sie unabhängig aufgefasst werden und ihre Zufallsvariablen addiert, d.h. ihre Verteilungsfunktionen gefaltet werden. Mit der gefalteten Verteilungsfunktion wird das gesamte Solvenzkapital für das Markt- und das versicherungstechnische Risiko zusammen ermittelt. Dabei ist die generelle SST-Anforderung, 1 % der schlechtesten Jahre im Mittel abfedern zu können, d.h. ein Solvenzkapital für den CTE (conditional tail expectation) zu 99 % zu stellen, maßgebend.

6.10 Übungsaufgaben und Fragen

►**Aufgabe 6.1.** Was ist der Unterschied zwischen Eigenkapital und Eigenmitteln?

►**Aufgabe 6.2.** Wie liegen die Risiken bei der Korrelationsmatrix

$$\begin{pmatrix} 1 & 0{,}5 & 0{,}5 \\ 0{,}5 & 1 & 0{,}5 \\ 0{,}5 & 0{,}5 & 1 \end{pmatrix}$$

zueinander? Man bestimme die Cholesky-Zerlegung dieser Matrix. Was stellt die Cholesky-Zerlegung dar?

Die jeweiligen Risiken betragen 100 Mio. € , 200 Mio. € und 300 Mio. € . Wie groß ist das Gesamtrisiko und wie groß ist der Diversifikationseffekt?

►**Aufgabe 6.3.** Welches der beiden Risikomaße „value at risk" (VaR) und „conditional tail expectation" (CTE) ist eher prinzipienorientiert und welches ist eher regelorientiert? Was sind die Vor- und Nachteile der jeweiligen Ansätze?

►**Aufgabe 6.4.** Worin unterscheiden sich die Solvenzvorschriften in den USA von europäischen gemäß Solvency II? Welche Problematik hat das US-Vorgehen?

►**Aufgabe 6.5.** Die Solvenzvorschriften der EU wie auch in der Schweiz beim SST sehen vor, dass einzelne Versicherungsgesellschaften eigene Berechnungen gemäß einem von diesen Gesellschaften ausgearbeiteten, internen Modell vornehmen. Die Verwendung interner Modelle erfordert deren Genehmigung durch die Aufsichtsbehörden. Welchem Aufsichtskonzept entspricht die Möglichkeit, interne Modelle zu verwenden? Eine Aufsichtsbehörde verlange, dass die Unternehmen die Modelle beispielsweise sechs Monate vor deren Anwendung zur Genehmigung vorlegen. Wie beurteilen Sie dies?

►**Aufgabe 6.6.** Berechnen Sie SCR_{Zins} für eine Verpflichtung aus Versicherungsverträgen, die in 4, 10, 20 und 30 Jahren fällig wird und für die auf der Aktivseite keine Zahlungen gegenüberstehen. Der Zinssatz betrage für vier Jahre 2 % und für die längeren Dauern 3,3 %. SCR_{Zins} berechne sich aufgrund einer Reduktion des Zinssatzes von 50 % bei vier Jahren und von 30 % bei den längeren Dauern. Geben Sie zuerst eine Näherung an, ohne Rechenmittel zu benutzen.

6.11 Literatur

Das im zweiten Kapitel angegebenen Lehrbuch von Luderer und Würker behandelt unter anderem Themen der lineare Algebra einschließlich der Matrizenrechnung. Weitere Ausführungen zu den neuen Anforderungen von Solvency II, wie beispielsweise zu der konkreten rechtliche Umsetzung, finden sich in

Kriele, M., Wolf, J.: Wertorientiertes Risikomanagement von Versicherungsunternehmen, Springer, Heidelberg (2012)

Amtsblatt der Europäischen Union: Richtlinie/2009/138/EG DES EUROPÄISCHEN PARLAMENTES UND DES RATES vom 25. November 2009 betreffend die Aufnahme und Ausübung der Versicherungs- und Rückversicherungstätigkeit (Solvabilität II). http://eur-lex.europa.eu/LexUriServ/LexUriServ.do?uri=OJ:L:2009:335:0001:0155:de:PDF. Zugegriffen: März 2012

Bundesamt für Privatversicherungen: Technisches Dokument zum Schweizer Solvenztest (2006). http://www.finma.ch/archiv/bpv/download/d/SST_technischesDokument_061002.pdf. Zugegriffen: März 2012

CEIOPS Committee of European Insurance and Occupational Supervisors: QIS5 Calibration Paper (2010). http://ec.europa.eu/internal_market/insurance/docs/solvency/qis5/ceiops-calibration-paper_en.pdf. Zugegriffen: März 2012

European Commission: QIS5 Technical Specifications (2010). http://ec.europa.eu/internal_market/insurance/docs/solvency/qis5/201007/technical_specifications_en.pdf. Zugegriffen: März 2012

Wilson-Bilik, M. J., Zimmermann, E.: Sutherland Asbill & Brennan LLP, Solvency II, NAIC Solvency Modernization Initiative and „Equivalence“ (2011). http://www.sutherland.com/files/upload/ SolvencyIIWebinar.pdf. Zugegriffen: März 2012

7 Portfoliotheorie

7.1 Bedeutung und Historisches

Die Portfoliotheorie von Harry Markowitz hat Theorie und Praxis der Kapitalanlagestrategien revolutioniert. Man kann sich die Frage stellen, warum diese Theorie auf so fruchtbaren Boden gefallen ist. Hier einige Gedanken dazu:

I. Die strategische *Asset allocation,* d.h. in welche Anlagekategorien investiert werden soll, stellt eine ganz zentrale Frage sowohl bei Unternehmen, als auch in der Beratung von Privatanlegern dar. Eine wissenschaftlich fundierte Antwort auf eine so wichtige Frage konnte schlecht ignoriert werden. So konnten sich die Anlageexperten auf ein nach „best-practice" ausgerichtetes Verfahren bei der Anlagestrategie stützen und sich bei ungünstigen Entwicklungen auf die Unzulänglichkeiten einer Theorie berufen, die weltweit anerkannt war und mit der höchsten wissenschaftlichen Auszeichnung, dem Nobelpreis im Jahr 1990, geadelt wurde.

II. Es wurde dazu eine klare, einleuchtende, mathematisch fundierte Theorie entwickelt. Diese fußt auf den hier bisher betrachteten Risikobegriffen, welche, ausgehend von der Kovarianz von Zufallsvariablen, als Zielfunktion die Varianz und schließlich die Standardabweichung als Wurzel der Varianz haben und die es unter geeigneten Randbedingungen, nämlich bei möglichst hoher Rendite, zu minimieren gilt.

III. Die Theorie ließ viel Spielraum zur Kalibrierung: Auf welchen Zeitraum sollte man die empirische Messung abstellen? Diese Frage stellt sich besonders bei den erwarteten Renditen, aber auch bei der Messung des Risikos der Anlagemöglichkeiten (Volatilität) oder ihrer Korrelation zueinander. Denkbar sind hier Monate, Jahre oder gar Jahrzehnte.

IV. Der Siegeszug der Portfoliotheorie wurde von der generellen Meinung, riskante Anlagen hätten im Mittel deutlich höhere Renditen, begleitet, wie empirische Untersuchungen besagten. Diese beriefen sich darauf, dass über Zeiträume von deutlich über 50 Jahren die riskanteren Aktienanlagen immer höhere Renditen als weniger riskante Anleihen erbrachten.

Nach den diversen Aktienmarkt- und Finanzkrisen hat sich heute sicherlich eine gewisse Ernüchterung gegenüber dem gesamten Theoriegebäude im Umfeld der Portfoliotheorie von Markowitz eingestellt. Die Theorien selbst sind aber zum allgemeinen Gedankengut geworden, sie sind sozusagen in das kollektive Bewusstsein der Kapitalanleger eingeflossen. Die Skepsis gilt eher der Anwendbarkeit und ist sicherlich berechtigt. Je länger man sich mit der Erhebung der Grundzahlen bezüglich Rendite und Risiko beschäftigte, desto klarer wurde, dass die Bestimmung der Parameter ein großes grundsätzliches Problem darstellt. Es war ja auch etwas naiv, von einer so allgemeinen wirtschaftswissenschaftlichen Theorie ein präzises quantitatives Instrument zur Bestimmung der Anlagestruktur zu erwarten. Die Theorie selbst bleibt deshalb wichtig, weil sie das Denken der Finanzwelt geprägt hat. Gerade auch der gedankliche Hintergrund bei den neu eingeführten, risikobasierten Solvenznormen, also Solvency II, ist von der Portfoliotheorie von Markowitz beeinflusst.

7.2 Beispiele für zwei Anlageklassen

Im Allgemeinen sind die sogenannten Volatilitäten, d.h. die Größe des Risikos, gemessen als Standardabweichung und die Korrelation der einzelnen Risiken der unterschiedlichen Anlageklassen gegeben. Daraus kann dann die Kovarianzmatrix einfach bestimmt werden. Seien:

Die Kovarianzmatrix

$$Cov = \begin{pmatrix} Var(R_1, R_1) & ,..., & Cov(R_1, R_i) & ,..., & Cov(R_1, R_n) \\ \vdots & & \vdots & & \vdots \\ Cov(R_i, R_1) & ,..., & Var(R_i, R_i) & ,..., & Cov(R_i, R_n) \\ \vdots & & \vdots & & \vdots \\ Cov(R_n, R_1) & ,..., & Cov(R_n, R_i) & ,..., & Var(R_n, R_n) \end{pmatrix},$$

die Korrelationsmatrix

$$Korr = \begin{pmatrix} 1 & ,..., & Korr(R_1, R_i) & ,..., & Korr(R_1, R_n) \\ \vdots & & \vdots & & \vdots \\ Korr(R_i, R_1) & ,..., & 1 & ,..., & Korr(R_i, R_n) \\ \vdots & & \vdots & & \vdots \\ Korr(R_n, R_1) & ,..., & Korr(R_n, R_i) & ,..., & 1 \end{pmatrix}$$

und die Diagonalmatrix mit den einzeln gemessenen Risiken (Volatilitäten)

$$\Delta(\sigma) = \begin{pmatrix} \sigma(R_1) & ,..., & 0 & ,..., & 0 \\ \vdots & & \vdots & & \vdots \\ 0 & ,..., & \sigma(R_i) & ,..., & 0 \\ \vdots & & \vdots & & \vdots \\ 0 & ,..., & 0 & ,..., & \sigma(R_n) \end{pmatrix}.$$

Dann ist

$$Cov = \Delta(\sigma) \cdot Korr \cdot \Delta(\sigma).$$

Die Dreiecksmatrizen der Cholesky-Zerlegung der Korrelation ergeben sich aus der Cholesky-Zerlegung der Kovarianz durch Multiplikation mit der Diagonalmatrix der Volatilitäten $\Delta(\sigma)$.

In dem Folgenden beschränken wir uns auf den Fall von zwei Risiken, d.h. zwei Anlagekategorien mit ihren jeweiligen Risiken und ihrer Korrelation zueinander. Dabei gehen wir ganz allgemein von der Kovarianzmatrix aus. Mittels Cholesky-Zerlegung bestimmen wir die Volatilitäten der einzelnen Risiken und ihre Korrelation zueinander. Dabei gilt:

$$\begin{pmatrix} Var(R_1, R_1) & Cov(R_1, R_2) \\ Cov(R_2, R_1) & Var(R_2, R_2) \end{pmatrix}$$

$$=\begin{pmatrix} \sigma(R_1) & 0 \\ \sigma(R_2)\cos(\angle(R_1,R_2)) & \sigma(R_2)\sin(\angle(R_1,R_2)) \end{pmatrix} \cdot \begin{pmatrix} \sigma(R_1) & \sigma(R_2)\cos(\angle(R_1,R_2)) \\ 0 & \sigma(R_2)\sin(\angle(R_1,R_2)) \end{pmatrix}$$

Damit geben die beiden Vektoren

$$\begin{pmatrix} \sigma(R_1) \\ 0 \end{pmatrix} \text{ und } \begin{pmatrix} \sigma(R_1)\cos(\angle(R_1,R_2)) \\ \sigma(R_2)\sin(\angle(R_1,R_2)) \end{pmatrix}$$

aus der Cholesky-Zerlegung die geometrische Situation der beiden Risiken wieder.

Beispiel	**Kovarianzmatrix** $Cov(R_i,R_j)_{i,j}$	**Cholesky-Zerlegung**	**Einzelrisiken „Volatilität"** $\sigma(R_1)$	$\sigma(R_2)$	**Korrelations-matrix** $Korr(R_i,R_j)_{i,j}$	**„Winkel" zwischen Risiken** $\prec(R_i,R_j)$
7.1	$\begin{pmatrix} 1 & 0 \\ 0 & 1 \end{pmatrix}$	$=\begin{pmatrix} 1 & 0 \\ 0 & 1 \end{pmatrix} \cdot \begin{pmatrix} 1 & 0 \\ 0 & 1 \end{pmatrix}$	1	1	$\begin{pmatrix} 1 & 0 \\ 0 & 1 \end{pmatrix}$	90° cos 90° = 0
7.2	$\begin{pmatrix} 1 & 0{,}5 \\ 0{,}5 & 1 \end{pmatrix}$	$=\begin{pmatrix} 1 & 0 \\ 0{,}5 & \sqrt{3}/2 \end{pmatrix} \cdot \begin{pmatrix} 1 & 0{,}5 \\ 0 & \sqrt{3}/2 \end{pmatrix}$	1	1	$\begin{pmatrix} 1 & 0{,}5 \\ 0{,}5 & 1 \end{pmatrix}$	60° cos 60° = 0,5
7.3	$\begin{pmatrix} 2 & 1 \\ 1 & 1 \end{pmatrix}$	$=\begin{pmatrix} \sqrt{2} & 0 \\ 1/\sqrt{2} & 1/\sqrt{2} \end{pmatrix} \cdot \begin{pmatrix} \sqrt{2} & 1/\sqrt{2} \\ 0 & 1/\sqrt{2} \end{pmatrix}$	$\sqrt{2}$	1	$\begin{pmatrix} 1 & 1/\sqrt{2} \\ 1/\sqrt{2} & 1 \end{pmatrix}$	45° cos 45°= $1/\sqrt{2}$
7.4	$\begin{pmatrix} 1 & -0.5 \\ -0.5 & 1 \end{pmatrix}$	$=\begin{pmatrix} 1 & 0 \\ -0{,}5 & \sqrt{3}/2 \end{pmatrix} \cdot \begin{pmatrix} 1 & -0{,}5 \\ 0 & \sqrt{3}/2 \end{pmatrix}$	1	1	$\begin{pmatrix} 1 & -0{,}5 \\ -0{,}5 & 1 \end{pmatrix}$	120° cos 120° = −0.5
7.5	$\begin{pmatrix} 4 & 2 \\ 2 & 4/3 \end{pmatrix}$	$=\begin{pmatrix} 2 & 0 \\ 1 & 1/\sqrt{3} \end{pmatrix} \cdot \begin{pmatrix} 2 & 1 \\ 0 & 1/\sqrt{3} \end{pmatrix}$	2	$\frac{2}{\sqrt{3}}$	$\begin{pmatrix} 1 & 0{,}5\sqrt{3} \\ 0{,}5\sqrt{3} & 1 \end{pmatrix}$	30° cos 30°= $\sqrt{3}/2$
7.6	$\begin{pmatrix} \sigma^2 & 0 \\ 0 & Var(\theta) \end{pmatrix}$		σ	$Var(\theta)$		90° cos 90°=0

Es stehe ein Anlagevolumen von 100 % zur Verfügung, das auf die beiden Assetklassen mit den Risiken R_1 und R_2 bei gegebener Kovarianzmatrix oder, was analog ist, bei gegebenen Volatilitäten und Korrelationen im Verhältnis $\alpha:1-\alpha$ auf die beiden Klassen aufgeteilt werden soll, sodass insgesamt der Betrag 1=100 % in beide Klassen zusammen investiert ist. Dabei interessiert, wie das Risiko von der Aufteilung abhängig ist und insbesondere auch, bei welcher Aufteilung das Risiko minimal wird. Die Varianz dieses Portefeuilles ergibt sich aus der Kovarianzmatrix und dessen Eigenschaft, bilinear in den beiden Argumenten zu sein. Zudem wenden wir im Folgenden die Cholesky-Zerlegung an:

$$Var(\alpha R_1+(1-\alpha)R_2)=Cov(\alpha R_1+(1-\alpha)R_2)=\begin{pmatrix}\alpha & 1-\alpha\end{pmatrix}\begin{pmatrix}Cov(R_1,R_1) & Cov(R_1,R_2)\\ Cov(R_2,R_1) & Cov(R_2,R_2)\end{pmatrix}\begin{pmatrix}\alpha\\ 1-\alpha\end{pmatrix}$$

$$=\left(\alpha\begin{pmatrix}\sigma(R_1)\\ 0\end{pmatrix}+(1-\alpha)\begin{pmatrix}\sigma(R_2)\cos\angle(R_1,R_2)\\ \sigma(R_2)\sin\angle(R_1,R_2)\end{pmatrix}\right)^T\left(\alpha\begin{pmatrix}\sigma(R_1)\\ 0\end{pmatrix}+(1-\alpha)\begin{pmatrix}\sigma(R_2)\cos\angle(R_1,R_2)\\ \sigma(R_2)\sin\angle(R_1,R_2)\end{pmatrix}\right)$$

Die letzte Gleichung gibt das Quadrat des Abstandes der Punkte auf der Verbindungsgeraden der beiden Punkte resp. Vektoren

$$\begin{pmatrix}\sigma(R_1)\\ 0\end{pmatrix}\text{und}\begin{pmatrix}\sigma(R_2)\cos\angle(R_1,R_2)\\ \sigma(R_2)\sin\angle(R_1,R_2)\end{pmatrix}$$

wieder, welche die beiden Risiken der beiden Anlageklassen R_1 und R_2 geometrisch in der Ebene darstellen. Je nach Wahl von α wird die Verbindungsstrecke entsprechend interpoliert. Bei $\alpha=½$ liegt der Punkt genau in der Mitte, bei $\alpha=1$ oder 0 fällt der interpolierte Punkt mit einem Randpunkt zusammen und bei negativem α liegt er außerhalb der Verbindungsstrecke zwischen beiden Punkten. Eine solche Konstellation entspricht auf die Kapitalanlagen übertragen einem sogenannten Leerverkauf, d.h. man leiht sich aus der einen Anlagekategorie Kapital aus, um dann umso mehr in einer anderen anlegen zu können. Inwieweit Ausleihen und Investieren praktisch zu den gleichen Konditionen geht, sei dahingestellt, in der Theorie nehmen wir die Gleichartigkeit hier jedenfalls an.

Die Varianz des Risikos bei der Anlage von $\alpha:1-\alpha$ in die beiden Anlageklassen mit den Risiken R_1 und R_2, $Var(\alpha R_1+(1-\alpha)R_2)$, ist damit ein Polynom 2. Grades in Funktion von α. Die Standardabweichung entspricht der Wurzel aus der Varianz, also der Wurzel aus dem Polynom 2. Grades. Die Varianz kann für keine Linearkombinationen negativ werden, dies entspricht in der Matrizenwelt der Anforderung an die Kovarianzmatrix, positiv definit zu sein. Damit kann bei der Standardabweichung das Polynom 2. Grades unter der Wurzel nie negativ werden. Wurzeln aus quadratischen Ausdrücken stellen Kegelschnitte dar, d.h. es sind entweder Parabeln, Ellipsen, Hyperbeln oder im „degenerierten“ Spezialfall, wenn die Schnittebene durch die Spitze des Kegels verläuft, Geradenpaare.

Ellipsen fallen weg, da das Polynom unter der Wurzel nie negativ werden kann, Parabeln fallen ebenfalls weg: Falls sich das Polynom 2. Grades in ein Quadrat zerlegen lässt, ergibt sich mit der Wurzel bei der Standardabweichung ein linearer Zusammenhang, der ein Geradenpaar beschreibt. Ein Geradenpaar gibt es nur, wenn das Polynom 2. Grades sich als Quadrat schreiben lässt. Dann gibt es ein α, d.h. eine bestimmte Portfoliokombination, für die das Risiko, d.h. die Standardabweichung der das Risiko beschreibenden Zufallsvariablen, verschwindet.

Nimmt man an, dass die Standardabweichung für alle Kombinationen strikt größer 0 ist, so kommt dies nicht vor. In diesem Fall beschreibt die Standardabweichung der das Risiko beschreibenden Zufallsvariablen eine Hyperbel. Lässt man zu, dass das Risiko für gewisse Portfoliokombinationen verschwindet, „degeneriert" die Hyperbel zu einem Geradenpaar.

Beispiel	Risiko der jeweiligen Zusammensetzung $\sigma(\alpha\, R_1 + (1-\alpha)\, R_2)$	Minimales Risiko bei α	Aufteilung für minimales Risiko		Minimales Risiko $\sigma(R_{Min})$
7.1	$\sqrt{2(\alpha-0,5)^2+0,5}$	0,5	50 %	50 %	$\sqrt{0,5}=\frac{1}{\sqrt{2}}$
7.2	$\sqrt{(\alpha-0,5)^2+0,75}$	0,5	50 %	50 %	$\sqrt{0,75}=\frac{\sqrt{3}}{2}$
7.3	$\sqrt{\alpha^2+1}$	0	0	100 %	1
7.4	$\sqrt{3\,(\alpha-0,5)^2+0,25}$	0,5	50 %	50 %	$\sqrt{0,25}=0,5$
7.5	$\sqrt{4/3\,(\alpha+0,5)^2+1}$	−0,5	−50 %	150 %	1
7.6	$\sqrt{\sigma^2\alpha^2+Var(\theta)(1-\alpha)^2}$	$\frac{Var(\theta)}{\sigma^2+Var(\theta)}$	$\frac{Var(\theta)}{\sigma^2+Var(\theta)}$	$\frac{\sigma^2}{\sigma^2+Var(\theta)}$	$\sigma_{credibilität}$

Bsp.	Bemerkung
7.1	Diversifikation entsprechend „Pythagoras"
7.2	Geringere Diversifikation
7.3	Keine Diversifikation
7.4	Große Diversifikation bei Winkel über 90º
7.5	Minimum nur über Leerkäufe (−50 %) zu erreichen
7.6	Risikodiversifikation aus der Credibiltätstheorie

Das **Beispiel 7.6** kommt aus der Credibilitätstheorie. Dabei hat man

$$\sigma_{credibiltät} = \sqrt{\left(\frac{Var(\theta)}{Var(\theta)+\sigma^2}\right)^2 \sigma^2 + \left(\frac{\sigma^2}{Var(\theta)+\sigma^2}\right)^2 Var(\theta)}\,.$$

Ausgangspunkt bei der Crediblitätstheorie ist, dass man zwei verschiedene Risiken betrachtet. Zum einen eine große Risikogemeinschaft, für welche die jährlichen Schwankungen gering seien. Innerhalb dieser großen Risikogemeinschaft gebe es eine kleinere Risikogruppe, für die eine risikominimale Prämie gesucht wird. Dabei soll eine Linearkombination aus den Prämien gebildet werden, die sich

- einerseits für die große Risikogemeinschaft (kollektive Prämie) und
- andererseits für die kleine eingebettete Risikogemeinschaft (individuelle Prämie) ergibt.

Die Koeffizienten der Linearkombination sollen sich wie in der Portfoliotheorie wiederum zu 1 ergänzen. Das Risiko, welches man bei der kollektiven Prämie eingeht, wird mit dem Risiko einer so genannten Strukturvariablen θ beschrieben. Varianz oder Standardabweichung von θ messen, wie homogen bei kleiner $Var(\theta)$ oder wie inhomogen bei hoher $Var(\theta)$ die große Risikogemeinschaft bezüglich der Aufteilung in die kleineren Teilgemeinschaften ist. Ist das Risiko sehr homogen, kann eine gesamthaft in der großen Gemeinschaft berechnete Prämie verwendet werden. Je weniger homogen das Risiko in der großen Gemeinschaft ist, desto stärker müssen die aus den einzelnen Teilgemeinschaften ermittelten Risikoprämien berücksichtigt werden.

Das Risiko bei der individuellen Prämie der betrachteten eingebetteten Risikogemeinschaft habe die Standardabweichung σ und kann beispielsweise aus den Schwankungen des Risikoverkaufs der kleinen Risikogemeinschaft geschätzt werden. Die Höhe von σ hängt von der speziell betrachteten Teilgemeinschaft ab, für größere Teilgemeinschaften ist σ kleiner und entsprechend kann die Prämienbestimmung dann die individuelle Prämie stärker miteinbeziehen.

Geometrische Darstellungen:

Beispiel 7.1

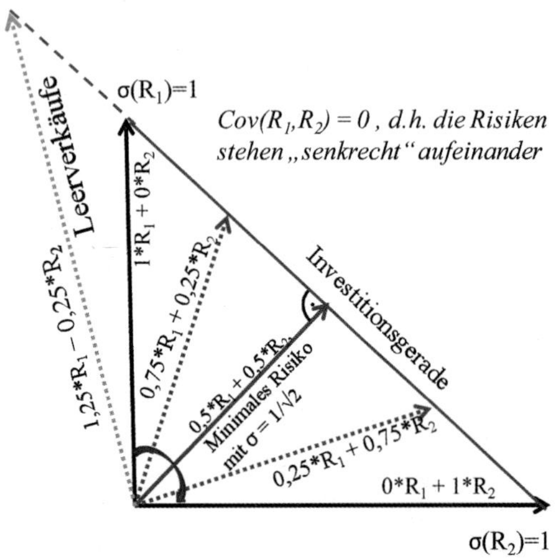

Die Punkte der „Investitionsgeraden" stellen mögliche Portfolio-Kombinationen dar. Je nach Aufteilung in die beiden Anlagekategorien gibt es einen anderen Punkt dieser Gerade. Positive Aufteilungsrelationen liegen zwischen den Punkten, Leerverkäufe auf der gestrichelten Linie außerhalb. Das Risiko entspricht dem Abstand der Punkte vom Ursprung, die Kombination mit dem geringsten Risiko dem Punkt, dessen Verbindungsgeraden zum Ursprung senkrecht auf der Investitionsgeraden steht.

Beispiel 7.2

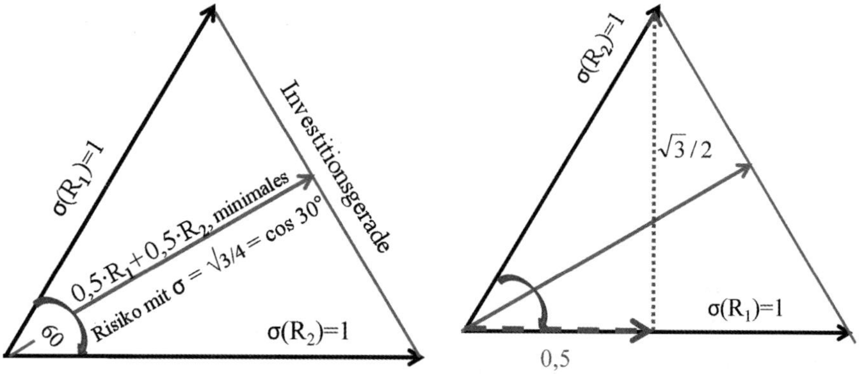

In dem rechten Dreieck sind die Komponenten der Cholesky-Zerlegung angegeben:

Generell legen wir immer das 1. Risiko parallel zur x-Achse und drücken das 2. Risiko dann in den sich so ergebenden orthogonalen x- und y- Koordinaten aus.

Beispiel 7.3.

Wiederum ist im rechten Dreieck die Cholesky-Zerlegung eingetragen.

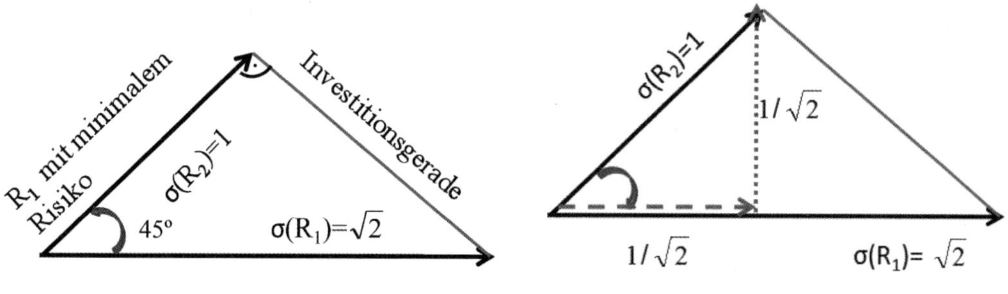

Beispiel 7.4. Ein so guter Risikoausgleich wäre eigentlich das Wunschziel in der Praxis. Leider sind die üblichen Anlagemöglichkeiten nicht so stark negativ korreliert. Hohe negative Korrelationen haben Put-Optionen gegenüber dem Underlying, also beispielsweise Aktien. Dabei muss man aufpassen, mit der Risikoabsicherung die erwartete höhere Performance der riskanteren Anlage nicht wieder zu verlieren. Die Emittenten der Put-Optionen wollen ja auch etwas verdienen.

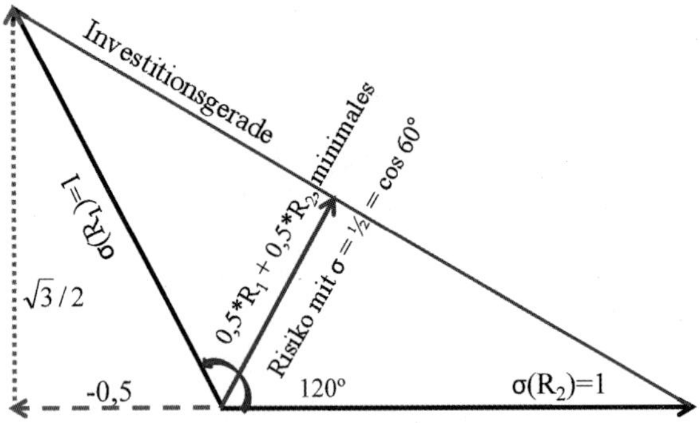

Beispiel 7.5

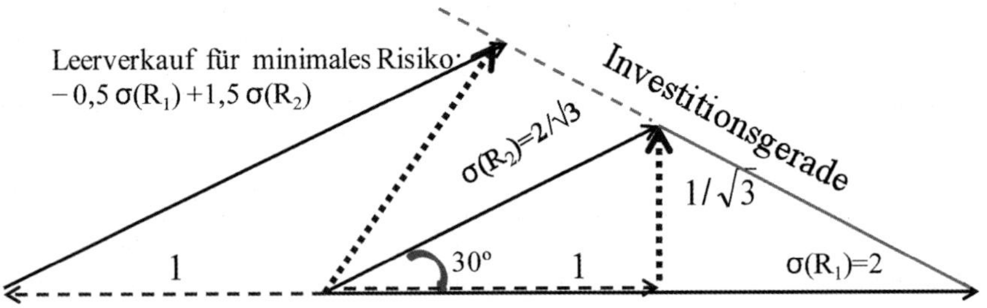

Beispiel 7.6. In diesem Beispiel aus der Credibilitätstheorie sucht man die Prämienkombination, welche zu einem minimalen Risiko führt. Dazu teilt man wie in der Portfoliotheorie die Gesamtprämie von 100 % in zwei Anteile auf. Die Risiken der Linearkombinationen entsprechen wiederum dem Abstand der Punkte auf der Verbindungsgerade vom Ursprung, das risikominimale Portfolio ist durch das Lot auf die Hypotenuse bestimmt. Das kleine ausgemalte und das große Dreieck sind ähnlich zueinander. Damit stehen die Seitenverhältnisse im gleichen Verhältnis zueinander, aber vertauscht. Um von den durch die Vektorlänge gegebenen Verhältnissen zu den umgekehrten zu kommen, müssen die Koeffizienten im umgekehrten Quadrat der Längenverhältnisse stehen.

$$\sigma = \begin{pmatrix} 0 \\ \sigma \end{pmatrix}$$

Linearkombination mit minimalem Risiko

$$R_{Min} = R^1_{Min} + R^2_{Min}$$

$$R^2_{Min} = \frac{Var(\theta)}{\sigma^2 + Var(\theta)} \begin{pmatrix} 0 \\ \sigma \end{pmatrix}$$

$$R^1_{Min} = \frac{\sigma^2}{\sigma^2 + Var(\theta)} \begin{pmatrix} \sqrt{Var(\theta)} \\ 0 \end{pmatrix} \qquad \sqrt{Var(\theta)} = \begin{pmatrix} \sqrt{Var(\theta)} \\ 0 \end{pmatrix}$$

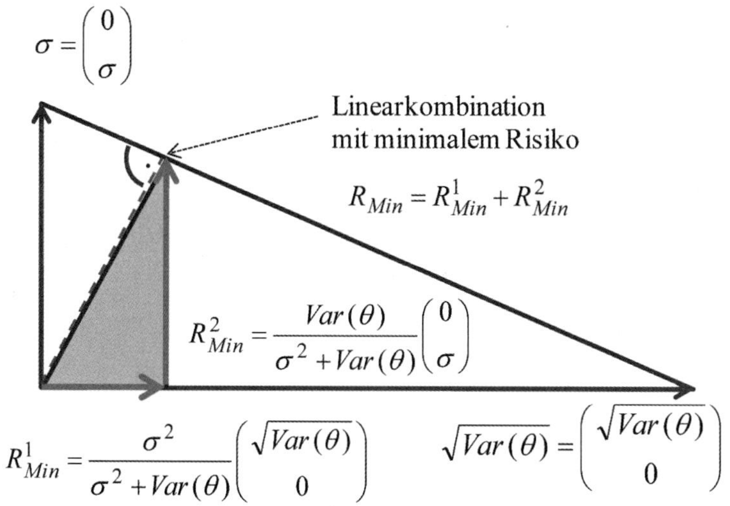

7.3 Einführung eines weiteren Kriteriums mit unterschiedlichen Renditen

Die Theorie von Markowitz will Entscheidungshilfen bei Investitionsalternativen geben. Theorien in den Wirtschaftswissenschaften zeichnen sich auch eher dadurch aus, nicht nur deskriptiv die Welt zu beschreiben, sondern sollen und wollen auch auf der Handlungsebene wirken. Diese praktische Unterstützung besteht in der Portfolio-Theorie darin, optimale Kapitalanlagen zu finden. Ein Kriterium dabei ist, das Risiko zu minimieren. Dabei wird als Risikomaß die Standardabweichung genommen, sodass die schöne, oben beschriebene Theorie und ihre geometrische Interpretation voll zur Anwendung kommen. Alle oben bestimmten Portfolio-Zusammensetzungen mit minimalem Risiko, also die Punkte auf unserer Investitionsgeraden mit minimalem Abstand zum Ursprung, deren Verbindung zum Ursprung senkrecht zur Investitionsgeraden steht, stellen damit optimale Anlageaufteilungen dar. Diese Punkte entsprechen den Strategien mit dem tiefsten Risiko.

Die Theorie von Markowitz betrachtet nun nicht das Risiko allein, sondern macht eine Gesamtbetrachtung zu Risiko und Rendite. Deshalb nehmen wir nun zusätzlich an, wir würden zum Risiko auch die erwarteten Renditen der uns zur Verfügung stehenden Anlageformen, d.h. unseres Anlageuniversums kennen. In der Praxis ist diese Annahme resp. die Kenntnis solcher Renditen wohl der heikelste Punkt. Wir gehen also von

I. einer Kovarianzmatrix für zwei Risiken oder äquivalent dazu der Höhe der Einzelrisiken (Volatilitäten) und ihrer Korrelation und zusätzlich

II. den Renditen r_1 und r_2 der beiden Anlageklassen aus.

Bei den Renditen ist die Situation viel übersichtlicher. Für Portfolio-Kombinationen verhält sich die Rendite linear und interpoliert die Grundrenditen des Ausgangsportfolios im Verhältnis der Anlageaufteilung, d.h. das Portfolio, welches α in die erste Anlageklasse und 1- α in die 2. Anlageklasse investiert, hat die Rendite $r = \alpha\, r_1 + (1-\alpha)\, r_2$.

Wir wollen nun die Renditen maximieren und das Risiko minimieren. Sind beide Renditen r_1 und r_2 gleich, dann bleibt die Zusammensetzung mit minimalem Risiko die einzig optimale, d.h. „effiziente" Kombination, da alle andern Portfolios bei gleicher Rendite ein größeres Risiko haben. Nimmt man aber unterschiedliche Renditen an, wird die Situation interessanter. Geht man nun von der Kombination mit dem geringsten Risiko aus, stellt nur noch die eine Hälfte der Investitionsgeraden, auf der die Anlageform mit der höheren Rendite liegt, effiziente Portfolios dar. Die Spiegelung der Investitionsgeraden an ihrem Lot, d.h. bezüglich der Kombination mit minimalem Risiko, führt die Kombinationen mit gleichem Risiko, d.h. mit gleichem Abstand zum Ursprung, ineinander über. Aber alle Punkte auf der einen Seite der Investitionsgeraden haben eine bessere Rendite als ihr Spiegelpunkt auf der anderen Seite. Deshalb führen nur die Punkte der einen Halbgeraden zu effizienten Portfolios.

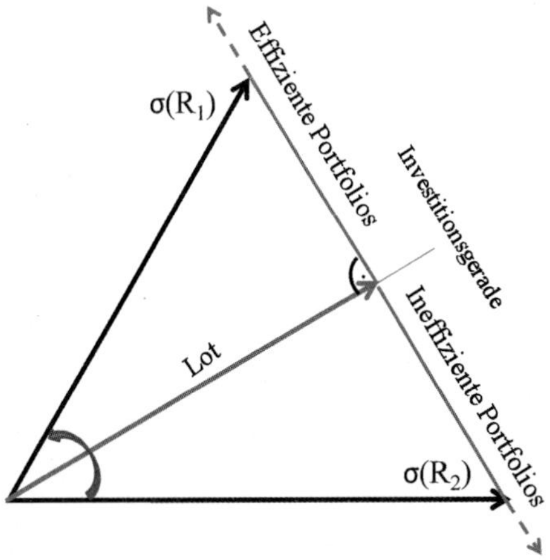

Abbildung 7.1

Wir wollen nun die Funktion betrachten, die einem gegebenen Risiko eine Anlagerendite zuordnet. Wir hatten oben gesehen, dass das Risiko, d.h. der Abstand der Punkte der Investitionsgeraden in Funktion des in eine Anlagekategorie investierten Anteils, also in Funktion von α, eine Hyperbel darstellt. Da zwischen der Rendite und dem Anteil α des in die erste (oder zweite) Anlageform investierten Vermögens ein linearer Zusammenhang besteht, bleibt die Gestalt unverändert, wenn man das Risiko als Funktion der Rendite anstatt von α ausdrückt. Damit stellt das Risiko, in Funktion der Rendite dargestellt, eine Hyperbel dar. Der obere Ast der Hyperbel stellt die Halbgerade dar, auf der die Anlageform mit der höheren Rendite liegt. Dieser Ast der Hyperbel gibt „effiziente" Portfolios wieder, das sind die Portfolios, die bezüglich Risikominimierung und Renditemaximierung optimal sind und diesbezüglich von keinem anderen Portfolio „geschlagen" werden. Der untere Ast der Hyperbel stellt ineffiziente

Portfolios dar, in die ein „vernünftiger" Anleger nicht investieren würde. Es gibt ja gespiegelt am Lot zu jedem dieser ineffizienten Portfolios eines mit gleichem Risiko, d.h. mit gleichem Abstand vom Ursprung, das aber eine höhere Rendite hat und damit vom Anleger bevorzugt wird. Das Bild der Hyperbel mit den Risiko/Rendite-effizienten Portfolios stellt ein Symbol für die gesamte Theorie von Markowitz dar, was auch daran liegt, dass es selbst bei der Verallgemeinerung von zwei auf beliebig viele Anlagemöglichkeiten unseres gesamten Anlageuniversums richtig bleibt.

7.4 Erweiterung auf beliebig viele Anlageklassen

Wie haben nun $n \geq 2$ verschiedene Anlagemöglichkeiten, deren Risiko durch die Kovarianzmatrix, eine positiv definite $(n \ x \ n)$-Matrix *Cov*, gegeben und deren Renditen durch einen Vektor r mit n Komponenten bestimmt sei. Wir suchen die Portfolios $\alpha=(\alpha_1, \alpha_2,.., \alpha_n)$, $\sum_{i=1}^{n} \alpha_i = 1$, mit minimalem Risiko bei gegebener Rendite oder maximaler Rendite bei gegebenem Risiko.

Dabei messen wir

- das Risiko mit der Standardabweichung, d.h.

  $$\sigma = \sqrt{\alpha^T \cdot Cov \cdot \alpha} \ ,$$

  was in dieser Kombination von Matrizen, Spalten- und Zeilenvektoren eine Zahl gibt, die mit der Vorgabe, dass die Matrix positiv definit ist, auch positiv ist, sodass die positive Wurzel genommen werden kann und

- die Rendite mit

  $$\mu_\alpha = \alpha^T \cdot \mu = \sum_{i=1}^{n} \alpha_i \mu_i \, .$$

Suchen wir für eine gegebene Rendite μ die Portfolios mit minimalem Risiko σ, so stellt dies eine Extremwertaufgabe mit Nebenbedingungen dar. Dabei gibt es zwei Nebenbedingungen,

- die Rendite entspricht der vorgegebenen

  $$\mu = \alpha^T \cdot \mu = \sum_{i=1}^{n} \alpha_i \mu_i$$

- und das gesamte Anlagevolumen wird investiert, d. h

  $$\sum_{i=1}^{n} \alpha_i = 1.$$

Extremwertaufgaben mit Nebenbedingungen gehören zu den klassischen Themen der Analysis. Für lokale Maxima oder Minima gilt, dass die Gradienten (Luderer und Würker 2011, S. 339) der Zielfunktion, die maximiert oder minimiert werden soll, und die Gradienten der Nebenbedingungen linear abhängig sind. Änderungen bei den variablen Parametern unter weiterer Einhaltung der Nebenbedingungen sind damit orthogonal zum Gradienten der Zielfunktion. Für einen lokalen Extremwert ohne Nebenbedingungen muss der Gradient der Zielwertfunktion Z verschwinden, d.h.

$$grad(Z) = \left(\frac{\partial Z}{\partial \alpha_1}, ..., \frac{\partial Z}{\partial \alpha_i}, ..., \frac{\partial Z}{\partial \alpha_n} \right)^T = 0,$$

womit alle einzelnen partiellen Ableitungen verschwinden müssen. Gibt es Nebenbedingungen, kann ein lokaler Extremwert auch dann gefunden werden, wenn der Gradient zwar nicht verschwindet, aber im Bereich der variierbaren Parameter, genauer im Tangentialraum der Nebenbedingungen *TN,* die orthogonale Projektion des Gradienten auf den Tangentialraum der Nebenbedingungen verschwindet. Damit hat der Gradient keine Richtungskomponente in *TN*, in gewisser Weise verschwindet der Gradient so auch, wenn man berücksichtigt, dass man die Parameter nur so ändern kann, dass die Nebenbedingung weiterhin erfüllt ist, was linearisiert nur zur Bewegungsfreiheit in *TN* berechtigt.

Die Orthogonalitätsbedingung wird zu einer Bedingung über lineare Abhängigkeiten, wenn man nicht den Tangentialraum der Nebenbedingung betrachtet sondern die dazu orthogonalen Gradienten: Bei Extremwerten mit Nebenbedingungen muss der Gradient der Zielfunktion in dem von den Gradienten der Nebenbedingungen aufgespannten Unterraum liegen.

Um die Sache zu vereinfachen und die Wurzel nicht berücksichtigen zu müssen, nehmen wir als Zielfunktion σ^2 und nicht σ, was zu den gleichen Portfolios führt. Dann stellt die Zielfunktion eine quadratische Funktion in den α_i dar und mit der Bildung der Gradienten, d.h. mit den partiellen Ableitungen, erhält man lineare Funktionen in den α_i. Die Nebenbedingungen selbst sind schon linear und die Bildung der Gradienten führt zu konstanten Vektoren. Die lineare Abhängigkeit zwischen dem Gradienten der Zielfunktion und den Gradienten der Nebenbedingungen führt zu einem insgesamt linearen Gleichungssystem. Die Lösung dieses linearen Gleichungssystems gibt zur gegebenen Rendite ein Portfolio, d.h. eine Aufteilung $\alpha=(\alpha_1, \alpha_2,.., \alpha_n)$ mit minimaler Varianz und damit auch mit minimaler Standardabweichung σ und daher mit minimalem Risiko. Da die effizienten Portfolios mit linearen Gleichungen bestimmt werden, stellen Linearkombinationen effizienter Portfolios wieder effiziente Portfolios dar. Mit zwei effizienten Portfolios sind auch alle ihre Linearkombinationen, bei denen das Anlagevolumen auf diese beiden Portfolios verteilt wird, wiederum effizient. Damit ist man grundsätzlich wieder im vorher untersuchten Fall, d.h. es genügt, sich auf die Kombination zweier effizienter Portfolios zu beschränken. Hat man mehr als zwei unterschiedliche Anlageklassen, so heißt dies aber nicht, dass dabei einzelne Anlageklassen überhaupt nicht berücksichtigt werden. Üblicherweise enthalten die effizienten Portfolios alle Anlageklassen. Es genügen aber, zwei effiziente Portfolios zu betrachten, die sich beispielsweise als zwei unterschiedliche Zusammensetzungen aus allen Anlageklassen ergeben. Alle weiteren effizienten Portfolios sind dann wiederum Linearkombinationen dieser beiden Anlageformen, d.h. man investiert mit der Aufteilung α in die eine Anlageform und $1-\alpha$ in die andere Anlageform und hat damit wieder die oben ausführlich erläuterte Situation von nur zwei Anlageformen:

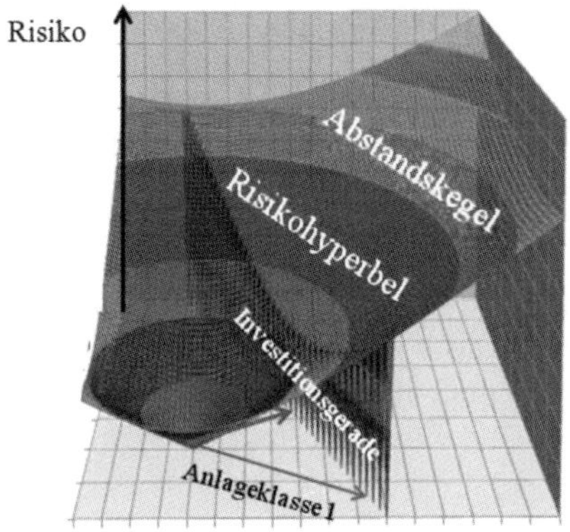

Abbildung 7.2

Die Abstände beliebiger Punkte vom Ursprung ergeben den in Abbildung 7.2 dargestellten Kegel mit Spitze im Ursprung („Abstandskegel"). Das Risiko der Portfolio-Kombinationen entspricht den Abständen der Punkte auf der Investitionsgeraden. Diese ergeben sich als Schnitt des Abstandskegels mit der vertikalen Ebene über der Investitionsgeraden.

Dieser Schnitt ergibt einen Kegelschnitt und zwar eine Hyperbel. Da die Renditen wiederum linear zur Portfolio-Zusammensetzung sind, ergibt sich auch eine Hyperbel, wenn als x-Koordinate die Rendite an deren Stelle aufgetragen wird.

Dies führt auch im allgemeinen Fall zu dem berühmten Zusammenhang von Risiko und Rendite bei den effizienten Portfolios in Form einer Hyperbel.

7.5 Berechnungen von effizienten Portfolios bei mehr als zwei Anlageklassen

7.5.1 Generelle Lösung

Wie löst man dies nun explizit als lineares Gleichungssystem? Wir beschränken uns in unserer Beschreibung auf 3 Anlageformen, man kann das Vorgehen aber auf $n>3$ Anlageformen ausweiten.

Wir suchen die Lösung von

$$G \cdot \begin{pmatrix} \alpha_1 \\ \alpha_2 \\ \alpha_3 \\ \lambda \\ \kappa \end{pmatrix} = \begin{pmatrix} 0 \\ 0 \\ 0 \\ 1 \\ \mu \end{pmatrix} \quad \text{mit } G = \begin{pmatrix} Cov_{11} & Cov_{21} & Cov_{31} & 1 & \mu_1 \\ Cov_{21} & Cov_{22} & Cov_{32} & 1 & \mu_2 \\ Cov_{31} & Cov_{32} & Cov_{33} & 1 & \mu_3 \\ 1 & 1 & 1 & 0 & 0 \\ \mu_1 & \mu_2 & \mu_3 & 0 & 0 \end{pmatrix}.$$

Für die Lösung der Matrizengleichung müssen 5 einzelne Gleichungen gelöst werden. Die oberen 3 Gleichungen geben die Bedingung für den Gradienten. Der Gradient der Zielfunktion muss in dem von den Gradienten der Nebenbedingung gebildeten linearen Unterraum liegen. λ und μ stellen so genannte „Lagrange-Multiplikatoren" dar (Luderer und Würker 2011, S. 368f). Diese zusätzlichen Variablen werden benötigt, da die Bedingungen an die Gradienten ihre Richtung, nicht aber ihre Länge betreffen.

Als Zielfunktion wird dabei das Risiko minimiert. Dabei genügt es, die Varianz zu minimieren, die Standardabweichung als Wurzel der Varianz wird dann auch minimal. Die Varianz ergibt sich als Polynom 2. Grades in den Portfoliokomponenten α_i als $\sigma^2 = \sum_{i,j=1}^{n} Cov_{ij}\alpha_i \cdot \alpha_j$.

Damit ist

$$grad(\sigma^2) = \begin{pmatrix} \frac{\partial \sigma^2}{\partial \alpha_1} \\ \vdots \\ \frac{\partial \sigma^2}{\partial \alpha_1} \end{pmatrix} = 2 \cdot Cov \cdot \begin{pmatrix} \alpha_1 \\ \vdots \\ \alpha_n \end{pmatrix}.$$

In unserem Fall entspricht *Cov* der in der 5x5 Matrix *G* eingefügten 3x3 Kovarianzmatrix. Wir haben dabei den Faktor 2 weggelassen, was keinen Einfluss auf die Lösungen hat, da die Bedingungen an den Gradienten nur die Richtung, nicht aber dessen Länge betreffen.

Die 4. Gleichung besagt, dass insgesamt 100 % in die 3 Anlageformen α_1, α_2 und α_3 investiert sind und die 5. Gleichung bestimmt, dass eine gegebene Rendite μ erwirtschaftet wird.

Dann ist

$$G^{-1} \cdot \begin{pmatrix} 0 \\ 0 \\ 0 \\ 1 \\ \mu \end{pmatrix} = \begin{pmatrix} \alpha_1 \\ \alpha_2 \\ \alpha_3 \\ \lambda \\ \kappa \end{pmatrix} \quad \text{und damit} \quad \begin{pmatrix} {G^{-1}}_{14} & {G^{-1}}_{15} \\ {G^{-1}}_{24} & {G^{-1}}_{25} \\ {G^{-1}}_{34} & {G^{-1}}_{35} \end{pmatrix} \cdot \begin{pmatrix} 1 \\ \mu \end{pmatrix} = \begin{pmatrix} \alpha_1 \\ \alpha_2 \\ \alpha_3 \end{pmatrix}.$$

Wir setzen

$$P = \begin{pmatrix} {G^{-1}}_{14} & {G^{-1}}_{15} \\ {G^{-1}}_{24} & {G^{-1}}_{25} \\ {G^{-1}}_{34} & {G^{-1}}_{35} \end{pmatrix} \quad \text{und} \quad Cov = \begin{pmatrix} Cov_{11} & Cov_{12} & Cov_{13} \\ Cov_{21} & Cov_{22} & Cov_{23} \\ Cov_{31} & Cov_{32} & Cov_{33} \end{pmatrix},$$

die Kovarianzmatrix. *P* gibt die Zusammensetzung effizienter Portfolios bei gegebener Rendite.

Dann ist $\sigma^2 = \begin{pmatrix} \alpha_1 & \alpha_2 & \alpha_3 \end{pmatrix} \cdot Cov \cdot \begin{pmatrix} \alpha_1 \\ \alpha_2 \\ \alpha_3 \end{pmatrix} = \begin{pmatrix} 1 & \mu \end{pmatrix} \cdot P^T \cdot Cov \cdot P \cdot \begin{pmatrix} 1 \\ r \end{pmatrix}$

$$= \begin{pmatrix} 1 & \mu \end{pmatrix} \cdot \begin{pmatrix} A_{11} & A_{12} \\ A_{21} & A_{22} \end{pmatrix} \cdot \begin{pmatrix} 1 \\ \mu \end{pmatrix}$$

$$= A_{11} + 2A_{21}\mu + A_{22}\mu^2$$

mit $\begin{pmatrix} A_{11} & A_{12} \\ A_{21} & A_{22} \end{pmatrix} = P^T \cdot Cov \cdot P$

als Beziehung zwischen dem Quadrat des Risikos und der Rendite für die optimalen Portfolios. Dies stellt einen Kegelschnitt dar. Da die Kovarianzmatrix positiv definit ist, gibt

$$\begin{pmatrix} G^{-1}{}_{15} & G^{-1}{}_{25} & G^{-1}{}_{35} \end{pmatrix} \cdot Cov \cdot \begin{pmatrix} G^{-1}{}_{15} \\ G^{-1}{}_{25} \\ G^{-1}{}_{35} \end{pmatrix} = A_{22} > 0$$

und deshalb ist

$$\sigma^2 = A_{11} + 2A_{21}\mu + A_{22}\mu^2$$

eine Hyperbel.

Beispiel 7.7. Die Korrelationen übernehmen wir von der Vorgabe aus der Solvency II Studie QIS5 „Quantitative Impact Study 5" für die drei Anlageformen Anleihen, Aktien und Immobilien. Dabei wird in dem hier betrachteten Anschnitt der Studie unter dem Risiko bei Anleihen generell das Zinsrisiko ohne das separat behandelte Gegenparteirisiko verstanden und die Korrelationen werden unterschiedlich für das Risiko fallender und steigender Zinssätze angesetzt. Wir nehmen hier als Beispiel die Korrelationsmatrix für fallende Marktzinsen.

Damit ist $Korr = \begin{pmatrix} 1,00 & 0,50 & 0,50 \\ 0,50 & 1,00 & 0,75 \\ 0,50 & 0,75 & 1,00 \end{pmatrix}$. Als Volatilität der Einzelrisiken setzen wir

$\sigma(R_1) = 20\ \%$ für das Risiko der Wertänderung von Anleihen aufgrund der Änderung der Marktzinsen

$\sigma(R_2) = 25\ \%$ für das Risiko der Wertänderung von Aktien und

$\sigma(R_3) = 20\ \%$ für das Risiko der Wertänderung von Immobilien.

Die Risiken sollen sich wie in Solvency II vorgegeben und wie auch im allgemeinen Sprachgebrauch für den Begriff der Volatilitäten üblich auf den Zeitraum von einem Jahr beziehen.

Der Begriff der Volatilität wird im Zusammenhang mit den stochastischen Prozessen noch näher ausgeführt. Diese Volatilitätsannahmen sind als Beispiele zu verstehen. Damit ist

$$\Delta(\sigma)=\begin{pmatrix}\sigma(R_1) & 0 & 0\\ 0 & \sigma(R_2) & 0\\ 0 & 0 & \sigma(R_3)\end{pmatrix}=\begin{pmatrix}0,2 & 0 & 0\\ 0 & 0,25 & 0\\ 0 & 0 & 0,2\end{pmatrix}$$

und

$$Cov=\Delta(\sigma)\cdot Korr\cdot\Delta(\sigma)=\begin{pmatrix}4,00\ \% & 2,50\ \% & 2,00\ \%\\ 2,50\ \% & 6,25\ \% & 3,75\ \%\\ 2,00\ \% & 3,75\ \% & 4,00\ \%\end{pmatrix}$$

Die Cholesky-Zerlegung der Kovarianzmatrix Cov gibt:

$$\begin{pmatrix}4,00\ \% & 2,50\ \% & 2,00\ \%\\ 2,50\ \% & 6,25\ \% & 3,75\ \%\\ 2,00\ \% & 3,75\ \% & 4,00\ \%\end{pmatrix}=\begin{pmatrix}20,0\ \% & 0\ \% & 0\ \%\\ 12,5\ \% & 21,7\ \% & 0\ \%\\ 10,0\ \% & 11,5\ \% & 12,9\ \%\end{pmatrix}\cdot\begin{pmatrix}20,0\ \% & 12,5\ \% & 10,0\ \%\\ 0,0\ \% & 21,7\ \% & 11,5\ \%\\ 0,0\ \% & 0,0\ \% & 12,9\ \%\end{pmatrix}$$

Die Spaltenvektoren der oberen Dreiecksmatrix

$$R_1=\begin{pmatrix}20,0\ \%\\ 00,0\ \%\\ 00,0\ \%\end{pmatrix},\ R_2=\begin{pmatrix}12,5\ \%\\ 21,7\ \%\\ 00,0\ \%\end{pmatrix}\text{ und }R_3=\begin{pmatrix}10,0\ \%\\ 11,5\ \%\\ 12,9\ \%\end{pmatrix}$$

stellen die einzelnen Risiken als Vektoren dar. Ihre Länge entspricht der Größe des Einzelrisikos, also der Volatilität, und ihre Richtung, d.h. ihre Lage zueinander, entspricht der vorgegebenen Korrelationsmatrix, d.h. die obigen Vektoren im dreidimensionalen Raum IR^3 haben die durch die Korrelationsmatrix gegebenen jeweiligen Skalarprodukte resp. Winkel zueinander.

Das Portfolio mit minimalem Risiko ergibt sich, indem die Matrix $\tilde{G}$, welche aus G ohne die untere Zeile und hintere Spalte gebildet wird und damit die Renditeannahmen weglässt, invertiert wird.

Man hat die Gleichungen $\tilde{G}\cdot\begin{pmatrix}\alpha_1\\ \alpha_2\\ \alpha_3\\ \lambda\end{pmatrix}=\begin{pmatrix}0\\0\\0\\1\end{pmatrix}$ mit $\tilde{G}=\begin{pmatrix}Cov_{11} & Cov_{12} & Cov_{13} & 1\\ Cov_{21} & Cov_{22} & Cov_{23} & 1\\ Cov_{31} & Cov_{32} & Cov_{33} & 1\\ 1 & 1 & 1 & 0\end{pmatrix}$.

Damit ergibt sich die risikominimale Aufteilung aus

$$\tilde{G}^{-1}\begin{pmatrix}0\\0\\0\\1\end{pmatrix}=\begin{pmatrix}\alpha_1\\ \alpha_2\\ \alpha_3\\ \lambda\end{pmatrix}\text{ und damit }\begin{pmatrix}\alpha_1^{\min}\\ \alpha_2^{\min}\\ \alpha_3^{\min}\end{pmatrix}=\begin{pmatrix}\tilde{G}_{14}^{-1}\\ \tilde{G}_{24}^{-1}\\ \tilde{G}_{34}^{-1}\end{pmatrix}=\begin{pmatrix}51\%\\ -5\%\\ 54\%\end{pmatrix}.$$

Dabei kann die inverse Matrix $\tilde{G}^{-1}$ von $\tilde{G}$ mit den üblichen Tabellenkalkulationsprogrammen berechnet werden (zum theoretischen Hintergrund siehe Luderer und Würker 2011, S. 181f.). $\tilde{G}_{14}^{-1}$ bezeichnet dann den Koeffizienten dieser inversen Matrix in der ersten Reihe und in der vierten Kolonne etc.

In Abbildung 7.3 wird die Situation grafisch dargestellt: Die Investitionsebene verallgemeinert die Investitionsgerade bei drei Anlageklassen. Das Risiko jeder Anlageklasse ist durch einen Vektor im Raum dargestellt. Die Anlagekombinationen, bei denen 100 % des Anlagekapitals angelegt werden, sind durch die Punkte auf der Investitionsebene dargestellt. Je nach Gewichtung der Anteile liegt der Punkt näher bei der jeweiligen Anlageform. Punkte auf den Dreiecksseiten investieren nur in 2 Anlageformen und Punkte außerhalb des Dreieckes entstehen durch „Leerverkäufe" d.h. mit der Beleihung der einen oder anderen Anlageform. Bei den hier verwendeten Volatilitäten kann das Gesamtrisiko durch die Hinzunahme von Aktien nicht reduziert werden. Geht man in dieser Beispielsituation nur nach dem Risiko, so muss man das Vermögen etwa je zur Hälfte in Anleihen und Immobilien anlegen. Ohne Berücksichtigung von erwarteten Renditen hat man nur ein effizientes Portfolio, dasjenige mit dem geringsten Risiko. Da das Risiko dem Abstand des durch das Portfolio gegebenen Punktes von der Investitionsebene entspricht, ist dies der Punkt der Ebene mit dem kleinsten Abstand; das ist der Punkt, dessen Verbindungsgerade mit dem Ursprung senkrecht auf der Investitionsebene steht. Damit wir die von Markowitz behandelte Situation haben, nehmen wir noch unterschiedliche Renditeerwartungen dazu. Als Beispiele setzen wir $\mu_1 = \mu_3 = 4$ % und $\mu_2 = 5$ %.

Die effizienten Portfolios lassen sich wie im Fall von 2 Anlagemöglichkeiten auf einer Halbgeraden darstellen; sie beginnen mit dem Portfolio zum minimal möglichen Risiko und werden dann immer risikoreicher und renditeorientierter. Dies geschieht hier durch Vergrößern des Aktienanteils und Abbau insbesondere beim Immobilienanteil.

Im Schnittpunkt der Geraden mit den effizienten Portfolios und der Grundseite des Dreiecks sind alle Immobilien abgebaut und noch ca. 17 % in Anleihen investiert. Die Grafik zeigt keine Leerverkäufe in Immobilien, dazu müsste die Investitionsebene unterhalb der Grundebene fortgesetzt werden.

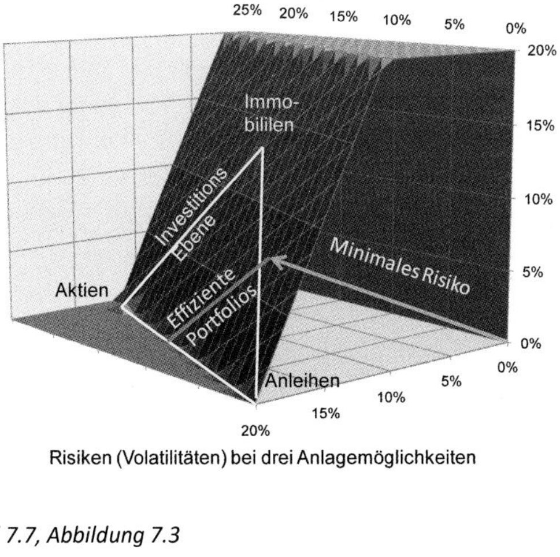

Risiken (Volatilitäten) bei drei Anlagemöglichkeiten

Beispiel 7.7, Abbildung 7.3

Abbildung 7.3 gibt nur das Risiko wieder und die Gerade mit den Risiko/Rendite-effizienten Portfolios wurde nur eingezeichnet. Die effizienten Portfolios liegen wie bei nur zwei Anlageformen auf einer Geraden, da mit zwei effizienten Portfolios alle ihre Linearkombinationen wiederum effizient sind, wobei, wie schon erwähnt, üblicherweise alle zur Verfügung stehenden Anlageformen für die Zusammenstellung der beiden effiziente Portfolios benutzt werden müssen. Somit kann man auch bei drei und mehr Anlagemöglichkeiten das Risiko/Rendite-Bild für die effizienten Portfolios auf nur zwei (effiziente) Anlageformen reduzieren. Bei zwei Anlageformen stellt die Rendite als Funktion des Risikos eine Hyperbel dar und das ist auch hier der Fall, da es keine Rolle spielt, wie die beiden Anlageformen bestimmt wurden. Nimmt man noch eine risikolose Anlage dazu, liegen die effizienten Portfolios auf der Tangente von dem die risikolose Anlage darstellenden Punkt (0, *r*) an die Hyperbel im Rendite/Risiko-Diagramm:

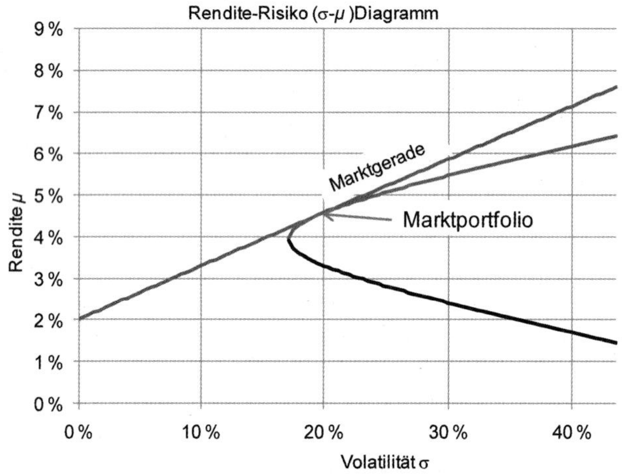

Beispiel 7.7, Abbildung 7.4

Der obere Ast der Hyperbel stellt wiederum die effizienten Portfolios dar. Da Immobilien und Anleihen korreliert sind, kann das Risiko, d.h. die Volatilität durch die Mischung der beiden Anlageklassen, nur von 20 % auf gut 17 % im Portfolio mit minimalem Risiko reduziert werden.

In der Grafik ist zudem die sogenannte „Marktgerade" eingezeichnet, die sich bei Hinzunahme der risikolosen Anlageform mit einer hier angenommenen Rendite von

$r = 2,0$ % ergibt.

Die Bestimmung der effizienten Portfolios mit dem durch die Matrix G gegebenen Gleichungssystem und durch Invertieren von G ist für die praktische Berechnung geeignet, da die üblichen Tabellenkalkulationsprogramme Matrizenrechnung und insbesondere auch das Invertieren von Matrizen anbieten und diese Berechnungen recht einfach eingesetzt werden können (Luderer (Hrsg.) 2008, S. 17f.). Dieses Verfahren lässt sich auch bei Hinzunehmen einer risikolosen Anlageform einsetzen. Die $(n+2)\text{x}(n+2)$ Matrix

$$G = \begin{pmatrix} Cov_{11} & Cov_{21} & Cov_{31} & 1 & \mu_1 \\ Cov_{21} & Cov_{22} & Cov_{32} & 1 & \mu_2 \\ Cov_{31} & Cov_{32} & Cov_{33} & 1 & \mu_3 \\ 1 & 1 & 1 & 0 & 0 \\ \mu_1 & \mu_2 & \mu_3 & 0 & 0 \end{pmatrix} = \begin{pmatrix} Cov & 1 & \mu \\ 1 & 0 & 0 \\ \mu & 0 & 0 \end{pmatrix}$$

muss dann entsprechend um die neue Anlageform mit einer Zeile und einer Spalte zu einer (n+3)x(n+3) Matrix $\hat{G}$ erweitert werden. Zu lösen ist:

$$\hat{G} \cdot \begin{pmatrix} \alpha_r \\ \alpha \\ \lambda \\ \kappa \end{pmatrix} = \begin{pmatrix} 0 \\ 0 \\ 1 \\ \mu_p \end{pmatrix} \quad \text{mit } \hat{G} = \begin{pmatrix} 0 & 0 & 1 & r \\ 0 & Cov & 1 & \mu \\ 1 & 1 & 0 & 0 \\ r & \mu & 0 & 0 \end{pmatrix}.$$

Aus der Matrizenmultiplikation der ersten Gleichung mit $\hat{G}^{-1}$ folgt

$$\begin{pmatrix} \hat{G}_{15}^{-1} \\ \hat{G}_{25}^{-1} \\ \hat{G}_{35}^{-1} \\ \hat{G}_{45}^{-1} \end{pmatrix} + \mu_P \begin{pmatrix} \hat{G}_{16}^{-1} \\ \hat{G}_{26}^{-1} \\ \hat{G}_{36}^{-1} \\ \hat{G}_{46}^{-1} \end{pmatrix} = \begin{pmatrix} \alpha_r \\ \alpha_1 \\ \alpha_2 \\ \alpha_3 \end{pmatrix},$$

womit die Anlagezusammensetzung der einzelnen Portfolios der Marktgeraden als Funktion der hier als μ_P bezeichneten jeweiligen Portfoliorendite beschrieben wird.

Das Marktportfolio selbst, also das effiziente Portfolio ohne risikolose Anlageform, ergibt sich, indem μ_P so bestimmt wird, dass in der 1. Zeile α_r verschwindet, d.h.

$$\mu_P = -\frac{\hat{G}_{15}^{-1}}{\hat{G}_{16}^{-1}} \text{ und damit}$$

$$\begin{pmatrix} \alpha_1^{Markt} \\ \alpha_2^{Markt} \\ \alpha_3^{Markt} \end{pmatrix} = \begin{pmatrix} \hat{G}_{25}^{-1} \\ \hat{G}_{35}^{-1} \\ \hat{G}_{45}^{-1} \end{pmatrix} - \frac{\hat{G}_{15}^{-1}}{\hat{G}_{16}^{-1}} \cdot \begin{pmatrix} \hat{G}_{26}^{-1} \\ \hat{G}_{36}^{-1} \\ \hat{G}_{46}^{-1} \end{pmatrix}.$$

Mit den obigen Zahlenangaben, d.h. mit

$$Korr = \begin{pmatrix} 1,00 & 0,50 & 0,50 \\ 0,50 & 1,00 & 0,75 \\ 0,50 & 0,75 & 1,00 \end{pmatrix}, \begin{pmatrix} \sigma(R_1) \\ \sigma(R_2) \\ \sigma(R_3) \end{pmatrix} = \begin{pmatrix} 0,2 \\ 0,25 \\ 0,2 \end{pmatrix}, \mu = \begin{pmatrix} \mu_1 \\ \mu_2 \\ \mu_3 \end{pmatrix} = \begin{pmatrix} 4\% \\ 5\% \\ 4\% \end{pmatrix},$$

und einem risikolosen Zinssatz r = 2 % ergibt dies

$$\alpha = \begin{pmatrix} \alpha_1^{Markt} \\ \alpha_2^{Markt} \\ \alpha_3^{Markt} \end{pmatrix} = \begin{pmatrix} 40\% \\ 54\% \\ 6\% \end{pmatrix}.$$

Das Marktportfolio hat damit ein Risiko von

$$\sqrt{\alpha^T \cdot Cov \cdot \alpha} = 19{,}7\%$$

und eine Rendite von

$$\mu^T \cdot \alpha = 4{,}54\,\%.$$

Das Marktportfolio kann auch als Tangente vom Rendite/Risiko-Punkt (0, r)=(0, 2 %) der risikolosen Anlage an die Hyperbel der Risiko/Rendite-effizienten Portfolios ohne risikolose Kapitalanlage gefunden werden.

G, $\tilde{G}$ und $\hat{G}$ sind regulär, d.h. sie haben maximalen Rang und sind damit invertierbar,

- wenn die Kovarianzmatriv *Cov* maximalen Rang hat, was der Annahme entspricht, dass mit den als risikobehaftet angenommenen Anlageformen das Risiko nicht vollständig wegdifferenziert werden kann und
- wenn die Renditen nicht alle gleich sind.

Man kann dies beispielsweise so einsehen, dass in diesem Fall eine Lösung der Gleichungen

$\bar{G} \cdot v = 0$, $\bar{G} = G$, $\tilde{G}$ oder $\hat{G}$ nur möglich ist, wenn v =0 ist. Gäbe es eine andere Lösung dieser Gleichungen mit $v \neq 0$ dieser Gleichungen, wäre dies auch eine Kapitalanlage mit minimalem Risiko, also mit verschwindendem Risiko. Dann kann aber nur in die erste Anlageform, die risikolose Anlage, investiert sein und dann kann sich in der zweituntersten Spalte als Summe über alle investierten Anteile nicht 0 ergeben.

In dem hier zur Verfügung stehenden, kleinen „Anlageuniversum" mit drei risikobehafteten Anlageformen, eben Aktien, Anleihen und Immobilien, und einer risikolosen Anlage positionieren sich alle Rendite/Risiko-effizienten Anlagen auf der „Marktgeraden" der effizienten Portfolios. Sie teilen ihre Anlage in einen Anteil an risikolosen Anlagen und einen Anteil an risikobehafteten Anlagen auf. Die risikobehafteten Anlagen selbst teilen sich immer im gleichen Verhältnis auf die 3 risikobehafteten Anlagemöglichkeiten auf, also immer im Verhältnis 40 % Anleihen, 54 % Aktien und 6 % Immobilien. Dies jedenfalls dann, wenn alle Investoren die Risiken, d.h. die Kovarianzmatrix und die Renditeaussichten gleich einschätzen. Auch wenn solche Einschätzungen naturgemäß differieren, zeigt dies doch schon, dass die Portfoliotheorie von Markowitz zu einer ähnlichen Sichtweise und damit zu einem ähnlichen Verhalten der Investoren geführt haben könnte, was dann das globale Risiko wohl eher erhöht als verringert hat.

7.6 CAPM, der Beta-Faktor von Aktien und die Sharpe Ratio

7.6.1 *CAPM und der β-Faktor von Aktien*

Hier wird die Frage gestellt, welche Kapitalanlagen sich überhaupt am Anlagemarkt halten können. Die Fragestellung wird quasi umgedreht, es geht zuerst einmal nicht um den Anleger, sondern um die Kapitalanlagemöglichkeiten selbst. Dabei spielt der Anleger auch eine Rolle, denn man stellt sich die Frage, wie Risiko und Rendite der Anlagemöglichkeiten sein müssen, wenn alle Anleger ihr Portfolio Rendite/Risiko-effizient ausrichten. Mit dem CAPM, dem „Capital Asset Pricing Modell", wird der Frage nachgegangen, was dann für die Anlagemöglichkeiten selbst, die „Capital assets" oder auf deutsch die Kapitalanlagen selbst, gilt. Im Englischen steht „Capital asset" für investiertes Kapital, im Unterschied z.B. zu „current assets", dem Umlaufvermögen etc.

Wir nehmen an, das Anlageuniversum bestehe aus n Anlagemöglichkeiten $X_1,.., X_n$. und es gebe ein Rendite/Risiko-effizientes Portfolio $X_M = \sum \alpha_i \cdot X_i$, das sich aus geeigneten Anteilen $(\alpha_1,.., \alpha_n)$ aus dem Anlageuniversum zusammensetzt, wobei insgesamt 100 % investiert sind, d.h. $\sum \alpha_i = 1$. Seien μ_M die erwartete Rendite und σ_M die Standardabweichung des Risikos, d.h. der erwarteten Renditeschwankungen des Marktportefeuilles. Zusätzlich gebe es eine risikolose Anlageform mit der Rendite r.

Wir betrachten nun eine einzelne Anlageform X_i. Was gilt für ihr Risiko und für ihre Rendite? Welche Anforderungen müssen hier erfüllt sein?

Es zeigt sich, dass es keine spezielle Bedingung an das Risiko der einzelnen Anlageform gibt, sondern nur einen Zusammenhang zwischen der Kovarianz des Einzelrisikos zum Marktportfolio und der Rendite. Die Rendite der einzelnen Anlageform $\mu(X_i)$ genügt der Gleichung

$$\mu(X_i) = \frac{Cov(X_i, X_M)}{\sigma_M^2}(\mu_M - r) + r = \beta_i(\mu_M - r) + r\,.$$

Dabei nennt man $\beta_i = \dfrac{Cov(X_i, X_M)}{\sigma_M^2}$ β-Faktor der Anlageform X_i.

7.6.2 *Nachweis der mit dem β-Faktor gegebenen Beziehung zwischen Rendite und Risiko*

Diese Gleichung gilt auch für die beiden Anlageformen, auf die wir unsere Überlegungen aufbauen, nämlich die risikolose Anlage und das Marktportfolio: Die risikolose Anlage hat die Kovarianz 0 mit dem Marktportfolio und erfüllt damit die obige Gleichung und auch das Marktportfolio selbst erfüllt die obige Gleichung, da $Cov(X_M, X_M) = \sigma_M^2$.

Wir betrachten ein leicht modifiziertes Marktportfolio $\tilde{X}_M = (1-\delta)X_M + \delta X_i$, indem wir etwas mehr oder weniger von der Anlageform X_i in das Marktportfolio hineinmischen.

Wie ändert sich das Risiko des Marktportfolios?

Es gilt $\sigma(\delta)^2 = \sigma(\tilde{X}_M)^2 = \begin{pmatrix}1-\delta & \delta\end{pmatrix} \cdot \begin{pmatrix} \sigma_M{}^2 & Cov(X_i, X_M) \\ Cov(X_i, X_M) & \sigma(X_i)^2 \end{pmatrix} \cdot \begin{pmatrix} 1-\delta \\ \delta \end{pmatrix}$

und damit

$$\left.\frac{d\sigma^2(\delta)}{d\delta}\right|_{\delta=0} = Cov(X_i, X_M) \left.\frac{d(2\delta(1-\delta))}{d\delta}\right|_{\delta=0} + \sigma_M{}^2 \left.\frac{d((1-\delta)^2)}{d\delta}\right|_{\delta=0} + \sigma(X_i)^2 \left.\frac{d(\delta^2)}{d\delta}\right|_{\delta=0}$$

$$= 2(Cov(X_i, X_M) - \sigma_M{}^2).$$

Mit $(\sqrt{u})' = \frac{0.5u'}{\sqrt{u}}$ gibt die Ableitung der Standardabweichung als Quadratwurzel der Varianz

$$\left.\frac{d\sigma(\delta)}{d\delta}\right|_{\delta=0} = \frac{Cov(X_i, X_M) - \sigma_M{}^2}{\sigma_M}.$$

Die Ableitung der Rendite μ nach δ gibt

$$\left.\frac{d\mu(\delta)}{d\delta}\right|_{\delta=0} = \mu(X_i) - \mu_M.$$

Das Marktportfolio gibt eine Umrechnung von Rendite und Risiko: Die Rendite $\mu_M - r$ „kostet" an Risiko(zunahme) σ_M. Dieser Preis muss auch für eine kleine Änderung des Marktportfolios beim Übergang auf $\tilde{X}_M$ gelten. Wäre der Preis kleiner, könnte die Rendite/Risiko-Position des Marktportfolios durch eine leichte Verschiebung der Anteile in den einzelnen Anlageformen verbessert werden, indem der Anteil in der Anlageform X_i leicht erhöht werden würde, bei entsprechender proportionaler Kürzung der bisherigen Zusammensetzung des Marktportfolios. Wäre der Preis höher, so könnte die Rendite/Risiko-Position des Marktportfolios ebenfalls verbessert werden, indem der bisherige Anteil in der Anlageform X_i reduziert wird. Dabei wird angenommen, dass im Marktportfolio ein Anteil der Anlageform X_i aufgenommen ist. Für Anlageformen, die nicht im Marktportfolio aufgenommen sind, gilt nur

$$\mu(X_i) < \beta_i(\mu_M - r) + r.$$

In der ökonomischen Theorie gibt es solche Anlageformen auch nicht, da die finanzrationalen, Rendite/Risiko-Effizienz verlangenden Anleger nicht in diese Anlageformen investieren würden.

Damit gilt

$$\left.\frac{d\mu(\delta)}{d\delta}\right|_{\delta=0} = \mu(X_i) - \mu_M = \frac{\mu_M - r}{\sigma_M} \cdot \left.\frac{d\sigma(\delta)}{d\delta}\right|_{\delta=0} = \frac{\mu_M - r}{\sigma_M} \cdot \frac{Cov(X_i, X_M) - \sigma_M{}^2}{\sigma_M}$$

und schließlich

$$\mu(X_i) = \frac{Cov(X_i, X_M)}{\sigma_M^2} \cdot (\mu_M - r) + r .$$

7.6.3 „Sharpe Ratio" von Portfolios

Der amerikanische Ökonomen und Nobelpreisträger William F. Sharpe führte als Maß für die Beurteilung eines Anlageportfolios den als „Sharpe Ratio" bezeichneten Quotienten

$$\text{Sharpe ratio}(X) = \frac{\mu(X) - r}{\sigma(X)}$$

ein. Die „Sharpe ratio" bezieht sich nicht auf einzelne Aktien, wo nach dem CAPM allein zählt, wie die Aktie sich in das Weltkonzert der Anlagemöglichkeiten bezüglich Rendite und Performance einfügt, sondern schon auf Portfolios, die ausgewogen sein sollten und bei welchen die einzelnen Anlagemöglichkeiten optimal zusammengestellt sind. Für diese Portfolios sollten Rendite und Risiko auf der Marktgeraden liegen. Damit kann der mit der „Sharpe ratio" gebildete Quotient Aufschluss über die Güte des Portfoliomanagements geben.

7.7 Ökonomisches Weltbild der Portfoliotheorie: Affinitäten und Unterschiede zu Solvency II

Die Portfoliotheorie bewertet die einzelnen Anlageformen aufgrund eines globalen Verständnisses des gesamten Anlageuniversums. Dabei konzentriert es die Betrachtungen auf das Risiko und Renditeerwartungen. Es spielt eigentlich keine Rolle, wie die Anlageformen für sich allein sind. Es kommt nur auf ihr Zusammenspiel in der Gesamtheit des Anlageuniversums an. Können sie dort einen Beitrag zur Verbesserung der Rendite/Risiko-Effizienz leisten, so haben die Anlageformen eine Berechtigung, andernfalls nicht und der Markt wird sie verschwinden lassen. Anlagen, die nicht mit dem Markt korreliert sind, brauchen keine höhere Rendite als die risikolose Verzinsung. Im geometrischen Bild steht das Risiko dieser Anlageformen orthogonal zum Marktrisiko und erhöht es deshalb kaum. Für Anlageformen, die negativ zum Marktrisiko korreliert sind, genügt schon eine Rendite unterhalb der risikolosen Verzinsung, da mit diesen Anlagen das Risiko der Marktportfolios wegdiversifiziert werden kann. Im geometrischen Bild hat das Risiko dieser Anlageformen einen stumpfen Winkel, also einen Winkel über 90° zum Marktrisiko. Diese Anlageformen leisten sozusagen die „Nachtschicht". Ihr Beitrag zur Risikoreduktion rechtfertigt die „Nachtzulage" in Form einer niedrigeren Rendite als selbst bei der risikolosen Anlage. Diese Sichtweise entspricht einer globalisierten Arbeitsteilung bei der Erfüllung von Risiko/Rendite-Zielen.

Bei der Anwendbarkeit solch globaler, makroökonomischer Betrachtungen ist wohl eine gewisse Ernüchterung eingetreten. Die Beta-Faktoren der einzelnen Aktien sind recht instabil. Schaut man sich früher publizierte Werte an, so findet man langweilige, tiefe β-Faktoren bei Aktiengesellschaften, die sich nachher als äußerst risikobehaftet herausstellten. So hatte beispielsweise die „Hypo Real Estate" gemäß einer Studie 2007 einen β-Wert von 0,78 und bekanntermaßen musste der deutsche Staat zusammen mit anderen Banken die „Hypo Real Estate" mit gegen 100 Mia. € retten.

Die Risikomessung bei Solvency II ist derjenigen bei der Portfoliotheorie sehr ähnlich. Solvency II beschränkt sich auf die Risikomessung, ohne dabei Risiko und Rendite zusammen zu bewerten. Das liegt natürlich daran, dass Solvency II die Risikoanforderungen der Aufsichtsgesetze und der Aufsichtsbehörden umzusetzen hat. Renditeanforderungen werden eher als Interessen der Eigentümer der Versicherungsgesellschaft verstanden, also beispielsweise als Interessen der Aktionäre, die nicht speziell in den Aufsichtsgesetzen geschützt werden müssen. Insbesondere bei den Lebensversicherungen mit den langfristigen Vertragsbindungen haben die Versicherungsnehmer auch ein vitales Interesse an guten Renditen und das Ausblenden der Renditen und die alleinige Berücksichtigung des Risikos, zumal ja auch nur auf einen einjährigen Horizont, stellt vielleicht doch eine gewisse Schwachstelle in Solvency II dar. Allerdings hat der Zeitgeist seither die seinerzeit hohen Renditeerwartungen etwas gedämpft und die mit der Kapitalanlage verbundenen Risiken sind wieder stärker in den Vordergrund gerückt.

Die Portfolio-Theorie untersucht nur die Kapitalanlagen selbst, also das investierte Vermögen. Dies kann das Vermögen einer Privatperson oder das Anlagevermögen einer Unternehmung sein. Solvency II untersucht dagegen die Gesamtbilanz eines Versicherungsunternehmens, also nicht nur das Vermögen auf der Aktivseite, sondern insbesondere auch die Verpflichtungen auf der Passivseite. Das Zinsrisiko bei Anleihen, d.h. das Risiko der Wertänderung von Anleihen aufgrund von Marktzinsschwankungen in der Portfolio-Theorie, wird in Solvency II zu einem generellen Zinsrisiko in der gesamten nach Marktwerten oder marktnah bewerteten Bilanz. Sind Vermögen und Verpflichtungen bezüglich Zinsänderungen aufeinander abgestimmt, so gleichen sich die Zinsrisiken auf der Aktiv- und Passivseite aus und insgesamt besteht dann für dieses Unternehmen kein Zinsrisiko mehr.

Diese Abstimmung der Zinsrisiken kennt man auch unter dem Begriff „Durationmatching". Haben die zinssensitiven Anlagen auf der Aktiv- und Passivseite die gleiche Duration, so gleichen sich die Wertschwankungen infolge von Marktzinsänderungen bei den Markt- resp. marktnahen Bewertungen weitgehend aus. Andernfalls hat man einen sogenannten „Duration gap", das heißt eine Zinslücke. Damit ist man gegenüber Zinsänderungen nicht immunisiert. Je größer dieser Duration-Mismatch ist, je mehr Jahre zwischen den Durationen von Aktiven und Passiven liegen, desto größer ist das Zinsrisiko. Die Anzahl Jahre des Duration-Mismatch ist eine einfache Kenngröße, um das Zinsrisiko abzuschätzen. Dieses beträgt dann

$$\begin{aligned}\text{Zinsrisiko} &= \text{Standardabweichung des Risikokapitals bei Marktzinsänderungen}\\ &\approx \left|\text{Duration Aktiva} - \text{Duration Passiva}\right| \cdot \text{Zinsvolatilität}\end{aligned}$$

Das so als Standardabweichung bestimmte Zinsrisiko eines Versicherungsunternehmens entspricht noch nicht dem Betrag, welcher Solvency II für das Solvenzkapital fordert. Ein wesentlicher Unterschied besteht darin, dass eine Sicherheit von einer Standardabweichung deutlich geringer als das in Solvency II geforderte Sicherheitsniveau mit einem Konfidenzintervall von 99,5 %. ist. Diese höhere Sicherheitsanforderung wird im Solvency II-Kontext erreicht, indem die zu berücksichtigende Zinsschwankung nicht nur der Zinsvolatilität einer Standardabweichung entspricht, sondern das an der Normalverteilung ausgerichtete, gut 2½-fache davon. Die im Risikokapital abzusichernde Zinsschwankung basiert auf Zinsentwicklungen, die mit 99,5 % Wahrscheinlichkeit während des in Solvency II abzusichernden Zeitraums von einem Jahr nicht überschritten werden sollten.

Auch wenn sich wohl eine gewisse Ernüchterung bezüglich der einfachen Anwendbarkeit der Portfoliotheorie von Markowitz basierend auf historisch beobachteten Renditen- und Risikoschwankungen breit gemacht hat, ist die Theorie doch ins kollektive Bewusstsein der gesamten Anlegergemeinde eingegangen. Ein heikler Punkt liegt sicher in der Umsetzung, indem historische Risiko/Rendite-Beobachtungen in die Zukunft projiziert wurden. Vielleicht gibt auch die neue Sichtweise in Solvency II, welche Aktiv- und Passivseite zusammen betrachtet, Aufschluss. Hat sich etwa das „Weltportfolio" gerade deshalb geändert? Wurde nun bemerkt, dass nicht nur zinssensitive Anleihen als Vermögensanlage existieren, sondern auch ein erhebliches Volumen an zinssensitiven Verpflichtungen bei Lebensversicherungen und Pensionskassen? Dies könnte das Rendite-Risikogefüge geändert haben, indem langfristige, sichere Anleihen wichtiger, notwendiger und damit teurer wurden, da diese Anleihen im „Weltportfolio" zum Risikoausgleich der zinssensitiven Verpflichtungen benötigt werden. Damit wären diese Anleihen im „Weltportfolio" gar nicht mehr so riskant, wie sie früher eingeschätzt wurden, sondern sie haben einen Absicherungscharakter wie Put-Optionen, die ja auch in der ökonomischen Theorie teuer sind.

7.8 Übungsaufgaben und Fragen

►**Aufgabe 7.1**. Man bestimme das Marktportfolio:

Risiken:

$$Korr = \begin{pmatrix} 1,0 & 0,2 & 0,5 \\ 0,2 & 1,0 & 1/3 \\ 0,5 & 1/3 & 1,0 \end{pmatrix},$$

$\sigma(R_1)= 20\,\%$, $\sigma(R_2)= 25\,\%$, $\sigma(R_3)= 30\,\%$. Man bestimme zuerst die Kovarianzmatrix.

Erwartete Renditen: $\mu_1 = 4\,\%$, $\mu_2 = 5\,\%$, $\mu_3 = 6\,\%$. Der Zinssatz für risikolose Anlagen betrage $r = 2\,\%$. Welche Rendite und welches Risiko hat das Marktportfolio?

►**Aufgabe 7.2**. Interpretieren Sie die mit der folgenden Matrizengleichung gegebenen Gleichungssysteme:

$$\hat{G} \cdot \begin{pmatrix} \alpha_r \\ \alpha \\ \lambda \\ \kappa \end{pmatrix} = \begin{pmatrix} 0 & 0 & 1 & r \\ 0 & Cov & 1 & \mu \\ 1 & 1 & 0 & 0 \\ r & \mu & 0 & 0 \end{pmatrix} \cdot \begin{pmatrix} \alpha_r \\ \alpha \\ \lambda \\ \kappa \end{pmatrix} = \begin{pmatrix} 0 \\ 0 \\ 1 \\ \mu_p \end{pmatrix}$$

►**Aufgabe 7.3.** Wo bestehen Ähnlichkeiten und wo Unterschiede zwischen den Konzeptionen von Solvency II und der Theorie von Markowitz? Wie beurteilen Sie die Unterschiede?

►**Aufgabe 7.4.** Sowohl bei der Theorie von Markowitz wie auch bei den Risikobetrachtungen in Solvency II kann man sich auf die Interpretation stützen, dass sich Risikokomponenten zum Gesamtrisiko so addieren, wie Vektoren im IR^n . Erläutern Sie dies und vergleichen sie die beiden Konzepte.

7.9 Literatur

Das im zweiten und sechsten Kapitel angegebene Lehrbuch von Luderer und Würker befasst sich unter anderem mit Themen der linearen Algebra wie Matrizenrechnung und der Bestimmung von Extremwerten mehrerer Veränderlicher mit Nebenbedingungen. Die konkrete Berechnung von Matrixmultiplikationen und –invertierung mittels Excel wird in einem Beitrag von

Luderer B.(Hrsg.): Die Kunst des Modellierens, Vieweg+Teubner Studienbücher Wirtschaftsmathematik, Wiesbaden (2008)

behandelt.

Hochschule Magdeburg Stendal, Beta-Faktoren der DAX-Werte auf den Euro Stoxx 50-Index, Zeitraum 27.07.2006 - 20.07.2007. http://www.stendal.hs-magdeburg.de/project/konjunktur/ finance/beta.htm. Zugegriffen: März 2012

8 Finanzmarktinstrumente

8.1 Begriffe

Man zählt Optionen zu den sogenannten Derivaten. Damit bringt man zum Ausdruck, dass ihr Wert von einer anderen Größe im Wirtschaftsgeschehen, beispielsweise von einem Aktienkurs, auf den sich die Option bezieht, abhängt. Diese Größe, auf die sich das Derivat bezieht, nennt man Underlying. Wir betrachten folgende Derivate:

Derivate im Zusammenhang mit dem Kursrisiko von Aktien

Put-Option auf eine Aktie (oder auf einen Aktienindex)	Gibt das Recht, eine Aktie zu einem späteren Zeitpunkt (Ausübungszeitpunkt) zu einem vereinbarten Preis (Strike) zu verkaufen
Call-Option auf eine Aktie (oder auf einen Aktienindex)	Gibt das Recht, eine Aktie zu einem späteren Zeitpunkt (Ausübungszeitpunkt) zu einem vereinbarten Preis (Strike) zu kaufen

Derivate im Zusammenhang mit dem Zinsrisiko

Put-Option auf eine Zerobond-Anleihe	Wie bei der Aktie, nur stellt die Option hier das Recht dar, eine Zerobond-Anleihe an einem Ausübungszeitpunkt vor Rückzahlung des Zerobonds zu einem gegebenen Preis (Strike) zu verkaufen. Damit bewertet diese Option das Zinsrisiko.
Call-Option auf eine Zerobond-Anleihe	Wie oben, das Recht besteht hier aber im Kauf der Anleihe

8.2 Preisgefüge bei Derivaten (Optionen etc.)

Ein finanzielles Risiko kann aus der Realität nur bestimmt werden, wenn

- die zeitliche Veränderung von finanziellen Größen oder
- die Preise von Marktinstrumenten wie Absicherungsoptionen

erfasst werden können. Die finanziellen Größen sind dabei meistens auch aufgrund von Marktbewertungen bestimmt, es handelt sich also beispielsweise um Aktienkurse oder Bewertungen von Anleihen, deren zeitliche Veränderung auf das Zinsrisiko, die Zinsvolatilität zurückschließen lässt. Prinzipiell sind dies zwei unterschiedliche Wege. Es ist ähnlich wie bei dem früher behandelten Wechselspiel zwischen den Marktpreisen von Anleihen und den daraus ermittelten Zinssätzen: Aus der zeitlichen Veränderung am Kapitalmarkt kann die

Volatilität, d.h. das Risiko in der entsprechenden Anlagekategorie, bestimmt werden und daraus ergibt sich wiederum ein Preis für Absicherungsinstrumente, also Optionen. Umgekehrt kann aus dem Preis von Absicherungsinstrumenten das eingerechnete Risiko, man nennt dies dann die „implizite Volatilität", berechnet werden.

Indem man die zeitliche Entwicklung insgesamt betrachtet, erhöht man den Umfang der erfassten realen Vorgänge. Hat man eine Vorstellung, wie sich das Risiko zeitlich weiterentwickeln soll, kann man dieses zu verschiedenen Zeitpunkten beobachten. Beispielsweise kann man den Aktienkurs eines Unternehmens an allen Handelstagen der Börse für ein Jahr beobachten. Damit hat man eine viel breitere Realitätsbasis zur Überprüfung des Modells, eben beispielsweise alle Handelstage. Die Realitätsbasis wird dabei nur wegen der Annahme breiter, die zeitliche Entwicklung des Risikos hänge nicht vom Ausgangszeitpunkt ab, d.h. sie soll in der Zeit stationär sein.

Auch bei den Preisen von Marktinstrumenten, also von Absicherungsoptionen, führt die Zeitkoordinate zu einer breiteren Realität. Dies macht die Theorien zur Erklärung des Preisgefüges komplexer. Andererseits führt die Zeitkoordinate auch dazu, dass die Realität, anhand der die Theorien überprüft werden können, breiter, umfangreicher und zudem auch mit der Zeitkoordinate selbst strukturierter wird. Dies ist von großem Nutzen, denn letztlich interessieren nur Theorien, welche in der Realität auf ihre Gültigkeit hin überprüft werden können. Die Zeitkoordinate strukturiert das Marktgeschehen in der Hinsicht, als Optionen zu unterschiedlichen Kaufzeitpunkten, aber auch zu unterschiedlichen Ausübungszeitpunkten in der Zukunft am Markt gehandelt werden. Die Preise dieser Optionen müssten ja irgendwie zusammenhängen. Liegen die Ausübungszeitpunkte nah beieinander, sollten die Preise in etwa gleich sein. Zusätzlich zum Ausübungszeitpunkt werden die Optionsrechte noch durch weitere Parameter wie den „Strike" bestimmt, also den Betrag, für den beispielsweise eine Aktie in der Zukunft gekauft oder verkauft werden kann. Für den „Strike" kann der Markt prinzipiell beliebige Werte anbieten und auch hier sollte das Preisgefüge konsistent sein. Zudem muss der Preis noch vom aktuellen Kurs des so genannten „Underlyings" abhängig sein, also beispielsweise von der Aktie, auf die sich die Option bezieht. Dabei erwartet man ebenfalls eine gewisse Konsistenz, das heißt eine kleine Änderung des aktuellen Aktienkurses sollte auch eine eher kleine Änderung des Optionspreises bewirken, wobei die Richtung der Änderung den Charakter der Option berücksichtigen sollte, also ob es sich um eine Call-Option handelt, die berechtigt, eine Aktie (oder generell ein beliebiges „Underlying") zu einem bestimmten Preis in der Zukunft zu kaufen, oder um eine Put-Option, welche das gleichartige Recht für einen Verkauf gibt. Die Call-Option sollte teurer werden und die Put-Option günstiger, wenn die Aktie steigt und umgekehrt. Ein solches Preisgefüge, welches von drei weitgehend kontinuierlich variierbaren reellen Parametern abhängig ist, kann nur durch mathematische Formeln gegeben werden. Mathematische Formeln setzen ein Modell voraus, also hier ein mathematisches Bewertungsmodell. Da die gehandelten Optionen eine große Variationsbreite bezüglich Ausübungszeitpunkt und Strike haben, hat man eine breite Realitätsbasis, anhand der man überprüfen kann, ob Theorie und (Markt)Realität zueinander passen. Hier besteht eine gewisse Analogie zum Kalkül der Lebensversicherungen. Auch hier musste aufgrund der Variationsbreite für mögliche kontinuierliche Parameter zur Spezifizierung der Versicherungsleistungen schon früh ein ausgeklügeltes Kalkül entwickelt werden, um unterschiedliche Beginnalter, Vertragslaufzeiten, Leistungshöhen und – kombinationen konsistent und widerspruchsfrei tarifieren zu können. Allerdings muss man sich immer dessen bewusst sein, dass die Realität, anhand der die Theorie überprüft wird, laufend wechselt und insbesondere das

Gesamtgefüge der Marktpreise sich sehr schnell ändern kann. Die Realität ist hier weniger stabil als bei den physikalischen Naturgesetzen.

Im Folgenden werden die Begriffe zusammengestellt, um einen Überblick zu geben. Später werden einzelne Punkte näher erläutert und vertieft. Die Bewertung von Optionen ist aus zwei Gründen anspruchsvoll:

- Mathematisch beruht sie auf der stochastischen Analysis. Ähnlich wie die klassische Analysis stellt dies ein sehr leistungsfähiges Kalkül dar, welches eben wie die klassische Analysis mit recht klaren Regeln zu einer Vielzahl von quantitativen Aussagen und Gesetzmäßigkeiten führt, insbesondere auch zur Weiterentwicklung von Risiken über die Zeit. Damit hat sie für die praktischen Anwendungen im Zusammenhang mit der Quantifizierung von Risiken wie der Preisbestimmung von Optionen eine große Bedeutung. Die didaktische Aufbereitung für die Praktiker in den Realwissenschaften hat bei der stochastischen Analysis wohl noch nicht eine ähnlich gut verständliche Form wie die konventionelle Analysis in den anderen Realwissenschaften gefunden. Schließlich wird derzeit die Integralrechnung bei den Ingenieuren nicht mit dem heute in der Mathematik gültigen, sehr allgemeinen Integralbegriff, dem Lebesgues-Integral, unterrichtet. Die Allgemeinheit des Begriffes nützt dem Mathematiker, der allgemeingültige Sätze beweisen möchte, weniger aber dem Praktiker, der ein Verständnis für die quantitativ relevanten Zusammenhänge sucht, um die mathematischen Instrumente auch problembezogen einsetzen zu können.
- Es handelt sich nicht nur um eine mathematische Theorie, sondern um eine auf mathematischen Hilfsmitteln beruhende Theorie einer Realwissenschaft, der Ökonomie. Anlehnend an die Theorie von Markowitz gehen dabei Annahmen darüber ein, wie ein Investor resp. der gesamte Kapitalmarkt handelt und anlegt. Diese Annahmen sind grundlegend für alle weiteren Schlussfolgerungen. Dabei muss beachtet werden, wie die Investoren nach der Theorie vom Markowitz Risiken bewerten. Um die Risiken überhaupt behandeln zu können, muss fein differenziert werden, welche Kenntnisse wann vorhanden sind, wann die Risiken eingegangen wurden und welche Handlungsmöglichkeiten die Investoren wann hatten. Dazu sollte man die Finanzinstrumente selbst gut kennen.

Weiterhin muss man sich Überlegungen dazu machen, wie das Modell an harten Marktwirklichkeiten wie eben den am Markt beobachtbaren Preisen von Optionen und Zinsinstrumenten ausgerichtet werden soll.

Die Marktrealität ist im Unterschied zur physikalischen Realität diskret, wenn auch die Handelsschritte selbst immer schneller vor sich gehen. In der Analysis wird mit dem Grenzübergang auf beliebig kleine Zeitschritte in eine Idealwelt abstrahiert. Für die immer gültigen physikalischen Naturgesetze entspricht dieser Übergang auch der Realität. Bei einem Handelsgeschehen ist dieser Übergang etwas gewöhnungsbedürftig, zumal die Investoren bei ihren in beliebig kleinen Zeitschritten erfolgenden Transaktionen immer noch die ökonomischen Anforderungen eines risiko- und renditeoptimierenden finanzrationalen Anlegers erfüllen müssen. Dabei kommt erst durch diesen Grenzübergang die theoretische Klarheit zum Tragen, erst mit dem Grenzübergang werden störende Nebensächlichkeiten weggeräumt und es zeigen sich die klaren und aussagekräftigen analytischen Formeln. Für eine theoretische Behandlung sind solche analytischen Zusammenhänge wichtig, geben sie doch kurz und präzise die quantitativen Zusammenhänge in großer Allgemeinheit für unterschiedlichste Konstellationen der Eingangsparameter wieder und können zudem einfach nachgerechnet und überprüft werden.

Risikobewertungen mit Zufallssimulationen sind dagegen viel weniger fassbar, lassen sich oft nur kontrollieren, indem die gesamte Simulation reproduziert wird und sind so für eine theoretische Behandlung wenig geeignet.

Dabei ist die Theorie nicht Selbstzweck. Wenn man sicher wäre, dass die Realität sich an bestimmte komplexe Simulationen halten würde, wäre das Streben nach theoretischer Klarheit nicht gerechtfertigt. Eine Theorie über ökonomische Zusammenhänge wird man immer anhand der Realität überprüfen müssen und auch dafür ist die Einfachheit der Theorie und insbesondere auch ihrer Resultate, wie dies bei den analytischen Formeln für die Bewertung von Optionen der Fall ist, ein großer Vorteil.

8.3 Gegenüberstellung der Begriffe

Kapitalmarkt, Optionenmarkt	**Wahrscheinlichkeitstheorie, stochastische Prozesse**
Kursentwicklungen	Zufallsvariable
Kursentwicklung der Aktie	Prozess $(S_t)_{t \in IR}$, die Bezeichnung *S* kommt vom englischen „shares" für Aktien
Bekannter Kurs der Aktie zum Zeitpunkt *t*=0	S_0 mit einer Wahrscheinlichkeitsverteilung, welche mit Wahrscheinlichkeit 1 den Wert S_0 annimmt. Zum Zeitpunkt 0 entsprechen sich die wirklichen Kurse und die risikobereinigten Kurse, die ein Investor zahlt, da zum Zeitpunkt 0 ja alles bekannt ist, d. h. $S_0 = S_0^{rb}$.
Effektive und risikobereinigte Kursentwicklung der Aktie vom Zeitpunkt 0 bis zum Zeitpunkt *t*	Zufallsvariable S_t, S_t^{rb}. Die Zufallsvariable S_t^{rb} kann so verstanden werden: Setzt ein Investor beispielsweise darauf, dass der Aktienkurs sich innert eines Jahres verdoppelt, so erwartet er darauf eine der Theorie von Markowitz entsprechende Überrendite zusätzlich zur risikolosen Verzinsung. Der Investor bewertet diesen Anstieg im Zeitpunkt 0 damit nicht als Verdoppelung sondern entsprechend tiefer. Wird diese Über- oder Unterbewertung der Investoren zum Zeitpunkt 0 in der Aktienkursentwicklung berücksichtigt, führt dies zu einer neuen Zufallsvariablen S_t^{rb}. Wird zudem noch mit dem risikolosen Zinssatz diskontiert, entspricht dies der von den Investoren bewerteten und diskontierten Aktienkursentwicklung. Die Wahrscheinlichkeitsverteilung dieser Zufallsvariablen entspricht dem, was ein Investor für einen gegebenen Wert von $e^{-rt} S_t^{rb}$ zum Zeitpunkt 0 zu zahlen bereit ist.
Wahrscheinlichkeitsverteilung der Aktie zum Zeitpunkt *t*	Wahrscheinlichkeitsverteilung der Zufallsvariablen S_t und S_t^{rb}: S_t beschreibe die wirkliche Entwicklung des Aktienkurses, S_t^{rb} beschreibe die vom Kapitalmarkt zum Zeitpunkt 0 bewertete Entwicklung des Aktienkurses.
Entwicklung der Wahrscheinlichkeitsverteilungen der Aktie selbst und der von den Investoren bewerteten Aktien-	Stochastische Differentialgleichungen $dS_t = \sigma \cdot S_t dB_t + (r + \mu) \cdot S_t dt$

kursentwicklung über die Zeit	$dS_t^{rb} = \sigma \cdot S_t^{rb} dB_t + r \cdot S_t^{rb} dt$ geben die Weiterentwicklung der Zufallsvariablen. Eine bei der Aktienkursentwicklung angenommene Überperformance μ gegenüber dem risikolosen Zinssatz r ist zum Zeitpunkt 0 noch unsicher und wird deshalb von den Investoren in S_t^{rb} nicht gezahlt.
Risiko der Aktie	Term $\sigma \cdot S_t dB_t$ im Differential dB_t der Brownschen Bewegung bei der stochastischen Differentialgleichung. Diese Differentiale dB_t von Brownschen Bewegungen stellen die eigentliche Neuerung der „stochastischen Analysis" dar. Sie erlauben die konkrete und quantitative Berechnungen einer aus dem aktuellen und damit bekannten und sicheren Zustand laufend wachsenden Unsicherheit. Die stochastische Analysis lässt dabei viel Freiheit bei der Modellierung, wovon die zunehmende Unsicherheit abhängig sein soll. So nimmt man bei der Aktienkursentwicklung an, dass das Risiko proportional zum erreichten Kurs S_t der Aktie ist.
Volatilität, relative Schwankung des Aktienkurses pro Zeiteinheit, wobei die Zeitkoordinate in Jahren ausgedrückt wird.	σ: Proportionalitätskonstante für das Risiko, hängt vom Aktientyp oder dem Aktienkorb resp. dem Aktienindex ab. Da man üblicherweise t in Jahren misst, entspricht σ in etwa der Standardabweichung der Aktienkursschwankungen für die Zeitspanne eines Jahres. Genauer beträgt die Standardabweichung $e^{(r+\mu)\sigma \cdot t}$, also bei $t = 1$ für den Zeithorizont von einem Jahr $e^{(r+\mu)\sigma}$. Da Schwankungen und auch das Wachstum proportional zum Aktienkurs selbst sind, ergibt sich diese exponentielle Abhängigkeit von der Zeit.
Wachstum des Aktienkurses pro Zeiteinheit, wobei die Zeitkoordinate in Jahren ausgedrückt wird.	Zusätzlich zu den Volatilitätsschwankungen nimmt man ein exponentielles Wachstum $(r+\mu) \cdot S_t dt$ der Aktie an mit r = Zinsintensität, die am Markt auch risikolos erzielt werden kann und μ = zusätzlich erwartetes Wachstum der Aktie. Nach dem CAPM hängt diese zusätzliche Rendite von der Korrelation der Aktie mit dem Marktportfolio ab.
Wert des Rechts, eine Aktie zum Zeitpunkt t zum vorher vereinbarten Preis K zu kaufen oder zu verkaufen, bei dann erreichtem Kurs S_t.	Kauf, Call: $(S_t - K)^+ = \max(S_t - K, 0)$ Verkauf, Put: $(K - S_t)^+ = \max(K - S_t, 0)$

<u>Preise</u>	<u>Erwartungswerte</u>
Preis der Aktie zum Zeitpunkt 0	$S_0 = E[e^{-rt} \cdot S_t^{rb}] = e^{-rt} \cdot E[S_t^{rb}]$ mit dem Erwartungswert $E[S_t^{rb}]$ der Zufallsvariablen S_t^{rb}, der Preis muss ja für jedes t immer gleich S_0, dem Aktienkurs zum Zeitpunkt 0, sein.

Preis einer Option, zahlbar bei Ausübung zum Zeitpunkt t mit Strike K	Call = C = $e^{-rt} \cdot E[(S_t^{rb} - K)^+]$ Put = P = $e^{-rt} \cdot E[(K - S_t^{rb})^+]$
Preisentwicklung einer Option über die Zeit	Die Erwartungswerte wie auch die Preise von Put- und Call-Optionen sind keine Zufallsvariablen mehr. Die Entwicklung dieser Preise über die Zeit genügt einer konventionellen partiellen Differentialgleichung. Zur Herleitung dieser konventionellen Differentialgleichung benötigt man aber die Mittel der stochastischen Analysis oder zumindest Überlegungen, um aus stochastischen Prozessen die Differentialgleichungen ableiten zu können, die für die Erwartungswerte der von ihnen bestimmten Zufallsvariablen gelten.

8.4 Stochastische Analysis für Praktiker

8.4.1 Die drei Basispunkte

Üblicherweise wird die Analysis anhand von folgendem Bild erklärt: Man

I. betrachtet jeweils zwei nahe beieinanderliegende Punkte, z. B. zu zwei Zeitpunkten t und $t+\Delta t$, dann bestimmt man beispielsweise die Positionen eines Teilchens zu diesen Zeitpunkten und entwickelt diese Positionen in analytische Formeln und

II. geht zum Grenzwert $\Delta t \to 0$ über und vernachlässigt alle Terme im $(\Delta t)^k$, $k > 1$, und

III. kann nun das großartige Instrumentarium der Analysis einsetzen und die in I. und II. bestimmte Differentialgleichung lösen.

Wird die Mathematik in einer Realwissenschaft eingesetzt, dann benötigt der Schritt I. die Kenntnis der Realität, auf welche die mathematischen Mittel in dem II. und III. Schritt angewendet werden.

Die stochastische Analysis kann ähnlich verstanden werden. Ein grundsätzlicher Unterschied besteht aber schon im Punkt I.: In der stochastischen Analysis müssen grundsätzlich mindestens drei Punkte betrachtet werden. Andernfalls kann das Zufallselement nicht eingebracht werden. Dabei genügen üblicherweise drei Punkte:

- einen Punkt für den Zeitpunkt, zu dem die Zufallsmodellierung von einem sicheren Zustand ausgeht und
- zwei mögliche Punkte einen Zeitschritt Δt später. Man stellt sich einen „Prozess" vor, der aus dem einen sicheren Punkt davor auf einen der beiden möglichen Punkte danach springt. Dabei gebe es feste Wahrscheinlichkeiten für den Sprung auf den einen oder anderen der Punkte.

Wie in der konventionellen Analysis

- stellt man sich nun ein fest gegebenes Zeitintervall in kleine Zeitschritte Δt unterteilt vor. Für jeden dieser Zeitschritte gelte, dass es bei bekanntem Zustand am Anfang des Zeitschrittes wiederum 2 mögliche Zustände am Ende des Zeitschritts gebe.
- interessiert man sich für die Entwicklung des gesamten Zeitintervalls via den einzelnen Zeitschritten.

Im Unterschied zur konventionellen Analysis hat man nicht zu einem gegebenen Zustand am Anfang des Zeitintervalls einen als Integral gegebenen Zustand am Ende des Zeitintervalls, sondern kann mittels stochastischer Analysis aus einer gegebenen Wahrscheinlichkeitsverteilung zum Anfang (oder auch zum Ende) des Zeitintervalls auf eine Wahrscheinlichkeitsverteilung zum Ende (resp. zum Anfang) des Zeitintervalls schließen. Die gegebenen Wahrscheinlichkeiten können dabei auch fest bekannte Zustände sein, beispielsweise aktuell bekannte Aktienkurse oder das bekannte Auszahlungsprofil bei Optionen zu deren Ausübungszeitpunkt. Im Fall der Optionen wird aus bekannten Optionspreisen bei gegebenem Aktienkurs resp. sonstigem „Underlying" zum Ende des Zeitintervalls auf Wahrscheinlichkeitsverteilungen am Anfang des Zeitintervalls geschlossen.

Damit man die Analysis und ihre Mittel einsetzen kann, muss die diskrete Vorstufe so modelliert sein, dass sie sich beim Grenzübergang $\Delta t \to 0$ stabil verhält. Dabei sollen sich nicht feste Zustände, sondern Wahrscheinlichkeitsverteilungen bei diesem Grenzübergang stabil verhalten. Dazu muss die Varianz der Gesamtverteilung über die einzelnen Zeitschritte stabil sein. Nehmen wir für einen Zeitschritt an

$$X(t+\Delta t) = X(t) + \begin{cases} +\sigma\ (\Delta t)^k & \text{mit P} = 1/2 \\ -\sigma\ (\Delta t)^k & \text{mit P} = 1/2 \end{cases},$$

wobei mit P die Wahrscheinlichkeit bezeichnet wird. Dann ist die Varianz der Zufallsvariablen X, also beispielsweise des Aktienkurses zum Zeitpunkt $t+\Delta t$, bei gegebenem Wert der Zufallsvariablen zum Zeitpunkt t

$$\text{Var}(X(t+\Delta t) \,|\, X(t)) = \sigma^2\ (\Delta t)^{2k}.$$

Die Varianz des Gesamtprozesses über alle Zeitschritte ergebe sich als Summe der Varianzen für die einzelnen Zeitschritte. Damit diese Summe bei $\Delta t \to 0$ stabil bleibt, muss die Varianz bei einem Zeitschritt proportional zur Länge des Zeitschrittes sein, also in der Größenordnung von Δt. Damit muss $2k = 1$ und also $k = ½$ sein. Der Prozess hat dann folgende Form

$$X(t+\Delta t) = X(t) + \sigma \begin{cases} +\sqrt{\Delta t} & \text{mit} \quad \text{P} = 1/2 \\ -\sqrt{\Delta t} & \text{mit} \quad \text{P} = 1/2 \end{cases}.$$

Das wird sich auch als typisch für die 3 betrachteten Punkte erweisen: Liegen die Punkte in der Zeitachse um Δt auf der Zeitachse auseinander, müssen die beiden um Δt späteren, möglichen Zustände in der Größenordnung von $\sqrt{\Delta t}$ auseinander liegen.

Dies liegt wiederum an dem Effekt der Diversifikation. Nimmt man an, dass die Risiken für die jeweiligen Zeitpunkte unabhängig voneinander sind, wird die Diversifikation umso größer, in je mehr Zeitschritte das gegebene Zeitintervall zerlegt wird. Dem wird entgegengesteuert, indem das Risiko proportional zu $\sqrt{\Delta t}$ angesetzt wird. Bezogen auf den Zeitschritt sind die Sprünge damit umso größer, je kleiner Δt wird.

Dies ist in gewisser Weise ein theoretisches Modell. Aus der Praxis nehmen wir an, dass es beispielsweise für die Verteilung eines zukünftigen Aktienkurses eine Wahrscheinlichkeitsverteilung gebe. Zudem entwickelt sich der Aktienkurs bis dahin über viele einzelne Zeitschritte, wobei es wohl keine Rolle spielt, ob man für die Veränderung der Kurse Minuten, Sekunden oder noch kleinere Zeitschritte betrachtet. Ein Modell, welches beliebig kleine Zeitschritte zulässt, ist deshalb interessant, weil nur so zum Grenzwert übergegangen werden kann und nur mit diesem Übergang die Analysis mit allen ihren Mitteln überhaupt eingesetzt werden kann. Modelle, die im Diskreten bleiben, führen oft zu komplexen und umständlichen Rechnungen ohne die theoretische Klarheit eines kontinuierlichen Modells.

8.4.2 Brownsche Bewegung

Wir wollen die Bezeichnungen für den Grenzprozess hier aufführen und auch zukünftig verwenden. Dabei verzichten wir bewusst auf mathematische Definitionen der Begriffe und stellen uns den Grenzprozess als einen Grenzwert der entsprechenden diskreten Prozesse vor.

Gebiet der Analysis	**Differenzen im diskreten Prozess**	**Differential im Grenzwert**	**Integral**
Konventionell	Δt	dt	$t = \int_0^t dt$
Stochastisch	$\pm\sigma\sqrt{\Delta t} = +\sigma \begin{cases} +\sqrt{\Delta t} & \text{mit P} = 1/2 \\ -\sqrt{\Delta t} & \text{mit P} = 1/2 \end{cases}$	$\sigma\, dB_t$	$\sigma\, B_t = \int_0^t \sigma\, dB_t$, Randbedingung $B_0 = 0$ mit Wahrscheinlichkeit 1

Das Differential selbst sollte dabei als Symbol für die Grenzwertbildung beispielsweise beim Integral verstanden werden, welches für sich allein genommen keine Bedeutung hat und dem erst mit dem Integral eine konkrete Bedeutung zukommt. Die Bezeichnung dB_t führt mit dem so genannten stochastischen Integral zur Brownschen Bewegung. Dies wird im Folgenden näher erläutert.

Anfangsbedingung:

Zum Zeitpunkt 0 sei die Zufallsvariable B_0 dadurch gegeben, dass die gesamte Wahrscheinlichkeitsmasse 1 auf dem Wert 0 konzentriert sei.

Weiterentwicklung:

Diskreter Fall

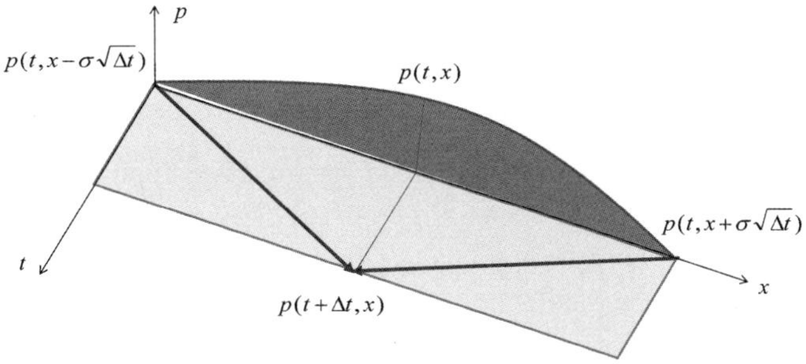

Abbildung 8.1

Man nimmt an, ein Teilchen könne mit Wahrscheinlichkeit ½ um $\sigma\sqrt{\Delta t}$ nach oben oder nach unten springen. Die Wahrscheinlichkeit $p(t+\Delta t,x)$ zum späteren Zeitpunkt $t+\Delta t$ für den Wert x ergibt sich damit als Mittel der Wahrscheinlichkeiten der beiden Vorzustände oberhalb (+ $\sigma\sqrt{\Delta t}$) und unterhalb (- $\sigma\sqrt{\Delta t}$):

$$p(t+\Delta t,x) = 0{,}5\cdot(p(t,x+\sigma\sqrt{\Delta t}) + p(t,x-\sigma\sqrt{\Delta t}))$$

Differentialgleichung aus dem Grenzwert $\Delta t \to 0$

Die Differenzengleichung setzt 3 Terme in dem für diese Prozesse typischen Dreieck in Beziehung zueinander. Die Differenzen sollen mit Ableitungen angenähert werden. Ableitungen beziehen sich aber nur auf Differenzen parallel zu den Achsen. Deshalb muss rechnerisch der Term $p(x,t)$ eingesetzt werden, der sich dann aber wieder aufhebt. Zum einen hat man

$$0.5\cdot(p(t,x+\sigma\sqrt{\Delta t}) + p(t,x-\sigma\sqrt{\Delta t}))$$

$$-p(t,x) \approx \frac{1}{2}\cdot\left.\frac{\partial^2 p}{\partial x^2}\right|_{(t,x)}\cdot\sqrt{\sigma\cdot\Delta t}^2$$

$$-p(x,\ t+\Delta t)+p(x,\ t) \approx -\left.\frac{\partial p}{\partial t}\right|_{(t,x)}\cdot\Delta t$$

$$0 = \left(\frac{\sigma^2}{2}\cdot\frac{\partial^2 p}{\partial x^2}-\frac{\partial p}{\partial t}\right)\cdot\Delta t$$

Die Beziehung zwischen den Wahrscheinlichkeiten für die drei Punkte führt beim Grenzübergang zu der Differentialgleichung $\frac{\sigma^2}{2}\frac{\partial^2 p}{\partial x^2}=\frac{\partial p}{\partial t}$.

Lösung dieser Differentialgleichung

Die Lösung dieser Differentialgleichung ist $p(t,x)=\frac{1}{\sqrt{2\pi\cdot t\cdot\sigma^2}}\cdot e^{-\frac{0,5x^2}{t\cdot\sigma^2}}$.

Für einen festen Zeitpunkt $t > 0$ stellt $p(t, x)$ die Wahrscheinlichkeitsdichte einer $(0, \sigma^2 t)$ normalverteilten Zufallsvariablen dar. Für $t = 0$ ist die Wahrscheinlichkeitsdichte aufgrund der 0 im Nenner nicht definiert. Als Randbedingung interessiert uns aber auch die Situation zum Zeitpunkt 0. Man kann diese Situation so verstehen, dass die kontinuierlichen Verteilungen als Grenzwert zum Zeitpunkt 0 in eine diskrete Verteilung übergehen, bei der die gesamte Wahrscheinlichkeitsmasse auf dem Punkt 0 konzentriert ist.

Die Normalverteilungen sind durch Erwartungswert und Varianz gegeben und dies heißt, dass der Erwartungswert konstant 0 ist und die Varianz proportional zu t zunimmt. Differentialgleichungen vom Typ

$$\frac{D}{2} \cdot \frac{\partial^2 T}{\partial x^2} = \frac{\partial T}{\partial t}$$

werden als „Wärmeleitgleichungen" bezeichnet. Sie beschreiben, wie sich eine anfangs gegebene Verteilung der Wärme T beispielsweise in einem Stab, der mit der Koordinate x vermessen ist, über die Zeit weiter verteilt. In unserem Beispiel haben wir anfangs alle Wärme im 0-Punkt des Stabs. Diese verteilt sich dann mit Fortschreiten der Zeit immer mehr über den Stab, wobei alle Wärmeprofile zu einem festen Zeitpunkt die Form einer Normalverteilung haben. Diese sind anfangs sehr spitz und werden mit zunehmender Zeit flacher, indem die Varianz mit $\sigma^2 t$ zunimmt. Aufgrund der Wärmeleitgleichung werden Spitzen von Verteilungen, in denen die Wärmeverteilung mit

$$\frac{D}{2} \cdot \frac{\partial^2 T}{\partial x^2} < 0$$

konkav ist, heruntergedrückt, da dann aufgrund der Wärmeleitgleichung auch

$$\frac{\partial T}{\partial t} < 0$$

sein muss. Umgekehrt werden Täler hochgehoben. Die Wärmeleitgleichung führt dazu, dass ein „kurviger" Verlauf der Wärme T über die Zeit geglättet wird und sich einem linearen Verlauf angleicht. Nur wenn die beiden Ränder des Stabs an einer unterschiedlichen Außentemperatur anliegen, kann der lineare Verlauf eine Steigung ungleich 0 haben, was einen Eingriff von außen darstellen würde. Sonst verteilt sich die Wärme mit der Zeit gleichförmig über den Stab. Somit führt die Wärmeleitgleichung mit zunehmender Zeit zu einem Ausgleich. Man sagt, die Wärme „diffundiert". Die Wärmeleitgleichung wird in der Physik nicht nur für die Beschreibung der Wärmeleitung verwendet, sondern ganz generell für Diffusionsprozesse. In diesem Zusammenhang versteht man unter D die Diffusionskonstante. D hängt von der speziellen Konstellation ab und misst, wie schnell die Diffusion erfolgt. In der Finanzmathematik tritt anstelle der Diffusionskonstante D die Volatilität σ. Diese misst die Schwankungen pro Zeiteinheit der entsprechenden, am Finanzmarkt beobachteten Größe, also beispielsweise von Aktienkursen bestimmter Unternehmen, von ganzen Aktienindizes oder aber auch die Zinsschwankungen.

Ähnlich wie bei physikalischen Diffusionsprozessen geht man auch hier von einem festen, bekannten Zustand zu einem bestimmten Zeitpunkt aus. Der Diffusionsprozess beschreibt dann, wie sich die Unsicherheit in der Zukunft entwickelt.

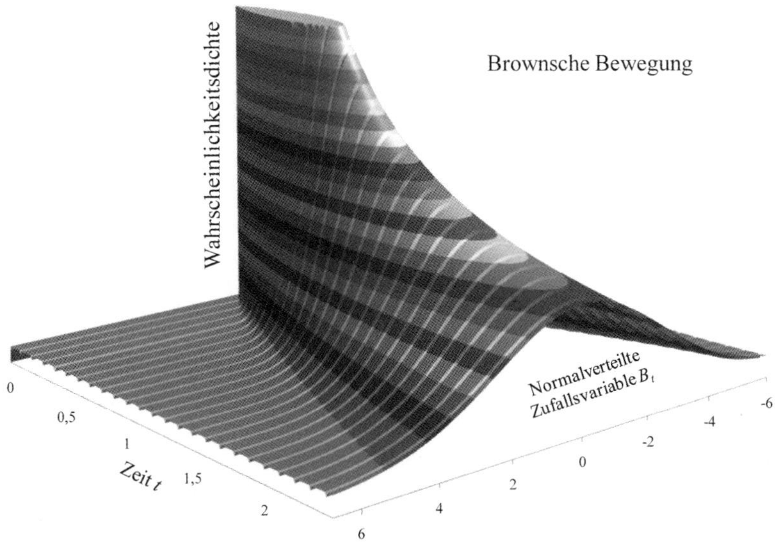

Abbildung 8.2

Für einen gegebenen Zeitpunkt t stellt B_t resp. $B_{\sigma^2 t}$ eine normalverteilte Zufallsvariable dar.

Die Wahrscheinlichkeitsdichte dieser Zufallsvariablen sind Normalverteilungen. Deren Kurven sind in der Abbildung 8.2 durch die Rillen in der Oberfläche dargestellt. Je größer die Volatilität der betreffenden Finanzmarktgröße ist und je weiter der Zeitpunkt, zu dem eine Prognose über diese Größen getroffen werden soll, in der ungewissen Zukunft liegt, desto unsicherer wird die Prognose und entsprechend flacher wird die durch die Varianz $\sigma^2 t$ (in der Abbildung 8.2 ist $\sigma^2=1$) gegebene Wahrscheinlichkeitsverteilung. Kennt man den Typ der Zufallsvariablen, also hier $B_{\sigma^2 t}$, zum Zeitpunkt t, kann man die Wahrscheinlichkeitsdichte und die Gesamtverteilung recht einfach ermitteln, letztlich sind es nur unterschiedliche Notationen. Dabei ist die Notation mit Zufallsvariablen oft kürzer und komprimierter, so dass man möglichst bei dieser Notation bleiben sollte und erst für konkrete quantitative Aussagen auf die entsprechenden Verteilungsfunktionen übergehen sollte.

8.4.3 Brownsche Bewegung in der Thermodynamik

Der Name „Brownsche Bewegung“ kommt aus der Biologie und der Physik, wo er in der Thermodynamik unter anderem den Zufallsweg eines suspendierten festen Teilchens in einer Flüssigkeit bezeichnet. Durch sehr viele „zufällige“ Stöße mit den Molekülen der Flüssigkeit bewegt sich das Teilchen erratisch hin und her. Bei allen Zufälligkeiten hält sich die Brownschen Bewegung in der Physik an die gleichen Gesetzmäßigkeiten wie in der Mathematik: Die Bewegung entfernt sich immer weiter vom Ursprungsort, je länger abgewartet wird, d.h. je länger die Beobachtungsdauer t andauert. Dabei ist der Erwartungswert s^2 des Quadrates der Strecke, um die das suspendierte Teilchen sich im Zeitraum t von seiner Ursprungsposition entfernt hat, proportional zu t, d.h. die

- Beobachtungsdauer t ist proportional zur mittleren quadratischen Abweichung s^2, d.h. $s^2 = \sigma \cdot t$.

Dies wurde in einer berühmten Arbeit von Einstein „Über die von der molekularkinetischen Theorie der Wärme geforderte Bewegung von in ruhenden Flüssigkeiten suspendierten Teilchen" aus dem Jahre 1905 dargelegt. Die Bewegung des Teilchens entspricht damit der Zufallsbewegung eines Aktienkurses am Finanzmarkt. Dabei sehen wir bei diesem Vergleich davon ab, dass Aktienkursentwicklungen aufgrund der multiplikativen Zusammensetzung der Renditen zu geometrischen Brownschen Bewegungen führen. Dies gibt auch erst bei größeren Zeiträumen relevante Unterschiede.

Die Physik begnügt sich aber nicht mit diesem qualitativen Zusammenhang, sondern gibt auch an, wie die Proportionalitätskonstante aus Naturkonstanten und anderen gemessenen Größen berechnet werden kann. Damit kann man in gewisser Weise die „Volatilität" des Teilchens „implizit" bestimmen und dies dann mit den Messungen vergleichen. Diese Gesetzmäßigkeit kann auch zur experimentellen Bestimmung von Naturkonstanten verwendet werden.

Zur „Volatilität σ" des Teilchens weist Einstein in seiner Arbeit von 1905 nach, dass

$$\sigma = \sigma_x = \frac{kT}{6\pi\ \eta\ \Phi}.$$

Dabei gelten folgende physikalischen Bezeichnungen und Gesetze:

	Mechanik	Thermodynamik
Bezeichnungen	η: Viskosität der Flüssigkeit	T: Absolute Temperatur
	Φ: Durchmesser des suspendierten Teilchens	k: Boltzmann Konstante
	v: Geschwindigkeit des Teilchens	
Gesetze	$F_{Reibung} = 6\pi \cdot \eta \cdot \Phi \cdot v$ Formel von Stockes für die Reibung einer Kugel des Durchmessers Φ in einer Flüssigkeit der Viskosität η. Damit ergibt sich die Reibungsenergie	$E^x_{thermisch} = 1/2\ k \cdot T$ thermische Energie eines Flüssigkeitsteilchens
	$E_{Reibung} = 6\pi \cdot \eta \cdot \Phi \cdot v \cdot \Delta s$	

$E_x^{thermisch}$ bezeichnet die kinetische Energie eines Flüssigkeitsteilchens in x-Richtung und passt zu unserer Volatilität eingeschränkt auf eine Richtung. Die gesamte kinetische Energie ergibt sich als Summe der Energien in den 3 Raumrichtungen, also $3/2\ k \cdot T$.

Das heißt, dass wir bei der obigen Formel für die Abstandsquadrate nur die Verschiebungskomponente in eine gegebene Richtung messen. Wird das Quadrat der Verschiebungen in der Ebene gemessen, so gibt dies den doppelten Wert.

Die Überlegungen von Einstein, dass sich die Proportionalitätskonstante σ_x wie oben beschrieben ermitteln lässt, setzen tieferes physikalisches Wissen voraus. Hier geben wir eine einfache heuristische Herleitung, welche mit recht groben Vereinfachungen erstaunlicherweise zu dem korrekten σ_x führt.

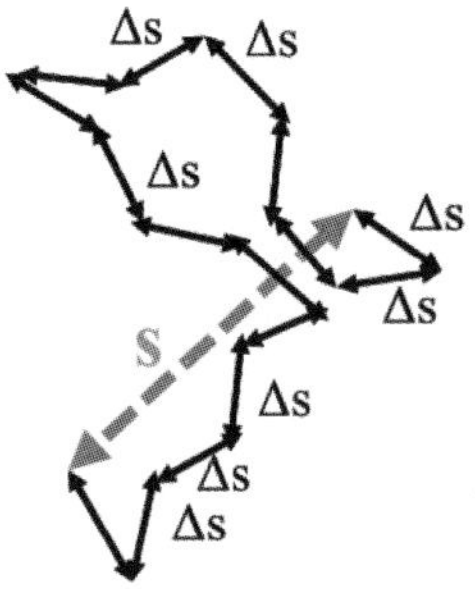

Abbildung 8.3

$\# Stöße$ = Erwartungswert der Anzahl der Stöße während der Beobachtungsdauer t

Δs =Erwartungswert der Wegstrecke des suspendierten Teilchens zwischen zwei Stößen

Δt =Erwartungswert der Zeitspanne zwischen zwei Stößen

$v = \Delta s / \Delta t$ eine Art mittlere Geschwindigkeit zwischen zwei Stößen, die als Quotient der Erwartungswerte von Wegstrecke und Zeitspanne definiert ist.

Dann ist

$$E[s]^2 = E[\# Stöße] \cdot E[\Delta s]^2 = (t / \Delta t) \cdot (v \cdot \Delta t)^2 = t \cdot (v \cdot \Delta s)$$

$$= t \cdot (v \cdot \Delta s) \cdot \frac{2E^x_{thermisch}}{E_{Reibung}} = t \cdot (v \cdot \Delta s) \cdot \frac{kT}{6\pi\ \eta\ \Phi\ v \cdot \Delta s} = t \cdot \frac{kT}{6\pi\ \eta\ \Phi}.$$

Hierbei nehmen wir an, dass

- die Reibungskraft im Mittel aufgrund der wie oben beschrieben gemittelten Geschwindigkeit berechnet werden kann und
- die Reibungsenergie der Summe der mittleren kinetischen Energie der Flüssigkeitsteilchen und der kinetischen Energie des suspendierten Teilchens entspricht, da diese beiden Substanzen sich gegeneinander reiben. Zudem sei die mittlere kinetische Energie der Flüssigkeitsteilchen gleich derjenigen des suspendierten Teilchens, so dass

$$2E^x_{thermisch} = E_{Reibung}.$$

8.4.4 Modell der Aktienkursentwicklung

Die Brownsche Bewegung stellt das Grundmuster für alle Prozesse dar, die mit der stochastischen Analysis behandelt werden. Typisch ist dabei, wie die Unsicherheit wächst, je weiter in die Zukunft prognostiziert wird. Dabei wird berücksichtigt, dass die aus den einzelnen Zeitintervallen kommende Unsicherheit stochastisch unabhängig ist und es somit bei deren Aufsummierung eine entsprechende Reduktion durch den Diversifikationseffekt gibt. Das Risiko wächst um so mehr, je weiter man in die Zukunft prognostiziert, die Zunahme des Risikos wird dabei aber durch den Diversifikationseffekt immer stärker gebremst. Die Varianz der entsprechenden Normalverteilungen wächst linear mit der Zeit t, die Standardabweichung aber nur mit $\sqrt{\Delta t}$ und dies liegt gerade an der angenommenen Diversifikation der Geschehnisse in den unterschiedlichen Zeitabschnitten.

Grob könnte man die Aktienkursentwicklung mit Brownschen Bewegungen beschreiben. Schaut man etwas näher hin, muss man berücksichtigen, dass die Aktienschwankungen keine absoluten, sondern relative Größen sind. Aktien selbst sind ja relative Größen, was im englischen Ausdruck „shares“, Anteile, klarer zum Ausdruck kommt. Wie groß diese „shares“ sind, d.h. in welche Aktiengröße ein Unternehmen seine Anteile stückelt, sollte eigentlich keine Rolle spielen. Deshalb modelliert man, dass die Aktienschwankungen proportional zum aktuellen Wert der Aktien sind, mit der Volatilität σ als Proportionalitätskonstante.

Differenzen im diskreten Prozess	**Differential im Grenzwert**
$S_{t+\Delta t} = \begin{cases} S_t \cdot (1+\sigma\sqrt{\Delta t}) & \text{mit P} = 1/2 \\ S_t \cdot (1-\sigma\sqrt{\Delta t}) & \text{mit P} = 1/2 \end{cases}$ $\Delta S_t = S_{t+\Delta t} - S_t = \begin{cases} S_t \cdot \sigma\sqrt{\Delta t} & \text{mit P} = 1/2 \\ -S_t \cdot \sigma\sqrt{\Delta t} & \text{mit P} = 1/2 \end{cases}$	$dS_t = S_t \sigma \, dB_t$
$\frac{S_{t+\Delta t}}{S_t} = \mathrm{e}^{\begin{cases} \sigma\sqrt{\Delta t} - 0{,}5\sigma^2 \Delta t & \text{mit P} = 1/2 \\ -\sigma\sqrt{\Delta t} - 0{,}5\sigma^2 \Delta t & \text{mit P} = 1/2 \end{cases}}$	$d\left(e^{\sigma B_t - 0{,}5\sigma^2 t}\right).$

Die obere und die untere Darstellung entsprechen sich bis auf Terme in Δt^k, für $k > 1$. Dies zeigt die Reihenentwicklung der Exponentialfunktion

$$\mathrm{e}^{\pm\sigma\sqrt{\Delta t}\ -0.5\sigma^2 \Delta t} = 1 \pm \sigma\sqrt{\Delta t} + 0{,}5\left(\sigma\sqrt{\Delta t}\right)^2 - 0{,}5\sigma^2 \Delta t + ... = 1 \pm \sigma\sqrt{\Delta t} + \text{Terme in } \Delta \mathrm{t}^k, k > 1.$$

Damit ist es plausibel, dass die beiden diskreten Darstellungen bei $\Delta t \to 0$ zum gleichen Grenzwert streben, d.h.

$$S_t \sigma \, dB_t = d\left(e^{\sigma B_t - 0{,}5\sigma^2 t}\right).$$

Diese Beziehung bildet die Brücke vom stochastischen Modell zur analytischen Wahrscheinlichkeitsverteilung. Die Größe $S_t \sigma \, dB_t$ kommt aus dem stochastischen Modell, dass die Aktienkursschwankungen proportional zum aktuellen Kurs und zu einer von der Aktie abhängigen Konstante, der Volatilität, sind. Die rechte Seite der Gleichung erlaubt es, über die Verteilungsfunktion für den Aktienkurs zu konkreten quantitativen Aussagen zu kommen.

Dabei wird das stochastische Differential der Funktion $F(t, B_t) = e^{\sigma B_t - 0{,}5\sigma^2 t}$ in die Basisdifferentiale dB_t und dt zerlegt. Die Formel von Itô gibt eine Regel, die nicht nur für die obige spezielle Exponentialfunktion, sondern auch allgemein für eine weitgehend beliebige Funktion F gilt. Damit bildet die Formel von Itô ganz generell das Bindeglied von der stochastischen Modellierung zu quantitativen Aussagen, basierend auf den entsprechenden Wahrscheinlichkeitsverteilungen.

8.4.5 Formel von Itô

Vergleicht man das Integral $e^{\sigma B_t - 0{,}5\sigma^2 t}$ und das Differential $dS_t = S_t \sigma \, dB_t$, so hat man den Zusatzterm $0{,}5\sigma^2 t$. Dieser stellt ein Spezifikum der stochastischen Analysis dar. Abgesehen von diesem Zusatzterm sind die Rechenregeln in der stochastischen recht analog zu denen der konventionellen Analysis. Diese Rechenregeln werden mit der Formel von Itô für eine allgemeine Funktion F gegeben:

$$dF(t, B_t) = \frac{\partial F}{\partial B_t} dB_t + \frac{\partial F}{\partial t} dt + 0{,}5 \frac{\partial^2 F}{\partial B_t^2} (dB_t)^2 = \frac{\partial F}{\partial B_t} dB_t + \frac{\partial F}{\partial t} dt + 0{,}5 \frac{\partial^2 F}{\partial B_t^2} dt$$

In diskreten Zeitschritten würde diese Gleichung wie folgt aussehen:

$$F(t + \Delta t, x) - F(t, x) = \pm \frac{\partial F}{\partial x} \sqrt{\Delta t} + \left(\frac{\partial F}{\partial t} + 0{,}5 \frac{\partial^2 F}{\partial x^2}\right) \Delta t$$

Die folgende Grafik soll den Term in der 2. Ableitung verdeutlichen:

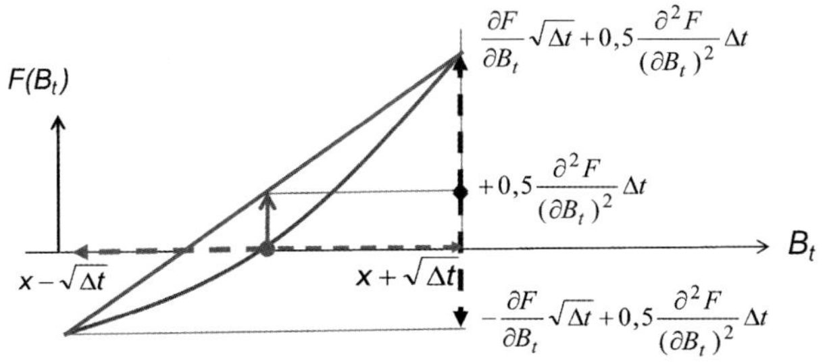

Abbildung 8.4

Aufgrund der Konvexität von F hat der Funktionswert beim Sprung nach oben einen größeren Zuwachs als beim Sprung nach unten.

Im Mittel nimmt der Funktionswert um $0,5\frac{\partial^2 F}{\partial B_t^{\,2}}dt$ zu.

Die Formel von Itô verbindet zwei Formelteile und damit unterschiedliche Aspekte:

$\frac{\partial F}{\partial B_t}dB_t + \frac{\partial F}{\partial t}dt$	$=$	$dF(t,B_t) + 0,5\frac{\partial^2 F}{\partial B_t^{\,2}}dt$
Kommt aus der stochastischen Modellierung. Damit lehnt es sich an die Vorstellung an, wie sich der Zufall in der Realität über die Zeit entwickelt. Diese Darstellung gibt eine Interpretation des Geschehens und zerlegt die Entwicklung von *F* in die zwei Komponenten, eine $d(E[F]) = \frac{\partial F}{\partial t}dt$ für den Erwartungswert und eine $\frac{\partial F}{\partial B_t}dB_t$ für die stochastische Komponente.		Führt zur Wahrscheinlichkeitsdichte $F(t,B_t)$ und so zu quantitativen Resultaten in Form von analytischen Formeln. Die Formel für die Wahrscheinlichkeitsdichte selbst ist oft schwer interpretierbar.

Wir nutzen im Folgenden diese beiden Aspekte der Formel von Itô bei der speziellen Funktion *F*, mit der die Aktienkursentwicklung beschrieben wird.

Anfangsbedingung:

S_0 entspreche dem Kurs der betrachteten Aktie zum Zeitpunkt 0. Dieser Kurs sei fest gegeben. Als Wahrscheinlichkeitsverteilung modelliert man dies mit einer diskreten Verteilung, bei der die gesamte Wahrscheinlichkeitsmasse auf dem Wert S_0 konzentriert ist.

Weiterentwicklung:

Diese sei durch das stochastische Differential dS_t gegeben. Die Formel von Itô erlaubt es, dieses Differential auf 2 unterschiedliche Arten aufzuschreiben

$$dS_t = S_t\sigma \, dB_t + (r+\mu)S_t dt$$

Für die Entwicklung des Erwartungswertes des Aktienkurses spielt der Term in dB_t keine Rolle, da dieser Term nur ein erwartungswertneutrales, „stochastisches" Springen mit der gleichen Wahrscheinlichkeit nach oben wie nach unten gibt. Bei der Grenzwertbildung $\Delta t \to 0$ bleibt der Term in dB_t neutral für die Entwicklung des Erwartungswerts.

Im Grenzwert geht der sprunghafte Verlauf im Diskreten auf kontinuierliche Bahnen für den Aktienkursverlauf über. Darauf wird hier nicht näher eingegangen, es wird aber erwähnt, um aufzuzeigen, dass bei Analogieschlüssen für Grenzwertbildungen Vorsicht geboten ist.

Damit gilt

$$d(E[S_t]) = (r+\mu)E[S_t]dt$$

$$d(\ln E[S_t]) = (r+\mu)dt$$

und aus der Randbedingung

$$E[S_0] = S_0$$

folgt

$$E[S_t] = S_0 \cdot e^{(r+\mu)t}.$$

$$= dS_t = d\left(e^{\sigma B_t + (r+\mu-0,5\sigma^2)t}\right)$$

Diese Darstellung erlaubt es, das Integral zu bilden und damit die Verteilungsfunktion zu bestimmen:

$$\int_0^t d\left(e^{\sigma B_t + (r+\mu-0,5\sigma^2)t}\right) =$$

$$e^{\sigma B_t + (r+\mu-0,5\sigma^2)t}$$

Aus der Randbedingung ergibt sich

$$S_t = S_0 e^{\sigma B_t + (r+\mu-0,5\sigma^2)t}.$$

Daraus kann die Wahrscheinlichkeitsdichte und die Verteilungsfunktion bestimmt werden:

$$\sigma \cdot B_t + (r+\mu-0,5\sigma^2)t =$$

$\ln(S_t / S_0)$ und

$$B_1 = \frac{\ln(S_t / S_0) + (0,5\sigma^2 - r - \mu)t}{\sigma\sqrt{t}}$$

mit $B_t = \sqrt{t} \cdot B_1$.

Der Median der (0,1) normalverteilten Zufallsvariablen B_1 ist 0 und gegeben, wenn der Zähler 0 ist, also bei

$$Median(S_t) = S_0 \cdot e^{(r+\mu-0,5\sigma^2)t}$$

Somit ist

$$\frac{\ln(S_t / S_0) + (0,5\sigma^2 - r - \mu)t}{\sigma\sqrt{t}}$$

standardnormalverteilt, also normalverteilt mit Erwartungswert 0 und Varianz 1. Die Verteilungsfunktion kann direkt auf die kumulierte Normalverteilung

$$N(y) = \frac{1}{\sqrt{2\pi}} \int_{-\infty}^{y} \cdot e^{-0,5y^2} dy$$ zurückgeführt werden:

$$F_{S_t}(x) = p(S_t \le x) = N\left(\frac{\ln(x / S_0) + (0,5\sigma^2 - r - \mu)t}{\sigma\sqrt{t}}\right)$$

Die Berechnung der Wahrscheinlichkeitsdichte des Aktienkurses S_t kann aus der Ableitung der Verteilungsfunktion bestimmt werden. Dabei müssen neben der Wahrscheinlichkeitsdichte der Normalverteilung weitere Ableitungen der zusammengesetzten Funktion berücksichtigt werden. Insbesondere die Ableitung von $\ln(x / S_0)$ gibt dabei noch einen Term in $1/x$.

Mit $\dfrac{dF_{S_t}(x)}{dx} = \dfrac{1}{\sigma\sqrt{t}} \cdot \left.\dfrac{d(N(y))}{dy}\right|_{y=x'} \cdot \dfrac{d\ln(x / S_0)}{dx}$

ergibt sich somit die Wahrscheinlichkeitsverteilung

$$p(x) = \frac{S_0}{x}\frac{1}{\sigma\sqrt{2\pi\, t}} \cdot e^{-\frac{(\ln(x/S_0)+(0,5\,\sigma^2-r-\mu\,)t)^2}{2\sigma^2 t}}.$$

Diese Verteilung, d.h. die Verteilung des Exponenten einer normalverteilten Zufallsvariablen, nennt man „logarithmische Normalverteilung". Die Wahrscheinlichkeitsdichte, als Funktion des Exponenten der ursprünglichen Zufallsvariablen ausgedrückt, führt zu einem Term in der Umkehrfunktion der Exponentialfunktion, also beim Logarithmus, welcher der Verteilung den Namen gab.

Den entsprechenden Prozess, der aus dem Exponenten einer Brownschen Bewegung hervorgeht, nennt man „geometrische Brownsche Bewegung". Die Bezeichnung „geometrisch" legt hier die Betonung auf den multiplikativen Aufbau des Prozesses im Unterschied zum additiven Aufbau der üblichen Brownschen Bewegung. Generell nennt man multiplikative Ansätze in der Mathematik gern „geometrisch", so ist auch das geometrische Mittel zweier Zahlen als die Zahl definiert, die „multiplikativ" zwischen den beiden Zahlen liegt. Dies entspricht dann auch der Seitenlänge des Quadrats mit gleicher Fläche wie das Rechteck, deren Seiten die Länge der beiden gegeben Zahlen hat und dies mag die Bezeichnung geometrisch begründet haben. Oben wurde der Verlauf von Erwartungswert und Median der Wahrscheinlichkeitsverteilungen schon bestimmt. Wir interessieren uns hier noch für den Verlauf der wahrscheinlichsten Werte, also der Werte x, für welche die Wahrscheinlichkeitsverteilung am höchsten ist. Aus

$$p(x)\cdot\sigma\sqrt{2\pi\, t} = \frac{S_0}{x}\cdot e^{-\frac{(\ln(x/S_0)+(0,5\sigma^2-r-\mu\,)t)^2}{2\sigma^2 t}} = e^{-\frac{(\ln(x/S_0)+(1,5\sigma^2-r-\mu\,)t)^2}{2\sigma^2 t}+Konst.},$$

wobei *Konst* keine Terme in x hat, ergeben sich die x-Werte mit der größten Wahrscheinlichkeitsdichte, wenn der Zähler des Bruchs im Exponenten verschwindet. Damit ist

die größte Wahrscheinlichkeitsdichte $(S_t) = S_0 \cdot e^{(r+\mu-1,5\sigma^2)t}$ und wie oben hergeleitet

$\text{Median}(S_t) = S_0 \cdot e^{(r+\mu-0,5\sigma^2)t}$ der Median und

$E[S_t] = S_0 \cdot e^{(r+\mu)t}$ der Erwartungswert.

Bei der geometrischen Brownschen Bewegung resp. bei der logarithmischen Normalverteilung fallen diese Größen im Unterschied zur üblichen Brownschen Bewegung resp. zur Normalverteilung selbst auseinander (Luderer (Hrsg.) 2008, S. 83f.). Man kann dies auch aus der Schiefe der logarithmischen Normalverteilung begründen. Der Erwartungswert ist größer als der Median, da die Verteilung nicht symmetrisch ist, sie wird gegen unten mit dem Nullwert abgeschnitten, ist gegen oben aber unbegrenzt. Diese wohl wenig wahrscheinlichen Ereignisse erhöhen den Erwartungswert wegen ihrer Unbegrenztheit stärker als sie im Median wirken. Dabei bestimmt der für die Streuung maßgebliche Parameter σ^2, wie weit die einzelnen Kurven, also größte Wahrscheinlichkeitsdichte, Median und Erwartungswert, auseinander liegen. Bezogen auf die Aktienentwicklung kann dies wie folgt interpretiert werden:

Eine Anlage in Aktien kann eine unbegrenzt positive Entwicklung nehmen, der Aktienkurs kann sich verdoppeln oder gar verzehnfachen. Dagegen kann er nicht unter 0 fallen, mehr als den Einsatz kann man nicht verlieren. Diese Asymmetrie in Gewinnen und Verlusten schlägt sich darin nieder, dass der Median, d.h. der Aktienkurs bei dem man mit 50 % darunter und mit 50 % darüber liegt, tiefer als der Erwartungswert liegt. Gibt man nun die Entwicklung des Erwartungswertes vor, indem man annimmt, die Aktie habe eine erwartete Rendite pro Zeit von $r+\mu$, so muss man die Entwicklung des Medians entsprechend tiefer ansetzen, nämlich $r+\mu- 0{,}5\cdot\sigma^2$. Dabei findet sich die Entwicklung des Erwartungswertes in dem stochastischen Differential, die Entwicklung des Medians dagegen in den Wahrscheinlichkeitsverteilungen. Deshalb stößt man bei den konkreten quantitativen Aussagen, wie bei den Formeln für Optionspreise, meistens auf diesen etwas seltsam anmutenden Abzugsterm von $0{,}5\sigma^2$ bei der Renditeentwicklung. Das Phänomen, dass der Erwartungswert größer oder allenfalls gleich dem Median ist, hat einen gewissen Bezug zur Ungleichung von Jensen in der Wahrscheinlichkeitstheorie. Diese besagt, dass für eine konvexe Funktion, hier die Exponentialfunktion, und eine Zufallsvariable, hier eine normalverteilte Zufallsvariable, die Ungleichung

$$e^{E[\sigma B_t]} \geq E[e^{\sigma B_t}]$$

gilt. Die stochastische Analysis quantifiziert sozusagen für Brownsche Bewegungen, wie weit eine konvexe Funktion des Erwartungswertes einer normalverteilten Zufallsvariablen über dem Erwartungswert der Funktion einer Brownschen Bewegung liegt. Es ist nicht erstaunlich, dass die 2. Ableitung der Funktion F im Kalkül von Itô diese Abweichung bestimmt.

Die Abbildung 8.5 zeigt die Wahrscheinlichkeitsdichte von

$$S_t = S_0 e^{\sigma B_t (r+\mu- 0{,}5\sigma^2)t},$$

mit $S_0 = 1$, jeweils für unterschiedliche t.

Die nebeneinander gestellten Dichtefunktionen haben eine ähnliche Gestalt wie ein Flugzeugflügel. Für einen festen Zeitpunkt t geben die Rillen in der Fläche die Wahrscheinlichkeitsdichte der Zufallsvariablen S_t wieder, welche lognormal verteilt sind.

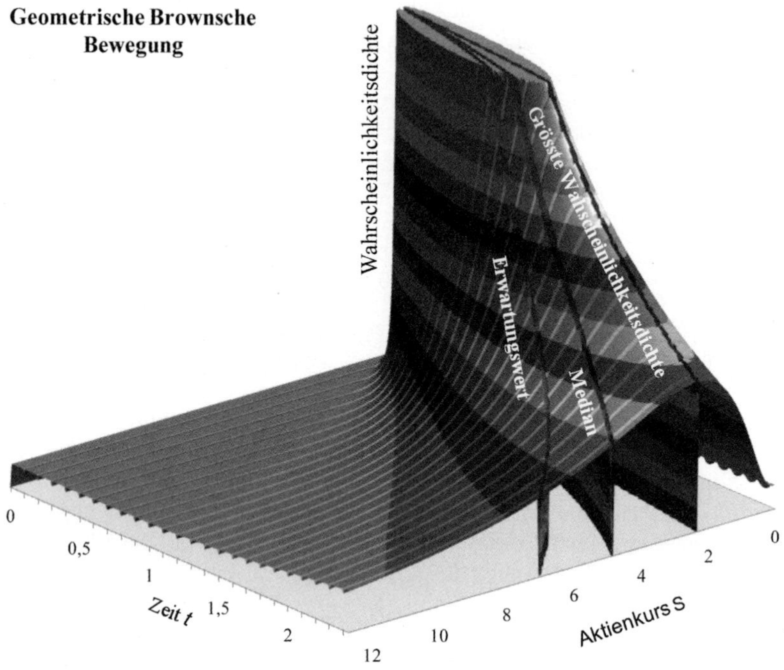

Abbildung 8.5

8.4.6 Geometrische und arithmetische Renditen

Den Zusatzterm von $0{,}5\sigma^2$ für die geometrische Brownsche Bewegung findet man auch bei konkreten diskreten Rechnungen und zwar beim Vergleich der arithmetischen mit der geometrisch gerechneten Rendite. Dabei ist allgemein bekannt, dass Renditen in einzelnen aufeinanderfolgenden Zeitperioden nicht einfach zu einer Gesamtrendite über den gesamten Zeitraum gemittelt werden dürfen. Dies liegt letztlich an der multiplikativen Natur der Rendite – resp. den Verzinsungsprozessen, welche in der „geometrischen“ Brownschen Bewegung berücksichtigt werden. Da das arithmetische Mittel immer größer oder allenfalls gleich dem geometrischen Mittel ist, ist die arithmetisch berechnete Rendite ebenfalls immer größer oder allenfalls, wenn alle einzelnen Renditen in den Zeitintervallen identisch sind, gleich der „korrekten“, geometrisch berechneten Rendite. Die Differenz dieser beiden Renditen entspricht näherungsweise dem für die geometrische Brownsche Bewegung charakteristischen Zusatzterm $0{,}5\,\sigma^2$.

	Diskret
Geometrisch, d.h. multiplikativ gerechnete Renditen	$\bar{r}_g = \prod_1^{n/2} (1+\sigma\sqrt{\Delta t})(1-\sigma\sqrt{\Delta t}) \;-1$ $= \prod_1^{n/2} (1-\sigma^2\Delta t) \;-1 \approx -0{,}5\;\sigma^2 \Delta t \cdot n$
Arithmetisch gerechnete Renditen	$\bar{r}_a = \sum_1^{n/2} \sigma\sqrt{\Delta t} - \sigma\sqrt{\Delta t} = 0$
Differenz zwischen arithmetisch und geometrisch gerechneten Renditen	$\bar{r}_a - \bar{r}_g = 0{,}5\;\sigma^2 \Delta t \cdot n = 0.5\;\sigma^2 t \approx \frac{0{,}5}{n} \sum_1^n (r_i - \bar{r})^2$ Der letzte Ausdruck verallgemeinert unsere Berechnung und gibt eine Näherung für beliebige Renditen r_i. Diese Beziehung heißt Formel von Sheppard (Spremann 2006, S. 68). Im Fall beliebiger Renditen ist $\bar{r} = \bar{r}_a = \frac{1}{n}\sum_1^n r_i$.

	Analogie im kontinuierlichen Modell bei Δt→0
Geometrisch, d.h. multiplikativ gerechnete Renditen	Den diskreten Prozess formen wir zuerst so um, dass wir den Grenzübergang vornehmen können: $\prod_1^{n/2} (1+\sigma\sqrt{\Delta t})(1-\sigma\sqrt{\Delta t}) - 1 = e^{\sum_1^{n/2} \ln(1 \pm \sigma\sqrt{\Delta t})} - 1$ $\approx e^{\sum_1^{n/2} \pm\sigma\sqrt{\Delta t} - 0.5\sigma^2 \Delta t)} - 1$ Da wir immer abwechselnd Sprünge nach oben und nach unten annehmen, muss man beim Grenzwert $\Delta t \to 0$ und beim Übergang zum kontinuierlichen stochastischen Prozess den Median der Grenzverteilung betrachten, also den Median von $e^{\sigma B_t - 0{,}5\sigma^2 t} = e^{-0{,}5\sigma^2 t}$.
Arithmetisch gerechnete Renditen	Das Mittel der arithmetischen Renditen entspricht dem Erwartungswert von B_t, also 0
Differenz arithmetisch/geometrisch	$\bar{r}_a - \bar{r}_g = 0 - \ln(e^{-0{,}5\sigma^2 t}) = 0{,}5\;\sigma^2 t$

8.4.7 (Einfache) Brownsche Bewegung und geometrische Brownsche Bewegung

Es geht hier nochmals um die diskreten Vorstufen der Brownschen Bewegungen. Zum einen haben wir bei der einfachen Brownschen Bewegung ein lineares Netz über die Ebene gespannt, das sich immer weiter aufteilt. Die Wege des Wahrscheinlichkeitsprozesses in diesem diskreten Fall sind Zickzackpfade längs der unten in der Grafik eingezeichneten Wege. Die Wahrscheinlichkeit, einen gegebenen Punkt zu erreichen, ergibt sich aus dem Mittel der

Wahrscheinlichkeiten für die davor liegenden Punkte oberhalb und unterhalb. Entsprechend kann man diese Wahrscheinlichkeiten leicht berechnen, sie können auch aus dem Quotienten aller Pfade, die bei einem gegebenen Punkt $(x,t=n)$ ankommen, dividiert durch alle möglichen Pfade bis zu dem Zeitpunkt $t=n$, bestimmt werden. Die Wahrscheinlichkeiten entsprechen den Binomialkoeffzienten dividiert durch 2^n, entsprechend den 2^n unterschiedlichen Pfaden bis zu diesem Zeitpunkt.

Dieses ganze Bild wird mit der Funktion

exp: $\mathrm{IR}_+ \times \mathrm{IR} \to \mathrm{IR}_+ \times \mathrm{IR}_{++}$, $exp(t,x) = (t, e^x)$

transformiert. Aus der additiven Struktur des Prozesses wird ein multiplikativer Zusammenhang, der die „Zinseszins"-Entwicklung bei der Investition in eine Aktie modelliert. Damit werden die linearen Bahnen zu solchen in Form von Exponentialfunktionen, die gegen oben schneller zu- als gegen unten abnehmen. Dies führt zu den schiefen Verteilungen, zu dem Auseinanderdriften von Median und Erwartungswert.

Bei den Wahrscheinlichkeitsverteilungen $P(x,t)$ wird den möglichen Werten der Zufallsvariable eine Wahrscheinlichkeit zugeordnet. Diese ist zuerst auf der Ausgangsebene definiert. Um sie auf der Bildebene anwenden zu können, muss erst mit der Logarithmus-Funktion auf die Ausgangsebene zurückgegangen werden, wo P definiert ist. Dies führt dazu, dass man bei den Wahrscheinlichkeitsverteilungen als Argument die Logarithmusfunktion hat.

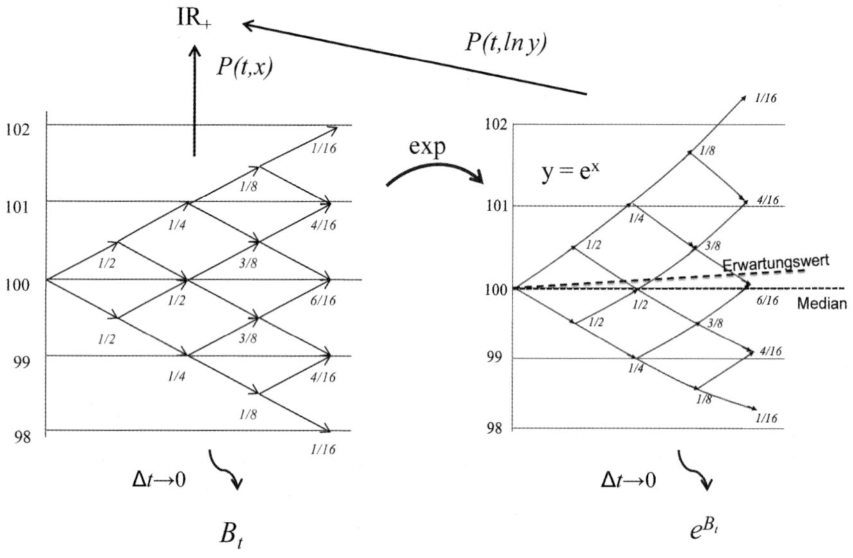

Abbildung 8.6

Im Grenzwert $\Delta t \to 0$ führt dies zum Brownschen Prozess B_t und zur geometrischen Brownschen Bewegung e^{B_t}. Für ein gegebenes festes t ist B_t normalverteilt und e^{B_t} lognormalverteilt. Die Wahrscheinlichkeitsdichte von e^{B_t} hat $ln\ x$ von der Inversenbildung der Exponentialfunktion als Argument, was zu diesem Namen geführt hat.

8.4.8 Die Differentialgleichung von Black und Scholes zum Preis von Optionen

Im Folgenden betrachten wir die Preise von Call-Optionen $C(t,S)$ in Abhängigkeit der Zeit t und des Aktienkurses T. Die Überlegungen gelten analog auch für Put-Optionen

Endbedingung

Zum Ausübungszeitpunkt T ist der Wert der Call-Option dadurch gegeben, dass für den Strike K die Aktie S gekauft werden kann. Damit ist

$C(T,S) = (S-K)_+$

Weiterentwicklung für $t > T$

Diskreter Fall:

Für die Aktienkursentwicklung nehmen wir eine Diskretisierung der geometrischen Brownschen Bewegung an:

$$S^{\pm} = S \cdot (1 + (r + \mu) \cdot \Delta t \pm \sigma \sqrt{\Delta t}) \text{ und setzen } \overline{S} = 0{,}5\ (S^{+} + S^{-})$$

Für die Preise der Call-Option kann wiederum eine Beziehung zwischen 3 Preispunkten erstellt werden. Im Zeitintervall Δt hat die zum Zeitpunkt t gekaufte Call-Option $C(t,S)$ die erwartete Rendite $(r + \beta \cdot \mu)\Delta t$. Dabei gelte die Theorie von Markowitz,

d.h. r sei der risikolose Zins und $\beta = \beta_{Call} / \beta_{Aktie}$ setze die „Überrenditen" des Call und der Aktie in ein Verhältnis zueinander.

Da die Aktie entweder auf S^+ oder auf S^- springt, muss der mit der beschriebenen Rendite verzinste Preis zum Zeitpunkt t das Mittel der entsprechenden Preise zum Zeitpunkt $t + \Delta t$ ergeben:

Grundgleichung

$$C(t,S) \cdot (1 + (r + \beta \cdot \mu)\Delta t) = 0{,}5\ C(t + \Delta t, S^{-}) + 0{,}5\ C(t + \Delta t, S^{+})$$

Zusatzterm

$$- C(t + \Delta t, \overline{S}) \qquad - C(t + \Delta t, \overline{S})$$

Summiert und linear angenähert

$$C \cdot (r + \beta \cdot \mu)\Delta t - \frac{\partial C}{\partial t}\Delta t - \frac{\partial C}{\partial S} S(r + \mu)\Delta t \approx \frac{1}{2} S^2 \sigma^2 \frac{\partial^2 C}{\partial S^2}\Delta t$$

Die Differenzterme von C zu den verschiedenen Stützpunkten der (t,S)-Ebene werden mit den partiellen Ableitungen auf der linken Seite und mit der 2. Ableitung auf der rechten Seite angenähert.

Wegfall der Terme in μ

Da der Wert von C direkt an den Wert von S geknüpft ist, sind beide Anlagen vollständig korreliert. Gemäß der Theorie von Markowitz sind Korrelationen und Überrendite proportional zueinander. Damit ist

$$\beta = \frac{\beta_{Call}}{\beta_{Aktie}} = \frac{\partial \ln C}{\partial \ln S} = \frac{S}{C} \frac{\partial C}{\partial S}$$

und in der obigen Gleichung heben sich die Terme in μ auf.

Differential-gleichung aus Division durch Δt

Damit ergibt sich die berühmte Differentialgleichung von Black und Scholes

$$\frac{\partial C}{\partial t}+rS\frac{\partial C}{\partial S}+\frac{1}{2}S^2\sigma^2\frac{\partial^2 C}{\partial S^2}-r\cdot C=0 \qquad \text{(Black und Scholes)}$$

Dies entspricht dem Grenzwert $\Delta t \to 0$ der Beziehung im diskreten Fall, unter der Bedingung, dass die Investoren Risiko und Ertrag nach der Theorie von Markowitz optimieren.

Grafische Darstellungen:

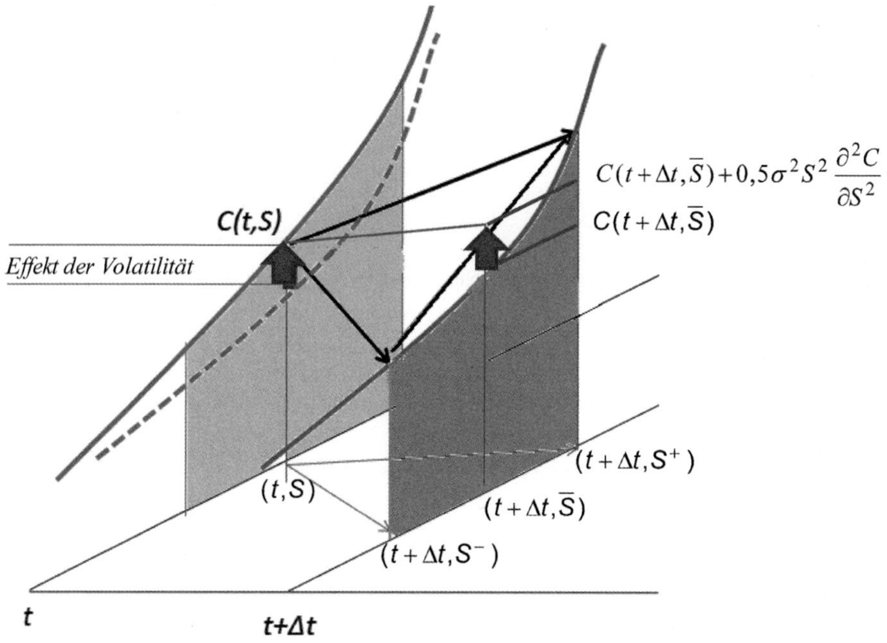

Abbildung 8.7

<u>3-Punkt-Beziehung im diskreten Fall:</u>

Es besteht eine Beziehung zwischen den Call-Preisen für 3 Punkte der Parameterebene (*t, S*). Aufgrund des zukünftigen Knicks steigt der Wert beim Zurückgehen in der Zeit. Das liegt daran, dass der Knick eine Chance zum Gewinnen darstellt, ohne dass man im gleichen Ausmaß verlieren kann, was ja typisch für die Option ist.

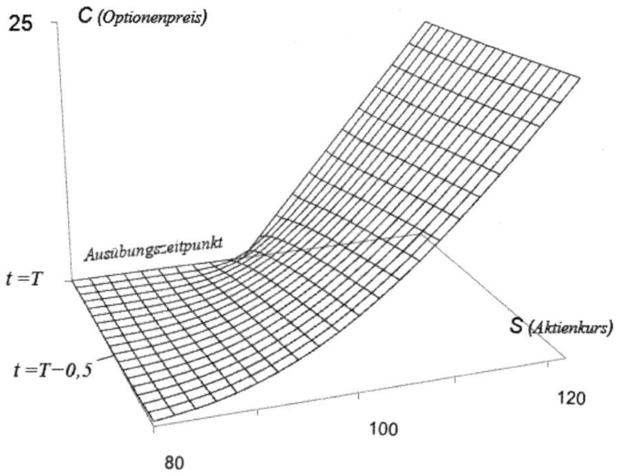

Abbildung 8.8

Abbildung 8.8 zeigt die Optionspreise als Fläche über der Parameterebene, mit Strike $K = 100$, Risikoloser Zins $r = 2.5$ % und Volatilität σ von 15 %.

Die Glättung erfolgt bei Entfernung vom Ausübungszeitpunkt, also bei kleiner werdendem t. Dann nimmt der Wert der Option insbesondere dann deutlich zu, wenn S im Bereich des Strikes, d.h. des Knicks, liegt.

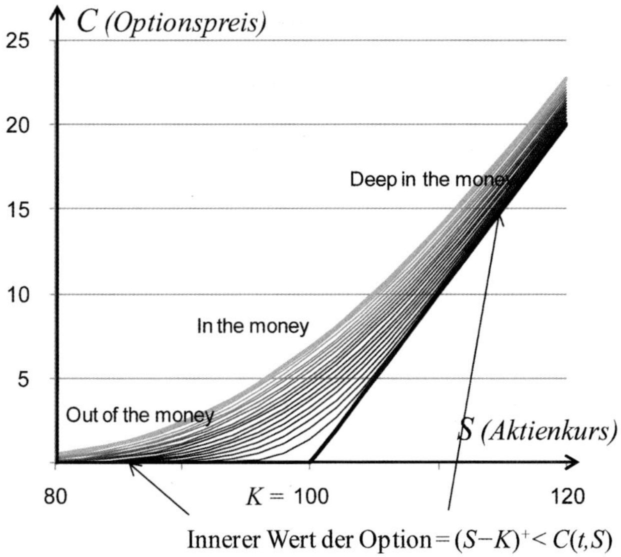

Abbildung 8.9

Abbildung 8.9 gibt die Optionspreiskurven für unterschiedliche Zeitpunkte wieder. Die aufsteigenden Linien entsprechen den Preisen jeweils um t = 0,05 Jahre weiter vor dem Ausübungszeitpunkt. Der Knick zum Ausübungszeitpunkt wird immer weiter geglättet. Geht man weiter vom Knick weg, liegen die Linien zuerst eng beieinander. Erst wenn sich die Krümmung vom Knick aus fortgepflanzt hat, wirkt die Volatilitätskomponente und führt hier auch zu einem etwas höheren Anstieg bei zunehmendem Abstand vom Ausübungszeitpunkt. Je nach Position von S zu K ändert sich der Charakter der Option. Sie heißt dann „out of money", „in the money" oder „deep in the money".

Je tiefer der Strike K gegenüber dem Aktienkurs S liegt, desto ähnlicher werden sich Option und Aktie.

8.4.9 Übergang von Zufallsvariablen zu partiellen Differentialgleichungen

	Zufallsvariable	Differentialgleichungen
	für deren Wahrscheinlichkeitsdichten die nebenstehenden Differentialgleichungen gelten	der Wahrscheinlichkeitsdichten der Zufallsvariablen. Die Symbole *X, Z,* und *S* werden hier als Koordinaten und nicht als Zufallsvariable aufgefasst.
Randbedingung	$Y(\tau)=Y(T)$ Die Randbedingung zum Ausübungszeitpunkt *T* wird konstant über die Zeit vorher fortgesetzt.	$\frac{\partial}{\partial\tau}=0$ Die Ableitung nach der Zeitkomponente verschwindet.
Typus: Wärmeleitgleichung	$X(\tau,Y)=\sigma\cdot B_\tau+Y(T)$ Die Diffusion $\sigma\cdot B_\tau$ verschmiert die Zufallsvariable $Y(T)$ resp. die Randbedingung umso stärker, je weiter man sich vom Ausübungszeitpunkt *T* mit zunehmendem τ entfernt.	$\frac{\partial}{\partial\tau}-0,5\sigma^2\frac{\partial^2}{\partial X^2}=0$ Entfernt man sich mit zunehmendem τ vom Ausübungszeitpunkt, steigen konvexe Verteilungen an. Dies gilt beispielweise bei Optionspreisen, die aufgrund der Randbedingung zum Ausübungszeitpunkt konvex verlaufen.
Linearer Zusatztrend	$Z(t,Z)=$ $\sigma\cdot B_{T-t}+(r-0,5\sigma^2)(T-t)+Y(T)$	$\frac{\partial}{\partial t}+0,5\sigma^2\frac{\partial^2}{\partial Z^2}+(r-0,5\sigma^2)\frac{\partial}{\partial Z}=0$ (*) Indem nun die Zeitkoordinate mit und nicht mehr gegen die Zeit läuft, dreht sich das Vorzeichen beim Konvexitätsterm um.
logarithmischen Koordinaten	$X(t,S)=e^{X(Z)}$ $=S\,e^{\sigma\cdot B_{T-t}+(r-0,5\sigma^2)(T-t)+Y(T)}$	$\frac{\partial}{\partial t}+0,5\sigma^2S^2\frac{\partial^2}{\partial S^2}+r\,S\frac{\partial}{\partial S}=0$ (**)

Zusatzdiskontierung, um Zinswirkung zwischen Optionskauf und Ausübung zu berücksichtigen.	$\frac{\partial C}{\partial t} + 0{,}5\sigma^2 S^2 \frac{\partial^2 C}{\partial S^2} + r\,S\frac{\partial C}{\partial S} - rC = 0$

Die so konstruierte Wahrscheinlichkeitsverteilung $e^{-r(T-t)}P_{X(t,S)}$ erfüllt die obige Differentialgleichung mit der Randbedingung

$$e^{-r(T-t)}P_{X(T,S)} = P_{S\,e^{Y(T)}}\,.$$

Erläuterungen zu den Substitutionen:

	Substitution von	gibt
(*)	$Z = X + (r - 0{,}5\sigma^2)(T - t)\,,\ t = T - \tau$	$\frac{\partial}{\partial t} = -\frac{\partial}{\partial \tau} + \frac{\partial Z}{\partial t}\cdot\frac{\partial}{\partial Z} = -\frac{\partial}{\partial \tau} - (r - 0{,}5\sigma^2)\cdot\frac{\partial}{\partial Z}$ $\frac{\partial^2}{\partial Z^2} = \frac{\partial^2}{\partial X^2}$
(**)	$S = e^Z\,,\ Z = \ln(S)$	$\frac{\partial}{\partial Z} = S\frac{\partial}{\partial S}$ und $\frac{\partial^2}{\partial Z^2} = S\frac{\partial}{\partial S} + S^2\frac{\partial^2}{\partial S^2}$

8.4.10 Die Formeln von Black und Scholes für die Preisbestimmung von Optionen

Die Formeln von Black und Scholes beruhen nur auf der kumulierten Standardnormalverteilung

$$N(\mathrm{x}) = \frac{1}{\sqrt{2\pi}}\int_0^x e^{-0{,}5\cdot u^2}\,du = \int_0^x n(u)\,du \ \text{ mit } n(u) = \frac{e^{-0{,}5\cdot u^2}}{\sqrt{2\pi}}$$

Die Randbedingung bei der Call-Option ist durch das Auszahlungsprofil zum Ausübungszeitpunkt der Option gegeben.

$$C(T,S) = (S - K)^+ = S\cdot 1_{S\geq K} - K\cdot 1_{S\geq K}$$

Die Formel von Black und Scholes besteht aus zwei Termen, die jeweils mit der kumulierten Normalverteilung N zu zwei unterschiedlichen Werten d_1 und d_2 berechnet werden können. Jeder der beiden Terme löst die Differentialgleichung von Black und Scholes, wobei die einzelnen Terme jeweils eine Komponente der Randbedingung erfüllen. Wie behandeln zuerst die Komponente, welche die Randbedingung

$$C(T,S) = -K\cdot 1_{S\geq K}$$

erfüllt.

Sei $R = (r - 0{,}5\sigma^2)(T-t)$.

Term in $N(d_2)$

Randbedingung für $t = T$:

$$-K\int_K^\infty P_{S\,e^{\sigma\cdot B_{T-t}+R}}(s)ds = -K\cdot 1_{S\ge K},$$

da bei $t = T$ die gesamte Wahrscheinlichkeitsmasse in $S = \lim_{t\to T} S\,e^{\sigma\cdot B_{T-t}+R}$ konzentriert ist und bei $S \ge K$ im Integral mit erfasst wird .

Lösung für t < T:

$$\int_K^\infty P_{S\,e^{\sigma\cdot B_{T-t}+R}}(s)ds = P(S\,e^{\sigma\cdot B_{T-t}+R} \ge K) = P(\sigma\cdot B_{T-t} \ge \ln K - \ln S - R)$$

$$= P\left(B_1 \ge \frac{-\ln S - R + \ln K}{\sigma\sqrt{T-t}}\right) = P\left(B_1 \le \frac{\ln(S/K)+R}{\sigma\sqrt{T-t}}\right) =$$

$$= N\left(\frac{\ln S/K + r(T-t)}{\sigma\sqrt{T-t}} - 0{,}5\sigma\sqrt{T-t}\right)$$

$$= N(d_2)$$

und damit

$$K\cdot e^{-r(T-t)}\int_K^\infty P_{S\,e^{\sigma\cdot B_{T-t}+R}}(s)\,ds = K\cdot e^{-r(T-t)}N(d_2).$$

Term in $N(d_1)$

Randbedingung für $t = T$:

$$\int_K^\infty s\,P_{S\,e^{\sigma\cdot B_{T-t}+R}}(s)\,ds = S\cdot 1_{S\ge K},$$

da bei $t = T$ wiederum die gesamte Wahrscheinlichkeitsmasse in $S = \lim_{t\to T} S\,e^{\sigma\cdot B_{T-t}+R}$ konzentriert ist und bei $S \ge K$ im Integral mit erfasst wird.

Lösung für $t < T$:

Dabei wird nicht wie beim vorigen Term einfach die Wahrscheinlicheitsdichte der Lognormalverteilung integriert, was naheliegenderweise zur kumulierten Normalverteilung geführt hat. Hier wird die Wahrscheinlichkeitsdichte der Lognormalverteilung jeweils mit dem Wert gewichtet, an dem diese genommen wird. Es ist etwas erstaunlich, dass sich dieser

Term auch auf die kumulierte Normalverteilung zurückführen lässt. Dies hat folgenden Grund:

Nach der Transformation der lognormalverteilten Zufallsvariable auf eine normalverteilte Zufallsvariable wird die Wahrscheinlichkeitsdichte mit dem Exponenten des Wertes gewichtet, an dem sie genommen wird. Mit der quadratischen Ergänzung, welche von d_2 zu d_1 führt, fällt dieser Exponent weg und man hat einen Integrand, der einer kumulierten Normalverteilung in d_1 entspricht.

$$e^{-r(T-t)}\int_K^\infty s\, P_{S\, e^{\sigma\cdot B_{T-t}+R}}(s)\,ds = e^{-r(T-t)}\int_K^\infty e^s \cdot P_{\ln S+R+\sigma\cdot B_{T-t}}(s)\,ds$$

$$= e^{-r(T-t)}\int_{-\infty}^{-\ln K} e^{-s}\cdot P_{-\ln S-R+\sigma\cdot B_{T-t}}(s)\,ds$$

$$= \int_{-\infty}^{-\ln K} e^{-r(T-t)-s} n\left(\frac{\ln S + r(T-t)+s}{\sigma\sqrt{T-t}} - 0{,}5\sigma\sqrt{T-t}\right) ds$$

$$= \int_{-\infty}^{-\ln K} e^{\ln S}\cdot n\left(\frac{\ln S + r(T-t)+s}{\sigma\sqrt{T-t}} + 0{,}5\sigma\sqrt{T-t}\right) ds$$

$$= S\cdot N\left(\frac{\ln(S/K)+r(T-t)}{\sigma\sqrt{T-t}} + 0{,}5\sigma\sqrt{T-t}\right) = S\cdot N(d_1)$$

mit $d_2 = \dfrac{\ln(S/K)+(r-0{,}5\sigma^2)(T-t)}{\sigma\sqrt{T-t}}$ und $d_1 = d_2 + \sigma\sqrt{T-t}$.

Damit erfüllen die beiden Terme

$$C(t,S) = S\cdot N(d_1) - K\cdot e^{-r(T-t)}N(d_2)$$

die Differentialgleichung Black und Scholes mit der Randbedingung

$$C(t,S) \overset{t\to T}{\to} (S-K)^+ \qquad (=\max(S-K;0))$$

Die Lösung der partiellen Differentialgleichung Black und Scholes stellt damit die Lösung eines Randwertproblems dar. Dies sind typische Problemstellungen bei partiellen Differentialgleichungen, d.h. für Differentialgleichungen mit mehreren Veränderlichen. Dabei gibt man sich eine Randverteilung vor, beispielsweise eine Wärmeverteilung in einem Körper zu einem bestimmten Zeitpunkt. Die Differentialgleichung gibt dann an, wie sich die Wärmeverteilung über die Zeit im Körper weiter entwickelt, also beispielsweise, wie sich die Wärme mit der Zeit homogen im Körper verteilt.

Beim Preis einer Option mit Ausübungszeitpunkt T ist dies ähnlich: Zum Ausübungszeitpunkt hängt der Wert der Option ganz direkt und determiniert vom Aktienkurs ab. Die Optionspreise zum Ausübungszeitpunkt stellen die Randbedingung dar. Die Differentialgleichung von Black und Scholes gibt an, wie diese Preise für die Zeit vor dem Ausübungszeitpunkt T, also für $T-t > 0$ fortgesetzt werden sollen und die Lösungen stellen Lösungen der Black und Scholes-Differentialgleichung bei gegebener Randverteilung dar.

Wie erwähnt, sind die beiden Terme in $N(d_1)$ und $N(d_2)$ zwei solche Lösungen für die beiden einfachsten Randverteilungen, die konstante und die linear vom Aktienkurs S im Ausübungszeitpunkt T abhängige Randverteilung:

$$K \cdot e^{-r(T-t)} N(d_2) \overset{t \to T}{\to} K \cdot 1_{S>K} \,, \quad S \cdot N(d_1) \overset{t \to T}{\to} S \cdot 1_{S>K}$$

und somit ergibt sich die bekannte Formel für die Preisbestimmung einer Call-Option (Luderer (Hrsg.) 2008, S. 366f.)

$$C = C(S,K) = S \cdot N(d_1) - K \cdot e^{-r(T-t)} N(d_2) \,. \qquad \text{Formel von Black und Scholes}$$

Die Randverteilung ist hier nicht ganz so exotisch wie beim Anfangspunkt für den Brownschen Prozess, bei dem die Verteilung B_0 die gesamte Wahrscheinlichkeitsmasse im Nullpunkt konzentriert ist und wo der Prozess von einer diskreten Verteilung aus startet und dann zu kontinuierlichen Verteilungen, eben den Normalverteilungen mit positiver Varianz proportional zu t, übergeht. Immerhin hat sie aber in $S = K$ einen Knick, davor ist sie konstant 0 und nach dem Knick steigt sie linear an. Die Bewertung der Option mit der Formel von Black und Scholes glättet diesen Knick. Der Preis der Call-Option hängt dann nicht mehr scharf vom Über- oder Unterschreiten eines bestimmten Aktienwertes ab. Die unbekannte zufällige Weiterentwicklung des Aktienkurses „verschmiert", resp. glättet den Wertverlauf der Option in Funktion des Aktienkurses. Diese Glättung wird umso größer, je länger einerseits die zufällige Weiterentwicklung dauert, d.h. je weiter man vom Ausübungszeitpunkt entfernt ist, und je größer andererseits die zufällige Entwicklung pro Zeit, also die Volatilität, ist.

8.5 Put-Call-Parität, „Griechen", Delta Hedging und generelle Bemerkungen

8.5.1 *Preis der Put-Option aus der Put-Call-Parität*

Besitzt man die Aktie und einen Put zum Strike K, so kann man die Aktie für den Betrag K verkaufen, sollte der Kurs zum Ausübungszeitpunkt tiefer als der Strike sein, ansonsten behält man die Aktie. Äquivalent dazu kann man einen Betrag in Höhe des mit dem risikolosen Zins diskontierten Strike anlegen und dazu einen Call zu diesem Strike kaufen. Ist die Aktie zum Ausübungszeitpunkt höher als der Strike, kauft man die Aktie für den Strike K und sonst hat man aus der risikolosen Anlage ebenfalls den Betrag K. Damit sind beide Anlagepakete äquivalent und müssen deshalb auch gleich viel Wert haben. Diese Beziehung nennt man „Put-Call-Parität", d.h.

Aktie + Put(Strike K) = Call(K) + risikolose Anlage (diskontierter Strike $K \cdot e^{-r \cdot (T-t)}$).

In Formeln heißt dies

$$S + P = C + K \cdot e^{-r \cdot (T-t)} \,.$$

Damit kann der Put-Preis direkt aus dem Call-Preis berechnet werden. Die Put-Preise ergeben sich auch aus der Differentialgleichung von Black und Scholes mit der entsprechend dem Auszahlungsprofil des Puts angepassten Randbedingung. Man erhält so

$$P = S - C - K \cdot e^{-r \cdot (T-t)} = K \cdot e^{-r \cdot (T-t)} \cdot N(-d_2) - S \cdot N(-d_1).$$

In den Abbildungen 8.10 und 8.11 stellt die Kurve jeweils die Verteilungsfunktion des Aktienkurses zum Ausübungszeitpunkt dar, wobei der für die Options- und Aktienpreise maßgebende Trend in Höhe des risikolosen Zinssatzes r eingerechnet ist. Weiterhin macht die Grafik sichtbar:

Fläche	Erwartungswert zum Ausübungszeitpunkt.
oberhalb der Kurve	des Aktienkurses
zwischen Kurve links und Geraden in der Höhe des Strikes rechts	der Put-Option
zwischen Geraden in der Höhe des Strikes links und zwischen Kurve rechts	der Call-Option

Die Flächen kann man sich in kleine Rechtecke aufgeteilt vorstellen. Die Rechtecklänge parallel zur Abszisse entspricht der Zahlung aus der entsprechenden Anlage, sei dies die Aktie selbst, der Put oder der Call, und die Rechtecklänge parallel zur Ordinate entspricht der Wahrscheinlichkeit für die Aktienkurse im entsprechenden Intervall. Diese vergleichende Bewertung von Aktie, Put, Call und Strike mit den entsprechenden Flächen resp. den Auszahlungsprofilen bezieht sich auf den Ausübungszeitpunkt, zu dem die risikolose Anlage der Höhe des Strikes K entspricht. Die Put-Call-Parität gilt zu jedem Zeitpunkt zwischen dem Kaufzeitpunkt der Optionen und dem Ausübungszeitpunkt. Dabei muss die risikolose Anlage zu dem Zeitpunkt bewertet werden, für den die Parität betrachtet wird, und deshalb entsprechend diskontiert werden.

Aktie + Put(Strike K) = Call(K) + risikolose Anlage

(=diskontierter Strike = $K \cdot e^{-r \cdot (T-t)}$)

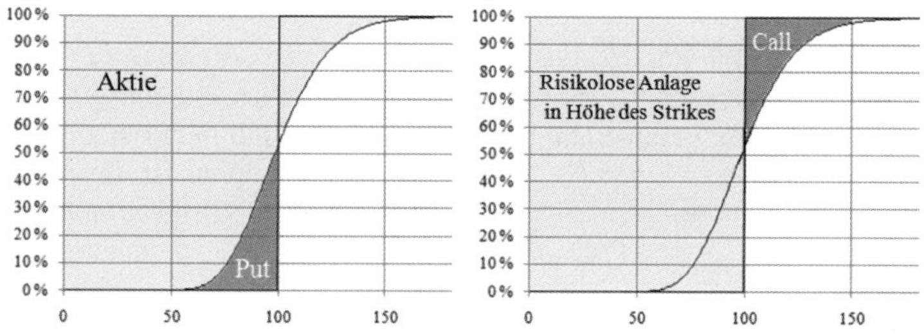

Abbildung 8.10

Abbildung 8.11 stellt die Formel von Black und Scholes als Differenz von Flächen dar:

Die beiden Komponenten des Call-Preises können als Flächen, der Preis selbst kann als Differenz von den beiden Flächen interpretiert werden,

$$C = S \cdot N(d_1) - K \cdot e^{-r(T-t)} N(d_2) \,.$$

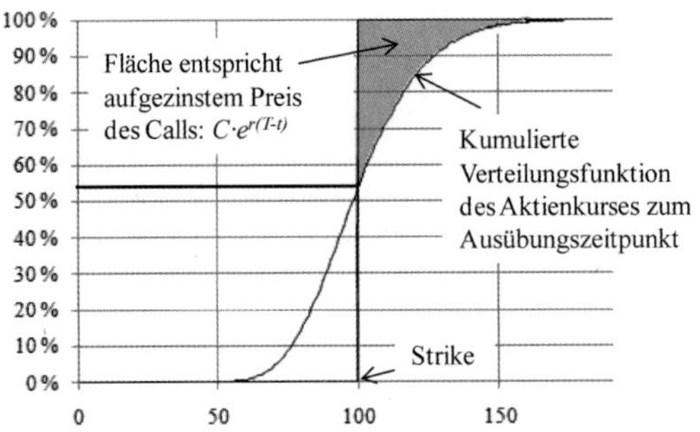

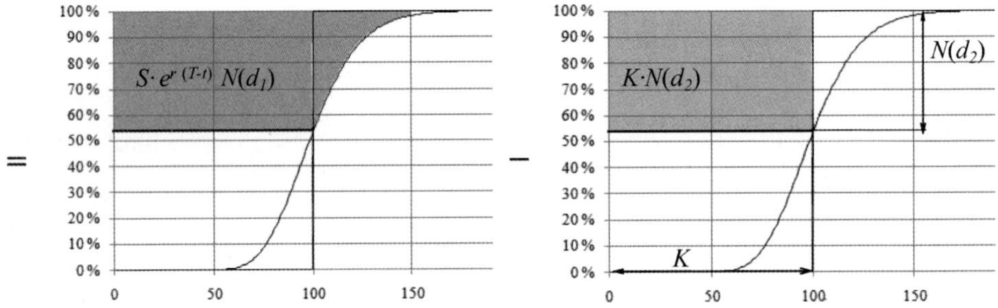

Abbildung 8.11

Abbildung 8.12 illustriert eine Näherungsrechnung für eine Option zu pari, d.h. Ausübungspreis = aktueller Kurs:

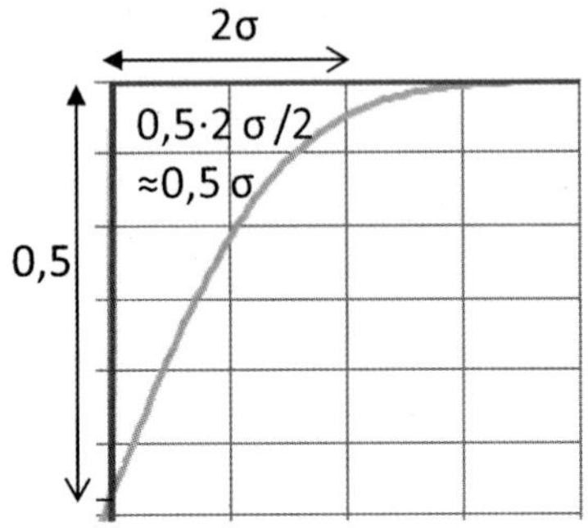

Abbildung 8.12

Dazu nähern wir die kumulierte Verteilungsfunktion mit einer Geraden an, sodass sich mit dieser linearen Verteilungsfunktion eine mittlere Abweichung von σ ergibt. Dies führt zu einer Gleichverteilung zwischen -2σ und $+2\sigma$. Somit wird die für den Call-Preis maßgebende Fläche ein Dreieck mit Seitenlängen 0.5 und 2σ, also mit einer Fläche von

$1/2 \cdot 0{,}5 \cdot 2\sigma = 0{,}5\ \sigma$.

Für normalverteilte Zufallsvariablen beträgt der genaue Wert

$$\sigma / \sqrt{2\pi} \approx 0{,}4\ \sigma.$$

Die Näherung von 0,4 σ stimmt auch recht gut für Optionspreise zu pari, zumal wenn der Ausübungszeitpunkt nicht zu fern liegt.

8.5.2 Griechen

Mit den analytischen Formeln für die Optionspreise kann die Theorie, d.h. die Mathematik und genauer die üblichen Mittel der Analysis, eingesetzt werden.

Man interessiert sich für die Sensitivitäten von Call- und Put-Preisen bei Variation der Basisgrößen, von denen diese „Derivate" abhängig sind und muss nun dazu nur die analytischen Formeln nach den entsprechenden Größen ableiten. Man bezeichnet diese Ableitungen mit unterschiedlichen griechischen Buchstaben, je nach der Größe, nach der abgeleitet wird. Hier einige wichtige „Griechen": Die Formeln finden sich generell in der Literatur (Hull 2009, S. 445f.).

Wir bezeichnen wiederum

$$n(x) = \left.\frac{dN(u)}{du}\right|_{u=x} = \frac{e^{-0.5 \cdot x^2}}{\sqrt{2\pi}}.$$

Damit gilt

$$S \cdot n(d_1) = K \cdot e^{-r\cdot(T-t)} \cdot n(d_2),$$

wie aus dem Vergleich der Quadrate der beiden für die Formeln von Black und Scholes charakteristischen Hilfsgrößen

$$d_2 = \frac{\ln(S/K) + (r - 0{,}5\sigma^2)(T-t)}{\sigma\sqrt{T-t}} \quad \text{und} \quad d_1 = d_2 + \sigma\sqrt{T-t}$$

folgt.

Name	Sensitivtät	Formel
Delta Δ	Aktienwert S	Für eine Call-Option: $\Delta_C = \frac{\partial C}{\partial S} = \frac{\partial}{\partial S}(S \cdot N(d_1) - K \cdot e^{-r\cdot(T-t)} \cdot N(d_2)) = N(d_1)$ Dabei ist $S\frac{\partial N(d_1)}{\partial S} - K \cdot e^{-r\cdot(T-t)} \frac{\partial N(d_2)}{\partial S} =$ $S \cdot n(d_1)\frac{\partial d_1}{\partial S} - K \cdot e^{-r\cdot(T-t)} \cdot n(d_2)\frac{\partial d_2}{\partial S}$ $= S \cdot n(d_1)\left(\frac{\partial d_1}{\partial S} - \frac{\partial d_2}{\partial S}\right) = 0,$ da die Ableitungen von d_1 und d_2 nach S gleich sind. Für eine Put-Option: $\Delta_P = \frac{\partial P}{\partial S} = -N(-d_1) = N(d_1) - 1$
Rho P	Zinssatz r	$\mathrm{P} = \frac{\partial C}{\partial r} = \frac{\partial}{\partial r}(S \cdot N(d_1) - K \cdot e^{-r\cdot(T-t)} \cdot N(d_2))$ $= K \cdot (T-t) \cdot e^{-r\cdot(T-t)} \cdot N(d_2) > 0,$ die Terme aus den Ableitungen von $N(d_1)$ und $N(d_2)$ heben sich wieder weg. Höhere Zinssätze r führen somit zu höheren Call-Preisen.
Vega Λ	Volatilität σ	$\Lambda = \frac{\partial C}{\partial \sigma} = S\frac{\partial N(d_1)}{\partial \sigma} - K \cdot e^{-r\cdot(T-t)} \frac{\partial N(d_2)}{\partial \sigma}$ $= S \cdot n(d_1)\left(\frac{\partial d_1}{\partial \sigma} - \frac{\partial d_2}{\partial \sigma}\right) = S \cdot n(d_1) \cdot \sqrt{T-t} > 0$ Für Put-Optionen gilt die gleiche Formel. Höhere Volatilitäten führen generell zu höheren Optionspreisen.
Gamma Γ	Quadrat des Aktienwertes S	$\Gamma = \frac{\partial^2 C}{\partial S^2} = \frac{\partial N(d_1)}{\partial S} = n(d_1) \cdot \frac{\partial d_1}{\partial S} = \frac{n(d_1)}{S \cdot \sigma \cdot \sqrt{T-t}} > 0,$ woraus folgt, dass der Optionswert der Call-Option eine konvexe Funktion des Aktienkurses ist. Die Konvexität wird umso größer, je näher man dem Ausübungszeitpunkt kommt und je größer σ ist.
Theta Θ	Bewertungszeitpunkt t	$\Theta = \frac{\partial C}{\partial \sigma} = S \cdot n(d_1)\left(\frac{\partial d_1}{\partial t} - \frac{\partial d_2}{\partial t}\right) - r \cdot K \cdot e^{-r(T-t)} N(d_2)$ $= -\frac{S \cdot n(d_1) \cdot \sigma}{2 \cdot \sqrt{T-t}} - r \cdot K \cdot e^{r(T-t)} N(d_2) < 0,$

Diese Sensitivitäten werden „Griechen" genannt, obwohl Vega eigentlich keinen griechischen Buchstaben bezeichnet. Die Formeln können in Faktoren zerlegt werden, die als Wahrscheinlichkeitsterm, als Term in der Nominalwährung, zu der die Aktien bewertet werden, und als Zeit- und Diskontkomponente interpretiert werden können:

„Griechen"	Ableitung nach	Faktor:			
		Wahrscheinlichkeit	Nominalbetrag	Zeitraum etc.	Diskont
Delta Δ	S	$N(d_1)$			
Rho Ρ	r	$N(d_2)$	K	$T-t$	$e^{-r\cdot(T-t)}$
Vega Λ	σ	$n(d_1)$	S	$\sqrt{T-t}$	
Gamma Γ	2. Ableitung nach S	$n(d_1)$	$1/S$	$\frac{1}{\sigma\sqrt{T-t}}$	
Theta Θ	t	$n(d_1)$ und $N(d_2)$	S und K	$\frac{\sigma}{2\cdot\sqrt{T-t}}$, r	1, $e^{-r(T-t)}$

Nur die Sensitivität Delta ist dimensionslos, hier wird der Preis der Option nach dem Preis der Aktie abgeleitet. Beide Größen sind Nominalbeträge, die in einer Währungseinheit, beispielsweise € , gemessen werden. Bei der Ableitung heben sich beide Einheiten weg, sodass nur der dimensionslose Wert $N(d_1)$ verbleibt.

Rho hat die Dimension eines Nominalbetrages mal Zeit. K gibt die Dimension der Währungseinheit, die verbleibende Zeit bis zur Ausübung der Option wird durch $T-t$ gegeben.

Den Buchstaben „Vega" gibt es im griechischen Alphabet nicht. Vega hat die Dimension einer Währungseinheit, die durch S gegeben wird, multipliziert mit der Dimension der „Quadratwurzel aus der Zeit" wegen der Ableitung nach der Volatilität σ, welche die Dimension „1/Quadratwurzel der Zeit" hat.

Gamma muss als zweite Ableitung eines Nominalbetrages nach einem Nominalbetrag die Dimension „1/Nominalbetrag" haben, was mit „ $1/S$ " bewirkt wird.

Theta führt zur kompliziertesten Formel, welche im zweiten Summanden die Zinswirkung beim Strike K berücksichtigt. Für die oben aufgeführte Formel von Theta für die Call-Option gibt der erste Summand die Abnahme des Gewinnpotentials der Call-Option wieder, je mehr man sich dem Ausübungszeitpunkt nähert.

Die Zinssensitivität gegenüber dem risikolosen Zinssatz r kann so verstanden werden:

Die Aktie stellt eine Anlage dar, die mit dem risikolosen Zinssatz wächst. Diese Anlage kann für einen Nominalbetrag K erworben werden, der fest vereinbart ist und nicht an ein Wachstum gebunden ist. Würde der Strike K mitwachsen, d.h. wenn eine Option beispielsweise das Recht gäbe, eine Aktie zu 20 % ihres Wertes zu kaufen, hätte die Höhe des risikolosen Zinssatzes keinen Einfluss auf den Optionspreis. Wegen dieser Zinssensitivität sind Optionen Kapitalanlagen, bei denen Charakteristiken von Real- und Nominalanlagen einfließen. Diese Überlegungen ergeben eine aufschlussreiche neue Herleitung der oben gezeigten Zinssenstivität Rho (P) der Aktienoptionen aus

$$C(r+r_r, K\cdot e^{r_K(T-t)}) = C(r+r_r, K\cdot e^{r_K(T-t)}) = \text{konst., wenn } r_r = r_K.$$

Damit ist Rho (P)

$$\mathrm{P} = \frac{\partial C}{\partial r} = \frac{\partial C}{\partial r_r} = \frac{\partial C}{\partial r_K} = \frac{\partial}{\partial r_K}(K\cdot e^{-(r+r_r-r_K)\cdot(T-t)}\cdot N(d_2))\bigg|_{r_r=0,r_K=0}$$

$$= K\cdot(T-t)\cdot e^{-r\cdot(T-t)}\cdot N(d_2).$$

Entsprechend gilt für eine Put-Option:

$$\mathrm{P} = \frac{\partial P}{\partial r} = \frac{\partial P}{\partial r_K} = \frac{\partial}{\partial r_K}(-K\cdot e^{-(r+r_r-r_K)\cdot(T-t)}\cdot N(-d_2))\bigg|_{r_r=0,r_K=0}$$

$$= -K\cdot(T-t)\cdot e^{-r\cdot(T-t)}\cdot N(-d_2)$$

Insgesamt ist die Bestimmung der „Griechen“ als Ableitungen der Formel von Black und Scholes wohl nicht ganz so einfach. Andererseits sind die Ergebnisse bis auf die Sensitivität nach der Zeit Θ so einfach und natürlich, wie sie nur sein können, wenn man die Dimensionsbedingungen und eine Abhängigkeit von den Wahrscheinlichkeitsverteilungen annimmt.

8.5.3 Delta Hedging

Die größte Bedeutung hat dabei die Sensitivität, die durch Δ wiedergegeben wird, d.h. wie sich die Option gegenüber Änderungen des Aktienkurses verhält. Die Optionen wurden ja entwickelt, um einerseits, wie mit den Put-Optionen, Aktieninvestitionen abzusichern oder, wie mit den Call-Optionen, mit weniger Einsatz von der Überrendite von Aktien zu profitieren. Das Delta der Aktie gibt an, in welchem Verhältnis die Anlagen bei einem Portfolio von Aktie und Put-Option aufgeteilt werden müssen, damit das Risiko von Aktienkursschwankungen sich kompensiert. Man nennt dies „hedgen“, was die Bedeutung von „absichern“ hat. Sichert man nur nach den linearen Auswirkungen von Aktienkursschwankungen und nicht noch nach weiteren, die Optionspreise bestimmenden Größen wie Volatilität und risikolose Zinsen ab, nennt man dies „Delta Hedging“, die einfachste Absicherung nach dem Hauptrisiko einer Aktieninvestition.

Dabei sollte man nicht vergessen, dass die Formel von Black und Scholes selbst kein Naturgesetz ist, sondern ein Modell für die am Markt gebildeten Preise von Optionen. Auch mit der besten Absicherung hat man keine Sicherheit und auch keinen Anspruch darauf, dass sich die Marktpreise zukünftig an diese Formel halten.

Weiterhin stellt das vollkommene Hedgen eines Aktienengagements mit zusätzlich erworbenen Put-Optionen keine sinnvolle Anlagestrategie dar, da dann die Übererträge der Aktie durch die entsprechend tiefer erwarteten Erträge der Put-Option kompensiert werden. Gemäß der Theorie von Markowitz, welche in die Herleitung der Formel von Black und Scholes wesentlich eingeflossen ist, liegen alle Kapitalanlagen auf der Marktgeraden und alle Risiken stellen letztlich Marktrisiken dar. Um eine Überrendite einer Kapitalanlage aufgrund einer positiven Korrelation mit dem Marktrisiko kompensieren zu können, benötigt man ein entsprechend negativ mit dem Marktrisiko korreliertes Instrument mit einer entsprechenden „Unterrendite", hier die Put-Option. Wenn sich die Risiken aufheben, dann heben sich auch Über- und Unterrendite auf und das gesamte Portfolio hat nur noch die Rendite in Höhe des risikolosen Zinses. Dabei ist nicht berücksichtigt, dass der Emittent der Put-Option wohl auch eine Gewinnmarge eingerechnet hat.

Zum Delta-Hedging selbst: Eine am Markt angebotene Put-Option P mit gegebenem Strike und Ausübungszeitpunkt habe ein Delta von Δ_P . Dann ist das Portfolio aus 1 Aktie und $1/\Delta_P$ Put-Optionen gegenüber Aktienkursschwankungen in 1. Näherung abgesichert, d.h.

$$\frac{\partial}{\partial S}(S-\frac{1}{\Delta_p}P)=\frac{\partial}{\partial S}(S+\frac{1}{1-N(d_1)}P)=\frac{\partial S}{\partial S}+\frac{N(d_1)-1}{1-N(d_1)}=0.$$

Umgekehrt kann man Δ_P Aktien mit einer Put-Option absichern:

$$\frac{\partial}{\partial S}(\Delta_p S+P)=0$$

Wie erwähnt, ist man dabei nicht gegenüber andere Veränderungen wie bei der Volatilität und beim risikolosen Zinssatz abgesichert.

8.5.4 *Bemerkungen zur Formel von Black und Scholes*

Wie erläutert, stellt die berühmte Formel von Black und Scholes kein unerschütterliches Naturgesetz dar, sondern gibt ein Modell, wie sich die Preise von Optionen am Finanzmarkt bilden sollten. Dabei wird angenommen, dass die Investoren entsprechend der Theorie von Markowitz Risiko und Rendite optimieren und dass zudem keine weiteren Gegebenheiten, wie generelle Unsicherheiten, illiquide Märkte etc. den Markt erheblich beeinflussen. Es hat sich gezeigt, dass mit einer einheitlichen Formel die Marktpreise der vielen in Strike und Ausübungszeitpunkt unterschiedlichen Optionsausprägungen recht gut wiedergegeben werden können. Das Modell berücksichtigt vor allem, wie die Unsicherheit zunimmt, je weiter die Optionsansprüche in der Zukunft liegen. Der entscheidende Parameter für den Optionspreis, zumindest wenn die Option nicht sehr lange läuft, ist dabei die Volatilität, also die Schwankungsintensität und damit das Risiko einer Aktie.

Dabei kreiert der Optionsmarkt selbst eine Risikomessung, d.h. eine Messung der Volatilität der Aktien. Geht man davon aus, dass der Preis der Optionen durch die Formel von Black und Scholes gegeben ist, so können aus dem Preis zusammen mit Ausübungszeitpunkt und Strike die Grundparameter des Bewertungsmodells, also die Volatilität und der risikolose Zins zurückgerechnet werden. Da der risikolose Zins oft nur wenig Einfluss auf den Optionspreis hat, interessiert hier vor allem die Volatilität. Man nennt diese aus den Marktpreisen berechnete Volatilität die „implizite Volatilität". Die Formel von Black und Scholes gibt mit wenigen Inputparametern aus den Markteinschätzungen, im Wesentlichen nur mit der Volatilität des „Underlying", also der Aktie oder des Aktienportfolios, die Preise für die vielfältigen einzelnen Optionsausprägungen. Die Tatsache, dass über einen großen Teil des angebotenen Spektrums die Marktpreise auf einer in etwa gleichen Volatilitätsannahme beruhen, gibt dieser impliziten Volatilität ein Gewicht und eine Bedeutung neben den aus Vergangenheitsdaten zu Aktienkursschwankungen bestimmten Volatilitäten.

Die implizite Volatilität stellt auch eine Realität dar, eben eine Marktrealität. Diese sagt aus, wie die Marktteilnehmer bei ihren Absicherungsgeschäften die Volatilität einschätzen. Damit reagiert die implizite Volatilität recht schnell auf Marktänderungen wie bei einer zunehmenden Unsicherheit aufgrund einer Finanzkrise. Die implizite Volatilität hängt nicht wie die beobachtete Volatilität vom Beobachtungszeitraum ab, über den die Volatilität gemessen und gemittelt wird.

Es hat auch immer etwas erstaunt, dass die angenommene Überrendite der Aktie gar nicht in die Formel von Black und Scholes eingeht. Das ist letztlich der ökonomische Gehalt dieses Modells und dieser Formel. In den auf Projektionen in die Zukunft und auf zukünftigen Wahrscheinlichkeitsverteilungen basierenden Preisbestimmungen von Derivaten kann die erwartete Überrendite keine Rolle spielen. Die Überrendite hat man ja auch erst in der Zukunft und dann nicht garantiert, wogegen die Optionen heute erworben werden und auch heute abgemacht wird, wie ihr zukünftiger Wert in Abhängigkeit des dann eingetretenen Aktienkurses sein wird.

Für die Preisbestimmung muss der Trend, also die erwartete Rendite, an Marktgegebenheiten angepasst werden. Man nennt die mit dem neuen Prozess, d.h. mit der risikolosen Verzinsung gewonnenen, für die Preisbestimmung maßgeblichen Wahrscheinlichkeiten auch „risikoneutrale" oder „marktkonsistente" Wahrscheinlichkeiten. Die Bezeichnung „risikoneutral" sollte nicht so verstanden werden, dass das Risiko keine Rolle spielen würde, sondern heißt nur, dass das Risiko in den Optionspreisen konsistent zu dem in den Marktpreisen eingerechneten Marktrisiko berücksichtigt ist. Damit sind die Optionspreise konsistent zu den Marktpreisen. So kostet beispielsweise eine Call-Option zum Strike 0 mit S genau so viel, wie die Aktie aktuell wert ist, schließlich kann man diese zum Ausübungszeitpunkt ohne Gegenleistung beziehen. Es ist ein generelles Phänomen, dass bei der Optionsbewertung der deterministische Teil, also der Trend oder die Diskontierung, an den Markt direkt oder aufgrund von ökonomischen Konsistenzanforderungen angepasst wird, wogegen die Volatilität der effektiven Entwicklung unverändert in das für die Preisbestimmung maßgebende Modell eingeht. Die Preisbestimmung von Optionen belässt damit das eingerechnete Risiko so, wie es im effektiven Verlauf modelliert resp. beobachtet wird, und passt insbesondere die Diskontierung an Marktgegebenheiten resp. Konsistenzgesichtspunkte an.

8.6 Übungsaufgaben und Fragen

►**Aufgabe 8.1.** Welche Dimension hat die Volatilität σ von Aktien? Geben Sie eine kurze Begründung dafür. In welcher Einheit wird sie üblicherweise angegeben? Wie erfolgt demnach die Umrechnung auf andere Einheiten?

►**Aufgabe 8.2.** Vergleichen Sie die Modelle zur Aktienkursentwicklung und zur Bewertung von Optionen! Wo gibt es Parallelen, wo Unterschiede?

►**Aufgabe 8.3.** Wie kann man aus den Formeln von Black und Scholes für die Put-Optionen die Höhe einer CTE (Conditional Tail Expectation)-Absicherung bei einem Aktieninvestment bestimmen? Auf welchen Risiko- und Renditeannahmen basiert eine solche Berechnung?

Wie viel Risikokapital braucht man bei einer CTE Sicherheit zu 1 % bei einem Aktienvolumen von 100 Mio. € , mit einer angenommenen Volatilität von p.a. 20 % auf den Zeithorizont von einem Jahr? Dabei gehe man von einem risikolosen Zinssatz $r = 0$ aus.

Bemerkung: Dieses Risikokapital würde dem für dieses Aktienexposure benötigten Solvenzkapital SRC^{Aktie} entsprechen, wenn als Risikomaß der CTE gefordert würde. Solvency verlangt ja bekanntlich als Risikomaß den VaR („Value at Risk").

►**Aufgabe 8.4.** Man berechne den Wert von Call- und Put-Optionen für eine Aktie zum aktuellen Kurs von 100 € mit Ausübungszeitpunkt in 3 Monaten bei einer Volatilität von 20 % zu den Strikes von 80, 90, 100, 110 und 120 € , bei einem risikolosen Zinssatz von 0 % und 3 %.

Man gebe eine Formel für die Optionspreise an, wenn sie zu pari gehandelt werden, d.h. wenn der Strike gleich dem aktuellen Aktienkurs K ist. Man entwickle die Näherungsformel so, dass man zuerst einen verschwindenden risikolosen Zinssatz annimmt und dann mit Rho P die Zinssensitivität berücksichtigt. Vergleichen Sie die Näherungen mit den genauen Rechnungen.

Wie viel Put-Optionen zum Strike 100 muss man kaufen, um das Risiko einer Aktie gegenüber Aktienkursschwankungen bei einem risikolosen Zinssatz von 3 % abzusichern (Delta-Hedging)?

Welche erwartete Rendite hat das abgesicherte Portfolio aus der Aktie und der Put-Option?

8.7 Literatur

Einstein, A.: Über die von der molekularkinetischen Theorie der Wärme geforderte Bewegung von in ruhenden Flüssigkeiten suspendierten Teilchen, Annalen der Physik 322 (8), 549–560 (1905). http://www.physik.uni-augsburg.de/annalen/history/einstein-papers/1904_14_354-362.pdf. Zugegriffen März 2012

Hull, J. C.: Optionen, Futures und andere Derivate, Pearson Studium, München (2009)

Luderer B.(Hrsg.): Die Kunst des Modellierens, Vieweg+Teubner Studienbücher Wirtschaftsmathematik, Wiesbaden (2008)

Spremann, K: Portfoliomanagement, Oldenbourg Wissenschaftsverlag GmbH, München (2006)

9 Stochastische Zinsmodelle

9.1 Vergleich von stochastischen Modellen zur Aktien- und Zinsentwicklung

Die Theorie zur Aktienentwicklung sowie die Formeln von Black und Scholes für die Preisbestimmung von Derivaten auf Aktien als „Underlying" stellen die wohl bekannteste Anwendung der stochastischen Analysis in der Finanzmathematik dar. Beim Finanzrisiko von Versicherungsgesellschaften haben die Aktienanlagen in den letzten Jahren an Bedeutung verloren, da diese in der Folge von Finanzkrisen und auch der neuen Solvenzanforderungen ihr Aktienexposure eher abgebaut haben. Dies liegt vor allem daran, dass sich bei Kapitalmarktschwankungen Aktien im Vermögen quer zu den Versicherungsverpflichtungen entwickeln, es sei denn, die Aktien entsprechen wie bei fondsgebundenen Lebens-versicherungen direkt den Ansprüchen der Versicherten. Dafür gibt es ein Finanzrisiko, welches nicht aus der Kapitalanlage allein kommt und damit auch nicht reduziert werden kann, indem in diese Anlagekategorie weniger oder gar nicht mehr investiert wird:

Dies ist das Zinsrisiko, welches bereits auf der Passivseite, d.h. auf der Verpflichtungsseite besteht, da die Verpflichtungen in Solvency II zu Marktzinssätzen diskontiert werden müssen und Marktzinsänderungen die Diskontierung und damit den Wert der marktnahen Verpflichtungen und schließlich die Höhe des zur Verfügung stehenden Solvenzkapitals direkt beeinflussen.

Die mathematischen Modelle und Methoden zur Modellierung von Zinsentwicklungen sind konzeptionell sehr ähnlich wie die bisher behandelten Modelle bei den Aktien. Auch die Formeln für die Preisbestimmung von Zinsoptionen sind den bekannten Formeln von Black und Scholes für Aktienoptionen sehr ähnlich. Letztlich hat man immer eine Art von Zinseszinsprozess, bei dem ein Zufallselement für die zunehmende Unsicherheit in der Zukunft dazukommt. Da ist man auch bei Zinsmodellen nicht so weit von der geometrischen Brownschen Bewegung entfernt und ein gutes Verständnis für die Situation bei Aktien erleichtert den Zugang zu den Zinstheorien.

Ein großer Unterschied besteht in der komplexeren, vielschichtigeren Realität beim Zinsgeschehen. Ein Zinssatz ist nicht eindimensional zu einem bestimmten Zeitpunkt gegeben, sondern hat immer schon zwei Zeitdimensionen, ein „von" und ein „bis". Kommt dann mit dem Ausübungszeitpunkt bei Optionen noch eine weitere Zeitdimension hinzu, wird die Situation noch komplizierter. Üblicherweise gibt es Marktrealitäten, welche diese vielen möglichen Konstellationen unterschiedlicher Anlagehorizonte etc. wiedergeben, und die Zinsmodelle müssen an die Marktrealitäten angepasst sein oder aber sich zumindest anpassen lassen.

Meistens gehen die Zinsmodelle von einer stochastischen Modellierung des Zinssatzes aus, der aktuell als bekannt angenommen wird und umso unsicherer wird, je weiter man in die Zukunft geht. Diese Unsicherheit wird mit einer „Zinsvolatilität", d.h. mit einem „weißen Rauschen" oder genauer mit einer Brownschen Bewegungskomponente bei der Zinsentwicklung modelliert. Dabei sollte man sich dessen bewusst sein, dass der Zins selbst im Allgemeinen eine theoretische Größe, d.h. eine gedankliche Konstruktion darstellt, die aus am Markt gehandelten Anleihen oder anderen Marktrealitäten abgeleitet und berechnet wird. Andererseits kann man nicht ohne weiteres eine Zinsvolatilität auf eine gesamte Zinskurve, welche unterschiedliche

Verzinsung für unterschiedliche Fristen aufzeigt, anwenden. Um das Konzept der stochastischen Analysis mit ihren Brownschen Bewegungen anwenden zu können, müssen die Zinskurven in einen Verlauf von Zinsintensitäten über die in den Zinskurven gegebenen Fristen zerlegt werden. Der Verlauf der Zinsintensitäten ist für den aktuellen Zeitpunkt durch die Zinskurven bestimmt. Ihr für die Zukunft ungewisser Verlauf wird durch die Brownsche Bewegungskomponente für die Modellierung der weiteren Entwicklung der Zinsintensitäten bestimmt.

9.2 Stochastische Modelle zur Entwicklung der Zinsintensität (short rate, instantaneous rate)

9.2.1 Stochastische Differentialgleichungen

Im Folgenden sind einige der bekanntesten Zinsmodelle aufgeführt. Dabei nimmt man an, die Entwicklung der Zinsintensität r_t sei durch ein stochastisches Differential gegeben. Das stochastische Integral beschreibt, wie sich aus der zu Anfang deterministisch gegebenen Verzinsung r_0 die weitere Entwicklung der als Zufallsvariable verstandenen Zinsintensität r_t in der unbekannten Zukunft $t>0$ ergibt. Dabei haben die meisten Modelle einen ähnlichen Ansatz, um die Unsicherheit der zukünftigen Zinsentwicklung zu modellieren. Man nimmt dazu einfach das stochastische Differential der Brownschen Bewegung und skaliert diese noch mit einer linearen Komponente, der Zinsvolatilität σ. Die Zinsvolatilität muss beispielsweise aus Marktbeobachtungen geschätzt werden.

Ein Nachteil der Modellierung der stochastischen Entwicklung des Zinssatzes als Differential der Brownschen Bewegung, das heißt mit $\sigma \cdot dB_t$, besteht darin, dass für die sich daraus ergebende Zinsentwicklung auch beliebig hohe negative Zinssätze möglich sind. Das stochastische Element hängt nicht vom Zinssatz selbst ab und ist gleich groß, wenn der Zinssatz auf 10 % gestiegen oder auf 1 % gefallen ist. Die Modelle von Cox-Ingersoll-Ross und Rendleman-Batter begegnen dem, indem die stochastische Komponente von r abhängig ist und bei $r \to 0$ ebenfalls gegen 0 geht. Damit wird ausgeschlossen, dass die Zinsentwicklung das Zinsniveau 0 durchbricht.

Bei der deterministischen Komponente unterscheiden sich Zins- und Aktienentwicklung. Für die letzteren erwartet man eine langfristige Zunahme – zumindest wenn wie in unseren bisherigen Betrachtungen keine Dividendenzahlungen eingerechnet sind. Dagegen stellt der Zinssatz eine Größe dar, die sich nur deterministisch verändern wird, wenn es dafür ökonomische Annahmen gibt und für deren Entwicklung dann nicht wie bei der Aktie prinzipiell ein Wachstum angenommen wird.

Eine dieser Annahmen zur Zinsentwicklung besteht darin, der Zins bewege sich zyklisch um eine Art universelles, immer gültiges Niveau. Dieses Niveau wird „mean reversion-level" genannt. Dabei nimmt man an, dass der Zinssatz immer an dieses „mean reversion" -Niveau b angezogen wird. Die Stärke der Anziehung an dieses Niveau wird mit einem Parameter a modelliert. Die stochastische Komponente der Zinsentwicklung bewirkt, dass der Zinssatz sich immer wieder von dem „mean reversion-level" entfernt, wogegen die Anziehung an dieses Niveau die Auswirkungen der stochastischen Schwankungen beschränkt, indem der Zinssatz immer wieder auf das „mean reversion-level" zurückgezogen wird und zwar um so stärker, je weiter er sich davon entfernt hat. Die Annahme eines solchen asymptotischen Zinsniveaus, um das der Zinssatz stochastisch schwankt, ist nicht unproblematisch. Man hat ein solches asymptotisches Zinsniveau wohl vor dem nun schon Jahrzehnte andauernden Trend fallender Zinssätze höher als aktuell eingeschätzt. Für die Bewertung langfristiger Zahlungen und Verpflichtungen spielt es jedoch eine große Rolle, ob und in welcher Höhe man ein solches asymptotisches Zinsniveau annimmt.

Insbesondere im Zusammenhang mit einer stochastischen Komponente ist die Annahme eines asymptotischen Zinsniveaus interessant, da hier die stochastische und die deterministische Komponente zusammenwirken. Das stochastische Differential bewirkt ja, dass die Zukunft immer unsicherer wird und sich die zukünftigen Zinssätze immer weiter vom aktuellen Zinssatz entfernen. Dies mag für die Entwicklung von Aktienkursen angemessen sein, da man hier außer dem aktuellen Kurs keinen Anhaltspunkt für zukünftige Kurse hat. Bei den Zinssätzen geht man dagegen davon aus, dass sie sich immer in gewissen Bereichen bewegen, die man quasi als vorgegeben annimmt. Je weiter eine Zinsprognose in die Zukunft geht, desto weniger wird man auf die aktuelle Situation abstellen und eher eine im Voraus gestellte, langfristige Zinseinschätzung akzeptieren.

Für die Bewertung von Zinsoptionen sind die sogenannten „no arbitrage"-Modelle interessant. Diese Modelle stellen Weiterentwicklungen dar. Sie modellieren zunächst einmal die Zinsentwicklung und kümmern sich dann darum, dass Modell und Marktrealität zumindest schon zum aktuellen Zeitpunkt zueinander passen. Daher haben sie in ihrem Ansatz schon flexible Elemente $\theta(t)$ eingebaut, mit denen die Zinsentwicklung an die am Markt beobachteten Zinskurven angepasst werden kann.

Zusammenstellung der unterschiedlichen Zinsmodelle
Differential für die Zinsintensität

deterministische Komponente + stochastische Komponente	Modellname	Modelltyp	r_t normalverteilt
$dr_t = \quad + \sigma \cdot dB_t$	keiner	Brownsche Bewegung	Ja
$= -a(r_t - b)\cdot dt + \sigma \cdot dB_t \,,\; a > 0$	Vasicek/ Ornstein-Uhlenbeck		
$= \theta(t)\cdot dt + \sigma \cdot dB_t$	Ho-Lee	„No-arbitrage" -Modelle	
$= (\theta(t) - ar_t)\cdot dt + \sigma \cdot dB_t$	Hull-White		
$= -a(r_t - b)\cdot dt + \sigma \cdot \sqrt{r_t} \cdot dB_t$	Cox-Ingersoll-Ross	Negative Zinssätze sind unmöglich	Nein
$= \mu\, r_t \cdot dt + \sigma \cdot r_t \cdot dB_t$	Rendleman-Barter		

Die beiden zuletzt aufgeführten Ansätze werden wir hier nicht weiter verfolgen. Dabei wäre insbesondere das Model von Cox-Ingersoll-Ross durchaus geeignet, die Realität gut wiederzugeben. Andererseits ist die Behandlung der Zinsentwicklung mit stochastischen Modellen sowieso anspruchsvoll, weshalb wir uns auf Modelle mit einer einfachen stochastischen Komponente σB_t beschränken. Diese führen zu normalverteilten zukünftigen Zinssätzen und zu einer Lognormalverteilung bei der Preisentwicklung von Zerobond-Anleihen, welche auch besser in den Gesamtkontext des Buches passen.

Die oberen 4 Modelle können wie folgt eingeteilt werden:

	„mean reversion"	
	Ohne	mit
Reine Zinsmodelle	Brownsche Bewegung	Vasicek
„No-arbitrage"-Modelle, lassen sich an Marktzinskurve anpassen	Ho-Lee	Hull-White

Im Folgenden interessieren wir uns vor allem dafür, wie die angenommene Zinsvolatilität σ sich auf die Volatilität der Marktpreise von Anleihen einer bestimmten Dauer überträgt. Es zeigt sich, dass die langfristige Entwicklung der Volatilität ganz wesentlich davon abhängig ist, ob ein „mean reversion"-Verlauf angenommen wird und insbesondere auch, wie stark die „Kraft" ist, die auf das „mean reversion-level" zurückzieht, d.h. wie groß a ist.

9.2.2 Lösungen der Differentialgleichungen im Modell von Vasicek

I. Randbedingung:

Zum Zeitpunkt 0 kenne man den Zinssatz r_0. Der Zinssatz stellt wie vorher die Aktienkurse wiederum einen stochastischen Prozess dar. Damit ist r_t für $t \geq 0$ eine Zufallsvariable. Mit der Verteilung zum Zeitpunkt $t = 0$ startet der Prozess und wie schon bei den früheren Prozessen starten wir auch diesen mit einem festen, deterministischen Wert, der, als Zufallsvariable aufgefasst, die gesamte Wahrscheinlichkeitsmasse 1 auf diesem Wert konzentriert.

II. Lösung der stochastischen Differentialgleichung

Deterministischer Fall :

Wir betrachten zuerst die einfache konventionelle Differentialgleichung ohne stochastische Komponente:

$$dr_t = -a(r-b) \cdot dt$$

Bei gegebenem Anfangspunkt r_0 stellen die Lösungen Kurven dar, die sich von r_0 ausgehend mit einer geeigneten Exponentialfunktion asymptotisch an das langfristige Zinsniveau, also das „mean reversion- level" b, annähern. In diesem deterministischen Fall hat b nicht den Charakter eines Umkehrpunktes. Ohne stochastische Komponente wird b gar nie erreicht, sondern nur asymptotisch angenähert. Ist r_0 größer oder kleiner als b, dann bleibt es auch immer so. Nur der Abstand zwischen r_0 und b verringert sich und zwar umso schneller, je größer a ist. Als Lösung ergibt dies:

$$r_t = b + (r_0 - b) \cdot e^{-at}$$

Hinzunahme der stochastischen Komponente:

Wir betrachten nun die stochastische Differentialgleichung von Vasicek:

$$dr_t = -a(r_t - b) \cdot dt \quad + \sigma \cdot dB_t$$

Zu ihrer Lösung nehmen wir eine Variablentransformation vor, welche die oben ausgeführten, sich exponentiell b nähernden Bahnen in Parallelen zur Abszisse überführt und damit in der stochastischen Differentialgleichung den deterministischen Term zum Verschwinden bringt:

$$\text{Mit} \quad \tilde{r}_t = (r_t - b) \cdot e^{at}$$

verbleibt nur der stochastische Term, multipliziert mit e^{at}.

Der exakte Beweis dazu verwendet wiederum den Satz von Itô in einer genügend allgemeinen Form. Dieser Satz von Itô stellt eine Art Kettenregel für das Ableiten zusammengesetzter Funktionen in der stochastischen Analysis dar. Hier verbindet er die Ableitung von $\tilde{r}_t(r_t, t)$ mit derjenigen von r_t.

Der für das Itô-Kalkül charakteristische Konvexitätsterm in

$$(dB_t)^2 = dt$$

aufgrund der 2. Ableitung von $\tilde{r}_t(r_t, t)$ fällt dabei weg, da $\tilde{r}_t$ von r_t nur über den linearen Faktor e^{at} abhängig ist. Deshalb kann man hier so ableiten, wie man es in der konventionellen Analysis gewohnt ist, d. h.

$$d\tilde{r}_t = e^{at} dr_t + a \cdot (r_t - b) \cdot e^{at} dt = (-a + a) \cdot (r_t - b) \cdot e^{at} dt + \sigma \cdot e^{at} dB_t = \sigma \cdot e^{at} dB_t .$$

Damit kann nun der Prozess $\tilde{r}_t$ bestimmt werden:

Man kann sich $\tilde{r}_t$ als Summe von unabhängigen normalverteilten Zufallsvariablen „dB_t" vorstellen, die jeweils einen Beitrag $\sigma^2 \cdot e^{2at} dt$ zur Varianz von $\tilde{r}_t$ beitragen. Die Gesamtvarianz von $\tilde{r}_t$ ergibt sich als Summe der Varianzen der einzelnen Komponenten. Da wir hier einen Grenzprozess mit beliebig kleinen Komponenten haben, ergibt sich die Varianz von $\tilde{r}_t$ als Integral

$$Var(\tilde{r}_t) = \sigma^2 \cdot \int_0^t e^{2a\tau} \, d\tau = \frac{\sigma^2}{2a}(e^{2at} - 1) .$$

Dies ergibt

$$\tilde{r}_t = r_0 - b + \sigma \sqrt{\frac{e^{2at} - 1}{2a}} B_1$$

und eingesetzt in die Gleichung für r_t

$$r_t = b + \tilde{r}_t \cdot e^{-at} = b + (r_0 - b) \cdot e^{-at} + \sigma \sqrt{\frac{1 - e^{-2at}}{2a}} \cdot B_1 .$$

Diese Beziehung zeigt schon, dass die Kontraktionskraft des Zinssatzes zum langfristigen Zinssatz die Volatilität der Zinsentwicklung beeinflusst. Bei großen t wird die Volatilität nicht beliebig groß, sondern bleibt durch $\sigma / \sqrt{2a}$ beschränkt. Bei kleinem t spielt die Kontraktionskraft keine Rolle, da

$$\frac{1 - e^{-2at}}{2a} = \frac{2at - 2(at)^2 + \dots}{2a} \cong t$$

und man somit die gleiche Entwicklung der Varianz wie bei der einfachen Brownschen Bewegung ohne „mean reversion" hat.

Das Modell von Vasicek mit der entsprechenden Differentialgleichung

$$dr_t = -a(r_t - b) \cdot dt \quad + \quad \sigma \cdot dB_t$$

kann auch so verstanden werden:

Die eigentliche stochastische Komponente in $\sigma \cdot dB_t$ bewirkt eine lineare Zunahme der Varianz. Die Komponente in dt kann hier nicht als rein deterministisch angesehen werden, da sie sich auf r_t bezieht, was ja eine Zufallsvariable ist. Diese Komponente bewirkt, dass die Normalverteilungen mit der „Geschwindigkeit" a gestaucht werden. Diese Stauchung belässt die Zufallsvariablen normalverteilt, sodass man insgesamt mit den beiden Komponenten in dt und dB_t im Bereich der normalverteilten Zufallsvariablen bleibt. Die Stauchung reduziert aber die Varianz mit der Geschwindigkeit $2a$. Im Grenzfall bei großem t gleichen sich die mit der Komponente in $\sigma \cdot dB_t$ neu dazukommende und die durch die Stauchung mit a weggeführte Varianz immer mehr aus und die Zinssätze sind normalverteilt mit der Varianz $\sigma^2 / 2a$.

Dass die Zufallsvariable r_t asymptotisch gegen eine solche Verteilung strebt, heißt nicht, dass der Zinssatz sich bei großem t nicht mehr bewegt. Nur die Verteilungen werden immer stabiler. In gewisser Weise wird wie in der Thermodynamik ein Gleichgewichtszustand angestrebt, bei dem sich die stochastischen Schwankungen insgesamt aufheben, die einzelnen Teilchen dabei aber nicht ruhen. Entsprechend sind die konkreten Zinssätze einem stochastischen Zufallsprozess ausgesetzt.

Die obige Gleichung für den Zinssatz $r_t = \alpha + \beta \cdot B_1$ gibt auch nur die Zufallsvariable im Zeitpunkt t, nicht aber den stochastischen Prozess über den Zeitraum $[0,t]$ wieder und verwendet die Bezeichnung B_1 nur als Bezeichnung für eine standardnormalverteilte Zufallsvariable.

9.2.3 Bewertung von Zerobonds beim Zinsmodell von Vasicek

Wir bewerten einen Zerobond mit

r_0	Deterministisch gegebener Zinssatz zum Zeitpunkt 0
r_t	Stochastische Zinsentwicklung für $t \geq 0$ nach dem Modell von Vasicek mit b = mean reversion, a = Anziehungsfaktor in Richtung von b
0	Kaufzeitpunkt des Zerobonds
T	Ablaufzeitpunkt des Zerobonds mit Auszahlung des Betrags von 1
$P(r_0, T)$	Preis des Zerobonds in Abhängigkeit der angegebenen Parameter in einem auf dem Erwartungswert basierenden Modell
$R(r_0, T)$	Zinssatz, der sich aus dem Preis ergibt, d. h. $R(r_0,T) = -\ln(P(r_0,T))/T$; $R(r_0,T)$ stellt die Verzinsung einer Zerobond-Anleihe im Zinsmodell von Vasicek dar. Dies ist die theoretische Größe, welche der „Spot-Rate" entspricht, die aufgrund der Marktpreise der Anleihen bestimmt wird.

Preismodell: Für einen konkreten Zinsverlauf r_t ergibt

$$1 = e^0 = e^{-\int_0^T r_\tau d\tau + \int_0^T r_\tau d\tau} = e^{-\int_0^T r_\tau d\tau} \cdot e^{+\int_0^T r_\tau d\tau} = P(r_0,T) \cdot e^{+\int_0^T r_\tau d\tau}.$$

Damit ist

$$P(r_0,T) = e^{-\int_0^T r_\tau d\tau}$$

der Preis, welcher mit dem Zinsverlauf r_t „multiplikativ" verzinst die Auszahlung 1 des Zerobonds zum Zeitpunkt t ergibt. Kennen wir nur den Zinssatz r_0 und folgt die weitere Entwicklung einem stochastischen Modell, dann nehmen wir den Erwartungswert über die stochastischen Zinsverläufe als Preis oder Wert des Zerobonds, d. h. wir setzen

$$P(r_0,T) = E\,[e^{-\int_0^T r_\tau d\tau}].$$

Im Modell von Vasicek ist r_t normalverteilt. Deshalb ist auch die stochastische Diskontierung mit $-\int_0^T r_\tau d\tau$

normalverteilt, da das Integral den Grenzwert einer Summe darstellt und Summen von normalverteilten Zufallsvariablen wieder normalverteilt sind. Damit ist

$$e^{-\int_0^T r_\tau d\tau}$$

lognormalverteilt.

Wie aus den Ausführungen zu der die Aktienkursentwicklung beschreibenden Lognormalverteilung folgt, gilt wegen der Konvexität der Exponentialfunktion

$$E[e^{-\int_0^T r_\tau d\tau}] > e^{-E[\int_0^T r_\tau d\tau]}.$$

Dabei kann man genau angeben, um wie viel hier der 1. Term größer ist, es gilt nämlich

$$E[e^{-\int_0^T r_\tau d\tau}] = e^{-E[\int_0^T r_\tau d\tau]+0.5 Var[\int_0^T r_\tau d\tau]}.$$

Dies ist letztlich der gleiche Sachverhalt wie bei der Aktienkursentwicklung. Nur gibt man dort die erwartete Rendite vor und muss bei der zugehörigen Lognormalverteilung 0,5 $\sigma^2 t$, d. h. die halbe Varianz der zugehörigen Normalverteilung abziehen, um im Erwartungswert der Lognormalverteilung zu dieser Rendite zu kommen.

Zur Berechnung der beiden Exponenten:

$$E[\int_0^T r_\tau d\tau] = \int_0^T (b + (r_0 - b) \cdot e^{-at})\, dt = b \cdot T - \frac{b - r_0}{a} \cdot (1 - e^{-a\tau})$$

Schwieriger ist es mit der Varianz:

Dazu muss aus $Cov(r_t, r_\tau)$, der Kovarianz von einzelnen Zinssätzen zu fest gegebenen Zeitpunkten t und τ, via Integral die Kovarianz des gesamten Zinsverlaufes

$$Cov(r_t, \int_0^t r_\tau d\tau)$$

bestimmt werden. Die Kovarianz ist bilinear, d. h. sie ist linear in jeder der beiden Komponenten. Damit kann die Summenbildung von Zufallsvariablen und deren Kovarianz zu r_t miteinander vertauscht werden. Dies gilt auch für den Grenzwert von Summen, also für das Integral. Daher kann das Integral vor die Kovarianz gezogen werden und bei gegebenem $Cov(r_t, r_\tau)$ einfach ausgerechnet werden. Entsprechend muss man nochmals integrieren, um den gesamten Zinsverlauf auch in der anderen Komponente zu berücksichtigen. Bei der Berechnung von

$$Cov(r_t, r_\tau) \text{ mit } \tau \le t$$

geht man von der zuvor behandelten Varianz des Zinssatzes

$$Var(r_\tau, r_\tau) = Cov(r_\tau, r_\tau)$$

zum früheren der beiden Zeitpunkte aus. Danach hat die stochastische Komponente in $\sigma \cdot dB_t$ keinen Einfluss auf die Kovarianz und kann weggelassen werden, da die weitere Entwicklung als unabhängig von der bisherigen angenommen wird. Die durch das Weglassen der stochastischen Komponente $\sigma \cdot dB_t$ ab $\tau \le t$ entstehende neue Zinsentwicklung bezeichnen wir mit $\tilde{r}_t$.

Die verbleibende Komponente in

$$-a(r_t - b) \cdot dt$$

der Zinsentwicklung bewirkt, dass die Normalverteilung

r_τ bis $\tilde{r}_t$ auf $e^{-a(t-\tau)}$ gestaucht wird, d. h.

$\tilde{r}_t = r_\tau \cdot e^{-a(t-\tau)}$. Aufgrund der Linearität der Kovarianz gilt

$$Cov(r_t, r_\tau) = Cov(\tilde{r}_t, r_\tau) = Cov(r_\tau \cdot e^{-a(t-\tau)}, r_\tau) = Cov(r_\tau, r_\tau)\ e^{-a(t-\tau)}.$$

Nimmt man für die Zinsentwicklung nur eine Brownsche Bewegung an, also keine Komponente, welche der „Diffusion" des Zinses entgegenwirkt, wird die Situation einfacher. Dieser Fall ergibt sich auch als Grenzfall des Vasicek-Modells für $a = 0$.

Stufe		Grenzfall $a \to 0$
1. $\tau \le t$	$Cov(r_t, r_\tau) = Cov(r_\tau, r_\tau)\ e^{-a(t-\tau)} = \frac{\sigma^2}{2a}(1 - e^{-2a\,\tau})\ e^{-a(t-\tau)} = \frac{\sigma^2}{2\,a} e^{-a\cdot t}(e^{a\cdot\tau} - e^{-a\cdot\tau})$	$\sigma^2 \tau$
2.	$Cov(r_t, \int_0^t r_\tau d\tau) = \int_0^t Cov(r_t, r_\tau)\, d\tau = \frac{\sigma^2}{2\,a} e^{-a\cdot t} \int_0^t e^{a\cdot\tau} - e^{-a\cdot\tau} d\tau = \frac{\sigma^2}{2\,a^2}(1 - 2e^{-a\cdot t} + e^{-2a\cdot t}) = \frac{\sigma^2}{2}\left(\frac{1 - e^{-a\cdot t}}{a}\right)^2$	$\sigma^2 \int_0^t \tau\, dt = \frac{\sigma^2 t^2}{2}$
3.	$Var(\int_0^T r_t d\tau) = 2\int_0^T Cov(r_t, \int_0^t r_\tau d\tau)\, dt = \sigma^2 \int_0^T \left(\frac{1 - e^{-a\cdot t}}{a}\right)^2 dt = \frac{\sigma^2}{a^2}\left(T - \frac{1 - e^{-a\cdot T}}{a} - \frac{(1 - e^{-a\cdot T})^2}{2\,a}\right)$	$\sigma^2 \int_0^T t^2 dt = \frac{\sigma^2 T^3}{3}$

Damit kann nun

$$P(r_0, T) = E[e^{-\int_0^T r_\tau d\tau}] = e^{-E[\int_0^T r_\tau d\tau] + 0.5 Var[\int_0^T r_\tau d\tau]}$$

berechnet werden. Die Preise hängen ja schon bei konstantem Zinssatz von der Periode T, über die diskontiert wird, ab. Die verschiedenen Effekte der einzelnen Modellparameter auf den Preis werden besser sichtbar, wenn der Preis auf einen einheitlichen Zinssatz $R(r_0, T)$ umgerechnet wird, also der Zinssatz bestimmt wird, zu dem diskontiert sich der Preis ergibt.

Mit

$$P(r_0,T) = e^{-R(r_0,T)\cdot T}$$

ergibt sich somit (Hull 2009, S. 827)

$$R(r_0,T) = (b-\frac{\sigma^2}{2a^2}) - \frac{1}{aT}\left((b-\frac{\sigma^2}{2a^2})-r_0)\cdot(1-e^{-aT})-\frac{\sigma^2}{4a^2}(1-e^{-aT})^2\right)$$

$$= R_\infty - \frac{1}{aT}\left((R_\infty - r_0)\cdot(1-e^{-aT})-\frac{\sigma^2}{4a^2}(1-e^{-aT})^2\right),$$

dabei ist $R_\infty = b-\frac{\sigma^2}{2a^2}$, der Zinssatz bei sehr langen Fristen ($t \to \infty$).

Bemerkenswert ist, dass R_∞ kleiner als b ist, wobei der Unterschied von der Volatilität resp. von deren Quadrat, also von der Varianz σ^2, und von der Kontraktionskraft a abhängig ist. Die Kontraktionskraft erscheint in der Größe $-\sigma^2/2a^2$, da sie auch die „Volatilität" resp. die Schwankungen des Zinsprozesses beeinflusst, indem der Diffusion der Brownschen Bewegung durch die Kontraktion entgegengewirkt wird. Die Diffusions- und Kontraktionswirkungen streben schließlich mit zunehmender Zeitspanne asymptotisch zu einem vom Verhältnis von σ zu a abhängigen Gleichgewicht.

9.3 Einfluss der Volatilität auf die erwartete Verzinsung

9.3.1 Modell von Vasicek mit Kontraktion des Zinsprozesses

Somit reduziert die Zinsvolatilität, hier wegen der Kontraktion vom Quotienten σ/a abhängig, den Zinssatz zur Bestimmung der Preise von Anleihen resp. sie erhöht den Preis der Anleihen. Die Berücksichtigung der Volatilität im gesamten Zinsprozess führt zu einem tieferen Diskontzinssatz. Das ist etwas erstaunlich. Man könnte ja auch meinen, dass sich bei der Bildung der Erwartungswerte die Zinsschwankungen nach oben und nach unten aufheben oder dass die Schwankungen zu einer höheren durchschnittlichen Verzinsung führen. Bei dem Modell der Aktienentwicklung ist dies ja so:

Der Erwartungswert der Lognormalverteilung liegt um den Faktor $e^{0,5\sigma^2\tau}$ über dem Median. Rechnet man dies mit dem Logarithmus in eine Verzinsung um, gibt die Berücksichtigung der Schwankungen eine um $0,5\,\sigma^2\tau$ höhere Verzinsung beim Erwartungswert. Wobei im Modell die Entwicklung des Erwartungswertes mit $S\,e^{r\tau}$ gegeben ist und sich dann der entsprechend tiefer liegende Median $S\,e^{(r-0,5\sigma^2)\tau}$ ergibt. Damit ist im Aktienmodell

erwartete Rendite $-\;0,5\,\sigma^2 = r-0,5\,\sigma^2$ = Median der Rendite.

Bei der Zinsentwicklung kommen die gleichen mathematischen Gesetzmäßigkeiten zum Tragen. Mit zwei Unterschieden: Zum einen ist der Mittelwert, also der Median der Zinsentwicklung, vorgegeben und nicht die erwartete Verzinsung. Zum anderen liegt die erwartete Verzinsung unter dem Median, im asymptotischen Fall im Zinsmodell von Vasicek gilt ja für das „mean reversion-level" der Zinsentwicklung b:

$$\text{erwartete Verzinsung} = R_\infty = \text{Median der Zinsentwicklung} - 0{,}5(\sigma / a)^2 = b - 0{,}5(\sigma / a)^2$$

Maßgebend für den Unterschied zwischen dem Median und dem Erwartungswert ist in beiden Fällen der halbe Betrag der Volatilität, wobei für die Zinsentwicklung der Kontraktionsfaktor a im Nenner berücksichtigt werden muss. Dieser Volatilitätsterm wirkt aber bei den beiden hier verglichenen Fällen in umgekehrte Richtungen. Dies liegt daran, dass bei der Aktienentwicklung eine zukünftige stochastische Entwicklung betrachtet wird, wogegen bei den Zinsmodellen die zukünftige Auszahlung der Anleihe bekannt ist und der Barwert von der stochastischen Zinsentwicklung abhängig ist. Deshalb wird hier keine Verzinsung, sondern eine Diskontierung betrachtet. Die Konvexität der Exponentialfunktion führt ganz generell, unabhängig davon, ob auf- oder abgezinst wird, aufgrund der Volatilität zu einem höheren Erwartungswert gegenüber der Verzinsung resp. Diskontierung mit dem Median der Zinsentwicklung. Bei der Diskontierung gibt der höhere Barwert einen tieferen Diskontsatz, wogegen das höhere Mittel der Endwerte zu einer im Vergleich zum Median höheren erwarteten Rendite führt. Die Abbildung 9.1 stellt diese unterschiedliche Wirkung der Volatilität bei Aufzinsung und Diskontierung dar:

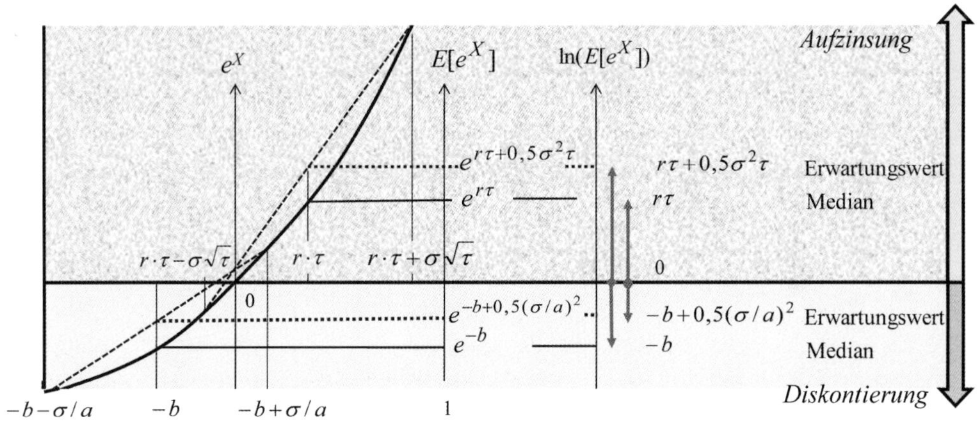

Abbildung 9.1

9.3.2 Vergleich mit volatiler Jahresverzinsung

Wie bereits erwähnt, führt die multiplikative Verkettung nicht konstanter Renditen generell zu einer tieferen Verzinsung als das arithmetische Mittel der Renditen. Die mathematische Begründung kann darin gesehen werden, dass das geometrische Mittel kleiner als das arithmetische Mittel ist, falls die Zahlen, über welche die Mittel gebildet werden, nicht gleich sind, d.h. falls die einzelnen Renditen unterschiedlich sind. Die bereits erwähnte Formel von Sheppard gibt an, dass die Rendite aufgrund der multiplikativen Verkettung um ca. die Hälfte der Abstandsquadrate unter dem arithmetischen Mittel der Renditen liegt.

Wir vergleichen unsere Berechnungen für den asymptotischen Fall eines sehr langen Zeitraums, also den Zinssatz R_∞, mit einem anderen Modell:

Nehmen wir an, die jährliche Verzinsung schwanke und betrage die eine Hälfte der Jahre $b+\sigma/a$ und die andere Hälfte der Jahre $b-\sigma/a$, dann ergibt sich bei geometrisch , d. h. multiplikativ berechneter Verzinsung

$$\left((1+b+\frac{\sigma}{a})\cdot(1+b-\frac{\sigma}{a})\right)^{0,5}-1 = \left(1+2b+b^2-\frac{\sigma^2}{a^2}\right)^{0,5}-1 \approx b-\frac{\sigma^2}{2a^2}.$$

Somit führt diese Betrachtung eines um einen gegebenen Wert, also um ein arithmetisches Mittel, schwankenden Jahreszinssatzes aufgrund des gegenüber dem arithmetischen Mittel tiefer liegenden geometrischen Mittels zu einer insgesamt tieferen Verzinsung. Hier hat man also einen ähnlichen Effekt wie den, dass sich aufgrund der stochastischen Entwicklung der Zinsintensität tiefere Gesamtverzinsungen bei den Diskontzinssätzen für die Zerobond-Anleihen ergeben. Die Gründe für diese Abzüge sind allerdings verschieden. Nimmt man zwei unterschiedliche, kontinuierliche Zinsverläufe an, beispielsweise einen Verlauf mit einer Zinsintensität während des ersten Jahres von 3 % und 5 % während des zweiten Jahres gegenüber einem Verlauf von 4 % über beide Jahre, dann verzinst sich eine Anlage in den beiden Jahren in beiden Fällen mit $e^{b+\frac{\sigma}{a}+b-\frac{\sigma}{a}} = e^{2b}$.

Rechnet man die auf ein Jahr ausgelegten Zinssätze in kontinuierliche Renditen um, so liegt das Mittel der in kontinuierliche Sätze umgerechneten Renditen in etwa um die halbe Varianz der Zinssätze unter der aufgrund des Mittels bestimmten kontinuierlichen Verzinsung, wie man aus der Reihenentwicklung des Logarithmus bis zum zweiten Term, also aus $\ln(1+x) = x-x^2/2+\ldots$ sieht:

$$0,5\left(\ln(1+b+\frac{\sigma}{a})+\ln(1+b-\frac{\sigma}{a})\right) \approx b-0,5\left(\frac{1}{2}\left(b+\frac{\sigma}{a}\right)^2+\frac{1}{2}\left(b-\frac{\sigma}{a}\right)^2\right)$$

$$\approx b-0,5b^2-0,5\frac{\sigma^2}{a^2} \approx \ln\left(1+b-0,5\frac{\sigma^2}{a^2}\right)$$

Deshalb haben zwei unterschiedliche Phänomene eine ähnliche Auswirkung und führen zu einer tieferen Gesamtverzinsung. Dies liegt im Fall der stochastischen Zinsmodelle an

– der Konvexität der Exponentialfunktion bei der Diskontierung mit stochastischer Zinsentwicklung im kontinuierlichen Zinsmodell

und im Fall der Differenz zwischen geometrischer und arithmetischer Verzinsung an

– der Konvention, Zinssätze auf Jahre zu beziehen und nicht in eine kontinuierliche Verzinsung umzurechnen.

9.3.3 Spot- und Forward-Preise und Zinsintensitäten

Wir ermitteln, um wie viel die Wiederanlageverluste bei schwankenden, volatilen Zinssätzen die Rendite gegenüber der Zinsintensität reduzieren. Dabei werden jeweils immer Erwartungswerte betrachtet und wir nehmen an, die am Markt beobachtbaren Spot-Preise entsprechen dem Erwartungswert der stochastischen Zinsverläufe (Hull 2009, S. 118f. und S. 858f.).

Begriffe	Beschreibung
$S(0,T) = E[e^{-\int_0^T r_\tau d\tau}]$	Spot-Preis $(0,T)$, Preis für eine zum Zeitpunkt 0 erworbene Zerobond-Anleihe, welche zum Zeitpunkt T den Betrag 1 auszahlt. Aktueller Wert resp. Preis der Anleihe unter Berücksichtigung der stochastischen Zinsentwicklung. Mit Wiederanlage, d.h. zwischen dem Kaufzeitpunkt 0 und dem Bezugszeitpunkt T werden keine Zahlungen vorgenommen.
$s(0,T) = -\ln(E[e^{-\int_0^T r_\tau d\tau}])/T$	Spot-Rate, aus dem Spot-Preis abgeleiteter Zinssatz
$f(0,T_1,T_2) = -\frac{T_2 \cdot s(0,T_2) - T_1 \cdot s(0,T_1)}{T_2 - T_1}$	Forward-Rate, aus den Spot-Rates zu 2 verschiedenen Terminen abgeleiteter Zinssatz für die Fixierung eines Zinssatzes für die Periode von T_1 bis T_2 zum Zeitpunkt 0. Der Forward-Zinssatz entspricht insofern einer Marktrealität, als die Spot-Preise und die daraus abgeleiteten Zinssätze Marktrealitäten sind und ein Forward-Zinssatz sich in einem konkreten Geschäft realisieren ließe, wenn für die Kapitalanlage die gleichen Bedingungen wie für das Leihen von Kapital (Leerverkäufe), nämlich die Spot-Preise, gelten würden. Dabei muss man sich zum Zeitpunkt 0 bis T_1 soviel Kapital leihen, wie man zum Zeitpunkt T_1 investieren will und das geliehene Kapital zum Zeitpunkt 0 bis T_2 investieren.
$f(0,T) = -\frac{d\ln(E[e^{-\int_0^T r_\tau d\tau}])}{dt}$	aus dem Verlauf der Spot-Preise zum Zeitpunkt 0 abgeleitete „Forward"-Zinsintensität für den Zeitpunkt t
$r(0,T) = E[\int_0^T r_\tau d\tau]$	Mittlere Zinsintensität, ohne Wiederanlage

Die Forward-Zinsintensität $f(0,T)$ wird dabei analog für die Forward-Zinssätze

$f(0,T_1, T_2)$, $T_2 > T_1$ bestimmt, wobei $T_2 - T_1 \rightarrow 0$ und T_2, $T_1 \rightarrow T$:

$$f(0,T_1,T_2) = -\frac{T_2 \cdot s(0,T_2) - T_1 \cdot s(0,T_1)}{T_2 - T_1}$$

$$= -\frac{\ln(E[e^{-\int_0^{T_2} r_\tau d\tau}] - \ln(E[e^{-\int_0^{T_1} r_\tau d\tau}])}{T_2 - T_1} \overset{T_2, T_1 \to T}{\to} f(0,T)$$

Wir nehmen im Folgenden an, der Zinsverlauf entspreche einer Brownschen Bewegung mit einer Volatilität σ. Mit

$$E[e^{-\int_0^T r_\tau d\tau}] = e^{-E[\int_0^T r_\tau d\tau] + 0.5 Var[\int_0^T r_\tau d\tau]} = e^{-E[\int_0^T r_\tau d\tau] + \frac{\sigma^2}{6} T^3}$$

gilt zwischen der Spot-Rate und der mittleren Zinsintensität die Beziehung

Spot-Rate = $s(0,T)$ = mittlere Zinsintensität − $\sigma^2 T^2 / 6$ = $r(0,T) - \sigma^2 T^2 / 6$.

Zwischen der Forward-Rate und der erwarteten Zinsintensität zum Zeitpunkt t gilt

$$f(0,T) = r(0,T) - \sigma^2 \frac{dT^3/6}{dT} = r(0,T) - \frac{\sigma^2 T^2}{2}.$$

Im Zinsmodell von Vasicek mit einer positiven Kontraktion $a > 0$ muss T durch $(1 - e^{-aT})/a$ ersetzt werden, da hier gilt

$$\frac{d}{dt}\left(\frac{1}{2} Var(\int_0^T r_t d\tau)\right) = \frac{(1 - e^{-aT})^2}{2a^2}.$$

Dies führt zu

$$f(0,T) = r(0,T) - \frac{\sigma^2 (1 - e^{-aT})^2}{2a^2}.$$

Auch hier ist, ähnlich wie beim Vasicek-Modell für die Verzinsung von Anleihen, der die Wiederanlage berücksichtigende Zinssatz $R_\infty = b - 0{,}5\sigma^2 / a^2$ kleiner als die mittlere Zinsintensität b. Die Spot-rate berücksichtigt, dass die stochastisch schwankenden Renditen aufgrund der Diskontierung und der Konvexität der Exponentialfunktion zu einer tieferen Verzinsung als das Mittel der Zinsintensität führt. Die Wirkung wird umso stärker, je größer die Zinsvolatilität ist. Zudem hängt die Wirkung sogar quadratisch vom betrachteten Zeitraum ab. Der Grund ist, dass die aufgrund der Zinsvolatilität entstehenden Zinsschwankungen mit der Zunahme des betrachteten Zeitraums auch umso länger wirksam sind. Im Modell ohne Kontraktion wird für sehr lange Zeiträume dieser Effekt, den man wie später ausgeführt wird, auch als „Wiederanlageverlust“ verstehen kann, mit dem obigen quadratischen Ausdruck $0{,}5\,\sigma^2 T^2$ wohl überschätzt. Das liegt daran, dass eine reine Brownsche Bewegung als Zinsmodell ohne Kontrahieren wie im Vasicek-Modell über lange Zeiträume zu einer beliebig großen Diffusion des Zinssatzes führt. Dabei wandert die Verteilung der Zinssätze beliebig tief in den negativen Bereich. Über einen langen Zeitraum wird man mit Wahrscheinlichkeit ½ einen negativen oder einen positiven Zinssatz haben, was doch wenig realistisch ist.

Nehmen wir an, der Zinssatz r_t folge einer einfachen Brownschen Bewegung ohne eine deterministische Entwicklung. Dann bleibt der Erwartungswert der Zinsintensität $E[r_t]$ konstant, die Spot-Zinssätze aber nehmen ab, je länger die Laufzeit der Anleihe ist. Wie erwähnt, liegt dies an der Konvexität der Exponentialfunktion und der hier betrachteten Diskontierung. Aufgrund der im Erwartungswert als konstant angenommenen mittleren Verzinsung müssen die aus den Spot-Preisen bestimmten Forward-Zinssätze abnehmen, d. h.

$$f(0,T) = r_0 - 0.5\sigma^2 T^2.$$

Im Zinsmodell von Heath, Jarrow und Morton (HJM) wird nun der Frage nachgegangen, was über eine stochastische Weiterentwicklung der durch den Verlauf der Spot-Rate zum Zeitpunkt 0 gegebenen Forward-Rate $f(0,T)$ für einen zukünftigen Zeitpunkt $t > 0$ gesagt werden kann. Der Erwartungswert der zukünftigen Forward-Zinsintensität für den Zeitraum von t bis T muss den Wiederanlageverlust für diesen Zeitraum berücksichtigen, d.h.

$$E[f(t,T)] = r_0 - 0.5\sigma^2 (T-t)^2.$$

Damit ist

$$\frac{dE[f(t,T)]}{dt} = -0.5\sigma^2 \frac{d(T-t)^2}{dt} = \sigma^2 (T-t) = \sigma \int_t^T \sigma \, d\tau.$$

In der Arbeit vom HJM wird dies für einen nichtkonstanten Verlauf der Volatilität verallgemeinert. Dabei gilt die obige Gesetzmäßigkeit für die zeitliche Entwicklung des Erwartungswerts der Forward-Rate, wobei das obige Integral zu

$$\sigma(t,T) \int_t^T \sigma(t,T) \, d\tau$$

verallgemeinert werden muss.

Dies führt dazu, dass der deterministische Teil der Forward-Rate-Entwicklung durch die Volatilität bestimmt ist. Im Erwartungswert steigen die Forwards $f(t,T)$ bei zunehmendem t. Dies liegt letztlich daran, dass der Zeitraum T-t, für den Wiederanlageverluste aufgrund der schwankenden Zinssätze einzurechnen sind, mit wachsendem t immer kleiner wird.

Das Modell von HJM zieht die notwendigen Schlüsse aus der Modellannahme, dass die Preise von Anleihen sich als Erwartungswerte über einen stochastischen Zinsverlauf ergeben. Damit hilft dieses Modell, den Einfluss der Volatilität auf die Anleihenpreise zu quantifizieren und so die Preise von Zinsoptionen zu bestimmen. Bei der Bestimmung von Optionspreisen kommt es darauf an, Volatilitäten in die zukünftige Entwicklung des Underlying hinein zu modellieren. Dabei ist es immer von zentraler Bedeutung, dass dieses Modell konsistent zu weiteren Annahmen oder zu in die Berechnung einfließenden Marktrealitäten ist.

9.3.4 Konvexitätsanpassung zwischen „Forward-“ und „Future-Rate“

In diesem Abschnitt werden wir mit den vielleicht etwas theoretisch anmutenden Zinsmodellen ein bei den Marktrealitäten auftretendes Phänomen erklären. Dabei geht es um die vielfältigen Zinsprodukte und um einen unerwarteten Unterschied zwischen den aus zwei verschiedenen Produkten für den gleichen Zeitraum abgeleiteten Zinssatz. Zum einen gibt es die so-

genannten „Spot-Rates", das sind die Zinssätze, die sich aus den aktuellen Marktpreisen von Zerobond-Anleihen ergeben. Die Preise zu den unterschiedlichen Rückzahlungszeiten T geben dann keinen konstanten Zinssatz mehr, sondern eine Kurve, welche die Zinsstruktur und damit die Erwartungen des Kapitalmarktes an die zukünftige Zinsentwicklung wiedergibt. Aus den „Spot"-Preisen für zwei Anleihen, eine zu einem früheren Termin T_1 und eine zu einem späteren Termin T_2, lässt sich eine sogenannte „Forward-Rate" berechnen. Diese entspricht den aktuellen Zinserwartungen für die zinstragende Anlage in der Periode zwischen T_1 und T_2.
Zum anderen gibt es den Markt der „Futures". Dazu wird eine „Future-Rate", d.h. der Zinssatz für die Kapitalanlage in der zukünftigen Periode von T_1 bis T_2, vereinbart. Die Futures geben das Recht sowie auch die Verpflichtung, ein vom Volumen der erworbenen Futures abhängiges Kapital mit dem vom speziell erworbenen Futures(produkt) abhängigen Zinssatz in der ebenfalls im Future(produkt) gegebenen zukünftigen Periode zu verzinsen. Der Wert dieses Rechtes wird an der Börse gehandelt. Somit wird laufend bewertet, wie viel das Recht wert ist resp. wie belastend die Verpflichtung ist. Diese Wertänderung der Futures werden täglich abgerechnet. Ein Wertzuwachs wird dabei ausgezahlt, ein Verlust dem Eigner der Futures in Rechnung gestellt. Indem Anleger, welche selbst kleine Tagesschwankungen nicht mehr sicherstellen können, sich von ihren Futures trennen müssen, besteht kaum ein Gegenparteirisiko. Damit geben Futures eine Markteinschätzung für diverse zukünftige Entwicklungen – es gibt ja nicht nur Zinsfutures - ohne sich um eines der Hauptprobleme aller Geschäfte, die Solvenz der Gegenpartei, kümmern zu müssen. Dies ist sicherlich einer der Gründe für den großen Erfolg dieser neueren Instrumente. Bei den Zinsfutures wird dieser Ausgleich der Tagesschwankungen bis zum Zeitpunkt T_1 zum Beginn der zukünftigen zinstragenden Kapitalanlage vorgenommen. Mit der letzten Abrechnung zum Zeitpunkt T_1 wird der „Future"-Preis auf den am „Spot"-Markt erzielten „Spot"-Preis abgestellt und es werden letztmals die Differenzen ausgeglichen. Eine wirkliche Umsetzung des Futures-Rechts resp. der Verpflichtung, d.h. die konkrete Anlage des dem Future-Volumen entsprechenden Kapitals, erfolgt in der Regel nicht. Dies ist nicht nur bei Zinsfutures so, sondern ganz generell auch bei anderen Futures. So werden auch bei Rohstoff-Futures, wie Öl etc., die Rohstoffe üblicherweise nicht zu dem vereinbarten Termin wirklich angeliefert und dem neuen Besitzer übergeben.

Es zeigt sich nun, dass die „Forward-Rate" systematisch tiefer als der „Future"-Zinssatz ist und in der Praxis mit einer Formel angenähert wird, die sich aus den obigen Überlegungen zum „Wiederanlageverlust" ergibt. Dazu betrachten wir

Anlageinstrument	„Wiederanlageverlust"
Zerobonds bis T_2, gibt Spot-Rate bis T_2	$\sigma^2 T_2^3 / 6$
Zerobonds bis T_1, gibt Spot-Rate bis T_1	$\sigma^2 T_1^3 / 6$
Forward von T_1 bis T_2 aus den beiden Spot-Rates	$\sigma^2 (T_2^3 - T_1^3) / 6$
Future von T_1 bis T_2: Wiederanlageverlust in der Periode von T_1 bis T_2 Für diese Periode von T_1 bis T_2 richtet sich der Future nach dem dann gültigen „Spot"-Preis und hat damit den Wiederanlageverlust für diese Periode eingerechnet.	$\sigma^2 (T_2 - T_1)^3 / 6$

Die Differenz des Wiederanlageverlustes im „Forward“ und im „Future“ beträgt

$$\sigma^2 (T_2^3 - T_1^3 - (T_2 - T_1)^3)/6 = 0{,}5\,\sigma^2 (T_1^2 (T_2 - T_1) + T_1 (T_2 - T_1)^2)$$
$$= 0{,}5\,\sigma^2 T_1 T_2 (T_2 - T_1)\,.$$

Bezogen auf die Zinsperiode $T_2 - T_1$ ergibt dies die sogenannte Konvexitätsanpassung:

Future Zinssatz – Forward rate = $0{,}5\,\sigma^2 T_1 T_2$, (vergleiche Hull 2009, S. 183f.).

9.3.5 Allgemeine Bemerkungen

Die Exponentialfunktion kann nicht mit der Erwartungswertbildung vertauscht werden. Da die Erwartungswertfunktion konvex ist, ist der Erwartungswert der Exponentialfunktion einer Zufallsvariablen kleiner als die Exponentialfunktion im Erwartungswert der Zufallsvariablen. In der Wahrscheinlichkeitstheorie kennt man diese Art Beziehung ganz generell als Ungleichung von Jensen. Wir haben hier immer angenommen, dass die Zufallsvariable im Exponenten normalverteilt und die Exponentialfunktion der Zufallsvariablen damit lognormalverteilt ist. Dann entspricht die Differenz derjenigen zwischen Median und Erwartungswert einer Lognormal-verteilten Zufallsvariablen und der Logarithmus dieser Differenz entspricht der Hälfte der Varianz der entsprechenden Normalverteilung.

Diese Differenz, welche die Ungleichung von Jensen ganz generell feststellt, kann im Konzept der stochastischen Analysis mit den Satz von Itô quantifiziert werden. Diesen Satz von Itô bestimmt ganz allgemein für beliebige Funktionen, wie die Funktion eines Brownschen Prozesses sich sowohl deterministisch wie auch stochastisch weiterentwickelt. Betrachtet man, wie wir das hier immer tun, nur die Exponentialfunktion, dann muss man nicht zwingend das Kalkül von Itô einsetzen. Die dann auftretenden Lognormalverteilungen kann man formelmäßig geschlossen beschreiben und die Beziehungen zwischen Erwartungswert und Median der Lognormalverteilung sind wohlbekannt und damit auch der Effekt, welcher die Vertauschung der Exponentialfunktion mit der Erwartungswertbildung bei einer normalverteilten Zufallsvariablen hat.

Dabei darf aber nicht vergessen werden, was hier im Grunde modelliert wurde. Die Anlage über einen gewissen Zeitraum wurde in kleine Zeitschritte aufgeteilt. Das Modell geht davon aus, dass sich ein längerer Anlagehorizont in kleine und kleinste Zeitperioden aufteilen lässt. Dies entspricht einer Anlagestrategie, bei der ein längerfristiger Anlagehorizont in kürzere Anlagedauern zerlegt wird, wobei das Anlagekapital immer neu reinvestiert wird.

Wie wir gesehen haben, führt die Aufteilung der Anlagedauer in kleinere Anlageperioden mit der damit verbundenen Volatilität der Anlageresultate über den Gesamtzeitraum zu einer tieferen mittleren Rendite. Dies entspricht nicht der Praxis, wo man bei normalen wirtschaftlichen Verhältnissen von einer steigenden Zinskurve ausgeht, d.h. je länger das Kapital angelegt wird, desto höher ist der Zinssatz. Die oben theoretisch berechneten Zinskurven weisen gerade den umgekehrten Effekt auf. In normalen wirtschaftlichen Verhältnissen, also wenn beispielsweise die Ausgangszinsintensität nahe bei der langfristig angestrebten Zinsintensität, dem „mean reversion-level“ liegt, sinkt die theoretisch ermittelte Spot-Rate mit steigender Zinsvolatilität und zunehmendem Anlagehorizont, da die gemittelten Barwerte zunehmen, je breiter der Bereich ist, über den das Mittel gebildet wird, und der Diskontsatz sinkt, je höher der Barwert wird.

Diese Theorie ist schon deshalb für die Bestimmung von Marktpreisen für Anleihen ungeeignet, da das Anlagerisiko nicht berücksichtigt wird. Dieses steigt, je länger der Anlagehorizont ist, und gemäß dem Modell von Markowitz rechnen die Marktpreise das Risiko ein. Indem man nur den Erwartungswert der Aufzinsung bei den stochastischen Zinsprozessen als theoretisch ermittelten Preis genommen hat, werden nicht alle für die Marktpreise relevanten Faktoren berücksichtigt. Es gibt weiterentwickelte Modelle, die auch diesen Risikoaspekt erfassen. Dazu wird beispielsweise eine Illiquiditätsprämie eingerechnet, die umso höher ist, je länger das Kapital angelegt wird.

Die Zinsmodelle ohne Einrechnung des Liquiditätsrisikos sind insbesondere für die Bewertung von Zinsoptionen interessant. Wie im Modell von Black und Scholes muss man auch bei der Bewertung von Zinsoptionen die aufgrund des Risikos erwartete Rendite im Modell zur Preisbestimmung neutralisieren. Bei der Formel von Black und Scholes zeigt man, dass die Annahme des Aktienwachstums in Höhe der risikolosen Verzinsung dieser Neutralisierung entspricht. Bei der Bewertung der Zinsoptionen entspricht dies den nur aufgrund der Erwartungswerte bestimmten Anleihepreisen. Die so berechneten Preise bilden wohl nicht der Marktpreisentwicklung der Anleihen selbst ab, stellen aber die Basis für die Ermittlung der Preise der Zinsoptionen dar. Man sagt dann, dass die Optionspreise in einer „risikoneutralen“ Welt ermittelt werden müssen, d.h. bei der Ermittlung von Optionspreisen muss die aufgrund des Risikos im Preis des Underlying eingerechnete Bewertung neutralisiert werden. Indem man den Erwartungswert des verzinsten Anlagekapitals nimmt, bewertet man das Liquiditätsrisiko nicht. Da das Modell aber die Volatilität des Underlying, also der Anleihe, einfängt, eignet es sich ähnlich wie beim Modell von Black und Scholes dennoch zur Preisbestimmung der Optionen auf Anleihen. Im Folgenden werden wir aber die üblichen Formeln für die Zinsoptionen einfach aus einer Analogiebetrachtung zu den klassischen Formeln für die Aktienoptionen begründen und vom stochastischen Zinsprozess direkt nur die Entwicklung der Volatilität der Anleihe ohne irgendwelche Barwertbestimmungen übernehmen. Schließlich gibt es ja einen Markt, die Anleihen werden gehandelt und jedes Modell muss schlussendlich die Marktpreise der Anleihen wiedergeben.

9.4 Bewertung von Zinsoptionen

9.4.1 Generelles

Wir interessieren uns hier für den Preis von Call- oder Put-Optionen auf Zerobond-Anleihen. In den Marktpreisen von Optionen sind die Schwankungen des Underlying, hier also einer Zerobond-Anleihe so eingerechnet, wie der Markt diese beurteilt. Wie bei den Aktienoptionen gibt dies einen Rückschluss auf das Risiko selbst, indem sich aus dem Preis von Aktienoptionen eine „implizite“ Volatilität ergibt. Diese implizite Volatilität kann mit den gemessenen Aktienkursschwankungen eines bestimmten Zeitraums verglichen werden. Die implizite Volatilität gibt die aktuelle Markteinschätzung wieder und reagiert bei Marktverunsicherungen schneller als die aufgrund der Aktienschwankungen gemessene Volatilität. Es sei denn, man basiert sich bei dieser aus den Marktschwankungen gemessenen Volatilität auf einen vergleichsweise kurzen Zeitraum, was wiederum aus statistischen Gründen problematisch ist.

Der Wert von Anleihen hängt von den aktuellen Marktzinsen ab. Optionen auf Anleihen messen damit das Zinsrisiko. Für die gesamten Solvenzbetrachtungen sind die Höhe der Markzinsen sowie ihre Volatilität von zentraler Bedeutung. Die Preise von Optionen auf Anleihen geben einen Hinweis auf die Zinsvolatilität. Wie bei den Aktienoptionen messen sie eine implizite Volatilität, hier also eine implizite Zinsvolatilität. Bei den marktnahen Rückstellungen in Solvency II wird unterschieden, wann diese fällig sind. Das Zinsrisiko von Optionen auf Zerobond-Anleihen entspricht dem Zinsrisiko der Rückstellungskomponente für die gleichzeitig mit dem Zerobond fälligen Verpflichtungen. Deshalb können die Marktpreise von Optionen auf Anleihen für die Quantifizierung des Zinsrisikos herangezogen werden. Für die theoretische Behandlung von Optionen auf Anleihen sind solche mit nur einer Auszahlung, eben Zerobonds, am einfachsten.

Dabei gehen wir davon aus, die Preise der Zerobond-Anleihen $S(0,t)$ seien für bestimmte von uns im Folgenden benötigte Laufzeiten t gegeben und wir wollen unsere Optionspreise an diese Gegebenheiten des entsprechenden Spot-Marktes anpassen. Dies ist ein wichtiger Punkt. Es ist wohl eine Illusion, mit theoretischen Annahmen alles berücksichtigen zu können, was der Markt in einen Preis einrechnet. Bei dem Preis von Anleihen muss dazu die zukünftige Zinserwartung, die Beurteilung der Bonität des Emittenten, der Preis für die Übernahme von Bonitätsrisiken, der Preis für eine längerfristige Anlage und das sich daraus ergebende Schwankungsrisiko, welches mit zunehmender Laufzeit steigt, und allenfalls noch weitere marktrelevante Gesichtspunkte miteinbezogen werden. So wie in die Formel von Black und Scholes der aktuelle Wert der Aktie S ohne weitere fundamentale Analysen eingeht, so kann kein Modell den Preis des Zerobonds besser als der Markt bewerten.

Wir verfolgen die Analogie zur klassischen Formel von Black und Scholes weiter: Neben dem Aktienpreis benötigt man noch die risikolose Verzinsung, den Zinssatz r, um die auseinander liegenden Kauf – und Ausübungszeitpunkte miteinander in Einklang zu bringen. Die Spot-Preise der Zerobonds geben nicht nur den Wert des Underlying an, sondern geben auch an, wie der entsprechende Markt über einen gegebenen Zeitraum aufzinst oder diskontiert. Deshalb werden wir bei den Optionsformeln für Anleihen das Verzinsen resp. Diskontieren mit den durch die Spot-Preise gegebenen Faktoren vornehmen.

9.4.2 Erwartete Rendite, Wachstum des Preises der Anleihe resp. der Aktie

Anstelle der Aktienverzinsung mit dem risikolosen Zins nehmen wir die durch den Anleihenmarkt, auf den sich die Optionen ja beziehen, gegebene Verzinsung. Diese Verzinsung ist durch die Spot-Preise bestimmt, welche als Zinsintensität die Forward-Rate definieren. Der Wert der Anleihe entwickelt sich somit mit der Zinsintensität der Forward-Rate. Genau genommen geht in die Formel von Black und Scholes nicht die Intensität des Wachstums, also r, ein, sondern das Wachstum über einen bestimmten Zeitabschnitt, also $e^{r(T-t)}$ oder die entsprechende Diskontierung $e^{-r(T-t)}$ über einen bestimmten Zeitabschnitt. Bei der erwarteten Entwicklung des Wertes der Zerobond-Anleihe entspricht dies $S(0,T)/S(0,t)$ resp. bei der Diskontierung $S(0,t)/S(0,T)$.

Deshalb benötigt man die aus den Spot-Rates abgeleitete Forward-Rate-Intensität nur für die in der Literatur oft gegebene Begründung der Optionsformeln basierend auf einer Anlagestrategie der synthetischen Zusammensetzung des Underlyings mit einem Portfolio, das sich aus Nominalanlage und Option zusammensetzt und laufend umgeschichtet werden muss. Im

Unterschied zu den Aktienoptionen erfolgt im Modell für Optionen auf Anleihen auch die Nominalanlage in diese Anleihen und verzinst sich laufend mit den Zinsintensitäten der Forward-Rate, anstelle des risikolosen Zinssatzes wie bei den Aktienoptionen. In das Resultat der Betrachtungen, also in die Optionsformeln selbst, gehen aber keine Forward-Rates für Zeitperioden ein, die nicht direkt mit der Option gegeben sind, sondern nur die Spot-Rates bis zum Ausübungszeitpunkt der Option und bis zur Auszahlung der Zerobond-Anleihe, dem Underlying der betrachteten Option.

9.4.3 Volatilität

Bei der Volatilität wird nicht einfach wie bei den Aktien durch eine Zahl bestimmt, welche sich direkt auf die Schwankungen der Aktien, also des Underlying bezieht. Man hat hier zwei Stufen: Zum einen geht man von einer Volatilität σ der Zinsintensität aus. Diese muss in eine Volatilität des Underlying σ_A, also der Anleihe, umgerechnet werden. Dabei führt eine gegebene Zinsvolatilität zu einer umso größeren Volatilität der Anleihe, je länger deren Laufzeit ist. Zudem hängt die Umrechnung noch davon ab, ob das verwendete Zinsmodell eine Kontraktion vorsieht, welche der Diffusion der Zinsintensitäten entgegenwirkt oder ob man annimmt, dass die Zinssätze immer weiter auseinanderlaufen können.

Auch bei den klassischen Formeln von Black und Scholes muss die Volatilität σ der Aktie p.a. auf den verbleibenden Zeitraum $\tau = T\text{-}t$ zum Ausübungszeitpunkt T der Option hochgerechnet werden. Dies gibt $\sigma_A = \sigma \cdot \sqrt{\tau}$.

Bei der Option auf eine Zerobond-Anleihe tritt an die Stelle der Aktienvolatilität p.a. die Volatilität des Zinssatzes p.a. , die wiederum allgemein mit σ bezeichnet wird. Genauer genommen bezeichnet σ den Volatilitätsparameter der stochastischen Zinsentwicklung in dem jeweils gewählten Modell ohne Kontraktion, wenn wir zum Beispiel annehmen, der Zinssatz entwickle sich gemäß einer Brownschen Bewegung oder wie im Modell von Vasicek, wo sich die Volatilität nicht immer weiter aufbaut, sondern gemäß dem Kontraktionsfaktor a über die Zeit wieder abgebaut wird. Die Kontraktion im Modell von Vasicek führt dazu, dass die Volatilität des Zinssatzes bei einem beliebig langen Zeithorizont beschränkt bleibt und gegen den Wert σ/a strebt, wogegen bei der Brownschen Bewegung ohne Kontraktion die Volatilität beliebig groß wird.

Dies gibt eine Volatilität des Zinssatzes von $\sigma_Z = \sigma \cdot \sqrt{\tau}$ ohne Kontraktion.

Mit Kontraktion folgt der Zinssatz wie oben hergeleitet einer Brownschen Bewegung

$$r_\tau = b + (r_0 - b) \cdot e^{-a\tau} + \sigma \sqrt{\frac{1-e^{-2a\tau}}{2a}} \cdot B_1 .$$

Das Auf und Ab der Brownschen Bewegung wird mit der Annahme einer Kontraktion im „mean Reservation“-Modell von Vasicek gedämpft. Die Standardabweichung wächst nicht mehr mit $\sqrt{\tau}$, sondern mit

$$\sqrt{\frac{1-e^{-2a\tau}}{2a}} .$$

Damit ist die Volatilität des Zinssatzes im Zinsmodell mit Kontraktion

$$\sigma_Z = \sigma\sqrt{\frac{1-e^{-2a\tau}}{2a}} .$$

Für die Preisbestimmung der Optionen auf Anleihen müssen wir noch einen Schritt weiter gehen, da wir die Volatilität der Anleihe benötigen. Die Zerobond-Anleihe werde zum Zeitpunkt $t+\mathrm{T} > t+\tau$, also nach dem Ausübungszeitpunkt der Option, zurückgezahlt. Damit läuft sie ab dem Zeitpunkt T der Optionsausübung noch über den Zeitraum $\mathrm{T}-\tau$. Ohne Kontraktion, d. h im Modell einer Brownschen Bewegung für die Zinsentwicklung, bleiben die Zinsschwankungen σ_Z bis zum Ausübungszeitpunkt dann für ganze restliche Laufzeit $\mathrm{T}-\tau$ der Anleihe bestehen. Damit schwankt der Wert der Anleihe mit der Volatilität

$$\sigma_A = \sigma_Z \cdot (\mathrm{T}-\tau) = \sigma \cdot (\mathrm{T}-\tau)\sqrt{\tau} .$$

Mit Kontraktion klingt die Zinsschwankung σ_Z, welche bis zum Ausübungszeitpunkt aufgelaufen ist, über die verbleibende Dauer $\mathrm{T}-\tau$ immer weiter ab. Dabei ergibt sich hier eine gleichartige exponentielle Abnahme der früher entstandenen Volatilität, so wie beim determinierten Verlauf im Vasicek Modell ein Unterschied des Ausgangszinssatzes vom „mean reversion-level" abklingt. Diese führt in diesem Modell zu einer Volatilität der Anleihe von

$$\sigma_A = \sigma_Z \frac{1-e^{-a(\mathrm{T}-\tau)}}{a} = \sigma \frac{1-e^{-a(\mathrm{T}-\tau)}}{a}\sqrt{\frac{1-e^{-2a\tau}}{2a}} .$$

9.4.4 Bedeutung von Zinsoptionen und Zinsvolatilität für die Beurteilung des Finanzrisikos

Die finanziellen Verpflichtungen der Versicherungen bestehen im Wesentlichen aus in der Zukunft liegenden Nominalverpflichtungen. Diese Verpflichtungen können gemäß ihrem zukünftigen Fälligkeitsjahr zusammengefasst werden und mit den entsprechenden fälligen Nominalanlagen inklusive der ebenfalls fälligen Couponzahlungen verglichen werden. Die Differenzbeträge zeigen zukünftigen Verpflichtungen, denen keine entsprechenden Anleihen gegenüberstehen oder umgekehrt. Solche Differenzbeträge sind bezüglich Zinsänderungen einem gleichartigen Risiko ausgesetzt wie ZerobondAnleihen mit diesen Restdauern. Sind dabei die zukünftigen Verpflichtungen höher als das festverzinslich angelegte Vermögen, wird eine Reduktion der Marktzinsen den Barwert der marktnah bewerteten Verpflichtungen stärker belasten, als sich auf der anderen Seite der Marktwert des festverzinslich angelegten Vermögens erhöht. Damit stellt hier eine Zinsreduktion ein Risiko dar, für welches die gemäß den Solvenzvorschriften erforderlichen Eigenmittel zu stellen sind. Wären umgekehrt die zukünftig fälligen Anleihen höher als die entsprechenden Verpflichtungen, bestünde das Risiko in einem Zinsanstieg. Dabei ist das Risiko dem der Wertänderung einer Zerobond-Anleihe bei Zinsänderung sehr ähnlich. Auch deshalb ist dieser Teil der Finanzmathematik für das Finanzrisiko in der Assekuranz wichtig. Das Risiko wird ganz wesentlich mit dem Begriff der Volatilität verbunden und damit auch quantifiziert, indem man aus dem Preis von Optionen die Volatilität zurückrechnet. Deshalb gehen wir hier etwas näher auf die Zusammenhänge des Begriffs der Volatilität bei den Preisen von Zerobond-Anleihen ein. Die Option kann wiederum zum Zeitpunkt τ ausgeübt werden und die Zerobondanleihe werde zum Zeitpunkt T zurückgezahlt. Die oben für die Option auf die Anleihe aufgeführten Zinssätze sind hier nochmals zusammengestellt:

Volatilität von	Zeitraum unter Risiko, d. h bis Optionsausübung	Ohne Kontraktion	Mit Kontraktion
Zinssatz	1 Jahr	σ	σ
Wert der Anleihe (mit Restdauer $\mathrm{T}-\tau$)	1 Jahr	$\sigma\cdot(\mathrm{T}-\tau)$	$\sigma\frac{1-e^{-a(\mathrm{T}-\tau)}}{a}$
Wert der Anleihe (mit Restdauer $\mathrm{T}-\tau$)	τ	$\sigma\cdot(\mathrm{T}-\tau)\sqrt{\tau}$	$\sigma\frac{1-e^{-a(\mathrm{T}-\tau)}}{a}\sqrt{\frac{1-2e^{-a\tau}}{2a}}$

Die Volatilität des Zinssatzes kann also als eine durch die Situation des Kapitalmarktes bestimmte Größe verstanden werden, ähnlich wie eine Naturkonstante, selbstverständlich viel weniger stabil. Die Volatilität des Wertes der Anleihe hängt von der verbleibenden Laufzeit der Anleihe ab dem Ausübungstermin der Option ab. Für das Zinsrisiko in Solvency II muss das Solvenzkapital immer auf den Zeitraum von einem Jahr ausgerichtet sein, d.h. $\tau=1$. Je nach dem, wann die Verpflichtungen fällig werden, ergibt sich eine andere Restdauer T. Je länger diese Dauer ist, desto mehr schwankt der Wert der Anleihe resp. der Wert der marktnah berechneten Rückstellungen bei einer Zinsschwankung. Als Näherung kann man dabei einen Cashflow mit verschiedenen Zahlungen durch eine einzelne Zahlung ersetzen, die zum Zeitpunkt der Duration des Cashflows erfolgt. So gibt die Duration ein Indiz für die Höhe des Zinsrisikos des Versicherungsunternehmens. Nimmt man ein Zinsmodell ohne Kontraktion, also beispielsweise ein Zinsmodell, bei dem der Zinssatz nicht an ein asymptotisches Niveau, ein „mean reversion-level" angezogen wird, dann diffundiert der Zinssatz immer weiter und das Risiko steigt linear mit der Laufzeit der Verpflichtungen oder linear mit der Duration. Bei den sehr langen Durationen der Cashflows in der Lebensversicherung ist ein solches Modell unangebracht, die Zinsentwicklung wird nicht über beispielsweise 50 Jahre immer weiter auseinanderlaufen. Sonst müssten, wie bereits erwähnt, mit Wahrscheinlichkeit ½ lange Phasen mit hohen negativen Zinssätzen vorkommen, was wohl wenig realistisch ist. Deshalb sollte bei langen Cashflows ein geeigneter Kontraktionsfaktor a eingerechnet werden.

9.4.5 Vergleich von Optionen auf Anleihen mit Optionen auf Aktien

Preise für Call-Optionen (vergleiche Hull 2009, S. 833f.)

Begriff	Aktie	Zerobond-Anleihe
Underlying t = aktueller Zeitpunkt	S_t	L = Auszahlung des Betrags L nach T Jahren
Wert des Underlying	$S=S_0$, zum Zeitpunkt des Kaufs der Option	$L \cdot S(0,\mathrm{T})$, aktueller Wert des Zerobonds
Strike-Preis, Preis, zu dem das Underlying mit der Option zum Zeitpunkt T erworben werden kann, $\tau = T-t$ = Dauer bis zur Ausübung der Option	K	K
Volatilität des Underlying σ_A	$\sigma \cdot \sqrt{\tau}$	Kontraktion: Ohne $\sigma \cdot (\mathrm{T}-\tau)\sqrt{\tau}$ Mit $\sigma \frac{1-e^{-a(\mathrm{T}-\tau)}}{a} \sqrt{\frac{1-e^{-2a\tau}}{2a}}$
lognormalverteilte Zufallsvariable U_t für Underlying zum Zeitpunkt t, Median des Underlying U_T ln(Median(U_T)/ Strike) Erwartungswert $E[U_T]$	$S \cdot e^{\sigma_A B_1 + r\tau - 0{,}5\sigma_A^2}$ $S \cdot e^{r\tau - 0{,}5\sigma_A^2}$ $\ln\left(\frac{S \cdot e^{r\tau}}{K}\right) - 0{,}5\sigma_A^2$ $S \cdot e^{r\tau}$	$\frac{S(0,\mathrm{T})}{S(0,\tau)} \cdot L \cdot e^{\sigma_A B_1 - 0{,}5\sigma_A^2}$ $\frac{S(0,\mathrm{T})}{S(0,\tau)} \cdot L \cdot e^{-0{,}5\sigma_A^2}$ $\ln\left(\frac{L \cdot S(0,\mathrm{T})}{K \cdot S(0,\tau)}\right) - 0{,}5\sigma_A^2$ $\frac{S(0,\mathrm{T})}{S(0,\tau)} \cdot L$
Diskontierung vom Ausübungszeitpunkt τ bis zum aktuellen Zeitpunkt t	$e^{-r\tau}$	$S(0,\tau)$
C = Preis der Call-Option, als Erwartungswert der Zufallsvariablen	$e^{-r\tau} \cdot E[(U_T - K)^+]$	$S(0,\tau) \cdot E[(U_T - K)^+]$

Parameter für die Formel von Black und Scholes:		
$d_2 = \frac{1}{\sigma_A} \ln\left(\frac{\text{Median}(U_T)}{\text{Strike}}\right)$ $d_1 = d_2 + \sigma_A$	$\frac{1}{\sigma_A} \ln\left(\frac{S \cdot e^{r\,\tau}}{K}\right) - 0{,}5\sigma_A$	$\frac{1}{\sigma_A} \ln\left(\frac{L \cdot S(0,\mathrm{T})}{K \cdot S(0,\tau)}\right) - 0{,}5\sigma_A$
C = Formel für Preis der Call-Option C	$S \cdot N(d_1)$ $-K \cdot e^{-r\tau} N(d_2)$	$L \cdot S(0,\mathrm{T}) \cdot N(d_1)$ $-K \cdot S(0,\tau) \cdot N(d_2)$

Für den Parameter d_2 gilt ganz generell:

$$d_2 = \frac{1}{\sigma_\mathrm{A}} \ln\left(\frac{E[U_T]}{\text{Strike}} - 0{,}5\ \sigma_\mathrm{A}{}^2\right),\quad d_1 = d_2 + \sigma_A$$

Mit der Put-Call-Parität kann wie bei den Optionen auf Aktien aus dem Preis der Call-Option derjenige der Put-Option bestimmt werden. Dabei gilt:

Call + diskontierter Strike = Put + aktueller Wert der Anleihe

$$\text{Call} + S(0,\tau)K = \text{Put} + S(0,\mathrm{T}) \cdot L$$

und damit

$$\text{Put} = \text{Call} + S(0,\tau)K - S(0,\mathrm{T}) \cdot L = L \cdot S(0,\mathrm{T}) \cdot \left(N(d_1) - 1\right) + K \cdot S(0,\tau) \cdot \left(N(d_2) - 1\right)$$

$$= K \cdot S(0,\tau) \cdot N(-d_2) - L \cdot S(0,\mathrm{T}) \cdot N(-d_1)$$

9.4.6 Formel von Black

Für Optionen auf ein Underlying, das kein Wirtschaftsgut darstellt, bei welchem man, wie bei der Aktie oder bei der Anleihe, eine Wertentwicklung annimmt, sondern einen Marktindex, wie beispielsweise die Swapsätze, hat F. Black die gemeinsam mit M.S. Scholes entdeckte Formel leicht abgewandelt. Die Grundannahmen sind sehr ähnlich, wiederum nimmt man für das Underlying Lognormalverteilung bei einer gegebenen Volatilität an. Der Unterschied besteht darin, dass man davon ausgeht, dass der Index im Erwartungswert nicht wie die Aktie wächst, sondern im Erwartungswert stabil auf dem aktuellen Stand bleibt. Damit ergibt sich eine ähnliche Struktur für die Optionsformeln.

Sei die Zufallsvariable des Underlying durch

$$U_T = U_0 \cdot e^{\sigma\, B_{T-t} - 0,5\sigma^2 (T-t)}$$

gegeben und die Call-Option als diskontierter Erwartungswert des den Strike übersteigenden Teils der Zufallsvariablen:

$$C = e^{-r(T-t)} \cdot\; E[(U_T - K)^+]$$

Damit ergeben sich die Formeln von Black für eine Call-Option

$$C = U_0 \cdot e^{-r(T-t)} N(d_1) - K \cdot e^{-r(T-t)} N(d_2) \quad = \quad e^{-r(T-t)} \left(U_0 \cdot N(d_1) - K \cdot N(d_2)\right)$$

und für eine Put-Option

$$P = K \cdot e^{-r(T-t)} N(-d_2) - U_0 \cdot e^{-r(T-t)} N(-d_1) \; = \; e^{-r(T-t)} \left(K \cdot N(-d_2) - U_0 \cdot N(-d_1)\right)$$

mit

$$d_1 = \frac{\ln\left(U_0 / K\right)}{\sigma\sqrt{T-t}} - 0,5\sigma, \quad d_2 = d_1 + \sigma.$$

9.4.7 Unterschiede zwischen der Formel von Black und Scholes und der Formel von Black

In den Termen d_1 und d_2 ist kein Wachstum $e^{r\,(T-t)}$ eingerechnet, da man ja bei dem Underlying, auf das sich die Optionen beziehen, wie Wechselkurse oder Marktzinssätze, kein generelles Wachstum annimmt.

In der Formel von Black ist im Unterschied zur Formel von Black und Scholes die Diskontierung $e^{r\,(T-t)}$ im Term $U_0 \cdot e^{-r(T-t)} N(d_1)$ eingerechnet. Aus einem Vergleich der Annahmen zwischen den beiden Formeln, also derjenigen von Black und derjenigen von Black und Scholes, wird klar, dass sie sich diesbezüglich nur um die Diskontierung unterscheiden, also um den multiplikativen Faktor $e^{-r\,(T-t)}$.

Formelmässig sieht man dies so ein: Der Term in $N(d_1)$ kommt ja von der quadratischen Ergänzung, bei der von d_2 auf $d_1 = d_2 + \sigma_A$ übergegangen wird. Dabei wird nun bei der Formel von Black eine quadratische Ergänzung vorgenommen, bei welcher der Diskontfaktor $e^{-r(T-t)}$ erhalten bleibt, da der Term $r(T-t)$ in den Formeln für d_1 und d_2 nicht mehr vorkommt (siehe dazu S. 217).

σ stellt hier die relative Volatilität p.a. des Indexes dar, auf den die Option ausgestellt ist, also beispielsweise des Wechselkurses oder, und für uns besonders interessant, auf Zinssätze. Damit wirkt die Volatilität hier ähnlich wie im Modell für Aktienoptionen, wo sie auch die relative Änderung des Aktienkurses beschreibt. Dieses Verständnis der Volatilität unterscheidet sich von demjenigen in den Zinsmodellen insbesondere, wenn die Zinsentwicklung als

Brownsche Bewegung modelliert wird und die Volatilität σ die additiven Schwankungen des Zinsprozesses beschreibt, die sich unabhängig vom erreichten Zinsniveau auswirken.

9.4.8 Zinsswaps

Beim Kauf einer Anleihe wird das Vermögen wirklich angelegt, die Verzinsung stellt hier einen, wenngleich wichtigen Aspekt dieses Geschäfts dar. Weitere Elemente sind die Sicherheit der Anlage, d.h. die Bonität des Schuldners, welche sich selbstverständlich in der Verzinsung niederschlägt. Der Markt der Zinsswaps gibt die Zinssituation selbst klarer wieder, da dieses Geschäft die Komponenten ausklammert, die nicht direkt mit der Zinsentwicklung zusammenhängen. Beim Abschluss eines Zinsswaps kann man nicht wie bei einer Anleihe das ganze darin angelegte Vermögen verlieren, wenn der Schuldner ausfällt. Die Zinsswaps verpflichten nur zu Zinszahlungen, ohne dass das Vermögen in andere Hände übergeht. Wie Futures stellen auch Zinsswaps neuere Produktentwicklungen der Finanzindustrie dar, bei denen man an zukünftigen Zins-, Aktien- oder Wechselkursentwicklungen teilhaben oder sich gegen Schwankungen bei diesen Größen absichern kann, ohne das Vermögen entsprechend anzulegen. Indem man beispielsweise bei Futures die Wertänderungen zeitnah begleicht, spielt die Zahlungsfähigkeit von Käufern und Anbietern bei diesen Produkten eine untergeordnete Rolle. Somit wird die Abwicklung von Kauf und Verkauf ganz erheblich erleichtert und lässt erst zu, dass solche Finanzgeschäfte zu normierten Produkten ausgestaltet und an Börsen gehandelt werden können. Dies ist wohl der wichtigste Grund für den großen Erfolg dieser Produkte.

Nun zu den Zinsswaps: Sie stellen Verträge dar, bei denen Zinszahlungen für einen vorher vereinbarten Zeitraum ausgetauscht, d.h. „geswapt“ werden. Eine Vertragspartei zahlt über diese Dauer einen festen, vorher vereinbarten Zinssatz, der andere Vertragspartner zahlt den variablen Zinssatz. Damit solche Vertragskonstruktionen möglich sind, muss eine Übereinkunft zu dem variablen Zinssatz getroffen werden können. Hier gibt es eine allgemein akzeptierte Richtgröße, den LIBOR-Satz („London Interbank Offered Rate“). Bei einem Swap werden Zinszahlungen ausgetauscht. Eine Vertragspartei zahlt den variablen Zinssatz , der sich üblicherweise am 3-Monats-LIBOR-Satz orientiert und bekommt dafür während der Dauer des eingegangenen Swaps den bei Vertragsabschluss festgelegten Zinssatz. Diese Partei sichert sich damit gegen das Risiko eines Zinsrückgangs ab, bekommt sie doch die bei Abschluss des Swaps festgelegten Zinszahlungen während der ganzen Laufzeit des Swaps. Die Zinszahlungen beziehen sich dabei auf einen Nominalwert L, also beispielsweise auf eine oder 10 Mio. € .

Die festen Zinssätze der Swaps mit gleicher Laufzeit zwischen den Banken oder generell Finanzinstituten mit sehr gutem Rating liegen sehr nahe beieinander und definieren eine Marktrealität, welche als Swapsatz für die entsprechende Dauer erfasst und publiziert wird.

9.4.9 Swaptions und deren Bewertung nach dem Modell von Black

Die festen Swap-Sätze in einem Zinsswap werden mit s bezeichnet. Swaptions stellen Optionen dar, welche es erlauben, zu einem festgesetzten Swap-Zinssatz s_K (K wie Strike) einen Swap-Vertrag mit gegebenem Nominal, auf das sich die Zinszahlungen beziehen, gegebener Laufzeit und gegebenem festen Swapzinssatz s_K zu kaufen oder zu verkaufen. Die „Receiver“-Swaption kann dabei analog zu einer Call-Option verstanden werden. Sie erlaubt es, einen Swap zu einem festgelegten Zinssatz zu kaufen, bei dem, gegen die Zahlung variabler Zinssätze, feste Zinssätze basierend auf dem bei Kauf der Swaption maßgebenden Swapsatz s_K ausgezahlt werden.

Die „Receiver-Swaption“ stellt somit eine Absicherung gegen fallende Marktzinsen dar. Umgekehrt gibt die „Payer-Swaption“ das Recht auf einen Swap, bei dem fest vereinbarte Zinssätze s_K gezahlt und variable Zinssätze empfangen werden. „Payer-Swaptions“ sind Absicherungen gegen steigende Marktzinsen.

Der Swap laufe dabei ab dem Ausübungszeitpunkt der Swaption mit jährlich nachschüssigen Zinszahlungen über n Jahre. Dabei wird der Wert der festen Swap-Zahlungen bei einem Nominal von L und Swap-Satz s als Barwert $a_{\overline{n}|}$ multipliziert mit dem Jahreszins $L \cdot s$ berechnet mit

$$a_{\overline{n}|} = (1 - F^{\mathrm{n}})/F,$$

bei einem Forward-Zinssatz für die Periode ab Ausübungszeitpunkt der Swaption bis zum Ende der Swapsatz-Zahlungen, d. h für den Zeitraum $T-t$ bis $T-t+n$.

Insgesamt gibt dies als Barwert der festen Swapsatz-Zahlungen $L \cdot F \cdot a_{\overline{n}|}$.

Im Black-Modell für die Swaption versteht man als Underlying die Zufallsvariable

$$U_T = L \cdot a_{\overline{n}|} \cdot F \cdot e^{\sigma B_{T-t} - 0{,}5\sigma^2 (T-t)},$$

den von der stochastischen Zinsentwicklung abhängigen Barwert der Zinszahlungen.

Der Preis der Call-Option entspreche dem diskontierten Erwartungswert des den Strike übersteigenden Teils der Zufallsvariablen. Der Strike entspricht dabei dem Barwert der Zinszahlungen mit dem fest vereinbarten Zinssatz s_K,

$$\begin{aligned} C &= e^{-r(T-t)} \cdot E[(U_T - K)^+] \\ &= e^{-r(T-t)} \cdot E[(U_T - L \cdot a_{\overline{n}|} \cdot s_K)^+] \\ &= e^{-r(T-t)} \cdot L \cdot a_{\overline{n}|} \cdot E[(F \cdot e^{\sigma B_{T-t} - 0{,}5\sigma^2 (T-t)} - s_K)^+]. \end{aligned}$$

Der Zinssatz s_0, zu dem der Swap abgeschlossen wurde, hat für die Bewertung der Swaption keine Bedeutung mehr, so wie bei den Optionen auf Aktien nur der aktuelle Aktienkurs eingeht, d. h. der am Markt aktuell gehandelte Wert. Das Analogon bei den Swaptions ist der aktuelle Forward Zinssatz F für den Zeitraum, auf den sich die Swap-Zahlungen beziehen.

Damit ergibt sich als Preis für eine „Receiver-Swaption“, die wir als „Call-Option“ verstehen und deshalb mit C bezeichnen :

$$C = L \cdot a_{\overline{n}|} \cdot e^{-r(T-t)} \left(F \cdot N(d_1) - s_K \cdot N(d_2) \right)$$

und für eine „Payer-Swaption“, die wir als „Put-Option“ verstehen und mit P bezeichnen :

$$P = L \cdot a_{\overline{n}|} \cdot e^{-r(T-t)} \left(s_K \cdot N(-d_2) - F \cdot N(-d_1) \right)$$

mit

$$d_2 = \frac{\ln\left(s_0 / s_K\right)}{\sigma\sqrt{T-t}} - 0{,}5\sigma\sqrt{T-t}\,, \quad d_1 = d_1 + \sigma\sqrt{T-t}\,,$$

(vergleiche Hull 2009, S. 798f.) wobei unter der Volatilität die relative Schwankung der Swap-Zinssätze verstanden wird.

Bei dieser Berechnungsweise mit relativen Zinsschwankungen berücksichtigt man nicht wie im „mean reversion" -Modell von Vasicek eine Kontraktion a, welche die Zinsschwankungen umso mehr abklingen lässt, je weiter man in die Zukunft projiziert. Man versteht σ hier als Volatilität der Forward-Rate für den Zeitraum der Swap-Zahlungen, auf den sich die Swaption bezieht, also vom Ausübungszeitpunkt bis Ende der Swap-Zahlungen. Nimmt man nun an, dass die aktuellen Zinsschwankungen mit der Zeit abklingen, müsste die Volatilität der Forward-Rates mit zunehmendem Zeitabstand und der Laufzeit des Forwards abnehmen. Aus den am Markt beobachteten Preisen von Swaptions kann die implizite Volatilität berechnet werden. Bei sehr langen Dauern kann ein solcher Effekt beobachtet werden. Dabei muss allerdings beachtet werden, dass es keinen sehr tiefen Markt an sehr lange laufenden Swaptions gibt und solche Instrumente schon wegen einer Jahrzehnte langen Laufzeit wohl nur recht teuer angeboten werden. Deshalb unterschätzt die eher leichte Abnahme der impliziten Volatilität bei sehr langen Dauern den Effekt, den man hier erwarten könnte, vielleicht etwas.

9.5 Übungsaufgaben und Fragen

►**Aufgabe 9.1.** Welche Dimensionen haben die Volatilität des Zinssatzes σ und der Kontraktionsterm a im Zinsmodell von Vasicek ? In welcher Einheit wird sie üblicherweise angegeben? Wie sind diese Einheiten zu interpretieren?

►**Aufgabe 9.2.** Aus dem im vierten Kapitel neu in Exponentialdarstellung betrachteten Beispiel 3.2 ergibt sich folgende Näherungsformel für die Barwerte nachschüssiger Zeitrenten:

$$a_{\overline{n}|} \approx n \cdot \left(1+i\right)^{-0{,}5\,(n+1)+i\,n^2/24}.$$

Begründen Sie diese Formel, indem Sie die Auswirkung der Konvexität der Exponentialfunktion für die Mittelbildung bei unterschiedlicher Dauer der Diskontierung ermitteln. Gehen Sie dabei von einer ungeraden Anzahl von Jahren n aus, vergleichen Sie die Mittelwerte der Barwerte der einzelnen Rentenzahlungen, die symmetrisch vor resp. nach der mittleren Zahlung nach $0{,}5(n+1)$ Jahren liegen mit dem Barwert der mittleren Zahlung und nähern Sie die diskreten mit stetigen Zahlungen an.

►**Aufgabe 9.3.** Die Zinsvolatilität betrage p.a. 40 Zinspunkte = 0,4 %. Die Duration der Verpflichtungen eines Lebensversicherungsunternehmens betrage bei den Verpflichtungen 10 Jahre und bei dem angelegten Vermögen 5 Jahre. Kommentieren Sie diese Situation und geben Sie eine einfache Schätzung für das gemäß Solvency II zu stellende Solvenzkapital in Prozent des Anlagevolumens an!

Wie schätzen Sie das benötigte Solvenzkapital bei einem Zinsmodell mit Kontraktion ein? Schätzen Sie ab, welche Auswirkungen ein Kontraktionsfaktor a = 0,05 haben könnte. In welcher Dimension ist diese Angabe von a wohl zu verstehen?

►**Aufgabe 9.4.** Berechnen Sie den Preis einer „Receiver-Swaption", welche die Verzinsung für 10 Jahre nach der Ausübung der Option absichere. Dabei sei der Forward-Zinssatz F = 4 % und man möchte sich auf dem Zinsniveau von s_K = 3 % resp. 4 % absichern, d.h. man möchte das Recht haben, gegen variable Zinszahlungen eine Verzinsung von 3 % resp. 4 % auf dem Nominal L zu erhalten und somit einen Zinsrutsch unter 3 % absichern. Das Nominal L betrage 100 Mio. € . Der risikolose Zinssatz sei r = 2 %. Der Ausübungszeitpunkt der Swaption sei in $\tau = T - t$ = 1 Jahr oder 5 Jahre, die Zinsvolatilität betrage p.a. σ = 0,30. Für die Swaption zu pari, d.h. zum Strike-Satz von 4 %, gebe man eine Überschlags-Rechnung an.

10 Glossar, Lösungen und Index

10.1 Finanzbegriffe

Englisch	Deutsch	Beschreibung
Call Option	Kauf-Option	Kauf-Option, welche das Recht beinhaltet, das Underlying zu vorher festgelegtem Preis und Zeitpunkt zu kaufen.
Derivate	Derivate	„Abgeleitete" Finanzinstrumente, die sich auf ein anderes Finanzinstrument, das Underlying resp. den Basiswert, beziehen.
Forward Rate	Terminzinssatz	Aus dem Spot-Rate abgeleitete Verzinsung für eine zukünftige Periode, beispielsweise aus den Spot-Rates für fünf und zwölf Jahre abgeleitete Verzinsung einer Kapitalanlage in fünf Jahren für dann weitere sieben Jahre.
Futuremarket		In einem Future wird die zukünftige Lieferung oder der Erhalt eines Wirtschaftsgut vereinbart. Bei Zins-Futures wird die Lieferung bestimmter Anleihen vereinbart. Beispielsweise wird bei der Euro-Bund-Future dem Käufer eine Bundesanleihe zu einem Coupon von 6 % über die (Rest)laufzeit von 10 Jahren geliefert. Zwischenzeitliche Marktpreisschwankungen werden zeitnah den Futures-Käufern gutgeschrieben oder belastet, so dass die Futures selbst keine Vermögenswerte darstellen, sondern nur Instrumente, die an Marktentwicklungen teilhaben oder diese absichern. Deshalb ist der Futures-Markt ein vergleichsweise tiefer Markt und damit gut geeignet zur Beurteilung von Gegebenheiten, wie der Entwicklung des Zinsniveaus.
Future Interest rate, Futures, Future Rate	Zins-Futures, Zinssatzfutures, Future-Zinssatz	Aus den Preisen von Zins-Futures auf Anleihen einer bestimmten Dauer lässt sich ein Zinssatz bestimmen, der weitgehend mit dem Forward-Zinssatz für zukünftige Perioden der Anleihe übereinstimmen sollte. Unterschiede zwischen diesen beiden Zinssätzen können mit der laufenden Bereinigung der Marktschwankungen bei den Futures begründet werden, was aus Konvexitätsgründen einen leicht höheren Futures-Zinssatz rechtfertigt.
LIBOR		London Interbank Offered Rate, der maßgebliche Referenzzinssatz für die Geschäfte zwischen den Banken
Option		Derivat, das ein optionales Recht auf ein Underlying einräumt, beispielsweise den Kauf oder Verkauf eines Finanzinstrumentes wie einer Aktie zu vorher festgesetztem Preis (Strike) und Zeitpunkt (Maturity)
Payer Swaption		Zins-Swaptions mit dem Recht, bei einem Zinsswap in die Position desjenigen einzutreten, der variable, d.h. an die Entwicklung der Marktzinssätze gekoppelte Zinssätze zahlt und feste Zinszahlungen erhält

Put Option	Verkaufs-Option	Verkaufs-Option, welche das Recht beinhaltet, das Underlying zu vorher festgelegtem Preis und Zeitpunkt zu verkaufen
Receiver Swaption		Zins-Swaptions mit dem Recht, bei einem Zinsswap in die Position desjenigen einzutreten, der feste Zinszahlungen erhält und variable, d.h. an die Entwicklung der Marktzinssätze gekoppelte Zinssätze zahlt
Spot Market,	Kassamarkt,	Markt und Preise für Finanzinstrumente, die sofort („Spot") zu bezahlen sind („Kassa") und sofort ausgeliefert werden
Spot Price,	Kassapreis,	Aus den Preisen für Anleihen abgeleiteter Zinssatz für eine bestimmte Dauer
Spot Rate	Kassazinssatz	Die Spot-Rates für unterschiedliche Dauern bilden die Spot-Rate-Zinskurve.
Swap Market		Markt für den Tausch von Zahlungsströmen zu vertraglich vereinbarten zukünftigen Zeitpunkten, beispielsweise Zins-Swaps, bei denen die Zahlung variabler, von der zukünftigen Marktentwicklung abhängiger Zinssätze, gegen fest vereinbarte getauscht wird.
Swap Rate	Swap-Zins, Swap-Satz	Der marktübliche feste Zinssatz bei Zins-Swaps einer bestimmten Dauer. Die Swap-Rates für unterschiedliche Dauern bilden die Swap-Rate-Zinskurve.
Swaption		Option, in einen Swap(-Austausch) zu gegebenem Zeitpunkt und festem Swapsatz eintreten zu können. (Zins-)Swaption: Option, in einen Zinsswap zu einem gegebenen festen Zinssatz eintreten zu können.
Underlying	Basiswert	Finanzwert, auf den sich ein Derivat, beispielsweise eine Option, bezieht
Volatilität		Maßzahl für die relativen Wertschwankungen eines Wirtschaftsgutes bezogen auf ein Jahr

10.2 Bilanz-, Aufsichts- und Versicherungsbegriffe

Englisch	Deutsch	Beschreibung
Amortized cost		Entspricht grundsätzlich der Bewertung einer Anleihe nach fortgesetztem Anschaffungswert, wobei üblicherweise eine sehr einfach zu ermittelnde Berechnung vorgenommen wird, indem die Differenz zwischen dem Kaufpreis und dem Auszahlungsbetrag der Anleihe bei Ablauf (= „cost") über die Zeit zwischen Kauf und Ablauf linear abgeschrieben wird. Dies gibt eine stabile Bewertung und blendet die Wertschwankungen der Anleihe aufgrund der Zinsschwankungen aus.
Black		Fischer Black, amerikanischer Ökonom (1938-1995), Mitentdecker der Formel von Black und Scholes zur Preisbestimmung von Optionen, posthume Würdigung bei der Nobelpreisverleihung 1997 an Scholes und Merton

Cashflow		Gesamtheit zukünftiger Zahlungen zu gegebenen Terminen
CEIOPS		„Committee of European Insurance and Occupational Pensions supervisors", Ausschuss der europäischen Aufsichtsbehörden für das Versicherungswesen und die betriebliche Altersversorgung, Vorgängerorganisation der EIOPA
Conditional Tail Expectation (CTE)		Hier: Bezeichnung für Finanzmittel, die zu einem gegebenen Sicherheitsniveau benötigt werden. Ein CTE von X % heißt, dass die Finanzmittel ausreichen, um die erwartete Belastung in den 100 %–X % der verlustreichsten Jahre aufzufangen.
De Moivre		Abraham de Moivre (1668-1757), franz. Mathematiker, emigrierte nach London, Zeitgenosse und enger Freund von Isaac Newton, Beiträge zur Infinitesimalrechnung (Analysis), Autor der Schrift „Annuities upon Lives" zu Leibrenten und des Buches „The doctrine of chances" zur Wahrscheinlichkeitsrechnung.
	Diskont, Diskontieren, Diskontzinssatz	Differenz zwischen der höheren zukünftigen Cashflow-Zahlung und ihrem tieferen aktuellen Barwert. Umkehrbegriff der Verzinsung, indem vom verzinsten Wert ausgegangen wird und der zu verzinsende Betrag bestimmt wird.
	Eigenkapital	Finanzielle Mittel, die den Besitzern des Unternehmens, beispielsweise den Aktionären, gehören
	Eigenmittel	Finanzielle Mittel, über die ein Unternehmen direkt verfügen kann, um beispielsweise einen ungünstigen Risikoverkauf aufzufangen. Die Solvenz-Anforderungen stellen Eigenmittelanforderungen dar.
EIOPA		„European Insurance and Occupational Pensions Authority", europäische Aufsichtsbehörde für das Versicherungsgeschäft und die betriebliche Altersversorgung
	Endwert	Zukünftiger Wert eines Cashflows, beispielsweise nach *n* Jahren
Expected shortfall		CTE-Risikomaß bei Eigenmittelanforderungen
	Gemischte Versicherung	Temporäre Versicherung, deren Versicherungssumme bei Ablauf oder früher bei Tod des Versicherten ausgezahlt wird. Diese Versicherung verbindet einen Todesfall-Teil mit einem Erlebensfall-Teil, also der Auszahlung der Versicherungssumme, wenn der Versicherte den Ablauf der Versicherungsdauer erlebt. Wegen dieser Verbindung wird dieser Versicherungstypus „gemischte Versicherung" genannt.
Gompertz		Benjamin Gompertz, engl. Mathematiker (1779-1865), erfolgreiche Tätigkeit als „appointed actuary" (verantwortlicher Aktuar) der Alliance Assurance Company, weshalb sich die Regierung mit diversen Aufträgen an ihn gewendet hat, Begründer des nach ihm benannten Sterbegesetzes.

Held-to-maturity (HtM)		Klassifizierung der Anleihen im IFRS Rechnungslegungsstandard, die bis zu ihrem Ablauf im Besitz des Unternehmens bleiben. Deshalb können bei der Bewertung dieser Anleihen die Wertschwankungen aufgrund der Marktzinsentwicklung ausgeblendet werden, was mit einer stabilen Bewertung beispielsweise nach „Amortized cost" der Fall ist.
Historical Cost	Anschaffungswert, fortgeführter Anschaffungswert	Bewertung eines ökonomischen Gutes mit dem Kaufpreis resp. aufgrund des Kaufpreises unter Berücksichtigung von diversen seit dem Kauf erfolgten Vorkommnissen, wie beispielsweise planmäßigen Abschreibungen
IFRS		„International Financial Reporting Standards", Internationale Rechnungslegungsnormen, die unter anderem festlegen, wie der finanzielle Erfolg, also das in einem Jahr oder einem Quartal erzielte Ergebnis ermittelt werden muss enthält generelle Vorgaben zum „Reporting" und damit Berichtspflichten gegenüber dem Eigentümer, also dem Aktionär. Das inzwischen immer umfangreicher gewordene Regelwerk soll die Transparenz am Aktienmarkt sicherstellen.
Itô		Itô Kiyoshi, japanischer Mathematiker (1915-2008), Begründer der stochastischen Analysis
	Kommutationszahlen	Aus dem sukzessiven Aufsummieren von diskontierten Cashflow-Zahlungen gebildete Tabellen, welche die Basis für die Barwertberechnung in der Lebensversicherung bilden. Mit den heutigen Rechenmöglichkeiten haben diese Tabellen ihre große und langanhaltende Bedeutung etwas verloren.
Life annuities	Leibrente	Rentenzahlungen, solange die versicherte Person die vereinbarten Rentenzahlungstermine erlebt.
Makeham		William Matthew Makeham, engl. Aktuar (1826-1891), Begründer des nach ihm benannten Sterbegesetzes, welches auf dem Gesetz vom Gompertz aufbaut.
Markowitz		Harry Markowitz, amerikanischer Ökonom (1927), Begründer der Portfolio-Theorie, Wirtschafts-Nobelpreis 1990 zusammen mit Merton H. Miller und William Sharpe
MCEV		„Market Consistent Embedded value", misst den Wert eines Lebensversicherungsunternehmens und stellt eine zusätzliche Information für die Aktionäre dar. Die Nachfrage nach den MCEV- Bewertungen kann als Zeichen dafür interpretiert werden, dass die Eigenkapitalberechnung in allgemeinen IFRS-Rechnungslegungsstandards bei Lebensversicherungen als unzureichend empfunden wird.
NAIC		„National Association of Insurance Commissioners", Verband der Aufsichtsbehörden der US-Einzelstaaten; die Versicherungsaufsicht erfolgt in den USA auf der Ebene der Einzelstaaten, das NAIC legt überregionale Standards fest.

	OR	Schweizerisches „Obligationenrecht", umfasst auch die Regelungen, die in Deutschland zum Handelsrecht gehören.
Present value	Barwert	Aktueller Wert eines Cashflows
Scholes		Myron Samuel Scholes, amerikanischer Ökonom (1941), Mitentdecker der Formel von Black und Scholes zur Preisbestimmung von Optionen, Wirtschafts-Nobelpreis 1997 zusammen mit Robert C. Merton
SCR		Solvency Capital Requirement, gemäß Solvency II erforderliches Risikokapital
Sharpe		William F. Sharpe, amerikanischer Ökonom (1934), entwickelte die Sharpe-Ratio, Wirtschafts-Nobelpreis 1990 zusammen mit Harry Markowitz und Merton H. Miller
Solvency I	Solvenz I	Bestehende europäische Solvenz-Anforderungen, welche regelbasiert für Versicherungsunternehmen Eigenmittelanforderungen festlegen. Dabei wird die Höhe der geforderten Eigenmittel durch vorgegebene Faktoren definiert, die auf die jeweiligen Bezugsgrössen wie Anlage-, Prämienvolumen etc. anzuwenden sind. Die Anforderungen Solvency I wurden Mitte der 1970er Jahre in der EU eingeführt und sollen durch Solvency II ersetzt werden.
Solvency II	Solvenz II	Neue europäische Solvenz-Anforderungen, welche in den 2010er Jahren in der EU eingeführt werden soll. Dabei ergibt sich aus den marktnahen Bewertungen aller Bilanzpositionen und aus der geforderten Entsprechung von Aktiva und Passiva residual das vorhandene Risikokapital als Position der Passivseite. Das vorhandene Risikokapital muss dem geforderten Solvenzkapital entsprechen. Dieses muss in einem Zeithorizont von einem Jahr mit der Wahrscheinlichkeit von 99,5 % einen ungünstigen Risikoverlauf auffangen. Damit entspricht das geforderte Solvenzkapital einem „Value at Risk" von 99,5 %.
Statutory statment of account	Statutarischer-, lokalrechtlicher-, Einzelabschluss	Abschluss resp. Bilanzierung nach lokalem, im Allg. nationalem Recht, also in Deutschland und Österreich nach dem Handelsrecht und in der Schweiz nach dem Obligationenrecht. Die lokalrechtliche Bilanz ist Basis für die Ausschüttungen, d.h. für die Dividendenzahlungen oder auch für die Überschusszahlungen.
Value at Risk (VaR)	Ähnlicher Begriff: Konfidenz-intervall	Bezeichnung für Finanzmittel, die zu einem gegebenen Sicherheitsniveau benötigt werden. Ein VaR von X % heißt, dass die Finanzmittel in X % der betrachteten Fälle ausreichen.
Zerobond	Nullcoupon-Anleihe	Anleihe, die in einem Betrag ohne Zinszahlungen (Coupons) zurückgezahlt wird.

10.3 Lösungen

►**Lösung 1.1.** Mit dem Anschaffungswert wird die Bewertung auf eine klar bestimmbare ökonomische Realität gestützt. Es entspricht einem regelbasierten Vorgehen, bei der die Einhaltung klar überprüft werden kann. Diese recht einfach umsetzbare Art der Bilanzierung ist besonders für kleinere, nicht an der Börse gehandelte Unternehmen geeignet, bei denen ein Kaufinteressent sich sowieso ein Bild über den Unternehmenswert machen muss. Die Bilanzierung nach einer klaren Regel gibt einen Referenzpunkt für diese Analyse.

►**Lösung 1.2.** Insbesondere, wenn man davon ausgeht, dass die Änderungen des Kapitalmarktes Schwankungen und keine langfristigen Trends darstellen, sollen diese Schwankungen die eigentliche Unternehmens- und Managementleistung, wie beispielsweise Gewinne bei Produktion von Gütern oder die Erbringung von Dienstleistungen, nicht überlagern oder verdecken. Problematisch kann diese Sichtweise werden, wenn die Entwicklungen am Kapitalmarkt nicht vor allem Schwankungen, d.h. Volatilitäten darstellen, sondern langfristige Trends, wie dies beispielsweise bei dem ab 1990 global gesunkenen Zinsniveau der Fall ist.

►**Lösung 1.3.** Die Ergebnissicht beschränkt sich auf einen zurückliegenden Zeitraum wie beispielsweise ein Jahr, Semester oder Quartal. Die Bilanzsicht schleppt die gesamte Vergangenheit mit, die Ergebnissicht betrachtet nur das „Delta" zur letzten Bilanzsicht vor dem betrachteten Zeitraum. Entsprechend sind Bilanzzahlen viel größer als Ergebnisangaben, insbesondere, wenn es sich um ein langfristiges Geschäft wie die Lebensversicherungen handelt. Das Eigenkapital selbst ist eine Bilanzgröße. Zur Veränderung des Eigenkapitals in einem bestimmten Zeitraum sollte die Ergebnissicht Aufschluss geben können.

►**Lösung 1.4.** Die Bewertung „mark to market" basiert direkt auf einer Marktrealität, bei „mark to model" auf einem Modell. Das heißt aber nicht, dass diese „mark to model"-Bewertung vollkommen losgelöst von jedweder Realität ist, sondern nur, dass die Bewertung nicht eins zu eins aus einem Marktgeschehen übernommen werden kann. So kann eine „mark to model"-Bewertung darin bestehen, vorhandene Marktdaten mit einem mathematischen Modell auf ähnliche, nicht am Markt gehandelte Produkte zu extrapolieren. Damit ein Modell quantitative Bewertungen vornehmen kann, muss es auf einem mathematischen Formelapparat aufbauen. Dabei müssen die wesentlichen Parameter einfließen, mit denen sich die entsprechenden Realitäten beschreiben lassen. Idealerweise kann das Modell zumindest teilweise durch einen Vergleich mit der vom Modell beschriebenen Wirklichkeit überprüft werden.

►**Lösung 2.1.** Die zeitliche Entwicklung erfolgt im Jahresrhythmus. Das Modell benützt nicht die ganze Zeitachse, sondern nur die die vollen Jahre, also nur das diskrete ganzzahlige Zeitgitter im zeitlichen Kontinuum.

►**Lösung 2.2.** Gemäß dem Modell erfolgen alle Todesfallzahlungen per Ende Jahr, also zum Zeitpunkt $x+t+1$.

C_{x+t} bezeichnet die mit einem gegebenen Diskontfaktor v auf den Zeitpunkt 0 diskontierte Zahlung des Betrages 1 für die im Alter $x+t$ Verstorbenen.

$D_x \cdot v^t \cdot {}_t p_x$ ergibt die auf den Zeitpunkt 0 diskontierte Zahlung des Betrages 1 für die im Alter $x+t$ Lebenden. Multipliziert mit $v \cdot q_{x+t}$ ergibt sich der Barwert der Zahlung des Betrages 1 für die mit Alter $x+t$ Verstorbenen per Ende des Jahres $x+t$, also zum Zeitpunkt $x+t+1$.

$v\,D_{x+t}$ entspricht dem Barwert der Zahlung des Betrages 1 für die im Alter $x+t$ Lebenden zum Zeitpunkt $x+t+1$, D_{x+t+1} entsprechend für die im Alter $x+t+1$ Lebenden. Die Differenz entspricht der Zahlung des Betrages 1 für die im Alter $x+t$ Verstorbenen zum Zeitpunkt $x+t+1$.

► **Lösung 2.3.** Mit der Formel für eine geometrische Reihe ergibt sich

$$a_{\overline{n}|} = \sum_{t=1}^{n} v^t = (v - v^{n+1})/(1-v) = (1-v^n)\cdot\frac{v}{1-v} = (1-v^n)\cdot\frac{1}{1+i}\cdot\frac{1}{1-(1/(1+i))} = (1-v^n)/i$$

$\ddot{a}_{x:\overline{n}|} - a_{x:\overline{n}|} = 1 - {}_nE_x$. Bei n →∞ strebt dies gegen 1.

► **Lösung 3.1.** Es gibt einen geometrisch interpretierbaren Durationsbegriff als Zahlungsschwerpunkt und den aus der Analysis stammenden Begriff der modifizierten Duration. Die modifizierte Duration ist leicht kleiner als die Duration selbst. Der Unterschied kommt letztlich aus der Konvention, nicht die kontinuierlichen Zinsintensitäten sondern i. Allg. Zinserträge auf Jahresbasis anzugeben. Werden die Zinssätze auf die sich bei kontinuierlicher Verzinsung ergebende Basis umgerechnet, steigt diese neu bestimmte modifizierte Duration $D_{mod(\delta)}(Z)$ an und entspricht der Duration selbst.

Mit $\delta = \ln(1+i)$, $e^{\delta} = 1+i$, ergibt sich

$$D_{\mathrm{mod}(\delta)}(Z) = -\frac{1}{P(Z)}\frac{dP(Z)}{d\delta} = -\frac{1}{P(Z)}\frac{di}{d\delta}\frac{dP(Z)}{di} = -\frac{1+i}{P(Z)}\frac{dP(Z)}{di} = D(Z).$$

► **Lösung 3.2.** Der Cashflow der nachschüssigen Zahlungen entsteht aus demjenigen der vorschüssigen Zahlungen, indem alle Zahlungen um ein Jahr in die Zukunft verschoben werden. Deshalb erhöht sich die Duration auch um 1.

► **Lösung 3.3.** Bei dem ersten Vergleich werden die gleichen Cashflow-Zahlungen betrachtet, bei der aufgeschobenen Rente von einem n Jahre früheren Bezugspunkt. Bei der zweiten Gleichung werden Rentenzahlungen vom gleichen Bezugspunkt Anfang des Jahres betrachtet, bei dem Cashflow der vorschüssigen Zahlungen kommt aber noch eine Rentenrate zum Zeitpunkt 0 dazu.

Es gilt $\dfrac{D(\ddot{a}_x)}{D(a_x)} = \dfrac{a_x}{\ddot{a}_x}$.

Diese Beziehung beruht auf dem Zugang der Duration über die modifizierte Duration, also über die Ableitung des Cashflows nach dem Zinssatz, dividiert durch den Barwert des Cashflows. Da die Barwertformeln von vor- und nachschüssiger Rentenzahlung sich nur durch die Konstante 1 unterscheiden, welche nichts an der Ableitung ändert, muss nur der unterschiedliche Barwert im Nenner umgerechnet werden.

► **Lösung 3.4.** Die Duration hat die Dimension der Zeit, die Konvexität und die Dispersion die Dimension der Zeit im Quadrat. Wir geben die Dimension in den Formeln üblicherweise nicht an und beziehen sie immer auf die Zeiteinheit von Jahren. Im geometrischen Zugang ergibt sich die Zeitdimension bei der Duration aus dem Begriff des Zahlungsschwerpunkts. Im Zugang über die Analysis ergibt sich die (modifizierte) Duration als Ableitung des Barwertes nach dem Zinssatz, dividiert durch den Barwert. Der Barwert hat die Dimension einer Währung, indem man die Ableitung des Barwertes durch den Barwert dividiert, fällt die Währungsdimension heraus. Es verbleibt „1/Dimension des Zinssatzes". Da der Zinssatz die Dimension „1/Zeit" hat, gibt das der Duration die Zeitdimension. Bezieht sich der Zinssatz auf Jahresbasis, so führt dies zu einer in der Einheit „Jahre" gemessenen Duration. Die Dispersion als Ableitung der Duration nach dem Zinssatz hat damit die Dimension „Zeit²", welche in der Einheit „Jahre²" gemessen wird.

►Lösung 3.5

$$D({}_{n|}a_x) = -\frac{1+i}{{}_{n|}a_x}\frac{d({}_{n|}a_x)}{d\delta} = -\frac{1+i}{{}_nE_x \cdot a_{x+n}}\frac{d({}_nE_x \cdot a_{x+n})}{d\delta}$$

$$= -\frac{1+i}{a_{x+n}}\frac{d(a_{x+n})}{d\delta} - \frac{1+i}{{}_nE_x}\frac{d({}_nE_x)}{d\delta} = D(a_{x+n}) + n$$

►Lösung 3.6. Die Duration ergibt sich als gewichtetes Mittel der Duration der Nominalauszahlung und des Coupons *i,* mit den Barwerten υ^n resp. $a_{\overline{n}|}$ dieser beiden Cashflows als Gewichten. Da der Wert der Anleihe zum Zinssatz *i* gleich 1 ist, gilt $\upsilon^n + i \cdot a_{\overline{n}|} = 1$. Damit ergibt sich:

$$D(\upsilon^n + i \cdot a_{\overline{n}|}) = \frac{n \cdot \upsilon^n + D(a_{\overline{n}|}) \cdot i \cdot a_{\overline{n}|}}{\upsilon^n + i \cdot a_{\overline{n}|}} = n \cdot \upsilon^n + D(a_{\overline{n}|}) \cdot i \cdot a_{\overline{n}|}$$

$$= n \cdot \upsilon^n + \left(\frac{1+i}{i} - \frac{n\,\upsilon^n}{i \cdot a_{\overline{n}|}}\right) \cdot i \cdot a_{\overline{n}|} = n \cdot \upsilon^n + \left(\frac{1+i}{i} - \frac{n\,\upsilon^n}{i \cdot a_{\overline{n}|}}\right) \cdot i \cdot a_{\overline{n}|}$$

$$= (1+i) \cdot a_{\overline{n}|} = \ddot{a}_{\overline{n}|}$$

Der Cashflow aus Coupon und Nominalrückzahlung einer n-jährigen Anleihe wird in denjenigen einer $(n+1)$-jährigen Anleihe überführt, indem bei der n-jährigen Anleihe ein zusätzlicher Cashflow hinzugenommen wird. Dieser besteht aus $Z_n = -1$ und $Z_{n+1} = 1+i$. Der Barwert dieses Cashflows ist 0, er besteht ja darin, sich den Betrag 1 zum Zeitpunkt n zu leihen und diesen Betrag ein Jahr später verzinst zurückzuzahlen. Da der Barwert des zusätzlichen Cashflows 0 ist, addieren sich die mit dem Auszahlungszeitpunkt gewichteten diskontierten Zahlungen des zusätzlichen Cashflows einfach zur Duration des ursprünglichen Cashflows. Damit steigt die Duration bei der Verlängerung der Dauer von n auf $n+1$ um

$$-n \cdot \upsilon^n + (n+1) \cdot (1+i)\upsilon^{n+1} = (1+i)\upsilon^{n+1} = \upsilon^n = \ddot{a}_{\overline{n+1}|} - \ddot{a}_{\overline{n}|}.$$

►Lösung 3.7. 100.000 $\cdot(1/n + i \cdot (n+1)/2n \cdot (1+i(n-1)/6))$ € = 100.000$\cdot$(0,1 + 0,022$\cdot$ 1,06) € =12.332 € . Genau gerechnet ergibt sich 12.333 € .

10.000 € entspricht der Rückzahlung, 2.200 € der gemittelten einfachen Verzinsung. Da die einfache Verzinsung nicht gleich verteilt, sondern abnehmend über die Amortisationsdauer ist, muss gegenüber der gemittelten Verzinsung ein Zinsverlust berücksichtigt werden. Dieser beträgt in der ersten Näherung $2.200 \cdot i\,(n-1)/6 = 2.200 \cdot 0{,}06 = 132$ €.

▶**Lösung 3.8.** Wir starten die Iteration mit $i_0 = 3\,\%$ und setzen $i_{k+1} = i_k + \Delta i_k$ mit $\Delta i_k = -(1+i_k)\cdot\frac{\Delta P_k}{P_k}\cdot\frac{1}{D_k}$ und P_k = Wert, D_k = Duration, jeweils bezogen auf die Anleihe und im k-ten Rekursionsschritt. Dies ergibt

k	0	1	2	3
i_k	3,0000 %	4,3443 %	4,5398 %	4,5433 %
P_k	1,000000	0,822749	0,800396	0,800000
D_k	15,32	14,76	14,68	14,67

▶**Lösung 3.9.** Das Vorgehen ist regelorientiert, es gibt eine klare Vorgehensweise und die neu berechnete Reserve ist entweder richtig oder falsch. Insgesamt ist diese Anforderung sicher sinnvoll, je nach Situation kann es aber auch zu ökonomisch schwer verständlichen Konstellationen kommen. So kann der mittlere Zehn-Jahreszinssatz auch fallen, wenn die Marktzinsen im zurückliegenden Jahr deutlich angestiegen sind. Es kommt nur auf den Vergleich mit dem Zinssatz vor zehn Jahren an. Wir setzen für die Bestimmung der Formeln $_{15|}V_t = {}_{15}E_{x+t} \cdot V_{t+15}$ mit $V_{t+15} = 0$, wenn die restliche Vertragsdauer kleiner als 15 Jahre ist, $_{15}E_{x+t}$ stellt den Erlebensfallbartwert dar, d.h. die diskontierte Zahlung von 1, wenn der Versicherte nach 15 Jahren lebt. Dann beträgt bei einem Zinssatz i_0 bei Vertragsabschluss und einem sich aus dem zehnjährigen Mittel ergebenden tieferen Zinssatz $i_0-\Delta i$ die neu zu stellende Reserve

$$V_t^{neu} = V_t(i_0 - \Delta i) - {}_{15|}V_t(i_0 - \Delta i) + {}_{15|}V_t(i_0)\,.$$

▶**Lösung 4.1.** Wegen der Konvexität beträgt der Barwert mindestens 120 Mio. €.

Aus $P(3\%) = P(4\%)\cdot e^{-\int_{3\%}^{4\%} v\cdot D(i)\,di}$ und $P(2\%) = P(3\%)\cdot e^{-\int_{2\%}^{3\%} v\cdot D(i)\,di}$

und da die Duration mit sinkendem Zinssatz zunimmt, gilt

$P(2\%)/P(3\%) > P(3\%)/P(4\%)$.

Damit ist der Barwert des Cashflows mit einem Zinssatz von 2 % mindestens

$121.000\,€ = 1{,}1\cdot 110.000\,€$.

Hat der Cashflow nur eine Auszahlung wie beispielsweise bei einem Zerobond, dann entspricht der Barwert zu einem Zinssatz von 2 % gerade dieser Minimalgrenze, andernfalls wird er höher sein. Man kann aber davon ausgehen, dass der Barwert nicht wesentlich höher ist, es sei denn, der Cashflow ist sehr speziell.

►**Lösung 4.2.** Das kommt darauf an, ob man den Einfluss auf die Prämie für neu abgeschlossene Versicherungen oder den Einfluss auf die Rückstellungen bei Umstellung des Zinssatzes für die Reservierung betrachtet. Betrachtet man die Prämienwirkung, so ist der Einfluss von Zinsumstellungen bei Jahresprämienversicherungen kleiner als bei Einmalprämienversicherungen. Dies liegt daran, dass die Zinswirkung bei Jahresprämienversicherungen generell kleiner als bei Einmalprämienversicherungen ist, da die Prämien nicht schon vollständig bei Vertragsbeginn eingehen und damit die Dauer zwischen Prämienzahlung und Leistungsbezug kürzer wird. Bei der Umstellung von Reserven auf einen anderen Zinssatz, wie beispielsweise bei einer Reduktion des Zinssatzes, gibt dies bei Jahresprämienversicherungen bei gleicher Höhe der Reserven einen höheren Nachreservierungsbedarf. Dies liegt daran, dass auch für die mit dem höheren Zinssatz gerechneten zukünftigen Jahresprämien eine Nachreservierung auf den neu tieferen Zinssatz benötigt wird. Diese zukünftigen Jahresprämien sind aber in den Reserven nicht eingerechnet und müssen zusätzlich berücksichtigt werden.

►**Lösung 4.3**

$A_{25:\overline{40}|} = 1{,}0175^{-40} \approx 0.5$. Man kann dies auch mit $\exp^{-40*0{,}0175} = \exp^{-0{,}7} \approx 0{,}5$ abschätzen.

Ohne Sterblichkeit ist $A_{25:\overline{40}|} = {}_{40}E_{25}$

Der Einfluss der Sterblichkeit ist nicht groß. Üblicherweise wird dieser Einfluss erst ab Alter 65 groß und bestimmend.

►**Lösung 4.4.** Der Sparplan mit jährlicher Einzahlung über die doppelte Dauer ergibt eine etwas höhere Verzinsung wie die Anlage des gesamten Betrages über die einfache Dauer.

Dies kann darauf zurückgeführt werden, dass die Duration einer laufenden temporären Zahlung kleiner als die halbe Dauer ist. Damit wird die maßgebliche Gesamtduration, die sich aus der Gesamtdauer des Sparplans abzüglich der Duration der laufenden Zahlungen ergibt, größer als die einfache Dauer.

Mit $D(L) - \overline{D}(B) - 0{,}5n \approx 0{,}5 + (0{,}5 \cdot i) \cdot n^2 / 12 = 0{,}5 + 0{,}67 = 1{,}17$

verzinst sich der Sparplan um ca. 1,2 Jahre länger als die 10 Jahre bei einmaliger Anlage des Gesamtbetrages. Bei einer Verzinsung mit 4 % p.a. wird er damit um ca. 4,7 % größer als sich bei der Anlage des Gesamtbetrages über die halbe Dauer ergibt. Die genauen Ablaufsummen sind

5.000 €	über 20 Jahre zu 4 %:	154.846 €
100.000 €	über 10 Jahre zu 4 %:	148. 024 €

und liegen 4,6 % auseinander.

►**Lösung 4.5.** Die Exponentialfunktion kann ja auf die kontinuierliche Verzinsung oder generell auf Wachstumsprozesse zurückgeführt werden. Dies stellt letztlich den gleichen Prozesstyp wie bei der Verzinsung dar, wenn über einen mehrjährigen Zeitraum Zinseszins und Zinseszinseszins eingerechnet werden sollen.

►**Lösung 4.6.** Geht man davon aus, dass bei beiden Versicherungen die gleichen Sterblichkeits- und Zinsannahmen getroffen wurden, dann ist die Versicherung, welche die Leistung nicht bei Tod als Kapital, sondern als Rente auszahlt, zinssensitiver. Die Duration des Leistungsbarwertes ist im zweiten Fall größer, da die Todesfall-Leistungen als Rente nach dem Tod erbracht werden und damit im Mittel um die Duration des Renten-Cashflows nach dem Tod ausgezahlt werden.

►**Lösung 5.1.** Die erste Gleichung bezieht sich auf den diskreten Fall mit jährlichen Zahlungen. Der Betrag 1 sei dabei zu einem Zinssatz i angelegt. Bei Tod wird gemäß Modell Ende Jahr der Betrag 1 ausgezahlt. Auf den Bestand der Anfang des Jahres Lebenden, auf dem der vorschüssige Rentenbarwert $\ddot{a}_x$ basiert, wird per Ende Jahr ein Jahreszins i ausgezahlt. Die nachschüssige Zahlung i wird in die vorschüssige Zahlung $d=i/(1+i)$ umgerechnet. Mit dem etwas ungewöhnlichen Produkt $d \cdot \ddot{a}_x$ können die Zinszahlungen per Ende Jahr auf den Bestand der Anfang Jahr Lebenden bezogen werden.

Im kontinuierlichen Fall fällt die Problematik vor- und nachschüssig weg: Der Betrag von 1 wird laufend verzinst und bei Tod ausgezahlt.

Bei begrenzter, n-jähriger Versicherungsdauer, wird der angelegte Betrag 1 im letzten Jahr ausgezahlt, unabhängig davon, ob der Versicherte im letzten Jahr stirbt. Damit wird der Betrag 1 immer ausgezahlt, entweder bei Tod während der Versicherungsdauer, spätestens aber zum Ende n-jährigen Versicherungsdauer. $A_{x:\overline{n}|}$ stellt den Barwert der gemischten Versicherung dar, welche die Todesfall- und die Erlebensfalldeckung in sich vereint und so eine Art „Mischung" darstellt.

Aus $d \cdot \ddot{a}_{x:\overline{n}|} + A_{x:\overline{n}|} = 1$ ergibt sich mit $\ddot{a}_{x:\overline{1}|} = 1$:

$$A_{x:\overline{1}|} = 1 - d = 1 - \frac{i}{1+i} = \upsilon \ .$$

Der gemischte Barwert $A_{x:\overline{1}|}$ hat somit für die 1-jährige Dauer keine Todesfallwahrscheinlichkeit eingerechnet. Da das Modell die Auszahlung im Todesfall jeweils auf das Ende des Jahres legt, wird hier unabhängig von Tod oder Erleben per Ende Jahr ausgezahlt.

►**Lösung 5.2.** Die Prämie für die Versicherungssumme 1 berechnet sich als Leistungsbarwert geteilt durch den Prämienbarwert, welche ja beide auf den Betrag von 1 normiert sind. Damit ist

$$\pi = \frac{A_{x:\overline{n}|}}{\ddot{a}_{x:\overline{n}|}} = \frac{1 - d \cdot \ddot{a}_{x:\overline{n}|}}{\ddot{a}_{x:\overline{n}|}} = \frac{1}{\ddot{a}_{x:\overline{n}|}} - d$$

Diese Beziehung lässt sich mit folgenden Geschäftsvereinbarungen realisieren: Der Versicherte leiht sich den Betrag 1 und amortisiert ihn mit der bei Erleben jährlich vorschüssig zahlbaren Amortisationsrate $1/\ddot{a}_{x:\overline{n}|}$. Der geliehene Betrag 1 wird zum Zinssatz von i angelegt, die Zinsen werden vorschüssig bezahlt, womit die ebenfalls vorschüssig zahlbare Amortisationsrate um den Betrag d entlastet wird, was zur Belastung $1/\ddot{a}_{x:\overline{n}|} - d$ führt.

Stirbt der Versicherte, dann hat er den geliehenen Betrag amortisiert, dies ist ja in der Rate $1/\ddot{a}_{x:\overline{n}|}$ eingerechnet, sonst hätte die Rate $1/\ddot{a}_{\overline{n}|}$ genügt. Stirbt der Versicherte während der n-jährigen Vertragsdauer nicht, ist der geliehene Betrag 1 ebenfalls amortisiert. Damit steht bei Tod während der Versicherungsdauer oder im Erlebensfall bei Ablauf der geliehene Betrag 1 als Versicherungsleistung zur Verfügung und dafür muss die Prämie π entrichtet werden.

►**Lösung 5.3**. Das Sterbegesetz von Makeham umfasst auch eine konstante Sterblichkeitskomponente, welche sich zur exponentiell zunehmenden Sterblichkeit nach Gompertz addiert. Damit ist das Sterbegesetz von Makeham das umfassendere.

Die Wahrscheinlichkeit eines Todes durch Unfall hat im Unterschied zum Tod durch Krankheit nicht diese starke Altersabhängigkeit. Es gibt Altersbereiche, in denen diese Wahrscheinlichkeit mit zunehmendem Alter eher ab- als zunimmt. Soll die Modellierung Unfalltod miteinschließen, ist das ausschließlich exponentiell wachsende Sterbegesetz von Gompertz im jüngeren Altersbereich wenig geeignet.

►**Lösung 5.4.** Da es keine additive, konstante Komponente gibt, liegt ein Sterbegesetz nach Gompertz vor. Aus

$$\mu_{40} = 0{,}002 = z \cdot e^{z(40-b)z} = \frac{1}{15} \cdot e^{(40-b)/15}$$

ergibt sich $b = 40 - 15 \cdot \ln(0{,}03) = 92{,}6$ und damit

$$\overset{-G}{e_x} \approx e^{\tilde{\mu}_x^G}\left((b-x) - \gamma / z\right) = 1{,}03 \cdot (92{,}6 - 0{,}5772 \cdot 15 - 40) = 1{,}03 \cdot 43{,}9 = 45{,}28 \text{ Jahre.}$$

Die exakte Rechnung gibt 45,73 Jahre. Das heißt, der 40-jährige hat die Erwartung, ein Alter von gut 85 Jahren zu erreichen.

Die Duration ohne Zins wird aus der Lebenserwartung bei Geburt

$$\overset{-G}{e_0} \approx b - \gamma / z = 83{,}97$$

bestimmt:

$$D(\overset{-G}{e_x}) \approx \frac{\overset{-G}{e_0} - x}{2} + \frac{0{,}8}{z^2(\overset{-G}{e_0} - x)} = 21{,}97 + 4{,}10 = 26{,}07 \text{ Jahre}$$

Die Duration bei einem Zinssatz von $\delta = 3$ % wird mit

$$D(\overline{e}_x^G) \cdot e^{-0{,}4\delta \cdot D(\overset{-G}{e_x})} = 26{,}07 \cdot e^{-0{,}012 \cdot 26{,}07} = 26{,}07 \cdot e^{-0{,}305} = 19{,}1 \text{ Jahren geschätzt.}$$

Der genau berechnete Wert ist hier 18,4.

►**Lösung 5.5.** Beispielsweise aus dem Wert für Alter 60 folgt

$17{,}7 = D({}_{5|}\ddot{a}_{60}) = 5 + D(\ddot{a}_{65})$ und damit $D(\ddot{a}_{65}) = 12{,}7$.

Die Differenz kommt vor allem daher, dass bei der vorschüssigen, jährlich zahlbaren Rente schon die ganze erste Jahresrente zu Beginn des Jahres gezahlt wird, wogegen die Rente mit kontinuierlicher Zahlung sich über das Jahr verteilt. Eine Rente mit monatlicher Zahlung entspricht eher einer Rente mit kontinuierlicher Zahlung. Wie bei den Renten mit jährlich vor- und nachschüssiger Zahlung kann die Duration auch auf Renten mit unterjähriger Zahlung umgerechnet werden, indem diese mit dem Verhältnis der Barwerte von ganzjähriger zu unterjähriger Zahlung multipliziert werden. Die Argumentation ist dieselbe und beruht auf der modifizierten Duration, der Ableitung des Cashflows nach dem Zinssatz, dividiert durch den Barwert des Cashflows. Da die Barwertformeln sich nur durch einen konstanten Term, hier $(m-1)/2m$, unterscheiden, ändert die Zahlungsweise nichts an der Ableitung und bei der Umrechnung muss nur der unterschiedliche Barwert im Nenner eingerechnet werden. Die Rechnung ergibt bei monatlicher Zahlung in etwa die gleiche Duration wie bei kontinuierlicher Rentenzahlung:

$$D(\ddot{a}_{65}^{(12)}) = D(\ddot{a}_{65}) \cdot \frac{\ddot{a}_{65}}{\ddot{a}_{65}^{(12)}} = 12{,}7 \cdot \frac{20}{20 - 11/24} = 13{,}0$$

►**Lösung 5.6.** ½ ≤ Duration/Rentenbarwert ≤ 1. Dabei werden die Randwerte erreicht: ½ bei einer temporären Rente ohne Zins und 1 bei einer ewigen Rente (mit Zins, sonst wird der Barwert unendlich). Die Beziehung gilt insbesondere auch für Leibrenten. Dabei führen höhere eingerechnete Zinssätze und längere Lebenserwartung wie bei jüngeren Versicherten dazu, dass die Relation „Duration/Rentenbarwert“ ansteigt. Insgesamt ist die Relation recht stabil, was auch daran liegt, dass man sie ja schon grundsätzlich zwischen ½ und 1 eingrenzen kann. Diese Stabilität kann für Näherungsberechnungen verwendet werden.

►**Lösung 5.7.** Der mittlere Rentenbarwert beträgt 2 Mia./100 Mio. = 20. Setzen wir die Duration im Bereich von 62,5 % - 75 % des Rentenbarwerts an, können wir von einer Duration von etwa 12,5-15 Jahren ausgehen. Damit ergibt sich ein Nachreservierungsbedarf von $(12{,}5\text{-}15)\cdot\Delta i = 12{,}5\,\%\text{-}15\,\%$. Bei Rückstellungen von 2 Mia. € ergibt dies einen Nachreservierungsbedarf in der Größenordnung von 250 -300 Mio. € .

►**Lösung 5.8.** Der Unterschied bei lebenslänglichen Leibrenten ist recht groß, da der Tod sicher während der Versicherungsdauer eintritt. Nimmt man an, die Sterbewahrscheinlichkeit verteilt sich konstant auf das Todesfalljahr, werden bei unterjähriger Zahlung im Erwartungswert

$\frac{1}{m} + \frac{2}{m} + \ldots + \frac{m-1}{m} = \frac{m-1}{2}$ Rentenraten der Höhe $\frac{1}{m}$ mehr ausgezahlt $= \frac{m-1}{2} \cdot \frac{1}{m}$

als bei ganzjährigen Zahlungsterminen, wo gemäß Modell im Todesfalljahr die per Ende Jahr fällige Rente nicht mehr ausgezahlt wird, da der Versicherte zu diesem Zahlungstermin nicht mehr lebt.

Aufgrund der früheren Auszahlung reduziert sich der Zinsträger bei unterjähriger Rentenzahlung ebenfalls um $\frac{m-1}{2m}$ gegenüber der ganzjährigen Zahlung. Damit ergibt sich insgesamt die

Differenz von $\frac{m-1}{2m}$. Bei einem jungen Versicherten mit langer Lebenserwartung fällt dabei die Zinswirkung aufgrund der früher ausgezahlten Rentenraten stärker ins Gewicht als bei einem älteren Versicherten mit recht hoher Sterbewahrscheinlichkeit, bei dem die höhere erwartete Auszahlung von $\frac{m-1}{2m}$ viel näher sein kann. Betrachtet man das letzte Jahr der Sterbetafel, dann ist $a_\omega = 0$ und $a_\omega^{(m)} = \frac{m-1}{2m}$, was der erwarteten Auszahlung an Rentenraten im letzten Lebensjahr entspricht.

Bei den üblichen einfachen Formeln zur Berechnung der Barwerte von unterjährigen Rentenzahlungen aus den Barwerten bei jährlicher Zahlung wird für die zusammengenommene Sterblichkeits- und Zinswirkung während der einzelnen Jahre jeweils ein linearer Verlauf angenommen. Diese Berechnungsweise ist einerseits praktisch und andererseits lässt sich auch theoretisch wenig dagegen einwenden. Schließlich sind die Sterbewahrscheinlichkeiten keine mathematisch unumstößlichen Wahrheiten, sondern Schätzungen aufgrund von Statistiken und eine feinere Granularität als die Aufteilung pro Alter würde aufgrund der generellen Schätzunsicherheit keinen Sinn machen.

►**Lösung 5.9.** Bei allen Bilanzierungen und Bewertungen regulärer Geldflüsse muss immer genau geklärt sein, ob der Geldfluss schon erfolgt ist oder noch aussteht. Üblicherweise fällt ein Bilanzierungszeitpunkt, wie beispielsweise Ende eines Jahres, eines Semesters oder eines Quartals nicht mit dem Zeitpunkt einer regulären, vereinbarten Prämien- oder Rentenzahlung zusammen. In den interpolierten Reserven hat man immer die Interpolation zweier gleichartig berechneter Reserven, also jeweils üblicherweise einschließlich Prämienzahlung und ausschließlich Rentenzahlung. Dies gibt aber nicht die Realität zwischen zwei Zahlungsterminen wieder, bei der die früher fälligen Zahlungen erfolgt und die zukünftigen noch ausstehend sind. Dies wird durch den Prämien- und Rentenübertrag korrigiert, sodass die Reservierung Zahlungen ihren Fälligkeiten gemäß berücksichtigt.

►**Lösung 5.10.** Der „dirty price" berücksichtigt die Couponzahlung, beim „clean price" wird die nächste Couponzahlung abgezogen. Der „dirty price" ist näher an der Realität und gibt den effektiven Preis der Anleihe wieder. Die Couponzahlungen führen zu einem Sägezahnverlauf des Preises der Anleihe. Deshalb ist es nützlich, einen theoretischen Begriff zu haben, der dieses Auf und Ab ausklammert, eben den „clean price". Man kann die Bezeichnung so verstehen, dass dieses Auf und Ab den Wert der Anleihe „verschmutzt", zumal um die Couponzahlungstermine immer geklärt werden muss, wie der Preis nun zu verstehen ist, ob mit oder ohne Coupon. Auch dies ist ein Beispiel, wie in theoretischen Begriffen gewisse Realitätsaspekte ausgeblendet werden, um für bestimmte Zwecke ein klareres und einfacheres Bild zu geben.

►**Lösung 6.1.** Eigenkapital ist mit einer Eigentumssicht verbunden und stellt den gemäß den jeweiligen Rechnungslegungsprinzipien aus der Bewertung von Vermögen und Verpflichtung sich ergebenden Wert des Unternehmens für die Unternehmenseigner, also beispielsweise für die Aktionäre, dar. Unter Eigenmittel werden die Mittel verstanden, über die ein Unternehmen direkt verfügen kann, um beispielsweise einen ungünstigen Geschäftsverlauf aufzufangen.

►**Lösung 6.2.** Die drei Risiken bilden jeweils einen Winkel von 60° zueinander, da cos 60° = 0.5 ist.

Die Cholesky-Zerlegung gibt

$$\begin{pmatrix} 1 & 0{,}5 & 0{,}5 \\ 0{,}5 & 1 & 0{,}5 \\ 0{,}5 & 0{,}5 & 1 \end{pmatrix} = \begin{pmatrix} 1 & 0 & 0 \\ 0{,}5 & 0{,}5\sqrt{3} & 0 \\ 0{,}5 & 0{,}5/\sqrt{3} & \sqrt{2/3} \end{pmatrix} \cdot \begin{pmatrix} 1 & 0{,}5 & 0{,}5 \\ 0 & 0{,}5\sqrt{3} & 0{,}5/\sqrt{3} \\ 0 & 0 & \sqrt{2/3} \end{pmatrix}.$$

Die 3 Vektoren

$\begin{pmatrix} 1 \\ 0 \\ 0 \end{pmatrix}$, $\begin{pmatrix} 0{,}5 \\ 0{,}5\sqrt{3} \\ 0 \end{pmatrix}$ und $\begin{pmatrix} 0{,}5 \\ 0{,}5/\sqrt{3} \\ \sqrt{2/3} \end{pmatrix}$ stellen die drei Risiken in orthogonalen Koordinaten dar.

In diesen Koordinaten entspricht das durch die obige Matrix gegebene Skalarprodukt dem üblichen Skalarprodukt im IR^3.

$$\sqrt{\begin{pmatrix} 100 & 200 & 300 \end{pmatrix} \begin{pmatrix} 1 & 0{,}5 & 0{,}5 \\ 0{,}5 & 1 & 0{,}5 \\ 0{,}5 & 0{,}5 & 1 \end{pmatrix} \begin{pmatrix} 100 \\ 200 \\ 300 \end{pmatrix}} = 100 \cdot \sqrt{\begin{pmatrix} 1 & 2 & 3 \end{pmatrix} \begin{pmatrix} 1 & 0{,}5 & 0{,}5 \\ 0{,}5 & 1 & 0{,}5 \\ 0{,}5 & 0{,}5 & 1 \end{pmatrix} \begin{pmatrix} 1 \\ 2 \\ 3 \end{pmatrix}}$$

$$= 100\sqrt{14+5+6} = 500.$$

Dies kann auch aus der Cholesky-Zerlegung berechnet werden, in dem die Länge von

$$100 \cdot \left\| \begin{pmatrix} 1 \\ 0 \\ 0 \end{pmatrix} + 2\begin{pmatrix} 0{,}5 \\ 0{,}5\sqrt{3} \\ 0 \end{pmatrix} + 3\begin{pmatrix} 0{,}5 \\ 0{,}5/\sqrt{3} \\ \sqrt{2/3} \end{pmatrix} \right\| = 50 \cdot \begin{pmatrix} 7 \\ 3\sqrt{3} \\ 2\sqrt{6} \end{pmatrix} = 50 \cdot \begin{pmatrix} \sqrt{49} \\ \sqrt{27} \\ \sqrt{24} \end{pmatrix}$$

berechnet wird. Dies ergibt ebenfalls 500, da der zuletzt angegebene Spaltenvektor die Länge 10 hat.

Der Diversifikationseffekt beträgt damit 100 Mio. € .

►**Lösung 6.3**. Aus Sicht früherer Solvenz-Anforderungen sind beide Risikomaße generell prinzipienorientiert. Dabei geht man mit der „conditional tail expectation“ (CTE) einen Schritt weiter und berücksichtigt die Risiken spezieller und genauer. Ein Nachteil des „value at risk“ (VaR) wäre es beispielsweise, wenn die Unternehmen sich in ihren Maßnahmen zur Risikobegrenzung nur an der VaR-Grenze orientieren würden, ohne auch die Verlusthöhe jenseits der VaR-Grenze mit zu berücksichtigen.

Als Vorteil von VaR kann angesehen werden, dass es einen einfacheren und pragmatischeren Zugang erlaubt. Die vergleichsweise größere Einfachheit ergibt sich aus dem stärker regelbasierten Charakter von VaR. Dies ist positiv zu bewerten, zumal es bei den kleinen vorgegebenen Wahrscheinlichkeiten und der damit sowieso verbundenen Modellunsicherheit sowieso keine absoluten Wahrheiten gibt.

►**Lösung 6.4.** Der wesentlichste Unterschied ist wohl, dass in den USA die Solvenzvorschriften nicht auf einer separat erstellten „marktnahen" Bilanz basieren, sondern auf der statutarischen Bilanz. Da die statutarischen Bilanzpositionen einzeln gesehen explizite oder implizite Sicherheitsmargen enthalten, erschwert dies die Gesamtsicht der vorhandenen Sicherheitsmargen.

►**Lösung 6.5.** Der Solvenznachweis mit internen Modellen entspricht einem prinzipien – und nicht einem regelbasierten Aufsichtsverständnis. Falls Aufsichtsbehörden gewisse Fristen zur Prüfung der Modelle verlangen, stellt dies einen regelbasierten Aspekt bei dem im Bereich der internen Modelle generell prinzipienorientierten Aufsichtsverständnis dar.

►**Lösung 6.6.** Näherung

Die Zinsreduktion macht jeweils ca. einen Prozentpunkt aus. Aufgrund der Zinseszinswirkung fällt sie bei den längeren Dauern viel stärker ins Gewicht.

Die Reihenentwicklung

$$\mathrm{SCR}_{\mathrm{Zins}}\,(\text{Näherung}) = 1 - e^{-0{,}01\cdot Dauer} \approx 1\% \cdot Dauer - (1\% \cdot Dauer)^2 / 2$$

des marktnahen Wertes der Verpflichtungen zeigt, dass die lineare Zunahme bei sehr langen Dauern etwas abflacht.

Genaue Rechnung

Die gesamte Abnahme ergibt sich aus dem Vergleich der Diskontierung zum gegebenen marktnahen Zinssatz $i(n)$ mit der Diskontierung zum reduzierten Zinssatz $i(n) \cdot (1-RS(n))$. Die Auswirkung der Diskontierung mit dem reduzierten Zinssatz beträgt

$$\mathrm{SCR}_{\mathrm{Zins}}\,(\text{genau}) = 1 - \left(\frac{1+i(n)\cdot(1-RS(n))}{1+i(n)}\right)^n .$$

Dies gibt

Dauer *n*	4	10	20	30
Zinssatz *i*	2 %	3.3 %	3.3 %	3.3 %
RS(*n*), Reduktionssatz	50 %	30 %	30 %	30 %
$\mathrm{SCR}_{\mathrm{Zins}}$:				
genau	3,9 %	9,2 %	17,5 %	25,1 %
Näherung	3,8 %	9,5 %	18,0 %	25,5 %

Es zeigt sich, dass auch bei der in diesem Beispiel angenommenen Abnahme des Reduktionssatzes, die längeren Dauern aufgrund der Zinseszinswirkung von einer Zinsreduktion viel stärker betroffen sind.

►**Lösung 7.1.** Die Kovarianzmatrix ist $Cov = \Delta(\sigma)\cdot Korr \cdot \Delta(\sigma)$, wobei $\Delta(\sigma)$ die Diagonalmatrix mit $\sigma(R_i)$ auf der Position i ist. Dies ergibt

$$Cov = \begin{pmatrix} 4,0\% & 1,0\% & 3,0\% \\ 1,0\% & 6,25\% & 2,5\% \\ 3,0\% & 2,5\% & 9\% \end{pmatrix}$$

Mit

$$\hat{G} = \begin{pmatrix} 0 & 0 & 1 & r \\ 0 & Cov & 1 & \mu \\ 1 & 1 & 0 & 0 \\ r & \mu & 0 & 0 \end{pmatrix} = \begin{pmatrix} 0 & 0 & 0 & 0 & 1 & 2\% \\ 0 & 4,0\% & 1,0\% & 3,0\% & 1 & 4\% \\ 0 & 1,0\% & 6,25\% & 2,5\% & 1 & 5\% \\ 0 & 3,0\% & 2,5\% & 9,0\% & 1 & 6\% \\ 1 & 1 & 1 & 1 & 0 & 0 \\ 2\% & 4\% & 5\% & 6\% & 0 & 0 \end{pmatrix}$$

kann die Aufteilung der Anlageklassen im Marktportfolio bestimmt werden. Dazu muss die Matrix $\hat{G}$ invertiert werden. Die üblichen Tabellenkalkulationsprogramme bieten das Invertieren von Matrizen als Funktion an. Dann müssen die geeigneten Koeffizienten der inversen Matrix, also beispielsweise $\hat{G}_{25}$, der Koeffizient in der 2. Zeile und der 5. Kolonne, genommen werden. Damit erhält man eine Aufteilung des Marktportfolios in die 3 Anlagekategorien von:

$$\alpha = \begin{pmatrix} \alpha_1^{Markt} \\ \alpha_2^{Markt} \\ \alpha_3^{Markt} \end{pmatrix} = \begin{pmatrix} \hat{G}_{25}^{-1} \\ \hat{G}_{35}^{-1} \\ \hat{G}_{45}^{-1} \end{pmatrix} - \frac{\hat{G}_{15}^{-1}}{\hat{G}_{16}^{-1}} \cdot \begin{pmatrix} \hat{G}_{26}^{-1} \\ \hat{G}_{36}^{-1} \\ \hat{G}_{46}^{-1} \end{pmatrix} = \begin{pmatrix} -0,16 \\ -0,26 \\ -0,22 \end{pmatrix} - \frac{1,65}{-32,28} \cdot \begin{pmatrix} 8,0 \\ 13,1 \\ 11,2 \end{pmatrix} = \begin{pmatrix} 25\% \\ 41\% \\ 35\% \end{pmatrix}$$

Mit dieser Aufteilung des Marktportfolios kann nun

– die Rendite als gewichtetes Mittel der einzelnen Renditen bestimmt werden.

Dies ergibt die Rendite von 5,1 % und das Risiko, d. h. die Standardabweichung $\sigma = 19,4$ %.

▶**Lösung 7.2**. Die oberen Gleichungen

$$\begin{pmatrix} 0 & 0 & 1 & r \\ 0 & Cov & 1 & \mu \end{pmatrix} \cdot \begin{pmatrix} \alpha_r \\ \alpha \\ \lambda \\ \kappa \end{pmatrix} = \begin{pmatrix} 0 \\ 0 \end{pmatrix}$$

stellen sicher, dass die Portfolios optimal sind. Dabei wird das klassische Verfahren mit den Lagrange-Multiplikatoren auf den Fall mit einer zusätzlichen, risikolosen Anlageform, also mit $n+1$ Anlageformen, und die Kovarianzmatrix zu $\begin{pmatrix} 0 & 0 \\ 0 & Cov \end{pmatrix}$ erweitert. Aus Stetigkeitsgründen gibt die Lösung via Invertieren von $\hat{G}$ auch im Grenzfall einer nicht mehr positiv definiten Kovarianzmatrix Lösungen, die Risiko und Rendite optimieren.

Die zweitunterste Gleichung stellt sicher, dass die Summe aller Anteile in den einzelnen Anlageklassen einschließlich der risikolosen Anlage 100 % ausmachen und die unterste Gleichung bestimmt die Rendite als Linearkombination der entsprechenden Renditen der in den Anlageklassen angelegten Anteile α_r und $\alpha = (\alpha_1, \alpha_2, \alpha_3)$.

►**Lösung 7.3.** Bezüglich Risikosicht und insbesondere auch bezüglich Diversifikationseffekten baut Solvency II auf den Ideen der Theorie von Markowitz auf. Solvency II hat allerdings nur die Risikosicht und keine Renditesicht. Da die Risikosicht in Solvency II auf die ungünstigen Entwicklungen innerhalb des nächsten Jahres beschränkt ist, würde eine Renditebetrachtung sowieso wenig ausmachen. Diese Beschränkung der Risikosicht auf ein Jahr ist insbesondere im Leben-Geschäft mit den langjährigen Verträgen, die seitens des Versicherers nicht mehr angepasst werden können, nicht unproblematisch.

►**Lösung 7.4.** Die Länge der Vektoren stellt die Höhe des Risikos dar. Bei der Aggregation zweier Risiken stellt die Länge der Vektoraddition der beiden als Vektoren dargestellten Risiken das Gesamtrisiko dar. Die beiden Vektoren sind durch ihre Höhe, d.h. durch ihre Länge einerseits und zudem durch ihr Zusammenspiel beschrieben. Letzteres ist durch die Korrelation der beiden Risiken definiert, welche den Winkel bestimmt, den die Vektoren einschließen.

Bei der Portfoliotheorie wird ein gegebenes Anlagevolumen auf unterschiedliche Anlageformen verteilt. Die Risikosituation bei den Anlageformen kann wie in Solvency II durch Vektoren im IR^n dargestellt werden. Das Gesamtrisiko des Portfolios ergibt sich aber nicht aus der Länge der Vektoraddition der einzelnen Risiken, sondern beispielsweise bei zwei Anlageformen aus dem Abstand der einzelnen Punkte der Verbindungsgeraden der beiden Punkte, welche als Ortsvektoren die das Risiko darstellenden Vektoren haben. Je nach Aufteilung des Portfolios auf die beiden Anlageformen gibt dieses einen anderen Punkt der Verbindungsgeraden. Kann das Portfolio aus drei Anlageformen zusammengesetzt werden, tritt an die Stelle der Verbindungsgeraden die Verbindungsebene durch die drei, von den Risiken der drei Anlageformen gegebenen Punkte.

►**Lösung 8.1.** Die Aktien, genauer die Aktienkurse, haben die Dimension der Währung, in denen sie notiert sind. Bei der Volatilität betrachtet man wie beim Zinssatz die relativen Kursänderungen, sodass wie beim Zinssatz die Währungsdimension herausfällt. Da man bei der Volatilität σ diese Schwankungen pro Zeiteinheit betrachtet, hat man wiederum wie beim Zinssatz eine Dimension mit der Zeit im Nenner, hier allerdings nicht wie beim Zinssatz 1/Zeit, sondern $1/\sqrt{\text{Zeit}}$.

Üblicherweise wird die Volatilität σ auf die Einheit Jahre bezogen, also $1/\sqrt{\text{Jahre}}$.

Das spezielle Konzept der Brownschen Bewegung führt dazu, dass die Volatilität σ mit $\sqrt{t}$ auf andere Zeiträume umgerechnet wird, d. h. die Varianz ist mit $\sigma^2\, t$ linear zur Zeit t. Damit wird ein Risikoausgleich über die Zeit modelliert: Für zwei nacheinander liegende Zeiträume sind die Risiken $\sigma\sqrt{t_1}$ und $\sigma\sqrt{t_2}$ nicht korreliert und addieren sich gemäß der Formel von Pythagoras zu $\sigma\sqrt{t_1 + t_2}$.

►**Lösung 8.2.** Bei den Aktienkursentwicklungen ist der aktuelle Wert fest und die zukünftige Verteilung ergibt sich als Lösung einer partiellen Differentialgleichung, wobei der Volatilitätsterm zum „Verschmieren" der Wahrscheinlichkeitsverteilung führt, d.h. je größer die Volatilität ist, desto schneller verbreitert sich die Verteilung. Bei der Formel von Black und Scholes ist es in gewisser Weise umgekehrt: Wiederum benötigt man die Lösung einer partiellen Differentialgleichung, welche vom Aktienkurs und der Zeit abhängt. Die Randbedingung liegt hier in der Zukunft, indem die Optionswerte zum Ausübungszeitpunkt direkt durch den dann erreichten Aktienkurs bestimmt sind. Wie bei der Aktienkursentwicklung multipliziert die Volatilität bei der Differentialgleichung einen Term mit der 2. Ableitung des Aktienkurses und beeinflusst damit ebenfalls die Entwicklung der Konvexität über die Zeit. Bei den Optionspreisen führt die Volatilität dazu, dass der Knick der Optionspreiskurve in Abhängigkeit des Aktienkurses mit zunehmender Laufzeit der Option immer stärker geglättet wird. Im Unterschied zur Aktienentwicklung erstreckt sich der Glättungsprozess bei den Optionspreisen von einer singulären Kurve zum zukünftigen Ausübungszeitpunkt in die aktuelle Gegenwart. Der Glättungsprozess erfolgt damit in umgekehrter Zeitrichtung.

►**Lösung 8.3.** Wir gehen wie bei der Berechnung der Optionspreise davon aus, dass der Wert der Absicherung zum Zeitpunkt t für eine Aktienkursentwicklung zum Zeitpunkt T bestimmt werden soll:

$$\mathrm{CTE}(K) = e^{-r\cdot(T-t)}\cdot\left(E[(K-S_t^{rb})^+ \middle| S_t^{rb} < K)] + S - K\right) = \frac{\text{Put} - \text{Preis}}{N(-d_2)} + (S-K)\cdot e^{-r\cdot(T-t)}$$

$$= \frac{K\cdot e^{-r\cdot(T-t)}\cdot N(-d_2) - S\cdot N(-d_1)}{N(-d_2)} + (S-K)\cdot e^{-r\cdot(T-t)} =$$

$$= S\,\frac{e^{-r\cdot(T-t)}N(-d_2) - N(-d_1)}{N(-d_2)}$$

Wobei $N(-d_2) = P(S_t^{rb} < K)$ die Wahrscheinlichkeit ist, dass der Aktienkurs unter K fällt.

Dabei verwendet man risikobereinigte Annahmen für die Aktienkursentwicklung, d. h. man berücksichtigt die gleichen Renditeannahmen, wie sie für die Optionspreisbestimmung verwendet werden.

Für das Sicherheitsniveau von 1 % ist

$d_2 = 2{,}326$, da $N(-2{,}326) = 1\ \%$. Mit

$d_1 = d_2 + \sigma = 2{,}526$, ist $N(-d_1) = N(-2{,}526) = 0{,}577$

und damit ist für $r = 0$

$$SRC_{Aktien} = S\,\frac{N(-d_2) - N(-d_1)}{N(-d_2)} = 100\ \text{Mio. €}\ \frac{0{,}01 - 0{,}00577}{0{,}01} = 42{,}7\ \text{Mio. €}\,.$$

►Lösung 8.4

Risikoloser Zinssatz	Strike	80	90	100	110	120
0 %	Call	20,04	10,71	3,99	0,95	0,15
	Put	0,04	0,71	3,99	10,95	20,15
3 %	Call	20,63	11,28	4,36	1,09	0,18
	Put	0,03	0,61	3,61	10,27	19,28

Die Näherungsformel bei Zinssatz $r = 0$:

$$C = S \cdot N(d_1) - K \cdot e^{-r(T-t)} N(d_2) = S \cdot \left(N(d_1) - N(d_2)\right)$$

$$= S \cdot \left(N(0{,}5\sigma\sqrt{T-t}) - N(-0{,}5\sigma\sqrt{T-t})\right)$$

$$= S \cdot \frac{1}{\sqrt{2\pi}} \int_{-0{,}5\sigma\sqrt{T-t}}^{+0{,}5\sigma\sqrt{T-t}} \mathrm{e}^{-0{,}5x^2} dx \approx S \cdot \frac{\sigma\sqrt{T-t}}{\sqrt{2\pi}} \approx 0{,}4 \cdot S \cdot \sigma\sqrt{T-t}$$

Für die Näherung bei einem Zinssatz $r > 0$ gehen wir vom Wert für $r = 0$ aus und verwenden die durch den „Griechen“ Rho P gegebene Zinssensitivität:

$$C \approx 0{,}4 \cdot S \cdot \sigma\sqrt{T-t} + \mathrm{P} \cdot r = 0{,}4 \cdot S \cdot \sigma\sqrt{T-t} + r \cdot K \cdot (T-t) \cdot e^{-r \cdot (T-t)} \cdot N(d_2)$$

$$\approx 0{,}4 \cdot S \cdot \sigma\sqrt{T-t} + 0{,}5\, r \cdot K(T-t)$$

Bei einem Put gilt entsprechend $P \approx 0{,}4 \cdot S \cdot \sigma\sqrt{T-t} - 0{,}5\, r \cdot K(T-t)$.

Bei $K = 100$, d.h. der Strike ist zu pari, ergibt dies Put = Call $\approx 0.4 \cdot S \cdot \sigma \cdot \sqrt{T-t} = 4$. Dies entspricht beim Zinssatz 0 sehr gut sowohl dem Put- wie auch dem Call-Preis.

Beim Zinssatz von 3 % ergibt sich:

Call $\approx 4 + 0{,}5 \cdot 3\% \cdot 100 \cdot 0{,}25 = 4{,}375$ und entsprechend Put = 3,625.

$-\frac{1}{\Delta_p} = \frac{1}{1 - N(d_1)} = 2{,}2$ Put-Optionen zu pari sichern das Aktienrisiko ab, d.h. für ca. 8 € kann das Risiko der Aktie abgesichert werden.

Das Portfolio aus Aktie und Put-Option hat kein Aktienrisiko und verzinst sich deshalb mit dem risikolosen Zinssatz. Erwartet man eine „Überrendite“ bei den Aktien, so muss dies mit einer noch viel größeren „Unterrendite“ bei der Put-Option bezahlt werden. Die Put-Option sichert die Aktie nur für die Konstellation beim Kauf der Put-Option ab. Je nach der zukünftigen Aktienkursentwicklung müsste für eine dauerhafte Absicherung die Put-Position angepasst werden.

Nimmt man beispielsweise eine erwartete Rendite der Aktie von

$r+\mu = 3\ \% + 4\ \% = 7\ \%$

an, dann sind die Optionspreise auf der Basis des risikolosen Zinssatzes, also für eine Aktienkursentwicklung von r =3 % berechnet. Eine Überrendite von μ führt dazu, dass die Put-Option im Erwartungswert um $\Delta_p S \cdot \mu$ weniger (Δ_p ist negativ) als bei der Verzinsung mit dem risikolosen Zinssatz ergibt. Damit erhält man eine erwartete Rendite von

$$r + \frac{-S \cdot N(-d_1)}{S \cdot N(-d_1) - K \cdot e^{-r\cdot(T-t)} \cdot N(-d_2)} \mu$$

für die Put-Option.

▶**Lösung 9.1.** Die Dimension der Zinsvolatilität σ ist 1/(Zeit$\sqrt{\text{Zeit}}$). Diese etwas erstaunliche Dimension kommt daher, dass der Zinssatz selbst schon die Dimension 1/Zeit hat. Dazu entwickelt sich wie üblich die Varianz proportional mit der Zeit, d. h. die Volatilität als Wurzel der Varianz proportional zu $\sqrt{\text{Zeit}}$. Die Zinsvolatilität p.a. σ stellt ähnlich wie der Zinssatz p.a. oder die Aktienvolatilität p.a. eine Art „Materialkonstante“ dar, aus der dann je nach betrachtetem Zeitraum die Volatilität des Underlying, also der Aktie oder Anleihe, bestimmt werden kann. Damit die für einen Zeitraum betrachtete Volatilität dimensionslos wird, muss in den „Materialkonstanten“ das Reziproke der sich bei der Umrechnung auf andere Zeiträume ergebenden Dimension eingerechnet sein.

Die Dimension von a ist 1/Zeit.

Wie sich aus den Ausführungen ergibt und wie bei den meisten hier betrachteten Größen wird auch hier in der Einheit Jahre gemessen. Damit geben

$$\sigma_A = \sigma \cdot (\mathrm{T} - \tau)\sqrt{\tau} \quad \text{und} \quad \sigma_A = \sigma \frac{1 - e^{-a(\mathrm{T}-\tau)}}{a} \sqrt{\frac{1 - 2e^{-a\tau}}{2a}}$$

dimensionslose Größen. Sie können als Quadratwurzel aus den mittleren quadratischen Abweichungen des Wertes des Underlying im betrachteten Zeitraum bezogen auf den Wert des Underlying verstanden werden und sind so dimensionslos.

Im Zinsmodell mit Kontraktion hat der reziproke Wert der Kontraktion, also 1/a die Dimension der Zeit. Nimmt man beispielsweise a= 0,1[1/Jahre] an, dann gibt 1/a =10 Jahre. Dies kann so interpretiert werden, dass man von einer asymptotischen Zinsvolatilität ausgeht, wie sie sich im Modell ohne Kontraktion über den Zeitraum von 10 Jahren entwickeln würde.

▶**Lösung 9.2**

$$a_{\overline{n}|}(i) = a_{\overline{n}|}(i=0) \cdot \left(\frac{1}{1+i}\right)^{\overline{D}} = n \cdot \left(\frac{1}{1+i}\right)^{\overline{D}} \approx n \cdot \left(\frac{1}{1+i}\right)^{D\left(a_{\overline{n}|}(i=0)\right) + 0{,}5\sigma^2\left(a_{\overline{n}|}(i=0)\right) \cdot i}$$

$$\approx n \cdot (1+i)^{-0{,}5\,(n+1) + 0{,}5 \cdot i\, n^2/12} = n \cdot (1+i)^{-0{,}5\,(n+1) + i\, n^2/24}$$

Der Korrekturterm $i\,n^2\,/\,24$ im Exponenten zeigt, dass die Zinswirkung etwas grösser als über die mittlere Dauer von $(n+1)/2$ ist. Dies liegt daran, dass sich die höhere Verzinsung längerer Dauern gegen die tiefere Verzinsung kürzerer Dauer nur in erster Ordnung aufhebt und in zweiter Ordnung zu dieser Differenz führt, die auf die Konvexität der Exponentialfunktion zurückgeführt werden kann:

$$\frac{a_{\overline{n}|}}{n\cdot(1+i)^{-\,0,5(n+1)}} = \frac{a_{\overline{n}|}}{n\cdot v^{0,5(n+1)}} = \frac{\sum_{t=1}^{n} v^t}{n\cdot v^{0,5(n+1)}} = \frac{1}{n}\sum_{k=1}^{[n/2]}\left(v^{+k}-v^{-k}\right)$$

$$\approx\; 1+\frac{1}{n}\int_0^{n/2}(i\,t)^2\,dt = 1+\frac{1}{n}\left[\frac{i^2t^3}{3}\right]_0^{n/2} = 1+\frac{(i\,n)^2}{24} \approx (1+i)^{i\,n^2/24}$$

►**Lösung 9.3.** Der „Duration-Gap", also die Differenz in der Duration von Aktiv- und Passivseite, beträgt 5 Jahre. Damit sind marktnahe Verpflichtungen zinssensitiver; Marktzinsschwankungen wirken sich auf der Passivseite deutlicher als auf der Aktivseite aus. Insbesondere eine Zinsreduktion erhöht die marktnahen Verpflichtungen stärker, als sie die Marktwerte der Anleihen erhöht. Damit sinken bei einer Zinsreduktion die Eigenmittel. Für diese Eventualität fallender Marktzinsen müssen gemäß Solvency II Eigenmittel gestellt werden, um für den dort geforderten Ein-Jahres-Horizont ein Sicherheitsniveau von 99,5 % zu erzielen. Dieses Sicherheitsniveau erfordert ein Sicherheitspolster von gut dem 2 ½-fachen der Volatilität, also $2{,}66\cdot\sigma = 2{,}66\cdot 0{,}4\% = 1{,}07\ \%$.

Bei einem Duration-Gap zwischen Passiva und Aktiva von 5 Jahren wirkt eine Zinsschwankung um

$2{,}66\cdot\sigma$ mit einer Schwankung der Eigenmittel um

$2{,}66\cdot\sigma\cdot|\text{Duration Aktiva}-\text{Duration Passiva}| = 2{,}66\cdot\sigma\cdot|\text{Duration Gap}| = 1{,}07\ \%\cdot 5 = 5{,}35\ \%$.

Somit müssen gut 5 % des Anlagevermögens für das Zinsrisiko als Eigenmittel gestellt werden. Dieser Wert ist recht nah bei den früheren, pauschal ermittelten Eigenmitteln. Gemäß Solvency I mussten bei konventionellen Lebensversicherungen pauschal 4 % des Anlagevermögens gestellt werden. Diese Anforderung war aber unabhängig davon, ob das Versicherungsunternehmen sein angelegtes Vermögen an seine Verpflichtungen angepasst hatte oder mit einer sehr hohen Aktienquote ein großes Finanzmarktrisiko eingegangen war.

Ein Zinsmodell mit Kontraktion verringert das erforderliche Solvenzkapital. Die Zinsschwankungen in dem in Solvency II betrachteten Ein-Jahres-Horizont klingen aufgrund der Kontraktion wieder ab und zwar umso mehr, je länger die Verzinsung betrachtet wird.

Nimmt man im Modell mit Kontraktion als Zinssensitivität der Cashflows $\sigma\dfrac{1-e^{-at}}{a}$ an, gibt dies eine Differenz der Zinssensitivität auf Passiv- und Aktivseite von

$$2{,}66\cdot\sigma\left(\frac{1-e^{10}}{a}-\frac{1-e^{5}}{a}\right) = 2{,}66\cdot 0{,}4\%\cdot(7{,}87-4{,}42) = 2{,}66\cdot 0{,}4\%\cdot 3{,}45 = 3{,}67\ \%.$$

Die Wirkung des Duration-Gap verringert sich durch die Annahme der Zinskontraktion von 5 auf 3,45 Jahre. Selbstverständlich kann man mit so allgemeinen Angaben nur recht grobe Schätzungen geben und eigentlich müsste man bei dieser Rechnung die genauen Cashflows berücksichtigen und sie nicht durch eine Zahlung zum Zeitpunkt ihrer Durationen annähern. Jedenfalls zeigt diese Schätzung die Bedeutung des gewählten Zinsmodells. Das gilt besonders bei Zahlungen, die weit in der Zukunft liegen. Gerade diese Zahlungen wirken im Solvency II-Konzept belastend und erfordern oft hohe Eigenmittel.

Man kann davon ausgehen, dass sich a wie alle hier betrachteten Größen auf Jahre bezieht, die Dimension von a wäre dementsprechend 1/Jahre und ist so zu verstehen, dass die Zinsschwankung pro Jahr um 5 % gedämpft wird.

▶**Lösung 9.4** Zuerst die Überschlags-Rechnung:

Wir nähern den Rentenbarwert $a_{\overline{10|}}$, der die einzelnen Zinszahlungen über die 10 Jahre berücksichtigt, mit den Durationsnäherungen aus den ersten Kapitels des Buches an und kommen auf $a_{\overline{10|}} \approx 8$.

Zudem nähern wir den Preis einer Option zu Pari mit ca. 40 % ($\approx 1/\sqrt{2\pi}$) der Standardabweichung an, also 40 % der Volatilität multipliziert mit der Quadratwurzel der Zeitspanne bis zur Optionsausübung. Dies gibt:

$$P = L \cdot a_{\overline{10|}} \cdot e^{-r(T-t)} \left(s_K \cdot N(-d_2) - F \cdot N(-d_1)\right) \approx 100 \cdot 10 \left(1 - D(a_{\overline{10|}}) \cdot 4\%\right) \cdot F \frac{\sigma\sqrt{T-t}}{\sqrt{2\pi}}$$

$$\approx 100 \cdot 10 \cdot (1 - 5 \cdot 4\%) \cdot 0{,}4 \cdot 0{,}3 \cdot 4\% \sqrt{T-t} = 320 \cdot 1{,}2\% \cdot \sqrt{T-t}$$

= ca. 3,8 Mio. € bei einem Jahr $T-t$ bis zur Ausübung resp. ca. 8 Mio. € bei 5 Jahren.

Die genauen Rechnungen ergeben $a_{\overline{n|}} = (1 - F^n)/F = 8{,}11$ und damit folgende Preise in Mio. €:

	Optionsdauer $T-t$ in Jahren	
Strike-Zinssatz s_K	1	5
4 %	3,79	7,71
3 %	0,74	3,66

Umgekehrt kann aus den Preisen der Swaption die relative Volatilität des Zinssatzes, genauer der Forward-Rate, bestimmt werden.

11 Index